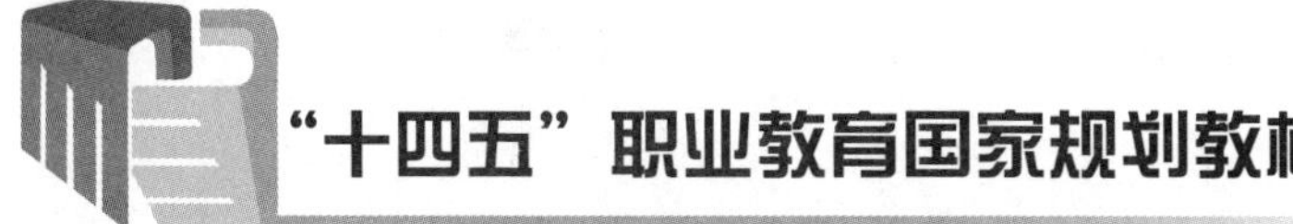

职业教育机械制造类专业系列教材——3D 打印系列

3D 打印制造

主　编　陈丽华　刘　江

電子工業出版社
Publishing House of Electronics Industry
北京 · BEIJING

内容简介

本书为立体化教材，配有教学资源和在线课程。编者结合多年从事增材制造教学、师资培训与工程实践应用经验及指导学生参加全国各类大赛经验；调研行业、企业岗位需求，抽取岗位技能要求及知识要求；与企业工程师一起分解成工作任务，选取 3D 打印制造典型工作情景，通过工作任务的实施，详细阐述 3D 打印的一般流程、操作技巧及理论知识。全书按 3D 打印制造工程师工作流程，由浅入深，从基础出发，项目引领，内容涵盖 FDM、SLA、DLP、LCD、SLM 等 3D 打印技术。

本书可作为高等职业技术院校相关专业的学生教材，也可作为企业、师资培训的教程和高等院校学生自学教程。

图书在版编目（CIP）数据

3D 打印制造 / 陈丽华，刘江主编. — 北京：电子工业出版社，2020. 7

ISBN 978-7-121-37557-6

Ⅰ. ①3… Ⅱ. ①陈… ②刘… Ⅲ. ①立体印刷-印刷术-高等职业教育-教材 Ⅳ. ①TS853

中国版本图书馆CIP数据核字（2019）第213875号

责任编辑：贺志洪

印　　刷：三河市双峰印刷装订有限公司

装　　订：三河市双峰印刷装订有限公司

出版发行：电子工业出版社

北京市海淀区万寿路173信箱　邮编100036

开　　本：850 × 1168　1/16　印张：18.25　字数：467.2千字

版　　次：2020年7月第1版

印　　次：2025年1月第10次印刷

定　　价：49.00元

凡所购买电子工业出版社图书有缺损问题，请向购买书店调换。若书店售缺，请与本社发行部联系，联系及邮购电话：（010）88254888，88258888。

质量投诉请发邮件至 zlts@phei.com.cn，盗版侵权举报请发邮件至 dbqq@phei.com.cn。

本书咨询联系方式：（010）88254609 或 hzh@phei.com.cn。

前　言

为全面贯彻落实党的“十九大”提出的“建设知识型、技能型、创新型劳动者大军，弘扬劳模精神和工匠精神，营造劳动光荣的社会风尚和精益求精的敬业风气”要求，以推动三维数字化技术和3D打印技术的普及、提升创新驱动能力为宗旨，以“三维数字化”“信息化”“创意设计制造”为特色，以“创意、创造、创业”为核心，作者编写了《3D打印制造》一书，旨在支撑产业转型升级，践行创新型国家建设，培养具有工匠精神，高技术、高技能型复合人才。

本书以3D打印制造与应用为背景，融设计与制造为一体，培养学生的组织管理、先进设备操作、团队协作、现场问题的分析与处理、提高工作效率、创新思想等职业素养；推广增材制造设计理念与制作技艺，提升三维应用技术的创新设计与制造能力，培养具有创新精神的3D打印人才。

本书以工作任务的形式编写，每个任务分任务引入、任务分析、任务实施、相关知识及课后拓展5个部分；详细阐述任务实施过程、步骤及相关理论，融理论教学于实践中，做中学，先实践再上升到理论；符合学生的一般认知规律。本书项目覆盖了FDM、SLA、DLP、LCD、SLM等目前3D打印的主流技术。

本书由常州机电职业技术学院陈丽华教授、刘江教授担任主编；常州机电职业技术学院蔡福海博士、昆山市奇迹三维科技有限公司总经理贺琦担任副主编；南京双庚电子科技有限公司石祥东、马鞍山职业技术学院王志晨等参编。在教材的编写过程中，得到天津清研智束科技有限公司总经理郭超，北京易速普瑞科技股份有限公司柴旭，苏州中瑞智创三维科技股份有限公司刘康康、贾威，鑫精合激光科技发展（北京）有限公司高佩宝，上海联泰科技股份有限公司潘海文，南京晗辰三维科技有限公司周金，博力迈三维打印科技有限公司，宜春博理科技有限公司，北京诚远达科技有限公司，上海数造科技有限公司等公司和同仁的大力支持与帮助，在此表示衷心感谢！本书编写还得到北京工业职业技术学院等10多所院校老师的支持和帮助，在此不一一列举，一并表示真诚感谢！

由于编者水平有限，书中难免有疏漏和不当之处，恳请读者批评指正。

编　者

2020.07

目　录

CONTENTS

项目 1　3D 打印概述

【项目简介】

近年来，3D 打印已经发展成为一种热门的综合性应用技术，在专业领域它另有一个名称——快速成形技术，快速成形技术又称快速原型制造（Rapid Prototyping Manufact uring，RPM）技术。

2012 年 3 月 9 日，时任美国总统的奥巴马宣布了重振美国制造业计划，提出“再工业化”，4 月 17 日选择了重振制造业的第一个制造技术——3D 打印，8 月 16 日美国成立了国家增材制造创新研究院，“3D 打印”已经成为最流行的科技词汇。

据国际数据公司 IDC 预计，未来 5 年内，全球 3D 打印市场将以 22.3% 的年复合增长率扩大，在 2020 年达到 289 亿美元。在欧美发达国家，它已经初步形成了成功的商用模式。未来，3D 打印或将带来真正意义上的制造业革命。

图 1-0-1 所示的是 3D 打印技术应用的案例和领域，依次是航空、汽车、医疗、教育、时尚等。

图 1-0-1　3D 打印技术应用案例

3D 打印已经离我们的生活越来越近，李嘉诚斥资了 1000 万美元投资了一家可以 3D 打印肉类产品的科技公司（Modern Meadow），再次激发了人们对 3D 打印的热议。这个名为 Modern Meadow 的美国初创公司利用糖、蛋白质、脂肪、肌肉细胞等原材料打印出的肉品具有和真正的肉类相似的口感和纹理。不久的将来，或许我们日常衣食住行及生活中的方方面面都离不开 3D 打印技术，就像我们现在离不开手机一样。下面将开启我们的 3D 打印之旅，了解 3D 打印概念和技术。

通过本项目，我们将达成下列目标。

素质目标

1. 自信自强：能够挖掘自身潜力，从容地应对复杂多变的环境，独立解决问题。
2. 诚实守信：能够了解并遵守行业法规和标准，按照自己的承诺完成任务。
3. 审辩思维：能够客观评价自己的工作，反思自己的工作，接受他人对自己的批评

课堂笔记

和改进意见。

4. 学会学习：愿意学习新知识、新技术、新方法，能够快速浏览文章，找出重要信息，对文章进行条理化分析和概括，独立思考。

5. 勇于担当：通过对国产客机 C919 的 3D 打印制造的了解，激发学习热情，勇于担当，发展我国的 3D 打印技术。

知识目标：

1. 了解 3D 打印概念。
2. 了解 3D 打印主要技术工艺与特点。
3. 了解 3D 打印目前应用及发展趋势。

能力目标：

1. 能够理解和接受新的概念与原理。
2. 能够指出 FDM、SLA、DLP、LCD、SLM 等 3D 打印主要技术工艺与特点。
3. 能够比较 3D 打印各技术的优缺点。
4. 能够知道 3D 打印目前应用主要应用领域。

任务1.1　了解3D打印概念

【任务引入】

“3D 打印”掀起了新一轮的制造业革命，改写了整个世界的制造业前景。我国作为制造业大国，转型升级压力凸显，各种成本的增加倒逼我们去寻求能够帮助我们打造“制造强国”、设计创新的有效途径与工具。3D 打印机的火爆不仅是由于各种先进技术的交汇，而且源自人们对经济、社会如何进步的关切。3D 打印将引领新一轮工业革命是不争的事实，我们国家也不能再次落后。国家对 3D 打印的发展目标包括：到 2017 年初步建立增材制造（俗称“3D 打印”）技术创新体系，培育 5 至 10 家年产值超过 5 亿元、具有较强研发和应用能力的增材制造企业；并在全国形成一批研发及产业化示范基地等。在政策措施上，国家将加强组织领导，加强财政支持力度，并支持 3D 打印企业境内外上市、发行非金融企业债等融资工具。

目前我国发布的 3D 打印行动计划提出到 2020 年实现五大目标：一是产业保持高速发展，年均增速在 30% 以上，2020 年增材制造产业销售收入超过 200 亿元；二是技术水平明显提高，突破 100 种以上满足重点行业需求的工艺装备、核心器件及专用材料；三是行业应用显著深化，开展 100 个以上试点示范项目，在重点制造（航空、航天、船舶、核工业、汽车、电力装备、轨道交通装备、家电、模具、铸造等）、医疗、文化、教育等四大领域实现规模化应用；四是生态体系基本完善，形成完整的增材制造产业链，计量、标准、检测、认证等在内的生态体系基本形成；五是全球布局初步实现，培育 2～3 家及以上具有较强国际竞争力的龙头企业，打造 2～3 个国际知名名牌，一批装备、产品走向国际市场。想要重振制造业，让实体经济回归，就需要把握前沿技术！因而我们需要了解 3D 打印技术。

【任务分析】

课堂笔记

一般认为3D打印技术诞生于20世纪80年代后期，是基于材料堆积法的一种高新制造技术，被认为是近30年来制造领域的一个重大成果。本任务就是了解3D打印的一般概念和技术，要求我们通过网络搜索3D打印的相关技术及报道，并进行有关3D打印的综述。

【任务实施】

1.1.1　3D打印概念

3D打印技术，被称为增材制造（Additive Manufacturing）或直接数字化制造（Direct Digital Manufacturing），其在专业领域有另一个名称“快速成型技术”。快速成型技术又称快速原型制造（Rapid Prototyping Manufacturing，RPM）技术，诞生于20世纪80年代后期，是基于材料堆积法的一种高新制造技术，被认为是近30年来制造领域的一个重大成果。其实质是利用三维CAD的数据，通过快速成型机，将一层层的材料堆积成实体原型。它与普通打印工作原理基本相同，打印机内装有液体或粉末等“打印材料”，与计算机连接后，通过计算机控制把“打印材料”一层层叠加起来，最终把计算机上的蓝图变成实物。演变至今，3D打印成了所有快速成型（Rapid Prototyping）技术的通俗叫法。

根据美国材料与试验协会（ASTM）的定义，3D打印是借助三维数字模型设计，通过软件分层离散和数控成型系统，利用激光束、电子束等方法将金属粉末、陶瓷粉末、塑料、细胞组织等特殊材料进行逐层堆积黏结，最终叠加成型，制造出实体产品，也称为“增材制造”。

3D打印集机械工程、CAD、逆向工程技术、分层制造技术、数控技术、材料科学、激光技术于一身，可以自动、直接、快速、精确地将设计思想转变为具有一定功能的原型或直接制造零件，从而为零件原型制作、新设计思想的校验等方面提供了一种高效低成本的实现手段。它将信息、材料、生物、控制等技术融合在一起，对未来制造业生产模式与人类生活方式产生重要影响。

1.1.2　3D打印制造与传统制造的区别

传统的机械加工方法是“减材制造”，其加工过程如图1-1-1所示，在毛坯的基础上用车、铣、刨、磨等方法去除材料，制造零件，或“等材制造”，采用锻造或铸造方法改变坯料制造零件。与传统切削加工方法不同，3D打印技术是在现代CAD/CAM技术、激光技术、计算机数控技术、精密伺服驱动技术及新材料技术的基础上集成发展起来的。不同种类的快速成型系统因所用成型材料不同，成型原理和系统特点也各有不同。但是，其基本原理都是一样的，那就是“分层制造，逐层叠加”，类似于数学上的积分过程。形象地讲，快速成型系统就像是一台“立体打印机”，因此得名“3D打印机”。

首先分层软件按一定的层厚对零件的CAD几何模型进行“切片”操作，得到一系列的各层截面的轮廓信息，快速成型机的成型头按照这些二维轮廓信息在控制系统的控制下，每次制作一层具有一定微小厚度和特定形状的截面，经一层层选择性地固化或切

课堂笔记

割后形成多个截面薄层，并自动叠加成三维实体。其制造加工过程，如图 1-1-2 所示。

图 1-1-1　传统制造加工过程

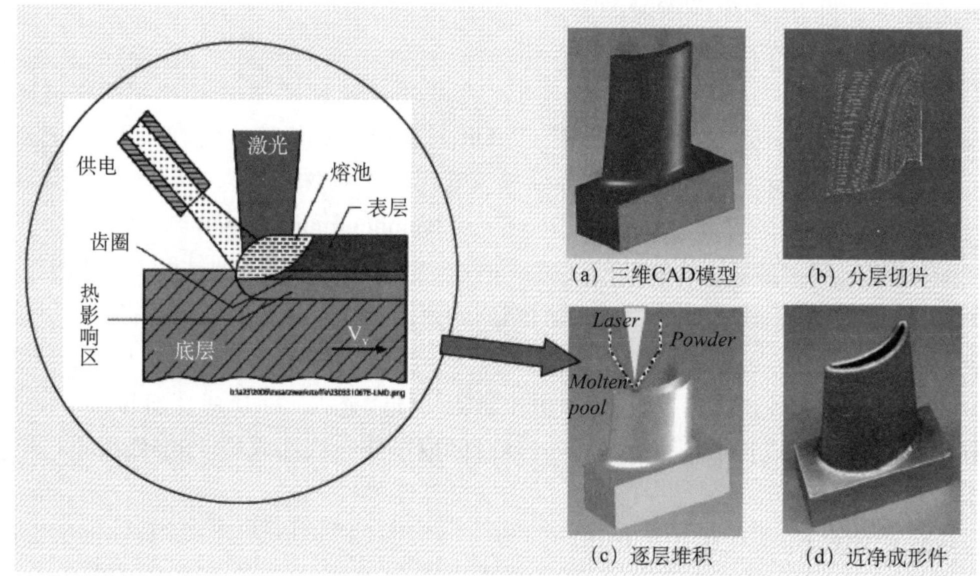

图 1-1-2　3D 打印制造加工过程

总之，3D 打印被称为“增材制造技术”，它与传统“减材或等材制造”相对应。3D 打印技术大大降低了制造的复杂度。这种数字化制造模式不需要复杂的工艺、庞大的机床及众多的人力，即可生成任何形状的零件，使生产制造得以向更广的生产人群范围延伸。

【相关知识】

3D打印技术优缺点

3D 打印参照的是打印技术原理，能够将计算机设计出的物体直接打印出实物。3D 打印降低了设计与制造的复杂度，能够制造出传统方式无法加工的奇异结构，拓展了设计人员的想象空间。该技术将对航空航天、汽车、医疗和消费电子产品等核心产业的革新有巨大推动作用。

3D 打印的优势是帮助各行各业减少成本、时间和复杂性。

优势 1：制造复杂物品不增加成本

就传统制造而言，物体形状越复杂，制造成本越高。对 3D 打印机而言，制造形状复杂的物品成本不增加，制造一个华丽的形状复杂的物品并不比打印一个简单的方块消耗更多的时间、技能或成本。制造复杂物品而不增加成本将打破传统的定价模式，并改

变我们计算制造成本的方式。

优势 2：产品多样化不增加成本

一台 3D 打印机可以打印许多形状，它可以像工匠一样每次都做出不同形状的物品。传统的制造设备功能较少，做出的形状种类有限。3D 打印省去了培训机械师或购置新设备的成本，一台 3D 打印机只需要不同的数字设计蓝图和一批新的原材料就可以完成产品或零件的制造，无须增加新设备。

优势 3：无须组装

3D 打印能使部件一体化成型。传统的大规模生产建立在组装线基础上。在现代工厂，机器生产出相同的零部件，然后由机器人或工人（甚至跨洲）组装。产品组成部件越多，组装耗费的时间和成本就越多。3D 打印机通过分层制造产品，例如可以同时打印一扇门及上面的配套铰链，不需要组装。省略组装就缩短了供应链，节省在劳动力和运输方面的花费。供应链越短，污染也越少。支持的生产级热塑性塑料具有机械和环境稳定性。

优势 4：零时间交付

3D 打印机可以按需打印。即时生产减少了企业的实物库存，企业可以根据客户订单使用 3D 打印机制造出特别的或定制的产品，所以新的商业模式将成为可能。如果人们所需的物品按需就近生产，零时间交付式生产能最大限度地减少长途运输的成本。

优势 5：设计空间无限

传统制造技术和工匠制造的产品形状有限，制造形状的能力受制于所使用的工具。例如，传统的车床只能制造回转型轴类、盘类物品，铣床只能加工用铣刀切削的部件，制模机仅能制造模铸形状。3D 打印机则可以突破这些局限，开辟巨大的设计空间，甚至可以制作目前可能只存在于自然界的形状，可实现其他技术无法制造的复杂几何形状和内腔。

优势 6：零技能制造

传统工匠需要当几年学徒才能掌握所需要的技能。批量生产和计算机控制的制造机器降低了对技能的要求，然而传统的制造机器仍然需要熟练的专业人员进行机器调整和校准。3D 打印机从设计文件里获得各种指示，做同样复杂的物品，3D 打印机所需要的操作技能比注塑机少。非技能制造开辟了新的商业模式，并能在远程环境或极端情况下为人们提供新的生产方式。3D 打印完美的稳定性和重复性，支持小批量直接生产。

优势 7：便携制造、清洁环保

就单位生产空间而言，与传统制造机器相比，3D 打印机的制造能力更强。例如，注塑机只能制造比自身小很多的物品，与此相反，3D 打印机可以制造与打印台一样大的物品。3D 打印机调试好后，打印设备可以自由移动，打印机可以制造比自身还要大的物品。较高的单位空间生产能力使得 3D 打印机适合家用或办公使用，因为它们所需的物理空间小。该技术清洁、易用且适合办公室环境。

缺点 1：精度

3D 打印产品是材质一层层堆积形成的，每一层都有厚度，由于分层制造存在“台阶效应”，每个层次虽然很薄，但在一定微观尺度下，仍会形成具有一定厚度的一级级“台阶”，如果需要制造的对象表面是曲面，那么就会造成精度上的偏差；这决定了它的精度难以企及传统的减材制造方法。

缺点 2：材料的局限性

目前供 3D 打印机使用的材料非常有限，无外乎石膏、无机粉料、光敏树脂、塑料

课堂笔记

等。能够应用于3D打印的材料还非常单一，以塑料为主，并且打印机对单一材料也非常挑剔。

【课后拓展】

通过文献检索，了解3D打印发展历史。

任务1.2　了解3D打印主要技术工艺与特点

【任务引入】

3D打印技术的基本原理是：将计算机内的三维数据模型进行分层切片得到各层截面的轮廓数据，计算机据此信息控制激光器（或喷嘴）有选择性地烧结一层接一层的粉末材料（或固化一层又一层的液态光敏树脂，或切割一层又一层的片状材料，或喷射一层又一层的热熔材料或黏合剂）形成一系列具有一个微小厚度的片状实体，再采用熔结、聚合、黏结等手段使其逐层堆积成一体，便可以制造出所设计的新产品样件、模型或模具。自美国3D Systems公司1988年推出第一台商用快速成型机商品SLA-1以来，已经有十几种不同的成型系统，其中比较成熟的有FDM、SLA、SLS、3DP、LOM等方法。各种3D打印技术工艺不同，特点也不同。下面来了解一下FDM、SLA、SLS、3DP等工艺技术及特点。

【任务分析】

想要了解FDM、SLA、SLS、3DP等工艺技术及特点，我们先要了解各技术概念，了解其发展历史，进而熟悉其工作原理、该技术成型所用材料、应用范围，再比较其优缺点。下面对一项项技术进行熟悉和比较，最后进行总结。

【任务实施】

1.2.1　3D打印FDM技术

1. FDM技术概念

FDM的全称是Fused Deposition Modeling，即工艺熔融沉积制造工艺，其又称为熔丝沉积，是一种不依靠激光作为成型能源，而将各种丝材（如工程塑料ABS、PLA、聚碳酸酯PC等）加热熔化进而堆积成型的方法。

2.FDM技术的历史简介

FDM技术是美国学者Scott Crump在1988年研究出来的。1990年，美国Stratasys公司率先推出了基于FDM技术的快速成型机，并很快发布了基于FDM的Dimension系列3D打印机。FDM常见机型有XYZ型及并联臂型，此外还有采用极坐标的舵机型等。FDM代表设备，图1-2-1所示为XYZ直角坐标机型；图1-2-2为并联臂机型。FDM工艺成型样件如图1-2-3所示。

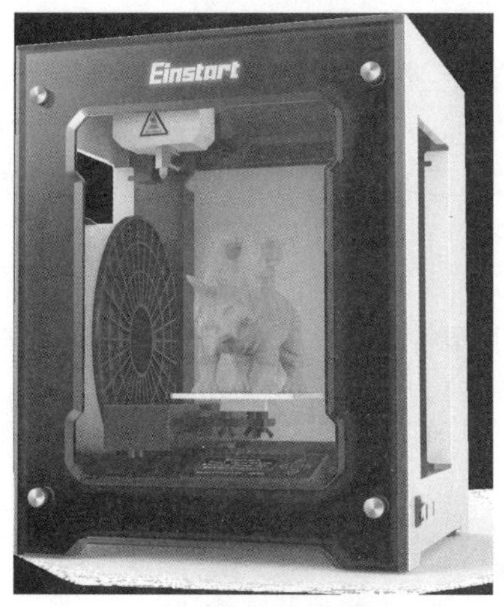

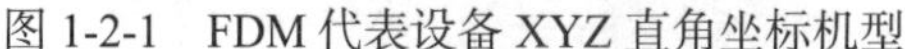

图 1-2-1　FDM 代表设备 XYZ 直角坐标机型

图 1-2-2　FDM 代表设备并联臂机型

图 1-2-3　FDM 工艺成型样件

3. FDM 技术成型原理

FDM 技术成型原理如图 1-2-4 所示，加热喷头在计算机的控制下，根据产品零件的截面轮廓信息，作 *X-Y* 平面运动，热塑性丝状材料由供丝机构送至热熔喷头，并在喷头中加热和熔化成半液态，然后被挤压出来，有选择性地涂覆在制作面板上，快速冷却，然后根据切片层厚，形成一层大约 0.05～0.4mm 厚的薄片轮廓，一层截面成型完成后工作台下降一定高度，或喷头提高一层厚，再进行下一层的熔覆，好像一层层地“画出”截面轮廓，如此循环，最终形成三维产品零件。

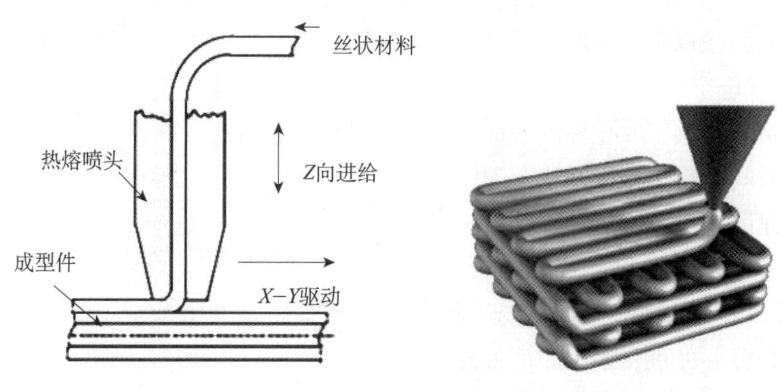

图 1-2-4　FDM 工作原理图

课堂笔记

FDM 技术已趋成熟，FDM INSIGHT 等分层软件自动将 3D 数模（由 CATIA 或 UG、Pro-E 等三维设计软件得到）分层，自动生成每层的模型成型路径和必要的支撑路径。材料的供给分为模型材料卷和支撑材料卷。相应的热熔喷头也分为模型材料喷头和支撑材料喷头。热熔喷头会把 ABS 材料加热至 220℃成熔融状态喷出，由于成型室保持 70℃，该温度下熔融的 ABS 材料既具有一定的流动性又能保证很好的精度。

4. FDM 技术所用材料

FDM 技术所用的材料有许多种，如工程塑料 ABS、PLA、聚碳酸酯 PC、工程塑料 PPSF 及 ABS 与 PC 的混合料等。同时，还有专门开发的针对医用的材料 ABS-i。图 1-2-5 所示为 PLA 材料。

图 1-2-5　PLA 材料

5. FDM 技术应用范围

FDM 技术现在主要用于新产品试制，制作概念模型，即结构复杂的装配原型件，或精度要求不高的创意产品。FDM 技术制造的模型，可以用于装配验证和销售展示、个性产品的制作。FDM 技术非常适合用于从课堂项目和基本概念验证模型到商用飞机上安装的轻量化管道等一系列应用。利用 FDM 技术可缩短交付周期并降低成本，带来更好的产品和更快的上市速度。所以，FDM 技术将会在设计行业、制造业等行业大放异彩，发挥重要作用。同义词和类似技术有：熔融沉积成型、熔融纤维制造、塑胶喷印、纤维挤压、熔融纤维沉积、材料沉积。

6. FDM 技术优缺点

优点：

①设备构造原理和操作简单，维护成本低，系统运行安全。

②制造系统没毒气或化学物质污染，一次成型、易操作且不产生垃圾。

③可选用多种材料，材料性能好，ABS 强度可以达到注塑零件的 1/3。

④原材料利用率高，材料寿命长，以卷材形式提供，便于搬运和更换。

⑤支持去除简单，无须化学清洗，分离容易。

⑥可以成型任意复杂程度的零件。

缺点：

①成型精度较低，成型件的表面有较明显的层堆积纹理。

②需要时间与制作支撑结构。

③成型速度相对较慢。

7.FDM 技术制造过程

FDM 技术制造模型的过程包括设计 CAD 模型、三维 CAD 模型的近似处理、对 STL 文件进行分层处理、造型、后处理。

（1）设计 CAD 模型。设计人员根据需求运用设计软件制作出三维 CAD 模型。目前

常用的设计软件有：Creo（Pro）/Engineering、SolidWorks、CATIA、AutoCAD、UG、Maya、3DMAX 等。

（2）三维 CAD 模型的近似处理。这一步主要是为了清除产品表面不规则的曲面，所以在加工前一定要对其进行近似处理。目前采用的文件是美国 3D Systems 国内公司开发的 STL 文件格式，是用一系列相连的小三平角面来逼近曲面的，得到 STL 格式的三维近似模型文件。目前设计软件基本都具有这个功能。

（3）对 STL 文件进行分层处理。因为快速成型都是一层一层打印的，所以在打印前，需要把模型转化为一层一层的层片模型，每层的厚度为 0.05～0.4mm。

（4）造型。FDM 技术制造的模型的造型包括支撑制作和实体制作。

①支撑制作。在 FDM 技术制作模型的过程中，最重要的是支撑制作。因为一旦支撑没做好，就会导致制作的模型塌陷变形，影响模型的成型精度。同时，支撑制作还有一个重要的目的，那就是建立基础层，即工作平台于模型之间的缓冲层，基础层有利于原型剥离平台，同时，还可以在制作过程中提供一个基准面。

②实体制作。在支撑做好后，就可以一层一层地自下而上地层层叠加打印出模型。

（5）后处理。快速成型的后处理主要是对原型进行表面处理。去除支撑部分，对模型表面进行处理。但是，原型的部分复杂和细微结构的支撑很难去除，有时还会损坏原型。Stratasys 公司开发的水溶性支撑材料，可以很好地去除支撑部分。

8. FDM 技术的发展前景

FDM 技术作为 3D 打印成型技术中的一种，其发展前景广泛。FDM 技术因为其制作简单、成本低廉，所以，对于企业来说，可以节约成本开支；同时，FDM 技术目前不仅用于制造概念模型，便于设计师直接观看，从而发现设计的不足，设计师还可以在同一天策划并测试新的想法。FDM 还是迄今为止使用最广泛的 3D 打印工艺之一，从消费级到工业级，以及介于两者之间的其他层面。使用生产级别热塑性塑料，打印的零件具有无以伦比的机械、耐热性和化学强度。生产级系统使用具有强韧、静电耗散、半透明性、生物相容性、抗紫外线和高热挠曲等特定的各种标准、工程和高性能热塑料。

1.2.2　3D打印SLS技术

1. SLS 技术概念

SLS 技术，全称为粉末材料选择性烧结（Selected Laser Sintering，同义词有：选择性激光烧结、粉末层熔融），是采用红外激光作为热源来烧结粉末材料，以逐层添加方式成型三维零件的一种快速成型方法。

激光烧结（LS）适合制作具有良好机械特性和极其复杂的几何形状的部件，包括内部特征、底切、薄壁或负拔模。该技术使用高功率的二氧化碳激光器选择性熔化和熔融粉末状热塑材料来打印零件。激光烧结零件可以由各种粉末状聚酰胺材料制成，包括尼龙 11、尼龙 12 和含有各种填充（如碳纤维或玻璃球）的聚酰胺，以增强其机械特性。由此制造的零件与使用传统制造方法生产的零件相当，并且可以具有不透水、不透气、耐热和阻燃这些特性。

2. SLS 技术历史简介

SLS 技术是由美国得克萨斯大学奥斯汀分校的 C.R. Dechard 于 1989 年研制成功的。目前德国 EOS 公司推出了自己的 SLS 工艺成型机 EOSINT，分为适用于金属、聚合物

课堂笔记

和砂型三种机型。我国的北京隆源自动成型系统有限公司和华中科技大学也相继开发出了商品化的设备。SLS 金属粉末 3D 打印机如图 1-2-6 所示，SLS 尼龙粉末 3D 打印机如图 1-2-7 所示。

图 1-2-6　SLS 金属粉末 3D 打印机

图 1-2-7　SLS 尼龙粉末 3D 打印机

3. SLS 技术的成型原理

SLS 技术的成型原理是：在开始加工前，需要把充有氮气的工作室升温，并保持在粉末的熔点以下。成型时，送料桶上升，铺粉的滚筒移动，先在工作平台上铺一层粉末材料，然后激光束在计算机的控制下按照截面轮廓对实心部分所在的粉末进行烧结，使粉末融化继而形成一层固体轮廓。第一层烧结完成后，工作台下降一截面层的高度，再铺上一层粉末，进行下一层烧结，如此循环往复，层层叠加，直到三维零件成型。最后，将未烧结的粉末回收到粉末缸中，并取出成型件。SLS 工艺通过烧结将粉末变成紧密结合的整体，而不是将其融化为液态，在激光扫描之下通过一层一层地覆盖，最终形成部件沉没在一堆粉末当中，然后经过 12～14 小时的冷却，剩余的粉末可回收再次利用。

对于金属粉末激光烧结，在烧结之前，整个工作台被加热至一定温度，可减少成型中的热变形，并利于层与层之间的结合。SLS 技术的快速成型系统工作原理如图 1-2-8 所示，成型样件如图 1-2-9 所示。

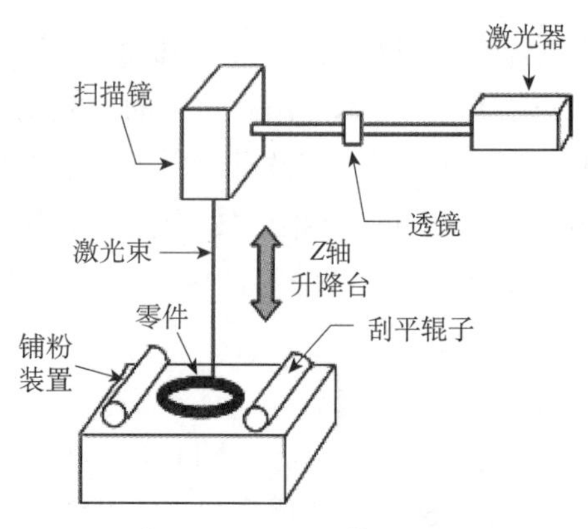

图 1-2-8　SLS 工作原理图

课堂笔记

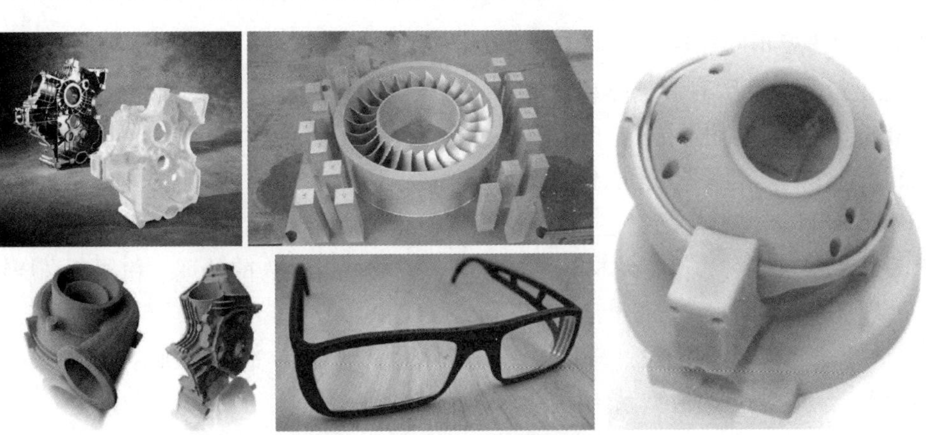

图 1-2-9　SLS 工艺成型样件

4. SLS 技术所用耗材

SLS 技术目前可以使用的打印耗材有尼龙粉末、PS 粉末、PP 粉末、金属粉末、陶瓷粉末、树脂砂和覆膜砂。

5. SLS 技术应用范围

SLS 技术不仅可以运用于快速模型的制造，而且可用于产品的小批量生产。最初，手动建造（UAV）副翼，每个需要 24 个工时，通过激光烧结进行制造，在 3 天内便在 UAV 上设计、制造和组装好了副翼。激光烧结效率非常高，并且从美学角度看，生产的零件非常华丽。如果零件的几何形状复杂而难以通过其他工艺生产，或者预期产量的不值得投入开模所需花费的时间和费用，激光烧结便是一个很好的选择。图 1-2-10 所示的镀铬内饰细节中的大多数都是通过激光烧结技术制造而成的，零件电镀后可以获得光泽的金属光泽。

图 1-2-10　镀铬内饰案例

6. SLS 技术的优缺点

SLS 技术的优点：

①能生产较硬的模具。

② 可以采用多种原料，包括类工程塑料、蜡、金属、陶瓷等。

③零件的构建时间短。

④无须设计和构造支撑。

SLS 技术的缺点：

①有激光损耗，需要专门实验室环境，使用及维护费用高昂。

②需要预热和冷却，后处理麻烦。

③成型表面受粉末颗粒大小及激光光斑的限制。

课堂笔记

④加工室需要不断充氮气，加工成本高。

⑤ 成型过程会产生有毒气体和粉尘，污染环境。

7. SLS 技术制造过程

SLS 工艺因为材料不同，具体的烧结工艺也是不同的。

1）高分子粉末材料烧结工艺

以高分子粉末材料为例，此材料的烧结工艺过程可以分为前处理、粉层激光烧结叠加和后处理三个阶段。

①前处理：主要是利用设计软件设计出零件的三维 CAD 造型，将 STL 数据转换后输入到粉末激光烧结快速成型系统中。

②粉层激光烧结叠加：设备根据原型的结构特点，设定具体的制造参数，设备自动完成原型的逐层粉末烧结叠加过程。当所有叠层自动烧结叠加完成之后就需要把制造的原型在成型缸中冷却至 40℃以下，把原型捞出进行后处理。

③后处理：因为制造出的模型强度很弱，所以在整个后期处理过程中需要进行渗蜡或者渗树脂进行补强处理。

2）金属零件间接烧结工艺

金属零件间接烧结工艺分为三个阶段：SLS 原型件的制作、粉末烧结件的制作、金属熔渗后处理。

SLS 原型件的制作包括 CAD 建模、分层切片、激光烧结、原型。此阶段的关键在于，如何选用合理的粉末配比和加工工艺参数实现原型件的制作。

粉末烧结件的制作，即"褐件"制作阶段过程为二次烧结（800℃）⟶三次烧结（1080℃），此阶段的关键在于，烧失原型件中的有机杂质获得具有相对准确形状和强度的金属结构体。

金属熔渗后处理阶段过程为二次烧结（800℃）⟶三次烧结（1080℃）⟶金属熔渗⟶金属件。此阶段的关键在于，选用合适的熔渗材料及工艺，以获得较致密的金属零件。

3）SLS 工艺的金属零件直接制造工艺

SLS 工艺的金属零件直接制造工艺流程为：CAD 模型⟶分层切片⟶激光烧结（SLS）⟶ RP 原型零件⟶金属件。

4）SLS 工艺中影响模型精度的因素

在利用 SLS 工艺制造原型件的过程中，容易影响原型件精度的因素有很多，比如 SLS 设备精度误差、CAD 模型切片误差、扫描方式、粉末颗粒、环境温度、激光功率、扫描速度、扫描间距、单层厚度等。其中烧结工艺参数对精度和强度的影响是很大的。另外，预热不均也会导致原型件精度变差。下面介绍其中的几个因素。

①激光功率：随着激光功率的增加，尺寸误差正方向增大，并且厚度方向的增大趋势要比宽度方向的尺寸误差大。

②扫描速度：当扫描速度增快时，尺寸误差向负向误差方向减小，强度减小。

③扫描间距：随着扫描间距的增大，尺寸误差向负差方向减小。

④单层厚度：随着单层厚度的增加，强度减小，尺寸误差向负差方向减小。

8. SLS 技术发展前景

SLS 工艺自发明以来，十几年的时间里，在各个行业得到了快速的发展，其主要用于快速制造模型，利用制造出来的模型进行测试，以提高产品的性能，同时，SLS 技术

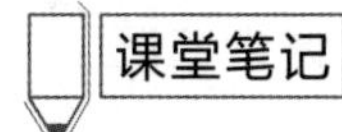

还用于制作比较复杂的零件。虽然，SLS 技术得到了一些行业广泛的应用，但在未来发展中，SLS 技术还应该加强成型工艺和设备的开发与改进，寻找更有利 SLS 技术的新材料、研究 SLS 技术制造模型的新手段及 SLS 技术的后处理工艺的优化。随着 SLS 技术的发展，新的工艺及材料的发现，会对未来的制造业产生巨大的推动作用。

1.2.3 3D打印SLA技术

1. SLA 技术概念

SLA 技术，全称为立体光固化成型法（Stereo Lithography Appearance），有线成型和面成型两种工艺。线成型用特定波长与强度的激光聚焦到光固化材料表面，使之由点到线，由线到面顺序凝固，完成一个层面的绘图作业，然后升降台在垂直方向上移动一个层片的高度，再固化另一个层面，这样层层叠加构成一个三维实体。面成型工艺则用特定波长与强度的激光聚焦到光固化材料表面，直接形成截面凝固光固化材料，完成一个层面的绘图作业，速度较快。

SLA 技术主要用于制造多种模具、模型等；还可以在原料中通过加入其他成分，用 SLA 原型模代替熔模精密铸造中的蜡模。SLA 技术成型速度较快，精度较高，但由于树脂固化过程中产生收缩，不可避免地会产生应力或引起形变。因此，开发收缩小、固化快、强度高的光敏材料是其发展趋势。

2. SLA 技术历史简介

早期的光固化形式是利用光能的化学作用和热作用可使液态树脂材料产生变化的原理，对液态树脂进行有选择地光固化，就可以在不接触的情况下制造所需的三维实体模型，利用这种光固化的技术进行逐层成型的方法，称为光固化成型法，简称 SLA。

3. SLA 技术的成型原理

SLA 是最早实用化的快速成型技术，采用液态光敏树脂原料，工作原理如图 1-2-11 所示。其工艺过程是，首先利用 CAD 软件设计出三维实体模型，再利用离散程序将模型进行切片处理，设计扫描路径，产生的数据将精确控制激光扫描器和升降台的运动；激光光束通过数控装置控制的扫描器，按设计的扫描路径照射到液态光敏树脂表面，使表面特定区域内的一层树脂固化后，当一层加工完毕后，就生成零件的一个截面；然后，升降台下降（或上升）一定距离，固化层上覆盖另一层液态树脂，再进行第二层扫描，第二固化层牢固地黏结在前一固化层上，这样一层层叠加而成三维工件原型。将原型从树脂中取出后，进行最终固化，再经过打光、电镀、喷漆或着色处理即得到要求的产品，SLA 工艺成型样件如图 1-2-12 所示。SLA 代表设备如图 1-2-13 所示。

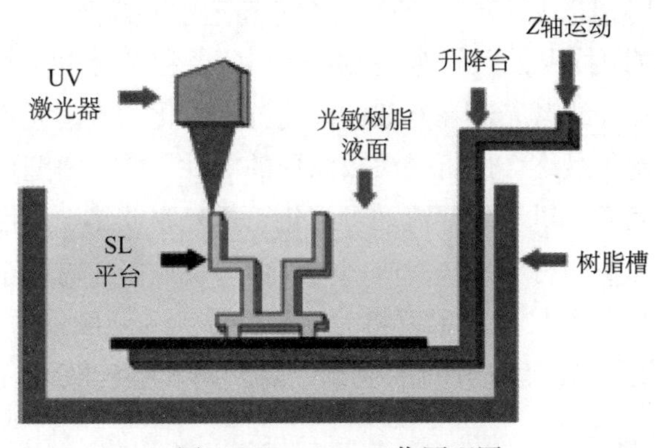

图 1-2-11 SLA 工作原理图

课堂笔记

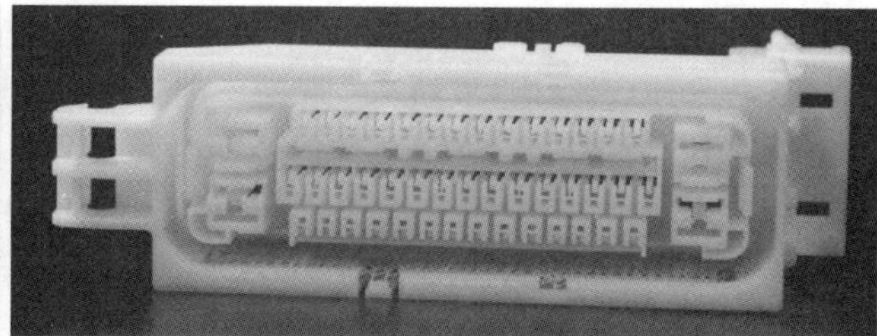

图 1-2-12　SLA 工艺成型样件

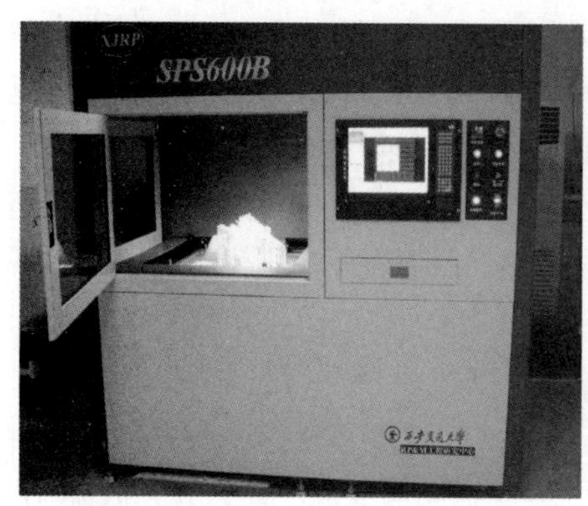

图 1-2-13　SLA 代表设备

4. SLA 技术所用耗材

SLA 技术目前可以使用的打印耗材为液态光敏树脂，如图 1-2-14 所示。

图 1-2-14　SLA 耗材光敏树脂

5. SLA 技术应用范围

SLA 主要应用在高精度塑料件、铸造用蜡模、样件或模型等中，还可以在原料中通过加入其他成分，用 SLA 原型模代替熔模精密铸造中的蜡模。立体光固化成型（SL）是世界上第一个 3D 打印技术，它仍然是需要微小公差和光滑表面的高度细致原型的理想选择。该技术使用紫外线激光器在开放的固化缸中固化和凝固光敏树脂的精细层。光固化非常适用于原型制作最终会进行上漆或涂层的零件，因为模型可以使用与最终产品相同的材料和工艺来完成。对于需要流动可视化、透光率或热稳定性的医疗、汽车和其他原型，透明、耐热和防潮材料也具有吸引力。如果快速制作时间至关重要，产品设计师可以选择光固化模型，并且他们可以将时间和资源投入到额外的打磨过程中。此外，光固化还可以生产用于聚氨酯铸造的主模子，以及用于生产航天、汽车、发电和医疗

应用的金属零件的熔模铸造模子。SL 塑料的主要优势在于，它们足够坚固，能够承受某个点的振动测试，比如摄像机外壳要进行渗水、对准精度和振动测试。如图 1-2-15、图 1-2-16 所示为已用于生产的鞋模及生产出来的鞋子。

图 1-2-15　用于生产鞋子的模具

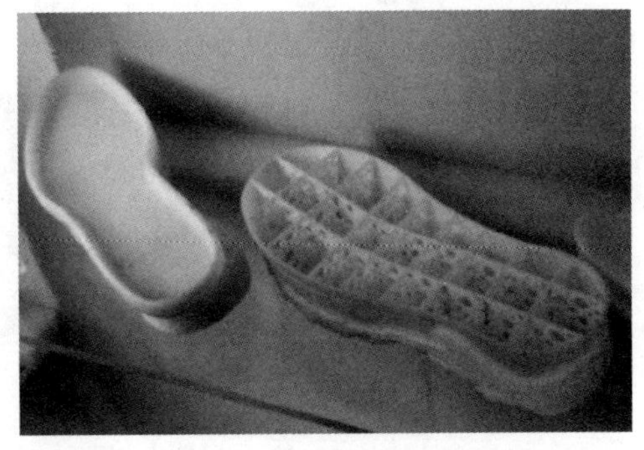

图 1-2-16　鞋底原型

6. SLA 技术的优缺点

SLA 技术的优点：

①技术成熟。

②表面质量较好。

③成型精度较高，精度在 0.1～0.3mm。

④系统分辨率较高。

SLA 技术的缺点：

① SLA 系统造价贵，使用和维护成本过高。

② SLA 是要对液体进行操作的精密设备，对工作环境要求严格。

③成型件多为树脂类，具有紫外线敏感性，强度、刚度、耐热性不好，需要进行额外的后固化步骤。打印材料树脂具有一定的毒性，需要进行密封处理，并且不利于长时间的保存。

④立体光固化成型技术被单一公司所垄断，处理软件和驱动软件与加工出来的效果关联太紧，操作系统复杂。

7. SLA 技术制造过程

如图 1-2-17 所示，SLA 工艺的制作过程分为 5 步：第一步是设计模型；第二步是模型检测和拓扑优化；第三步是切片处理；第四步是操作 3D 打印机进行 3D 打印制件；第五步是打印后的处理。

①第一步：设计模型。工作人员根据用户需求，先进行概念设计和结构设计，然后应用三维造型软件设计出需要打印的 3D 数模，导出成 STL 或 OBJ 格式文件。

②第二步：模型检测和拓扑优化。应用 Materialise Magics 等软件对模型进行检测，例如，模型是否封闭，有无破面、叠面等，拓扑优化优化模型，使模型能符合打印要求。

③第三步：切片处理。应用与 3D 打印机相应的切片软件，合理摆放模型位置，合理添加支撑，合理设置打印工艺参数，设置扫描路径，然后利用离散程序对模型进行切片处理，得到切片程序，控制激光扫描器和升降台。

课堂笔记

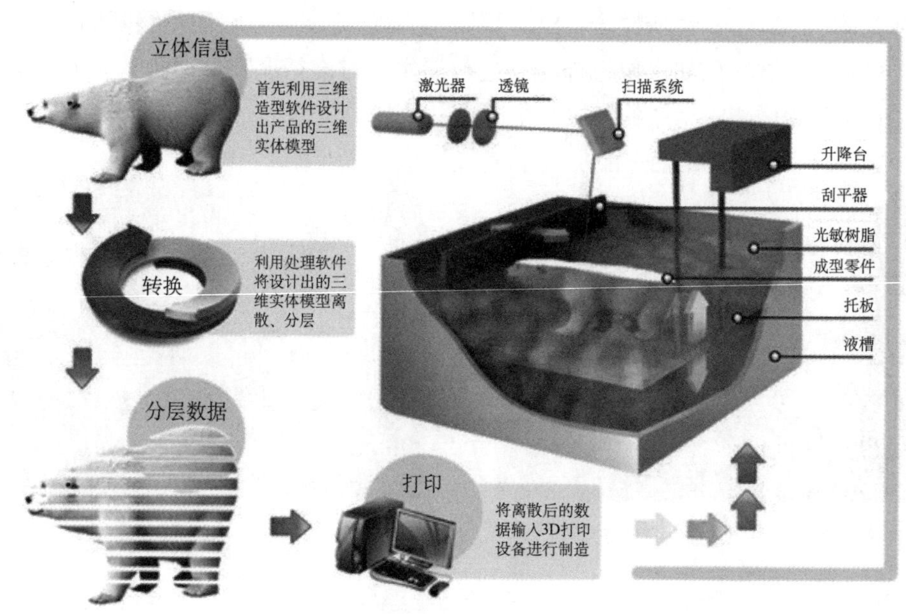

图 1-2-17　SLA 成型技术的工艺过程

④第四步：操作 3D 打印机进行 3D 打印制件。操作 3D 打印机，导入切片程序；清理打印机料槽并加料至规定液面，调整打印平台至工作状态；调用打印程序，按下“开始打印”键（或按钮）；激光光束通过数控装置控制的扫描器，按设计的扫描路径照射到液态光敏树脂表面，使表面特定区域内的一层树脂固化，当一层加工完毕后，就生成零件的一个截面；然后，升降台下降到一定距离，固化层上覆盖另一层液态树脂，再进行第二层扫描，第二固化层牢固地黏结在前一固化层上，这样一层层叠加而成三维工件原型。

⑤第五步：打印后的处理。打印完成之后，从树脂液体中取出模型，清洗模型，去除支撑；然后对模型进行最终固化和打磨、表面喷漆等处理，得到需求的产品。

8. SLA 技术发展趋势

①立体光固化成型法要向高速化、节能环保与微型化方向发展。

②提高加工精度，向生物、医药、微电子等领域发展。

③不断完善现有的技术，研究新的成型工艺。

④开发新的成型材料，提高制件的强度、精度、性能和寿命。

⑤研制经济、精密、可靠、高效、大型的制造设备和大型覆盖件及其模具。

⑥开发功能强大的数据采集、处理和监控软件。

⑦拓展新的应用领域，如产品设计、快速模具制造及医疗、考古等领域。

1.2.4　3D打印LOM技术

1. LOM 概念——分层实体制造

箔材叠层实体制作（Laminated Object Manufacturing）快速原型技术是薄片材料叠加工艺，简称 LOM。

2. LOM 技术历史简介

该技术由美国 Helisys 公司的 Michael Feygin 于 1986 年研发成功。该公司推出了 LOM-1050 和 LOM-2030 两种型号的成型机。除了美国 Helisys 公司，还有日本 Kira 公

课堂笔记

司、瑞典 Sparx 公司、新加坡 Kinersys 精技私人公司、清华大学、华中理工大学等均研发了相关技术。LOM 代表设备如图 1-2-18 所示。

图 1-2-18　LOM 代表设备

3. LOM 技术的成型原理

箔材叠层实体制作是根据三维 CAD 模型每个截面的轮廓线，在计算机的控制下，发出控制激光切割系统的指令，使切割头作 X 和 Y 方向的移动。LOM 工作原理如图 1-2-19 所示，供料机构将底面涂有热溶胶的箔材（如涂覆纸、涂覆陶瓷箔、金属箔、塑料箔材）一段段地送至工作台的上方。激光切割系统按照计算机提取的横截面轮廓用激光束对箔材沿轮廓线将工作台上的箔材割出轮廓线，并将箔材的无轮廓区切割成小碎片。然后，由热压机构将一层层箔材压紧并黏合在一起。可升降工作台支撑正在成型的工件，并在每层成型之后，降低一个箔材厚，以便送进、黏合和切割新的一层箔材。最后形成由许多小废料块包围的三维原型零件。然后取出，将多余的废料小块剔除，最终获得三维产品。LOM 工艺成型样件如图 1-2-20 所示。

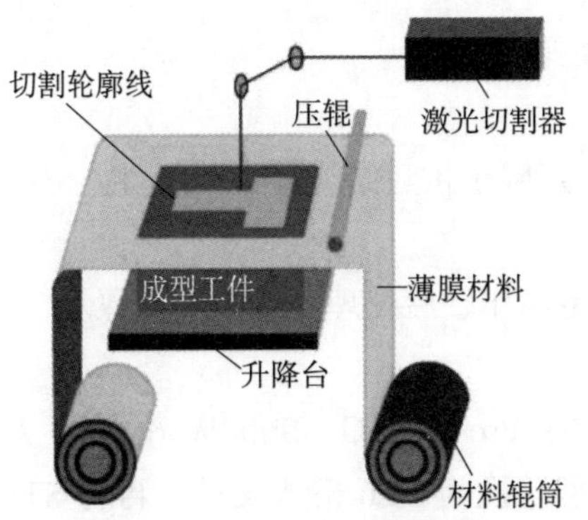

图 1-2-19　LOM 工作原理图

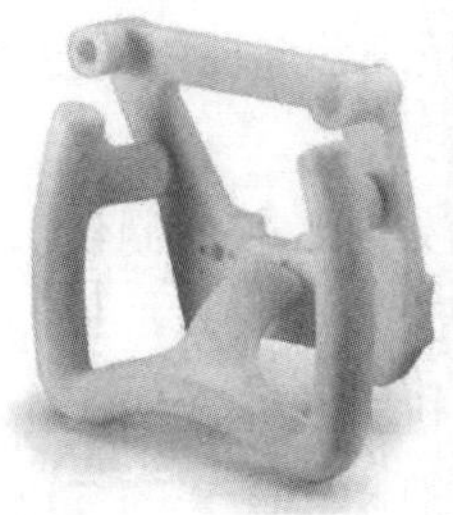

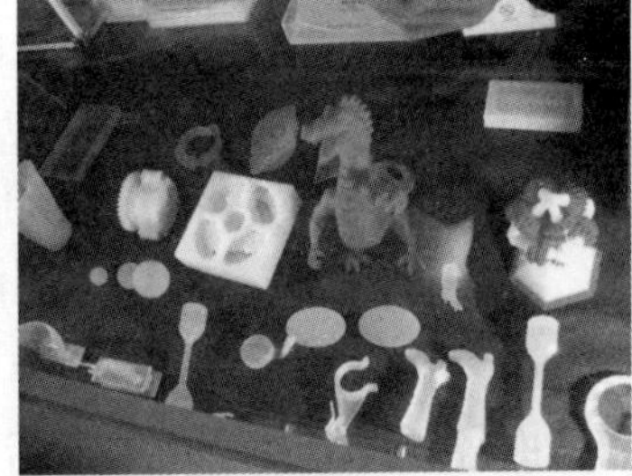

图 1-2-20　LOM 工艺样品

4. LOM 技术所用耗材

LOM 材料一般由薄片材料和热溶胶两部分组成。

薄片材料：根据所需要构建的模型的性能要求，确定用不同的薄片材料。薄片材料分为纸片材、金属片材、陶瓷片材、塑料薄膜复合材料片材，其中纸片材应用最多。另外，构建的模型对基体薄片材料有下面一些性能要求：抗湿性；良好的浸润性；抗拉强度；收缩率小；剥离性能好。

热溶胶：用于 LOM 纸基的热熔胶，按照基体树脂划分为乙烯 - 醋酸乙烯酯共聚物型热熔胶、聚酯类热熔胶、尼龙类热熔胶或者其他的混合物。目前，EVA 型热熔胶应用最广。热熔胶主要有以下性能：

①良好的热熔冷固性能（室温下固化）。

②在反复“熔融 - 固化”条件下其物理化学性能稳定。

③熔融状态下涂在薄片材料上有较好的涂挂性和涂匀性。

④足够的黏结强度。

⑤良好的废料分离性能。

课堂笔记

5. LOM 技术应用范围

由于分层实体制造在制作中多使用纸材，成本低，而且制造出来的木质原型具有外在的美感性和一些特殊的品质，所以该技术在产品概念设计可视化、造型设计评估、装配检验、熔模铸造型芯、砂型铸造木模、快速制模母模及直接制模等方面得到广泛的应用。

6. LOM 技术的优缺点

优点：

①成型速度快，由于只要使激光束沿着物体的轮廓进行切割，不用扫描整个断面，所以成型速度很快，因此，常用于加工内部结构简单的大型零件，制作成本低。

②不需要设计和构建支撑结构。

③原型精度高，翘曲变形小。

④原型能承受高达 200℃的温度，有较高的硬度和较好的力学性能。

⑤可以切削加工。

⑥从主体剥离废料，不需要后固化处理。

缺点：

①有激光损耗，并且需要建造专门的实验室，维护费用太昂贵了。

②废料去除困难。

③由于材料质地原因，加工的原型件抗拉性能和弹性不高。

④易吸湿膨胀，需进行表面防潮处理。

⑤此种技术很难构建形状精细、多曲面的零件，仅限于构建结构简单的零件。

7. LOM 原型成型工艺制造过程

LOM 成型制造过程分为前处理、基底制作、原型制作、后处理 4 个主要步骤。

①第一步是前处理，即图形处理阶段。

想要制造一个产品，需要利用三维造型软件（如：Pro/E、UG、SolidWorks 等）对产品进行三维模型设计，然后把制作出来的三维模型转换为 STL 格式文件，再将 STL 格式的模型文件导入切片软件中进行切片，这就完成了产品制造的第一个过程。

②第二步是基底制作。

由于工作台的频繁起降，所以在制造模型时，必须将 LOM 原型的叠件与工作台牢牢地连在一起，那么这就需要制造基底，通常的办法是设置 3～5 层的叠层作为基底，但有时为了使基底更加得牢固，那么可以在制作基底前对工作台进行加热。

③ 第三步是原型制作。

在基底完成之后，快速成型机就可以根据事先设定的工艺参数自动完成原型的加工制作。但是工艺参数的选择与选型制作的精度、速度及质量密切相关。这其中重要的参数有激光切割速度、加热辊热度、激光能量、破碎网格尺寸等。

④第四步是后处理。后处理包括余料去除和后置处理。

余料去除即在制作的模型完成打印之后，工作人员把模型周边多余的材料去除，从而显示出模型。

后置处理即在余料去除以后，为了提高原型表面质量，那么就需要对原型进行后置处理。后置处理包括防水、防潮等。只有经过了后置处理，制造出来的原型才能满足快速原型表面质量、尺寸稳定性、精度和强度等要求。在后置处理中的表面涂覆是为了提高原型的强度、耐热性、抗湿性，延长使用寿命，使表面光滑及以便更好地用于装配和

课堂笔记

功能检验。

8. LOM 技术发展趋势

由于材料质地原因，耗材受限，加工的原型件抗拉性能和弹性不高，而且易吸湿膨胀，因此此种技术很难构建形状精细、多曲面的零件，故发展受限，已经逐步被淘汰。

1.2.5　3D打印3DP技术

1. 3DP 技术概念

3DP 技术，全称为三维印刷工艺（Three-Dimensional Printing），该技术通过使用液态连结体将铺有粉末的各层固化，以创建三维实体原型。

2. 3DP 技术历史简介

三维印刷（3DP）工艺是美国麻省理工学院 Emanual Sachs 等人研制的。Emanud Sachs 于 1989 年申请了 3DP（Three-Dimensional Printing）专利，该专利是非成型材料微滴喷射成型范畴的核心专利之一。3DP 代表设备如图 1-2-21 所示。

图 1-2-21　3DP 代表设备

3. 3DP 技术的成型原理

3DP 工艺采用粉末材料成型，如陶瓷粉末，金属粉末。工作原理如图 1-2-22 所示，制作时通过喷头用黏接剂（如硅胶）将零件的截面印刷在材料粉末的上面，这样逐层打印成型。3DP 工艺成型样件如图 1-2-23 所示。

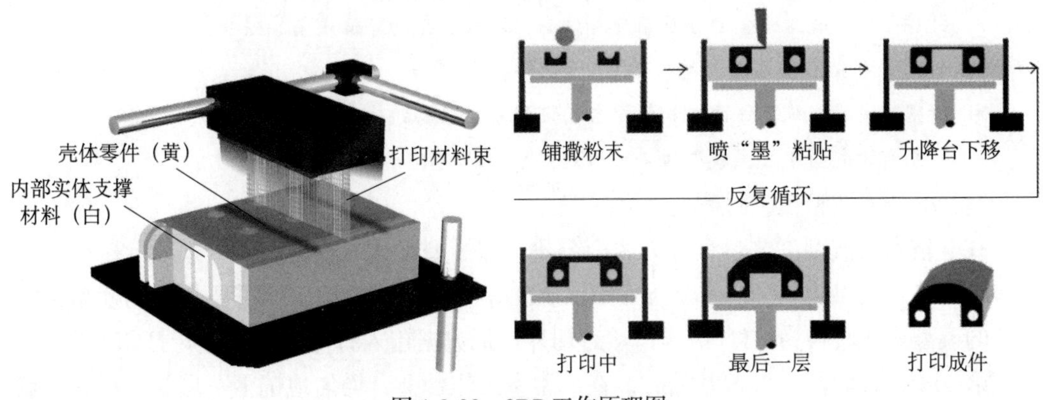

图 1-2-22　3DP 工作原理图

课堂笔记

图 1-2-23　3DP 工艺成型样件

4. 3DP 技术所需耗材

3DP 技术目前可以使用的打印耗材有石膏粉末、陶瓷粉末、金属粉末等。

5. 3DP 技术应用范围

3DP 技术可应用于制作概念模型、内部复杂的模型及制作颜色多样的模型。

6. 3DP 技术的优缺点

3DP 技术的优点：

①成型速度快，材料价格低。

②可制作彩色原型。

③制作过程中无须支撑，多余粉末去除方便，后处理方便。

④适合制造复杂形状的零件。

3DP 技术的缺点：

①强度较低，只能做概念型模型，而不能做功能性试验。

②零件易变形甚至出现裂纹。

③表面粗糙。

温馨提示：影响 3DP 打印原型精度的因素

- 由模型通过软件数据接口转换成 STL 格式文件时产生误差。
- 进行分层处理产生的误差，最常见的是阶梯误差。
- 打印过程中变形及后期处理时，黏结剂未干燥、温度等造成的变形。

温馨提示：如何避免 3DP 打印原型精度变差

- 减少分层带来的阶梯误差。降低每层的厚度以降低尺寸误差，提高原型表面质量。
- 针对原型，选择适合的分层角度和方向，以减少变动降低误差。
- 研究无须 STL 格式转换的三维 CAD 软件。
- 研究能按照三维零件曲率和斜率自动调整分层厚度的软件。
- 研究新的成型方法、成型材料及后处理方法。

7. 3DP 技术成型工艺过程

3DP 技术的成型工艺过程分为 3 个步骤，即模型设计、打印、后处理。

第一步：模型设计。工作人员利用 CAD 等制作软件设计出所需要打印的模型，将设计的模型格式转换为 STL 格式，然后切片，把数据输入打印机中，进行打印。

第二步：打印。在打印开始时，在成型室工作台上，均匀地铺上一层粉末材料，然

后喷头按照原型截面形状，将黏结材料有选择性地打印到已铺好的粉末上，使原型截面有实体区域内的粉末黏结在一起，形成截面轮廓，一层打印完后，工作台下降到一个截面的高度，然后重复上面的步骤，直至原型打印完成。

第三步：后处理。在原型打印完毕后，工作人员把原型从工作台上拿出，并经过高温烧结等工艺，进行后处理。

8. 3DP 技术的发展前景

3DP 技术除了在产品的概念原型和功能原型件的制造，还在生物医学工程、制药工程和微型机电制造等领域有着广阔的发展前景。

①产品的概念原型和功能原型件。3DP 技术是产品的概念原型从原型设计图到实物的最直接的成型方式。概念原型一般应用于展示产品的设计理念、形态，对产品造型和结构设计进行评价，从而得到更加精良的产品。这一过程，不仅节约了时间也节约了成本。

②生物医学工程。3DP 技术不需要激光烧结或加热，所以可以打印出生命体全部或部分功能具有生物活性的人体器官。首先利用 3DP 技术将能参与生命体代谢可降解的组织工程材料制成内部多孔疏松的人工骨，并在疏松孔中填活性因子，置入人体，即可代替人体骨骼，经过一段时间，组织工程材料被人体降解、吸收、钙化形成新骨。

③制药工程。制药主要是通过粉末压片和湿法造粒制片两种方法制造，在人服用后，很难达到需要治疗的区域，降低了药效发挥的作用。所以为了更好地发挥药效，就需要药物在体内的消化、吸收和代谢规律，以及治疗所需要的药物浓度，合理设计药物的微观结构、组织成分和药物三维控件的分布等。传统制药难以达到这个要求，而新兴的 3DP 技术因为其材料多样性、成型过程中的可控性等特点，可以很容易地实现多种材料的精确成型和微观结构的精确成型，满足制药的需要。近年来，华中科技大学的余灯广等人利用 3DP 技术成功地制作了药物梯度控释给药系统。

④微型机电制造。微型机电控制系统是指集微型机构、微型传感器、微型执行器及信号处理和控制电路甚至外围接口通信电路和电源等于一体的微型器件或系统。目前微型机电的加工方法有光刻、光刻电铸、精密机械加工、精密放电加工、激光微加工等。这些制造方法只能适合平面加工，很难加工出三维复杂结构。如果非要制造，则成本高工艺复杂。如果把支撑材料改为可以打印的悬浮液体，就可以采用 3DP 技术来制造，如果安装多个喷头，就可以制造出具备多种材料和复杂形状的微型机电。近年来，随着 3DP 技术的成型精度的提高，其将在微机械、电子元器件、电子封装、传感器等微型机电制造领域有着广泛的发展前景。

1.2.6　不同3D打印技术的对比

目前应用较广的是 3DP 技术、FDM 技术、SLA 技术、SLS 技术、3DP 技术等。虽然成型工艺不同，但 3D 打印技术实质都是叠层制造，由快速原型机在 X-Y 平面内通过扫描形式形成工件的截面形状，而在 Z 坐标间断地作层面厚度的位移，最终形成三维制件。可由于成型工艺不同，所使用材料、成型精度也不同，我们把上述几种工艺与传统加工进行简单对比，如表 1-2-1 所示。表 1-2-2 为 3DP 技术、FDM 技术、SLA 技术、SLS 技术、LOM 技术成型精度比较。

课堂笔记

表1-2-1　不同3D打印技术的对比

技术	优　势	劣　势
FDM	1.污染小，材料可回收，用于中小型件的成型 2.可以使用溶于水的支撑材料，以便于工件分离，从而实现中空型工件的加工	1.工件表面比较粗糙 2.加工过程的时间比较长 3.比SLA工艺精度低
SLA	1.光固化成型法是最早出现的快速原型制造工艺，成熟度高 2.可以加工结构外形复杂或者使用传统手段难以成型的原型或者模具 3.使CAD数字模型直观化，降低错误修复的成本	1. SLA系统造价高昂，使用和维护成本较高 2. SLA系统是要对液体进行操作的精密设备，对工作环境要求苛刻 3.成型多为树脂类，强度、刚度、耐热性能有限，不利于长时间保存
SLS	1. SLS所使用的成型材料十分广泛，目前可以进行SLS成型加工的材料有石蜡、高分子、金属、陶瓷粉末和它们的复合粉末材料。成型件性能分布广泛适用于多种用途 2. SLS无须设计和制造复杂的支撑系统	SLS工艺加工成型后工件表面会比较粗糙，增强机械性能的后期处理工艺也比较复杂（粗糙度取决于粉末的直径）
LOM	1.成型速度较快。由于只需要使用激光束沿物体的轮廓进行切割，无须扫描整个断面，所以成型速度很快，因而常用于加工内部结构简单的大型零件 2.原型精度高，翘曲变形小 3.可进行切削加工 4.可制作尺寸大的原型	1.原型的抗拉强度和弹性不够好 2.原型易吸潮膨胀，所以成型后要立即进行表面防潮处理 3.原型表面有台阶纹理，难以构建形状精细，多曲面的零件，因此成型后要进行表面打磨处理
3DP	1.成型速度快，材料价格低，适合做桌面型的快速成型设备 2.在黏结剂中添加颜料，可以制作彩色模型，这是该工艺最具竞争力的特点之一 3.成型过程不需要支撑，多余粉末的去除比较方便，特别适合做内腔复杂的原型	强度较低，只能做概念型模型。而不能做功能性实验

表1-2-2　SLS、SLA、LOM、FDM成型精度比较

工艺	SLA	LOM	SLS	FDM
零件精度	较高	中等	中等	较低
表面质量	优良	较差	中等	较差
复杂程度	复杂	简单	复杂	中等
零件大小	中小	中大	中小	中小
材料价格	较贵	较便宜	中等	较贵
材料种类	光敏树脂	纸、塑料、金属薄膜	石蜡、塑料、金属、陶瓷粉末	石蜡、塑料丝
材料利用率	接近100%	较差	接近100%	接近100%
生产率	高	高	中等	较低

【课后拓展】

1. 了解 3D 打印 SLM（Selective Laser Melting，选区金属激光熔化）技术的概念、

发展历史、工作原理、所用耗材、应用范围、该技术的优缺点、成型工艺过程、发展前景。

2. 了解 3D 打印 SGC（Solid Ground Curing，掩模固化法）技术的概念、发展历史、工作原理、所用耗材、应用范围、该技术的优缺点、成型工艺过程、发展前景。

3. 了解 BPM（Ballistic Particle Manufacturing）技术的概念、发展历史、工作原理、所用耗材、应用范围、该技术的优缺点、成型工艺过程、发展前景。

4. 了解 LCD（Laser Cladding Deposition，激光金属熔覆沉积）技术的概念、发展历史、工作原理、所用耗材、应用范围、该技术的优缺点、成型工艺过程、发展前景。

5. 了解 LSF 技术（激光立体成型技术）的概念、发展历史、工作原理、所用耗材、应用范围、该技术的优缺点、成型工艺过程、发展前景。

任务1.3　了解3D打印的目前应用及发展趋势

【任务引入】

现在，随着 3D 打印技术应用的不断扩散，个性化的私人定制越来越受到我们的青睐，新兴的 3D 打印目前到底有哪些应用，离我们的生活有多远？下面我们就来了解一下。

【任务分析】

本次我们的任务是对 3D 打印技术应用有所了解。上次任务我们已经对 3D 技术中 5 种工艺与特点有所了解，不同的工艺都有其适用范围和行业，我们按应用领域一一进行介绍。

【任务实施】

1.3.1　3D打印技术在金属件制造中的应用

金属零件 3D 打印技术作为整个 3D 打印体系中最前沿和最有潜力的技术，是先进制造技术的重要发展方向。按照金属粉末的添置方式将金属 3D 打印技术分为以下三类：

（1）使用激光照射预先铺展好的金属粉末，即金属零件成型完毕后将被粉末完全覆盖。这种方法目前被设备厂家及各科研院所广泛采用，包括直接金属激光烧结成型（Direct metal Laser Sintering，DMLS）、激光选区熔化（Selective Laser Melting，SLM）和 LC（Laser Cusing）等。

（2）使用激光照射喷嘴输送的粉末流，激光与输送粉末同时工作（Laser Engineered Net Shaping，LENS）。该方法目前在国内使用比较多。

（3）采用电子束熔化预先铺展好的金属粉末（Electron Beam Melting，EBM），此方法与第（1）类原理相似，只是采用的热源不同。

课堂笔记

激光选区熔化技术是金属 3D 打印领域的重要部分，其采用精细聚焦光斑快速熔化 300～500 目的预置粉末材料，几乎可以直接获得任意形状及具有完全冶金结合的功能零件。致密度可达到近乎 100%，尺寸精度达 20～50μm，表面粗糙度达 20～30μm，是一种极具发展前景的快速成型技术，而且其应用范围已拓展到航空航天、医疗、汽车、模具等领域。

目前 3D 打印机所制造出来的金属部件在精度和强度上已经大有提升。如图 1-3-1 所示为中国西北工业大学研制生产的航天飞行器舵，图 1-3-2 所示为采用 SLM 系统完成的钛合金制件。

图 1-3-1　航天飞行器舵

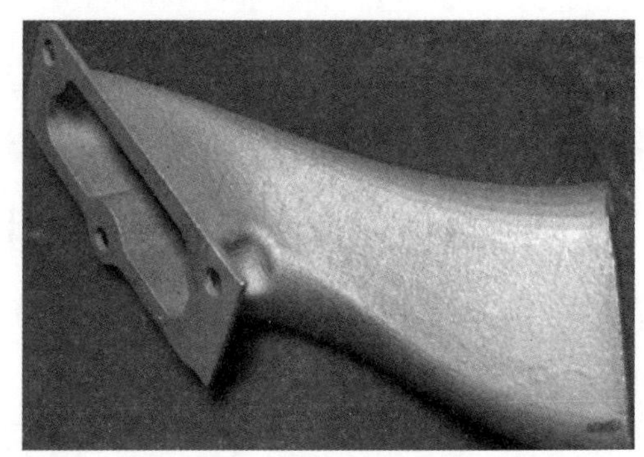

图 1-3-2　钛合金制件

3D 打印制造技术能够与传统的铸造、金属冷喷涂、硅胶模、机加工等工艺相结合，极大提升工艺能力，3D 打印所需模具、工装、卡具、刀具等工艺资源少（甚至不需要），极大地缩短了加工准备周期，降低制造成本和缩短制造周期。图 1-3-3 所示为玉柴公司利用 3D 打印与铸造相结合的工艺，在 7 天内整体铸造出了 6 缸发动机缸盖。而如果用传统工艺铸造则需要 5 个月，且无法整体成型。激光直接加工金属技术发展较快，已满足特种零部件的机械性能要求，被率先应用到航天、航空装备制造。图 1-3-4 所示为在我国自主创新科技展示厅内展出的利用激光直接沉积技术生产的用于航天飞机的大型金属构件。

图 1-3-3　6 缸发动机缸盖

图 1-3-4　大型金属构件

另外，北京航空航天大学、西北工业大学、中航工业北京航空制造工程研究所等国内多个研究机构开展了激光直接沉积工艺研究、力学性能控制、成套装备研发及工程应用关键技术攻关，并取得了较大进展。

课堂笔记

图 1-3-5 所示为大型客机首次在国产客机 C919 上采用激光成型件加工的中央翼缘条，钛合金上、下翼缘条是大客翼身组合体大部段中的关键零部件，由西安铂力特激光成型技术有限公司使用金属增材制造技术（3D 打印）所制造，左上缘条最大尺寸 3070mm，最大质量 196kg，仅用 25 天即完成交付，力学性能通过商飞“五项性能测试”，综合性能优于锻件，大大缩短了航空关键零部件的研发周期，实现了航空核心制造技术上一次新的突破。

采用激光成型的 C919 主挡风窗框，改变了传统需要铸锭、制坯、制模、模锻、机加工等工艺过程，大幅度减少了工艺资源，材料利用率从原来的 10% 左右提高到 90%。图 1-3-6 所示为成功下线的 C919 大型客机翼身组合体大部段。

图 1-3-5 国产客机 C919 主挡风窗框与中央翼缘条

图 1-3-6 C919 大型客机翼身组合体大部段

1.3.2 3D打印技术在玩具、工艺品领域中的应用

3D 打印技术在很多领域都得到了比较好的应用，且很多行业都非常肯定，未来 3D 打印技术将会在该行业内发挥着非常重要的作用，比如汽车、玩具、手机等行业，均可以在设计师设计好作品之后，就及时地将模型进行打印，然后观察设计效果，甚至于在玩具行业，可以将我们所能设计出来的各种新奇的模型，进行及时打印，批量地生产，满足不同年龄段的人对不同玩具类型的需求。

在玩具、工艺品领域，来自英国伦敦的互联网公司于近期宣布，其第一款打印玩具已经成功满足欧洲玩具安全标准，成为世界上第一个通过认证的打印玩具，如图 1-3-7 所示为玩具 3D 打印机。3D 打印技术的兴起，必将会带来商业模式的变革，而对于玩具行业来说，更多的定制化、细分化、个性化的玩具定制业务也将随之兴起。3D 打印技术会给整个玩具产业带来全新变革，缩短产品设计周期，并且会克服以前的一些模具设计短板，例如，一些相对复杂的设计无法通过模具实现，而通过打印机则可以较为完美地展现，使产品设计更加逼真。3D 打印技术也的的确确颠覆了传统工业品制造流程，把创意设计迅速变为产品实物。设计师和产品开发团队能够更加形象、直观、准确地表达设计思想和产品功能，从一开始就尽早发现问题并解决，避免没必要的返工，从而缩短产品设计周期，降低企业开发成本，企业核心竞争力也随之增强。图 1-3-8 所示为国内阿里巴巴平台上的工艺品网店。图 1-3-9 所示为 3D 打印的一些工艺品图片，图 1-3-10 所示为 2015 年美国动漫展上展出的“末永未来娃娃”，就是从光敏树脂打印机中产出的原型。

课堂笔记

图 1-3-7　玩具 3D 打印机

图 1-3-8　国内阿里巴巴平台上的工艺品网店

图 1-3-9　3D 打印工艺品图片

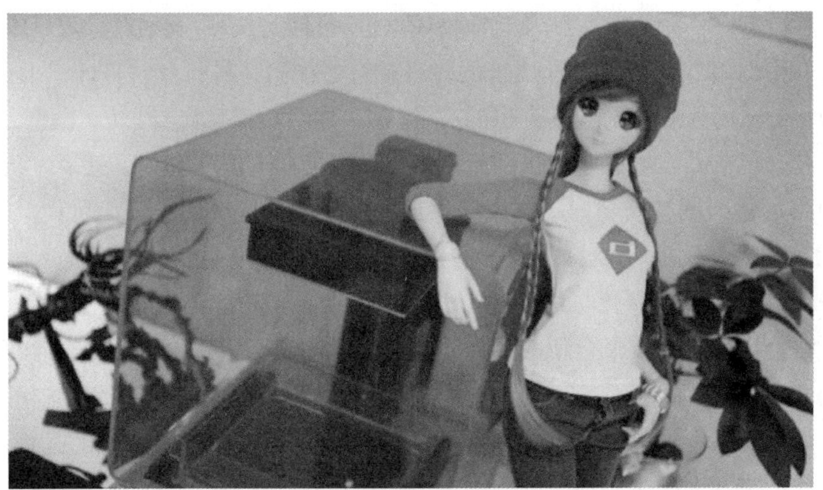

图 1-3-10　动漫人物

1.3.3　3D打印技术在服装行业中的应用

服装设计师在进行服饰设计时，也可以使用 3D 打印技术，及时地查看立体效果，并且可以根据立体效果进行调整，这对服装设计而言，有着非常大的便利性。这是最好

课堂笔记

的服饰设计制作方式，利用3D打印技术，将真人进行拍照，然后将模型发送给服装设计师，由设计师根据真人模型进行服饰设计，达到量体裁衣、私人定制的服饰。

在一些高级定制方面，使用3D打印技术，可以解决很多距离上的不便，让全球最好的设计师，可以及时地为您设计服饰。另外，在服饰配件方面，使用3D打印技术，可以让最佳的服饰配件最快地打印出来，然后在服饰上进行搭配使用，可以用最快的速度选出最佳的搭配效果，为服饰的销售、服饰的设计方面提供辅助作用，如图1-3-11、图1-3-12所示分别为3D打印的鞋子和服装。

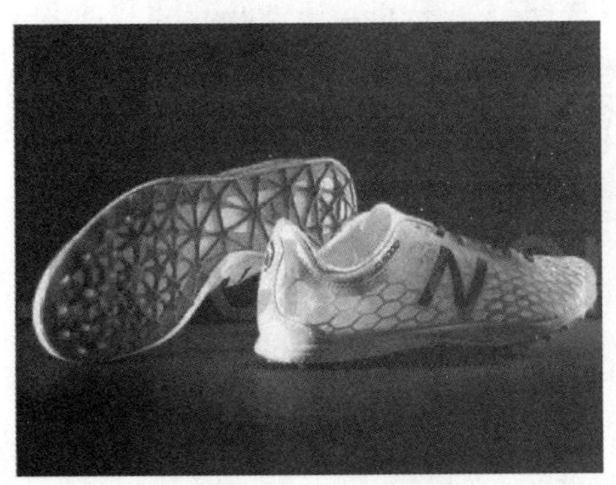

图1-3-11　3D打印的鞋子

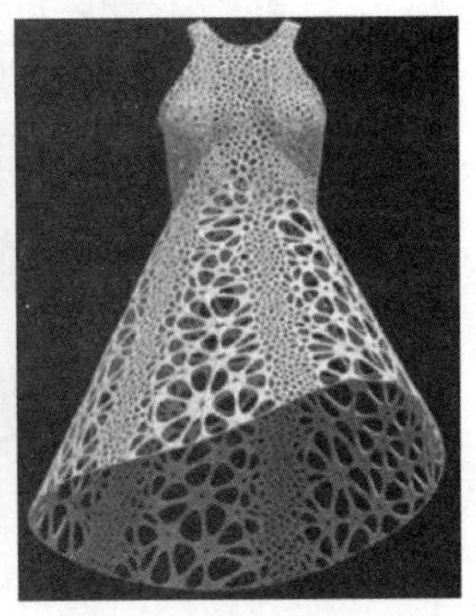

图1-3-12　3D打印的服装

科技改变生活，3D打印技术未来也会改变服饰生活，改变时尚方式。荷兰设计师Pauline Van Dongen最近在尝试3D打印技术，她设计出可伸缩形态的袖套，用一台Objet Connex多材料打印机打印了这一袖套。袖套由具有弹性像橡胶一样的材料和结实的塑料构成。这款袖套能对多种手势进行视觉呈现，会根据人的运动来改变形状，比如，当穿戴者手臂往下放时，袖套各个部位要么扩张，要么收缩，如图1-3-13所示。

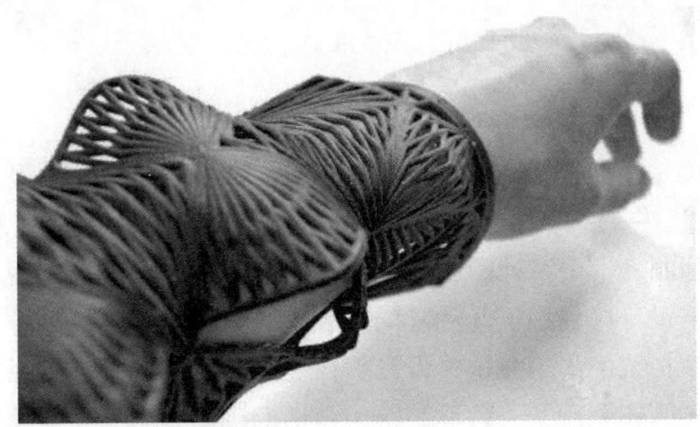

图1-3-13　3D打印的袖套

Van Dongen通过与3D Systems公司位于洛杉矶的工作室合作，制作了“响应式可穿戴服装”，如图1-3-14所示。她们先尝试了打印多个弹簧一样的塑料形体。她们还在服装中装上了用镍钛合金制作的弹簧。镍钛合金具备形状记忆的特性。在某一温度下，镍钛合金会变形，但当加热到“变形温度”时，它又会恢复原状。通过装上镍钛合金弹簧及小电线，Van Dongen可以通过调节温度，让弹簧扩张或收缩。这一效果就像有一个“在呼吸的有机体”附着在穿戴者身上。服装的弹簧式结构缠绕在身体之上，给人一种深海珊瑚在海中移动的美感，如图1-3-15所示。

课堂笔记

图 1-3-14 3D 打印的服装饰物

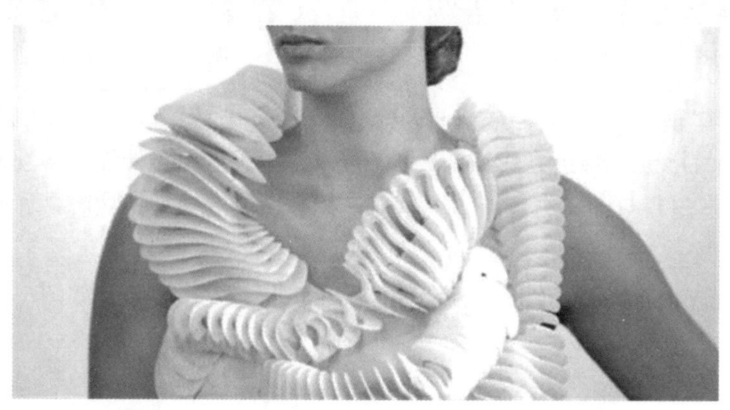

图 1-3-15 会“呼吸”的 3D 打印服装

设计师 Jamela Law 创作了一系列称为 Beeing Human 的服装，灵感来源于大自然中最强大的形状之一——蜂巢。整个系列的服装使用了多种制造技术，如 3D 打印、硅胶铸造和手工缝制。这个系列的服装，如图 1-3-16 所示，不仅美观醒目，并且它们都带有重要信息。设计师使用了几种不同的软件进行制作，这些软件可以实现复杂的设计。除了要用到传统的缝纫，这些设计软件非常适合制作复杂的蜂窝服装结构。在制作的时候，设计师还采用了一种称为重力铸造的创新技术，这样设计师就可以使用少量的 3D 打印模具制造出大量的硅胶贴片。这些硅胶贴片亲肤、防水、有弹性，如图 1-3-17 所示。

为了符合服装的设计理念，设计师选择使用一种称为 BioFila Silk 的可生物降解的 3D 打印丝材。这种材料不仅可再生，而且比木质素这种材料耐久性更好。设计师表示，随着 3D 扫描式技术的出现，她可以根据客人具体定制服装。这就意味着可以实现按订单生产，减少了材料的浪费。

设计师表示，3D 打印也是时尚灵感的重要来源之一，因为借助 3D 打印，可以不断进行创作。

图 1-3-16　借助 3D 打印技术制作的蜂巢系列服装

图 1-3-17　用 3D 打印模具制造出亲肤、防水、有弹性的硅胶贴片

1.3.4　3D打印技术在珠宝行业中的应用

现在，随着 3D 打印技术应用的不断扩散，3D 打印首饰越来越接近普通人的生活。已经有珠宝商开始向消费者提供 3D 打印的各种首饰了。传统珠宝首饰制作的简要流程是：由概念设计画出二维图纸——雕刻蜡板翻制银板，然后再压制橡胶模——胶模铸蜡，重复操作得到多件蜡模——完成蜡模——种蜡树和蜡树称重——翻制石膏模——浇注——石膏模炸洗及后处理——成品。

新型数字化快速制造流程是：珠宝首饰样品三维扫描——获得三维扫描数据——

课堂笔记

CAD设计数据——RP快速蜡模——翻制石膏模——浇注——后处理。

新型数字化快速制造技术方案与传统制造流程相比，主要优势在于：

（1）打印蜡模用于失蜡铸造。借助3D打印技术，省去了繁复的手工步骤，加快了蜡型制作速度。

（2）直接生产珠宝或零部件。自从3D打印应用逐渐普及，一些新奇的珠宝首饰产品开始层出不穷，国际几大时装周上频现3D打印珠宝、服饰，非常夺人眼球，给这个世界添加了更多精彩。

（3）设计沟通、设计展示。在产品设计早期，就使用3D打印设备快速制作足够多的模型用于评估，不仅节省时间，而且可减少设计缺陷。

（4）满足个性化定制。3D打印以其高效的特点，能够帮助企业对客户的定制需求快速做出反应，抢占高端市场，如珠宝定制、首饰定制等。

（5）装配测试、功能测试。实现产品功能改善、生产成本降低、品质更好、市场接受度提升的目标。

3D打印珠宝很早就已经有人在做，如来自费城的3D打印珠宝设计师MariaEife的母校Tyler School Art在20世纪就已经开始教授使用CAD和3D打印设计首饰了。比较近的有2014年8月德国一家3D打印珠宝首饰店Stilnest就获得了总计100万美元的种子投资，知名珠宝商美国珍珠（American Pearl）早已开发出了一种将CAD软件与SolidscapeT-763D打印机结合在一起的在线珠宝设计定制系统，其他媒体报道比较多的还有Xuberance、Shapeways、MOCCI工作室等。事实上，国内不少商家也已使用FDM技术或SLA技术制作蜡模。

自20世纪80年代初才开始起步到今天，我国的珠宝首饰行业从纯手工制作到今天的高科技辅助设计制造，发生了翻天覆地的变化，如今3D打印的出现及此技术在珠宝首饰行业中的应用，在较短时间内显示出其强大的技术优势。按照珠宝制造的工艺流程，目前珠宝应用主要分为以下几类：快速展示样品、蜡镶成型、压膜成型、倒模铸造、批量定制服务。

3D打印适用于珠宝领域的快速验证，打印整盘模型可在15～30分钟内完成。 对于设计工作室、院校、珠宝门店及相关珠宝领域需要在极短时间内完成设计模型的环境下，3D打印在这些应用中，前期均需要制作样板确认产品定型。3D打印在此环节中从以下几个方面体现出自己的价值——T：时间短，Q：质量高，P：人员少，C：成本低。

3D打印技术将大批量无差异化的生产转化为个性化差异化的快速生产，正逐渐成为珠宝制造的新生力量。3D打印作为“增材制造”的一种方式，整个生产过程不受任何复杂结构和生产工艺的限制。最适合珠宝行业的3D打印技术是DLP（数字光处理），如图1-3-18所示为超高速专业级DLP_3D打印机，打印样件如图1-3-19所示。

其主要优势体现在：技术成熟可靠，精确度高，物料损耗少，现成的高质量材料，机器的操作和维护简单便捷，使用的材料范围非常广泛。EnvisionTEC的技术和材料为产品提供了卓越的细节、精确度及光滑的表面光洁度，并且整个生产过程只需要较少的精加工。目前EnvisionTEC可使用的材料为以下几种类型。

- RC系列：RC31、RCP30、RC70、RC90是纳米粒子填充材料，用于制作耐磨、耐用、不透明桃红色高温部件。
- HTM140耐高温材料，可耐高温至140℃，可以用于开模具的材料，硬度高，细

节表现力强。

- EC 500 材料，适合蜡镶应用的可铸造树脂蜡材料。
- PIC-100 材料，中国最早应用的珠宝树脂铸造材料，最适合生产贵重金属铸件，品质不会因为速度快而丢失。

图 1-3-18 超高速专业级 DLP_3D 打印机

图 1-3-19 DLP_3D 打印样件

据“中国礼品网讯”报道，2014 年 6 月，美国“神经系统”（Nervous System）设计工作室首次采用 3D 打印技术，与顾客共同设计和制作出镶嵌宝石的订婚戒指，如图 1-3-20 所示。

这枚订婚戒指形似细胞组织，其设计难度在于如何将近似圆形的钻石固定在孔隙狭小的戒面上，最后工作室与顾客共同达成的解决办法是，将戒面分为 2 层，外层保留较大的孔隙以固定住钻石，而内层则较为细密以保证佩戴的舒适感，2 层之间则为钻石留下了恰当的空间。“神经系统”工作室首先3D打印出戒指的蜡模，再用18K金浇铸成型，戒面中央有一颗钻石，四周则被四颗红宝石环绕，为了匹配这枚特殊的订婚戒指，“神经系统”工作室特地制作了桃木首饰盒，首饰盒顶部覆盖了镀金顶盖。这次的合作是愉快而成功的，并且“神经系统”工作室向更多客户推出了私人定制订婚钻戒的服务。凭借高度定制化和对特殊几何形状的成型能力，3D 打印技术在私人珠宝定制行业将会有广阔的前景。

2014 年 12 月，该工作室利用 3D 打印技术耗时 48 小时制成世界上首件 4D 打印连衣裙，由 Shapeways 3D 打印完成，已被纽约现代艺术博物馆收藏，如图 1-3-21 所示。在 3D 打印的基础上增加时间纬度，使用一种能够自动变形的记忆合金材料，通过软件设定模型和时间，该材料在设定时间内变形成所需的形状。“神经系统”工作室介绍说，这件 4D 连衣裙通过 3316 个连接点把 2279 个打印块连在一起，堪称为模特量身定制的“艺术品”。

图 1-3-22 所示的是艺术家王开方 3D 打印艺术作品，这些首饰想要用传统方法雕刻加工出来很明显所要耗费的人力、时间和资金是非常可观的。用 3D 打印珠宝就能提高生产效率、降低成本。3D 打印技术在珠宝行业的应用是一种优势，它可以制作出造型复杂的珠宝饰物，如图 1-3-23 所示，主要体现在：造型复杂的模型个性定制，计算机模拟，自动化加工缩短工时。此外，可以预想到的是，在技术允许的情况下，除了金属类珠宝，3D 打印也可以制作出有色宝石或有机宝石。

课堂笔记

图 1-3-20　3D 打印制作的戒指与首饰盒　　图 1-3-21　4D 打印连衣裙

图 1-3-22　艺术家王开方 3D 打印艺术作品

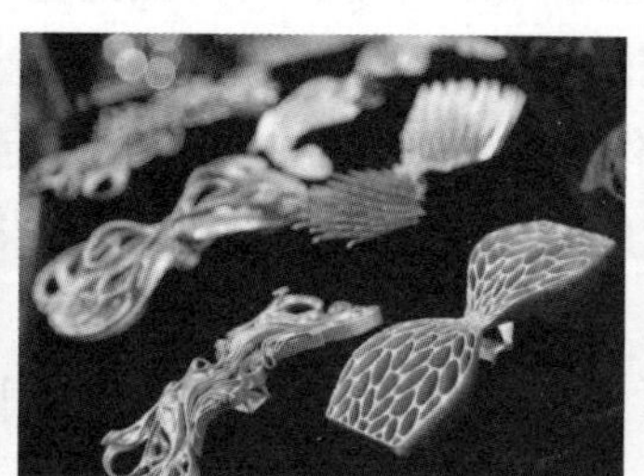

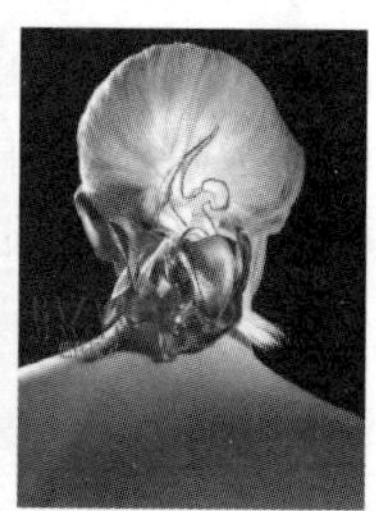

图 1-3-23　造型复杂的珠宝饰物

麦肯锡公司一份名为《一个多样化的未来：2020 年的珠宝行业》(*A Multifaceted Future：The Jewelry Industry in 2020*) 的报告说，虽然目前在线网上珠宝销售额只占整个市场的 4%～5%，但到 2020 年在线销售的高级珠宝比例有望达到 10%，时尚饰品的销售也将达到 15%。看得出来以节省成本为基础的利用 3D 打印技术进行个性化在线定制将是以后珠宝行业发展的重要趋势之一。

【相关知识】

3D打印技术在其他领域中的应用

1. 产品设计领域

在产品设计领域，3D 打印主要用于新产品造型设计展示、可装配性验证、可制造

性验证等。

（1）新产品造型设计展示。在新产品造型设计过程中，3D 打印技术为工业产品的设计开发人员建立了一种崭新的产品开发模式。运用 3D 打印技术能够快速、直接、精确地将设计思想转化为具有一定功能的实物模型（样件），这不仅缩短了开发周期，而且降低了开发费用，也使企业在激烈的市场竞争中占有先机。如图 1-3-24 所示为展览会中某型水龙头的 SLA 组件展示。

图 1-3-24　某型水龙头的 SLA 组件展示（图源：上海数造）

图 1-3-25 所示的是 3D 打印的 GE 喷气机引擎，设计出了可打开的剖面机构，以充分暴露其内部结构，利于进行产品内部组件的展示和功能讲解。

图 1-3-25　GE 喷气机引擎（图源：上海数造）

2008 年珠海航展上展出的空军某型 250 公斤级[*]制导炸弹。该弹是在空军现有的老式航弹弹体上加装弹翼组件后改装而来的。在炸弹投放离机后，弹翼套件将会自动展开，炸弹会由于升力面积的增加而获得较好的气动性能，进而大幅度增加投射距离。在原炸弹尾部，加装了 X 型配置的控制舵面，通过接收卫星导航信号来操纵炸弹向目标准确地滑翔。如图 1-3-26 所示，展出的绿色弹体为传统航空炸弹，白色部分为弹翼组件，由联泰科技 RS6000 激光快速成型机全尺寸制作完成。翼展最大尺寸（单边）约为 1.2m，整个组件在 10 天内即全部完成，其中 SLA 制作 7 天，表面处理时间 3 天，为模型及时参与航展提供了有效保障。

* 注：250 公斤级表示一个级别。

课堂笔记

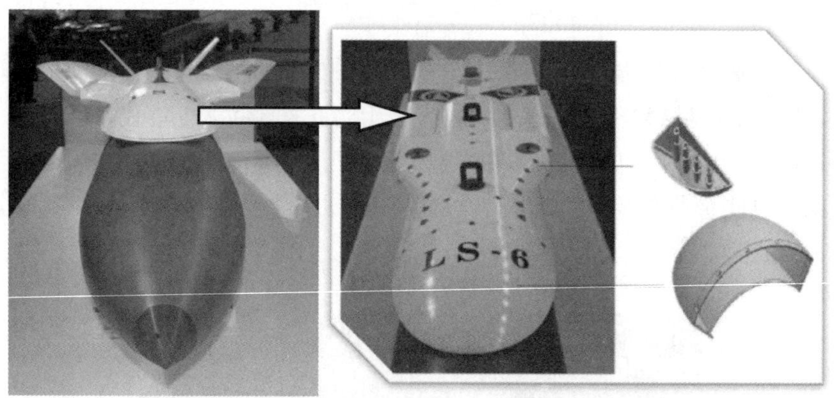

图 1-3-26　250 公斤级制导炸弹（图源：上海数造）

（2）可装配性验证。由于 3D 打印技术 CAD/CAM 的无缝衔接，能快速制得产品零件和结构部件，对产品进行结构、装配的验证和分析，从而可对产品设计进行快速评估、测试，缩短产品开发的研制周期，减少开发费用，提高参与市场竞争的能力。图 1-3-27 所示为采用 SLA 技术 3D 打印的某型空调组件，用来进行产品的结构及装配验证。图 1-3-28 所示为装配后的空调壳体，验证了空调壳体结构设计可行性。

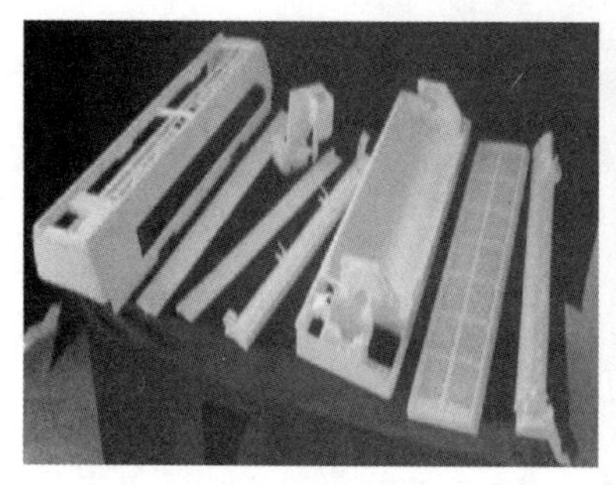

图 1-3-27　某型空调组件

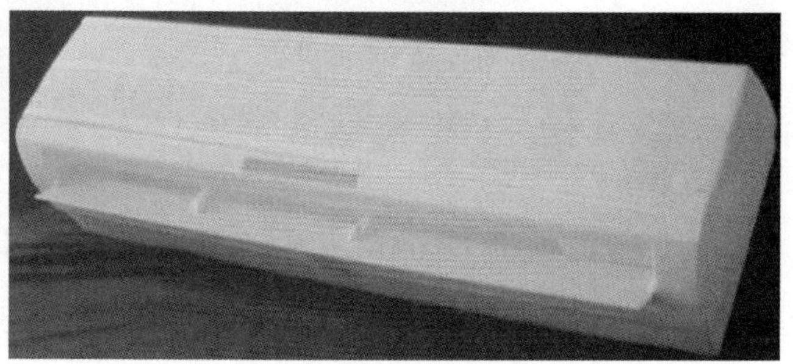

图 1-3-28　装配后的空调壳体（图源：上海数造）

图 1-3-29 所示为采用 SLA 技术 3D 打印的某型车灯组件，用来进行车灯组件的光照试验，验证车灯的功能性。

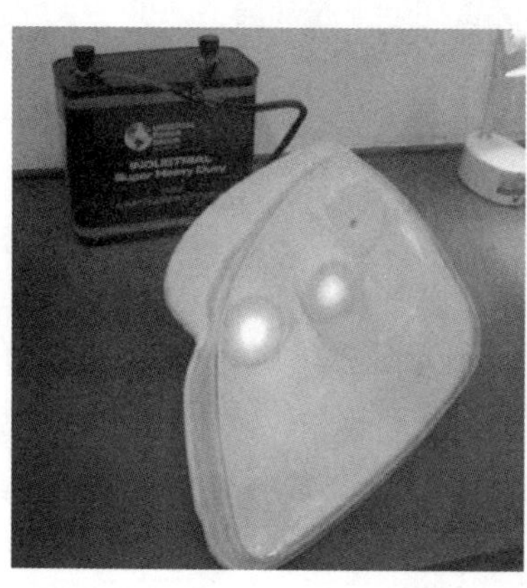

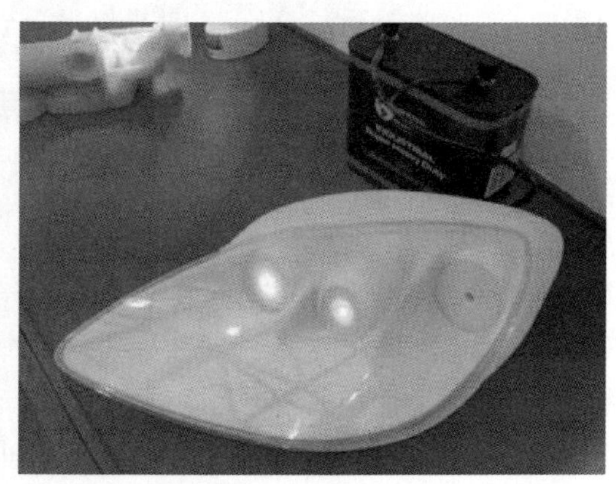

图 1-3-29　某型车灯组件的功能验证（图源：上海数造）

（3）可制造性验证。利用 3D 打印制造原型，对比生产的模具设计、生产工艺、装配流程及生产工夹具的设计等后续制造进程进行校核和测评，避免进入批量生产流程之后由于设计缺陷可能导致的生产问题和巨大损失。

课堂笔记

2. 建筑设计领域

建筑模型的传统制作方式，渐渐无法满足高端设计项目的要求。全数字还原不失真的立体展示和风洞及相关测试的标准，现如今众多设计机构的大型设施或场馆都利用3D打印技术先期构建精确建筑模型来进行效果展示与相关测试，3D打印技术所发挥的优势和无可比拟的逼真效果为设计师所认同。2013年1月，荷兰建筑设计师Janjaap Ruijssenaars和艺术家Rinus Roelofs设计出了全球第一座3D打印建筑物——莫比乌斯屋，设计灵感来源于莫比乌斯环，因其类似莫比乌斯环的外形及其像风景一样能够愉悦人的特征，故又得名为Landscape House（风景屋）。该建筑使用意大利的“D-Shape”打印机制出6m×9m的块状物，最后拼接完成。图1-3-30所示为世界上第一座3D打印建筑——莫比乌斯屋。

图1-3-30　莫比乌斯屋（图源：3DPrintBoard.com）

2014年，荷兰阿姆斯特丹宣布在一条运河旁建造世界上第一座3D打印房屋，如图1-3-31所示，由荷兰DUS建筑师事务所设计，共有13个房间。该建筑的最终形态类似于传统的荷兰运河房屋，因此，将其命名为“运河屋”（Canal House）。先由约3.5m高的特大型3D打印机KamerMaker逐层打印熔塑层，凝固后形成塑料块，最后由工人搭建完成。

图1-3-31　阿姆斯特丹“运河屋”的透视图（图源：3dprintcanalhouse.com）

课堂笔记

2016 年 3 月，中国建筑公司盈创科技完工两幢面积分别为 80、130 平方米的 3D 打印中式庭院（见图 1-3-32），造价为 40 万元。该建筑的设计和建造由董事长马义和亲自操刀，按照 3D 打印建筑技术的特性，整体建筑设计超越了原有苏州园林的古建筑体结构和布局，将现代审美元素和高科技技术结合在一起。

图 1-3-32　盈创科技完工的中式庭院（图源：盈创科技官网）

3. 机械制造领域

由于 3D 打印技术自身的特点，使得其在机械制造领域获得广泛的应用，多用于制造单件、小批量金属零件。有些特殊复杂制件，由于只需单件生产，或少于 50 件的小批量，一般可用 3D 打印技术直接进行成型，成本低，周期短。

4. 模具制造领域

例如，玩具制作等传统的模具制造领域，往往模具生产时间长，成本高。将 3D 打印技术与传统的模具制造技术相结合，可以大大缩短模具制造的开发周期，提高生产率，是解决模具设计与制造薄弱环节的有效途径。3D 打印技术在模具制造方面的应用可分为直接制模和间接制模两种，直接制模是指采用 3D 打印技术直接堆积制造出模具，间接制模是先制出快速成型零件，再由零件复制得到所需要的模具。

5. 医学领域

近几年来，人们对 3D 打印技术在医学领域的应用研究较多。以医学影像数据为基础，利用 3D 打印技术制作人体器官模型，对外科手术有极大的应用价值。

2013 年 2 月打印出了人造耳朵，如图 1-3-33 所示；如图 1-3-34 所示，3D 打印人体脊椎模型，可以辅助医生手术矫正；如图 1-3-35 所示，3D 打印辅助人颌骨治疗过程——医生先进行 CT 扫描诊断⟶获得轮廓数据⟶应用软件构建三维数据⟶在医生指导下构建三维模型⟶三维结构制造⟶生物复合成型⟶修整⟶医生手术植入人体⟶病人康复。

6. 文化艺术领域

在文化艺术领域，3D 打印技术多用于艺术创作、文物复制、数字雕塑等。

课堂笔记

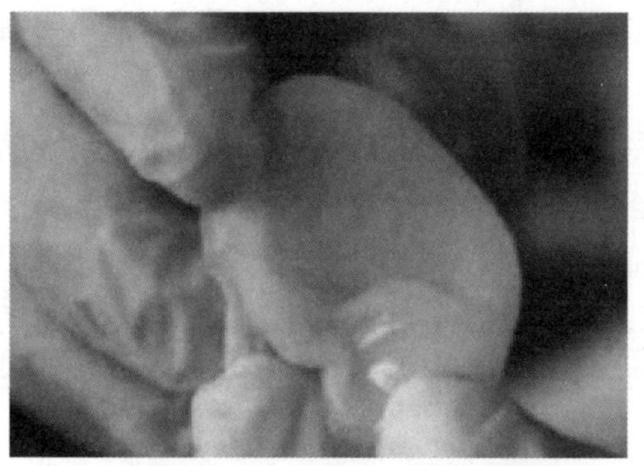

图 1-3-33　3D 打印人造耳朵

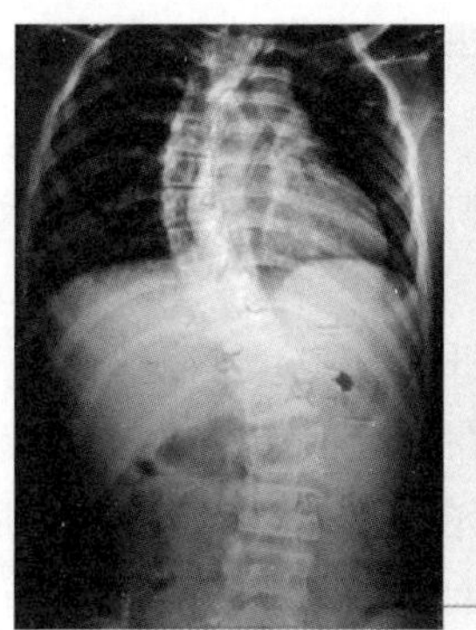

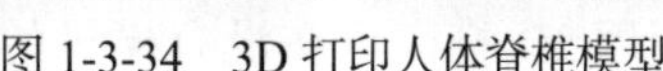
图 1-3-34　3D 打印人体脊椎模型

诊断
CT图像
轮廓数据
三维数据构造
医生指导
构建三维模型
三维结构制造
生物复合成型
医生完成
修整
临床手术
康复
设计制造技术

图 1-3-35　3D 打印辅助人颌骨治疗过程

7. 航天技术领域

在航空航天领域，空气动力学地面模拟实验（即风洞实验）是设计性能先进的天地往返系统（即航天飞机）所必不可少的重要环节。该实验中所用的模型形状复杂、精度要求高又具有流线型特性，采用 3D 打印技术，根据 CAD 模型，由 3D 打印设备自动完成实体模型，能够很好地保证模型质量。

8. 家电领域

3D 打印技术在国内的家电行业上得到了很大程度的普及与应用，使许多家电企业走在了国内前列，如：广东的美的、华宝、科龙；江苏的春兰、小天鹅；青岛的海尔等，都先后采用 3D 打印技术来开发新产品，收到了很好的效果。

3D 打印技术的应用很广泛，可以相信，随着 3D 打印技术的不断成熟和完善，它将会在越来越多的领域得到推广和应用。

总之，3D 打印行业结构目前主要由消费级 3D 打印与工业级 3D 打印构成，首先二者面对的下游市场不尽相同，消费级 3D 打印主要面对消费型、娱乐型及对产品精度要求不高的产品，例如，玩具模型、教学模型等；而工业级 3D 打印主要面对质量精度要求较高的航空航天、医疗器械、汽车、模具制造等下游市场。二者在众多方面存在较大差别，工业级 3D 打印精度更高、打印速度更快，可打印尺寸范围更广，产品可靠

课堂笔记

性也更好。但也正由于这些，工业级 3D 打印的价格更高，目前不能为普通消费者所接受。

基于 3D 打印的成长性而言，个人智造的兴起，在个人消费领域，3D 打印行业将会保持较高的增速，拉动消费级 3D 打印设备的需求，同时也会促进上游打印材料（主要是以光敏树脂和塑料为主）的消费；在工业消费领域，由于 3D 打印金属材料不断发展，以及金属本身在工业制造业的广泛应用，预计以激光金属烧结为主要成型技术的 3D 打印设备，将会在未来工业领域的应用中获得较快发展，中短期内这一领域的应用仍会集中在产品设计和工具制造环节。

使用 3D 打印可在没有模具的情况下制作产品，这可以削减成本，缩短开发时间。前瞻产业研究院分析认为，这可以带来制造业的革命性变化，很多企业正在普及这一技术。2016 年上半年，5000 美元以下低价 3D 打印机的需求强势增加 15%，带动整个行业需求量增加 14%。

在 3D 打印产业良好预期的基础上，加之下游应用领域的不断拓宽和迅猛发展。预计到 2020 年全球 3D 打印机总量将超过 670 万台，市场规模将达到 212 亿美元，到 2023 年，全球 3D 打印市场规模将达到 350 亿美元，复合年利率增长达 28%。未来，全球的 3D 打印市场规模将呈现爆发性增长，需求空间将巨大延伸。

【课后拓展】

1. 了解 FDM 技术在教育领域的应用与发展。
2. 了解 3D 打印技术在影视行业的应用。

任务1.4　熟悉3D打印一般流程

【任务引入】

前面我们已经介绍，3D 打印技术实质都是叠层制造，由快速原型机在 *X-Y* 平面内通过扫描形式形成工件的截面形状，而在 *Z* 轴方向上间断地作层面厚度的位移，最终形成三维制件。那么 3D 打印制作如何进行的呢？一般需要哪些步骤？

【任务分析】

从对前面 3D 打印技术的了解，我们知道 3D 打印时喷嘴在水平面上移动形成截面形状，一层堆完，再在高度上移动一层；最终形成三维制件。因而 3D 打印首先需要三维数字模型（三维 CAD 模型），一般三维 CAD 软件建模都有自己的格式，需要进行格式转换，转换成切片软件能识别的 STL 格式；然后通过切片软件形成截面形状，生成 3D 打印机能识别 G-Code 代码，导入 3D 打印机，进行打印，打印完成后还需要进行后处理，因此，3D 打印的一般流程如图 1-4-1 所示。下面就熟悉一下 3D 打印的一般流程。

【任务实施】

第一步：构建 CAD 模型。

如图 1-4-1 所示，我们知道 3D 打印的第一步就是用计算机软件制作 3D 模型（我们一般称它为 CAD 模型）。

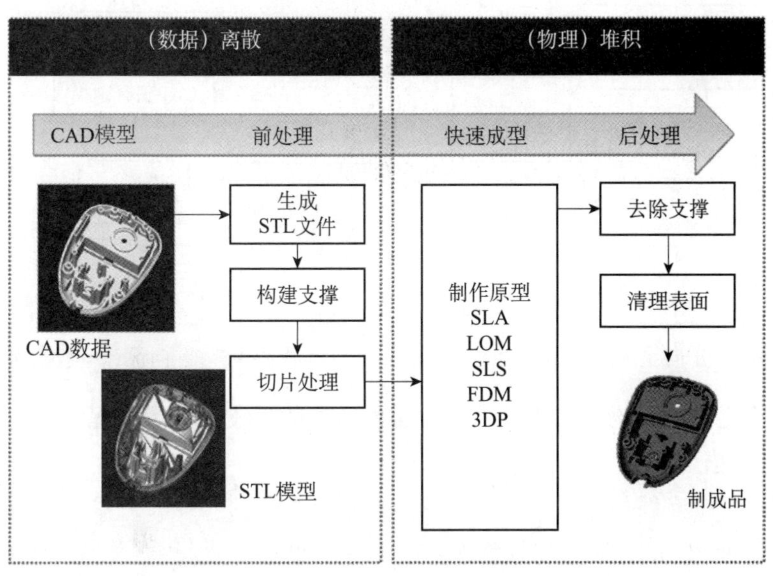

图 1-4-1　3D 打印的一般流程

构建 CAD 模型一般可以从两种方法获得：正向设计和逆向设计。

正向设计：从无到有。在工程技术人员的一般概念中，产品设计过程是一个从无到有的过程。设计人员首先构思产品的外形、性能和大致的技术参数等，然后利用 CAD 技术建立产品的三维数字化模型，最终将这个模型转入制造流程，完成产品的整个设计制造周期。一般流程如图 1-4-2 所示。

基本设计流程是：

（1）概念设计。根据市场对产品多样化、趣味化、个性化要求，进行想象、创新设计。

（2）效果图。使用草绘，绘制设计效果图。

（3）CAD 外形设计。利用 CAD 软件构建产品外形（CATIA、UG、Pro/E）。

（4）CAD 结构设计。工程技术人员根据使用功能利用 CAD 软件做产品结构设计，设计出 CAD 模型。

但是，现在工业产品越来越强调外观的美感，通常此类产品是由复杂的自由曲面拼合而成的，由于其在概念设计阶段很难用严密统一的数字语言来描述，故而许多产品是事先造出泥制或木制的模型，再以此为依据，反求出实物模型，如汽车、摩托车、鼠标等。

逆向设计：从实物到模型。 逆向工程则是一个“从有到无”的过程。简单地说，逆向工程就是根据已经存在的产品模型，反向推出产品的设计数据（包括设计图纸或数字模型）的过程。一般流程如图 1-4-3 所示。

课堂笔记

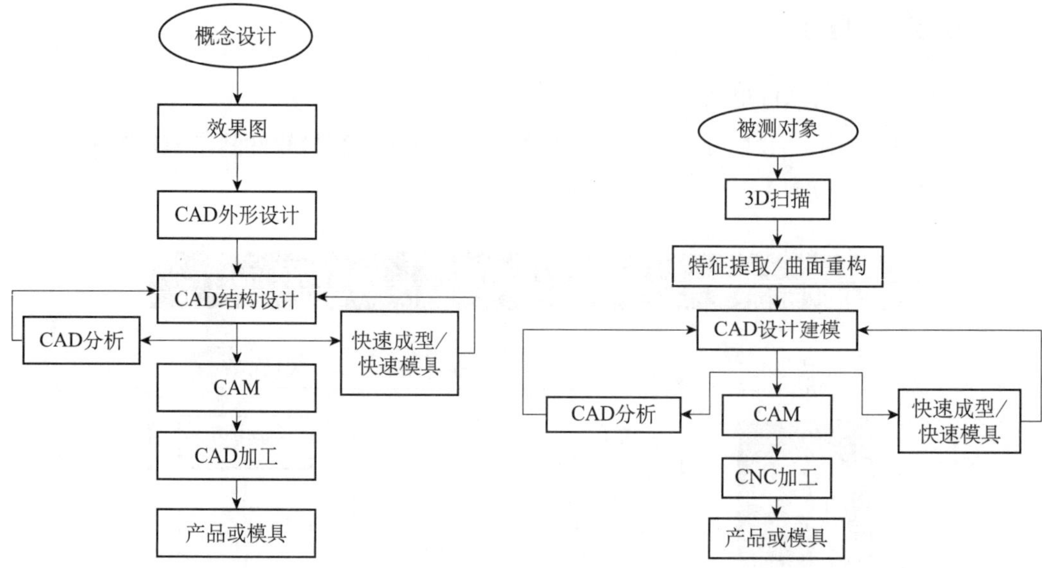

图 1-4-2　正向设计一般流程图

图 1-4-3　逆向设计一般流程图

逆向工程是在有实物的前提下，获取工件数模的手段，基本流程是：

（1）3D 扫描。

（2）提取特征点线面。

（3）用各种 3D 正、逆向软件建模。

本书主要介绍逆向设计，因此我们来体验一下逆向设计。

第二步：生成 STL 格式文件。

一般 3D 打印切片软件能识读的文件格式是 STL 格式，我们需要把各种软件创造的 3D 模型转换为 3D 打印切片软件能识读的 STL 格式文件。

第三步：构建支撑。

3D 打印技术实质都是叠层制造，成型时必须是从底面（也有从顶面）层层累加的，对于倒悬空的工件，我们需要添加支撑支持悬空部分。

第四步：切片。

通过打印切片软件，以扫描形式形成 3D 模型水平面（X-Y 平面）内的截面形状。

第五步：3D 打印。

通过各种 3D 打印技术，制成 3D 模型。在 Z 轴方向上间断地作层面厚度的位移，通过 DP 技术、FDM 技术、SLA 技术、SLS 技术、DLP 技术堆积打印材料成型。

第六步：去除支撑。

根据不同的成型方法，使用相应的方法去除支撑材料。

第七步：清理表面。

通过打磨、抛光等手段清理表面残留材料，形成成品。

项目 2　3D 打印成型——熔融沉积技术（FDM）

【项目简介】

本项目阐述目前应用较为广泛的熔融沉积技术（FDM）3D 打印实践操作及相关理论，让我们自己能动手打印作品，逐步领略 3D 打印的魅力。

Stratasys 公司于 1993 年发明了材料挤压成型——FDM 工艺并研发了首台材料挤压式 3D 打印机，我国通常将 FDM 技术的 3D 打印机称为熔融沉积成型机。Stratasys 公司初期生产的 FDM 挤压式 3D 打印机只有一个喷头，工件和支撑结构为同一种丝材，只是支撑结构打印密度低一些，但一些结构复杂的工件，支撑材料剥离较难。随着 FDM 技术的发展，3D 打印材料有了较大的发展，Stratasys 公司和我国国内一些公司研发了双喷头打印技术（如图 2-0-1 所示），即采用两个喷头分别挤压两种材料，一个喷头用来挤压工件成型材料，另一个喷头用来挤压工件支撑材料，并且有些支撑材料可溶于水，放入水中可溶化工件支撑，这使得工件成型后很容易从工件上剥离支撑结构，样件如图 2-0-2 所示。现在又逐步发展，两种材料按不同比例混合，从一个喷头挤出，产生了混色打印，如图 2-0-3 所示为弘瑞的双色打印机，图 2-0-4 所示为混色打印的白菜，图 2-0-5 所示为双色打印的小黄人。

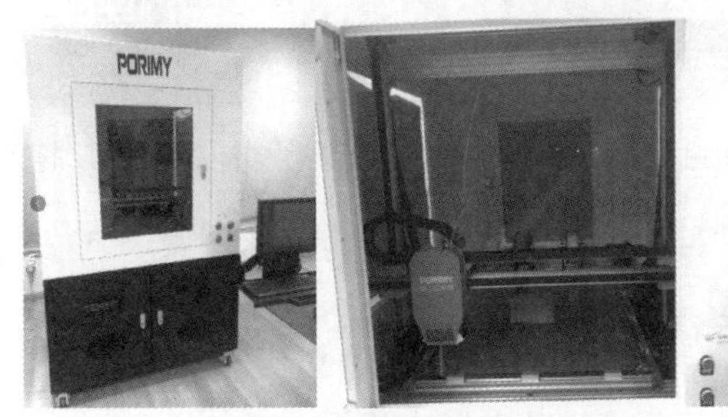

图 2-0-1　双喷头打印机

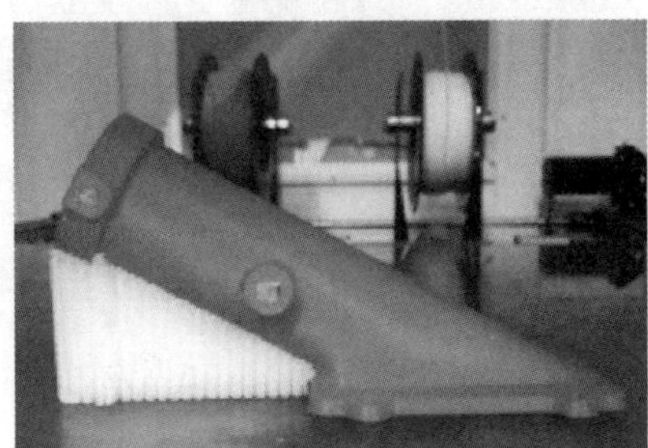

图 2-0-2　双喷头打印样件

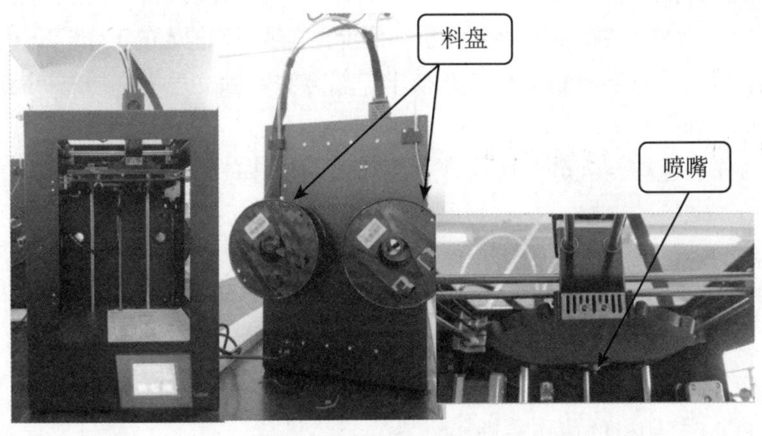

图 2-0-3　双色打印机

课堂笔记

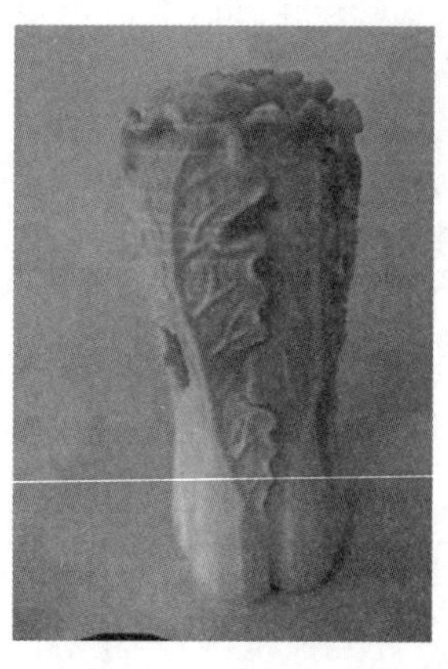

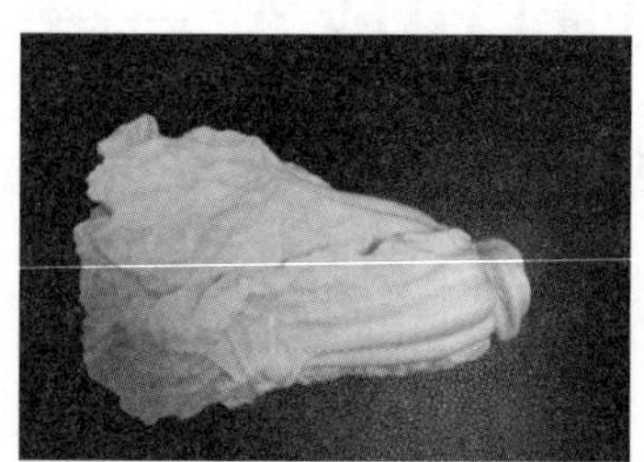

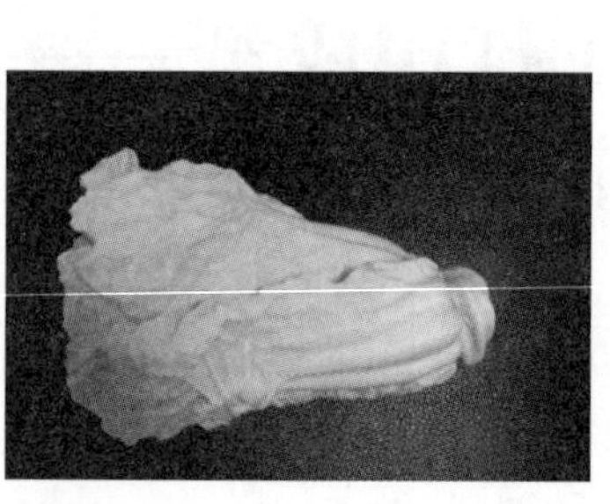

图 2-0-4　混色打印的白菜

图 2-0-5　双色打印的小黄人

单喷头挤压式 3D 打印机从结构形式分类有直角坐标式（见图 2-0-6）、并联臂式（见图 2-0-7）。FDM 3D 打印技术现已广泛应用于新品开发的装配验证、生活家居类的个性化产品定制、文创类产品设计展示等。

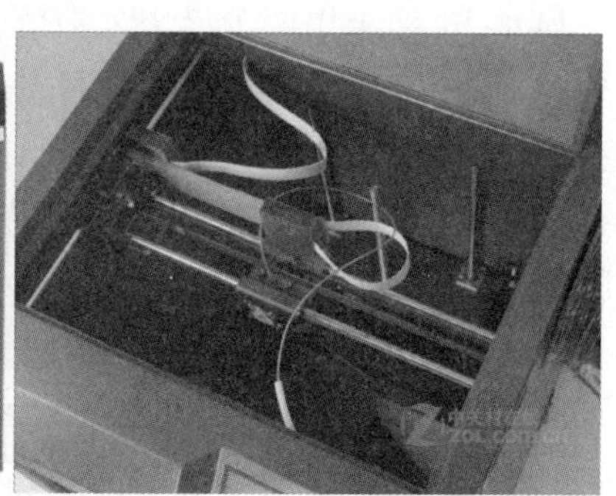

图 2-0-6　直角坐标式 3D 打印机

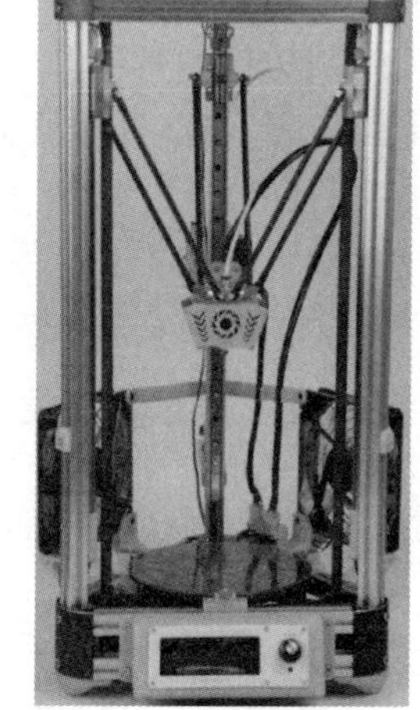

图 2-0-7　并联臂式 3D 打印机

通过本项目学习，我们将达成下列素质目标、知识目标、能力目标。

素质目标：

1. 自信自强：能够从容地应对复杂多变的环境，独立解决问题。
2. 诚实守信：能够了解、遵守行业法规和标准，真实反馈自己的工作情况。
3. 审辩思维：能够对事物进行客观分析和评价，客观评价他人的工作，反思自己的工作。
4. 学会学习：愿意学习新知识、新技术、新方法，独立思考和回答问题，能够从错误中吸取经验教训。
5. 团队协作：能够与人分工协作并共同完成一项任务，共同营造和维护团队的良好工作氛围。
6. 沟通能力：能够与客户沟通，明确工作目标。

知识目标：

1. 熟悉 FDM 打印技术应用领域。
2. 了解 FDM 打印机的工作原理。

3. 了解 FDM 打印技术的优缺点。
4. 掌握 FDM 打印技术常用切片软件应用。
5. 掌握 FDM 打印工艺及参数设置。
6. 掌握 FDM 打印技术后处理工艺。

能力目标：

1. 会 3D 打印模型检查及修复。
2. 能根据模型确定合理摆放位置及设置支撑。
3. 能根据 3D 打印机，对模型进行切片处理并导出切片文件至打印机。
4. 会 FDM 打印工艺及参数设置。
5. 会操作 FDM 打印机，制作 3D 模型。
6. 会 FDM 打印技术后处理工艺。

下面我们就详细介绍各类打印机的操作和应用。

任务2.1　活动恐龙模型打印

【任务引入】

本次工作任务为完成活动恐龙模型 3D 打印制造。

打印始于数字化三维模型，模型数据可以是通过三维软件制作或者三维扫描获得的。我们要打印的活动恐龙模型是通过 UG 正向建模获得的，活动恐龙的三维模型需要使用打印机匹配切片软件（一般打印机有厂家自带切片软件）进行切割分层，然后将其转化为 3D 打印机可以识别的 G-Code 文件，驱动 3D 打印机将丝材挤压喷出，按照 G-Code 指定位置进行放置和层层叠加成型，最终获得成型工件。

目前 3D 打印没有一键式处理方式，得到三维数据模型后，需要对模型进行检测，载入模型，构建支撑，按 3D 打印工艺进行切片处理，调试 3D 打印机，调入切片程序，执行 3D 打印程序，打印制件，最后对打印件进行后续处理。

【任务分析】

本次的工作任务：根据任务 2.1 要求，从云平台下载活动恐龙三维数字模型，使用弘瑞的 HORI E1 打印机（FDM），完成活动恐龙 3D 打印。

任务分析：按照 3D 打印的一般流程（如图 2-1-1 所示），先对活动恐龙进行切片处理，生成打印机能执行的 G-Code 代码文件，再使用 SD 卡导入打印机，按打印机操作程序，调用打印文件执行就可以完成活动恐龙的 3D 打印，打印完成后对模型进行后处理。

图 2-1-1　3D 打印一般流程

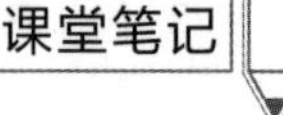

【任务实施】

2.1.1 安装切片软件

弘瑞软件的下载及安装

Step1：找到机器配备的HORI安装包 Modellight_Setup_V3080（如果没有可以去弘瑞官网北京汇天威科技有限公司http://bjhtw888.cn.tonbao.com/下载）

Step2：按指示安装软件

此处以官网下载的 HORI 3D 打印切片及控制软件进行演示为准。

第一步：将下载的压缩文件解压缩，双击安装文件进行安装。

第二步：在弹出的“用户账户控制”窗口中单击“立即安装”按钮，如图 2-1-2 所示。

图 2-1-2 “用户账户控制”窗口

第三步：在随后弹出的安装向导中，如图 2-1-3 所示，单击“下一步”按钮，在打开的向导中选择合适的安装目录进行安装，也可选择默认目录。

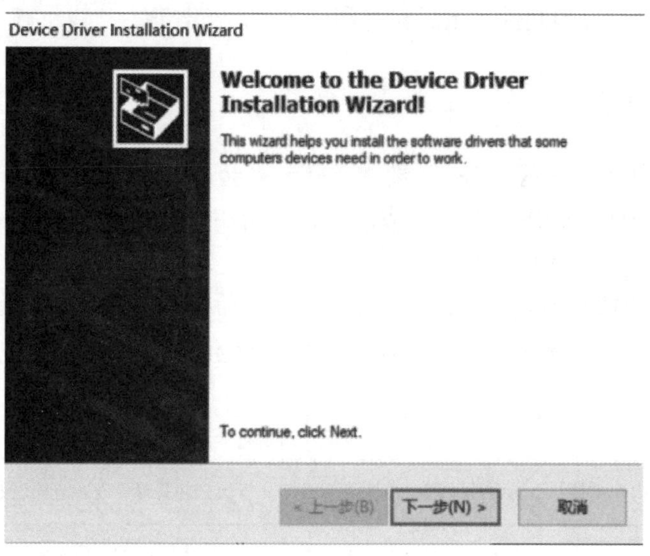

图 2-1-3 安装向导

第四步：继续单击“下一步”按钮，直至软件安装完成，如图 2-1-4 所示。

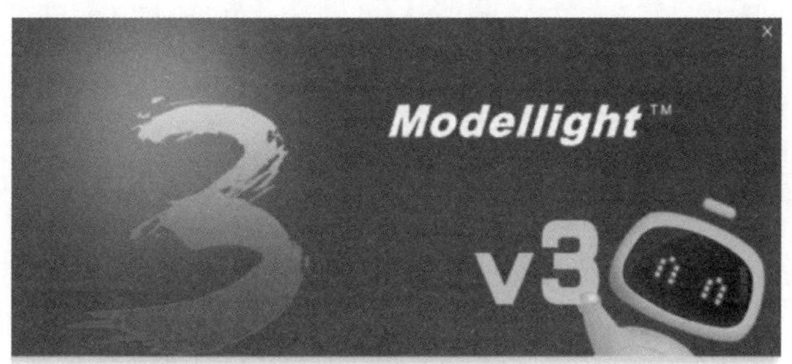

图 2-1-4　安装完成

2.1.2　模型切片

Step1：打开HORI切片软件

初次安装后可单击图 2-1-4 所示界面中的“开始体验”按钮或双击桌面上的图标，进入 HORI 软件选择工作界面，如图 2-1-5 所示。

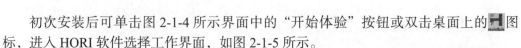

图 2-1-5　HORI 软件选择工作界面

初次进入，如果不熟悉弘瑞 3D 打印机切片，可以跟随“小弘”小导逐步熟悉，按照提示进行操作。可以选择图 2-1-5 所示界面中的左侧界面或右侧界面。单击左侧界面，结果如图 2-1-6 所示，工具条在左侧竖直排列；单击右侧界面，结果如图 2-1-7 所示，工具条在上面排列；如果想切换界面，可以选择“帮助”→“界面切换”命令，重启软件就可以了。

课堂笔记

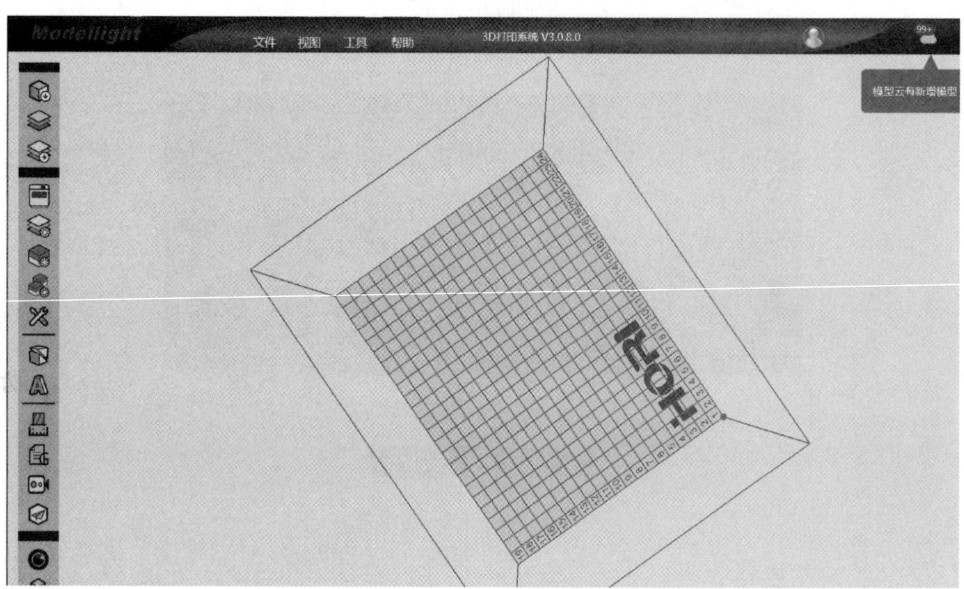

图 2-1-6　HORI 左侧工具条工作界面

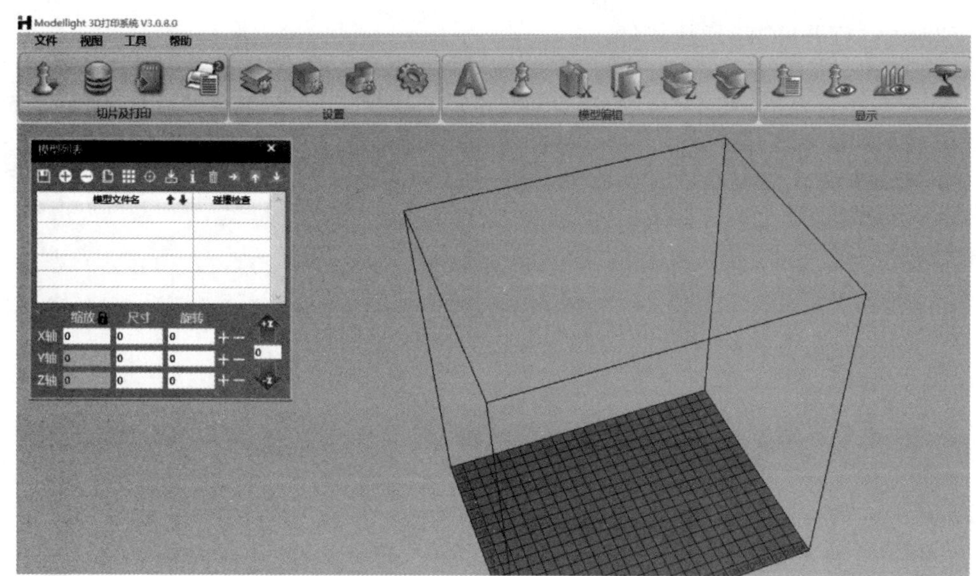

图 2-1-7　HORI 顶部工具条工作界面

Step2：设置3D打印机型号和参数

3D 打印制件离不开 3D 打印机，切片程序也是需要 3D 打印机去执行的，因此，我们需要先选择或设置 3D 打印机机型。本次打印将使用 HORI E1，因此，我们将 3D 打印机机型设置为 E1。

单击图 2-1-7 中的“工厂模式设置”图标，弹出如图 2-1-8 所示的“工厂模式设置”对话框。在对话框的“打印机设置”栏下，“品牌”选择“弘瑞 3D 打印机”；“原理”选择“熔融沉积 XYZ”直角坐标；“型号”选择“E1”；其他参数默认。设置完成后，单击“确定”按钮，退出“工厂模式设置”对话框。

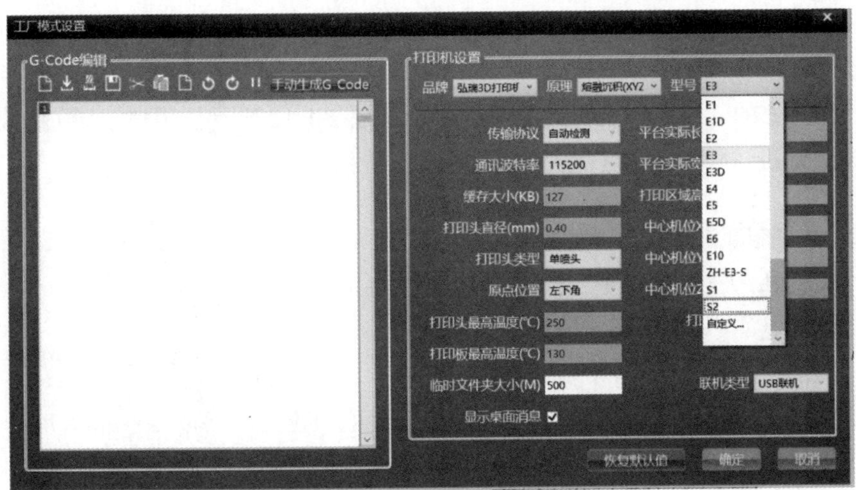

图 2-1-8 “工厂模式设置”对话框

Step3：加载活动恐龙模型

完成打印机型号设置后，我们可以从云平台或计算机本地存储中导入模型。

计算机本地导入：单击♟图标，在弹出的文件夹中选择需要的“活动恐龙”模型，如图2-1-9所示，单击“打开”按钮后，将模型添加到操作平台上，结果如图2-1-10所示。

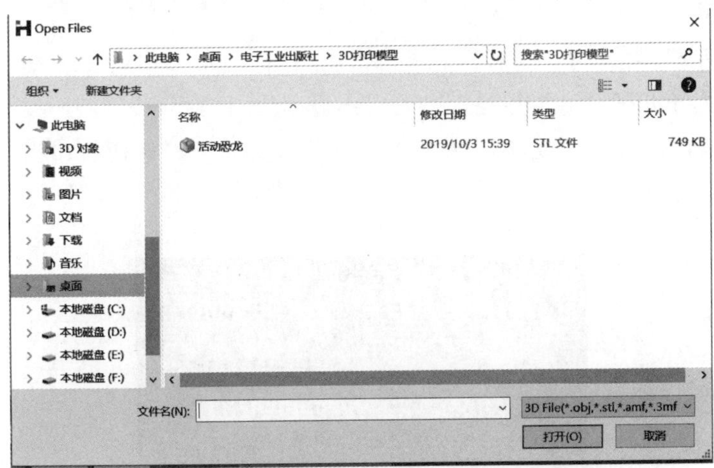

图 2-1-9 本地模型加载

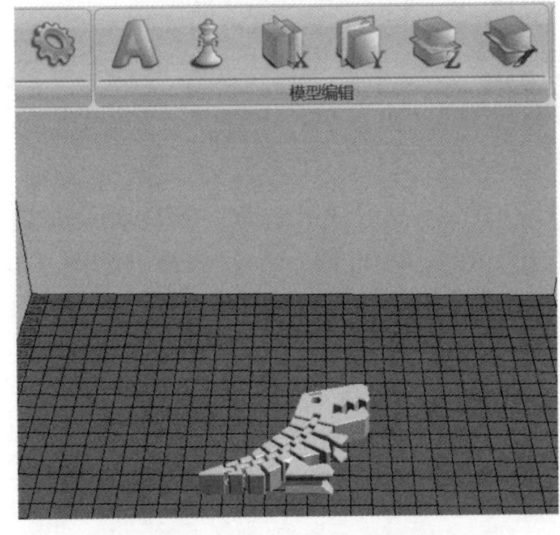

图 2-1-10 活动恐龙模型加载结果

课堂笔记

云平台模型加载：单击图标或，弹出如图 2-1-11 所示的“登录模型云”对话框。如果已经注册过，可以直接输入登录名和密码；如果没有注册过，单击“登录模型云”对话框下方的“小弘”机器人学导，弹出如图 2-1-12 所示“用户注册 / 修改及找回密码”对话框。

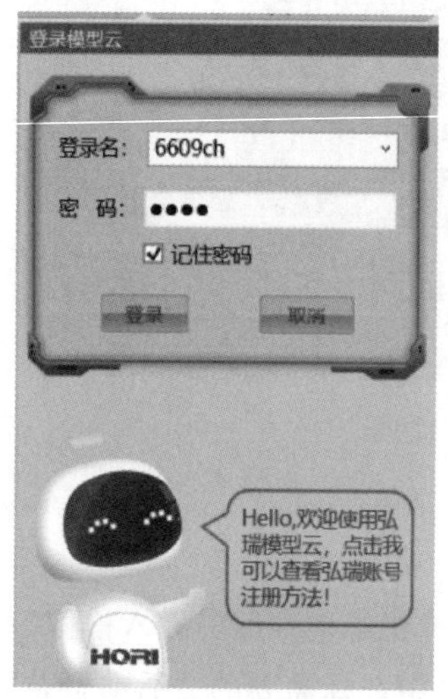

图 2-1-11 “登录模型云”对话框

图 2-1-12 “用户注册 / 修改及找回密码”对话框

1. 注册用户

（1）打开手机微信“扫一扫”，对准二维码扫描一下。

（2）单击右下角的“我的设备”→“Web 账号”。

（3）弹出如图 2-1-13 所示用户注册界面，设置用户名及密码；单击“绑定”按钮，就完成了用户注册。

图 2-1-13 用户注册界面

提示：用户名最好使用英文，不要设得太长，设置的密码也不要太长，如果出现“绑定失败”，可以继续设置用户名和密码，缩短用户名和密码。

2. 登录模型云

完成注册后，回到 HORI 切片软件工作界面，在图 2-1-11 所示的“登录模型云”对话框中，输入登录名及密码，单击“登录”按钮，弹出如图 2-1-14 所示的“模型列表”对话框。

3. 选择及加载模型

（1）单击“模型列表”对话框中的“全部模型”。

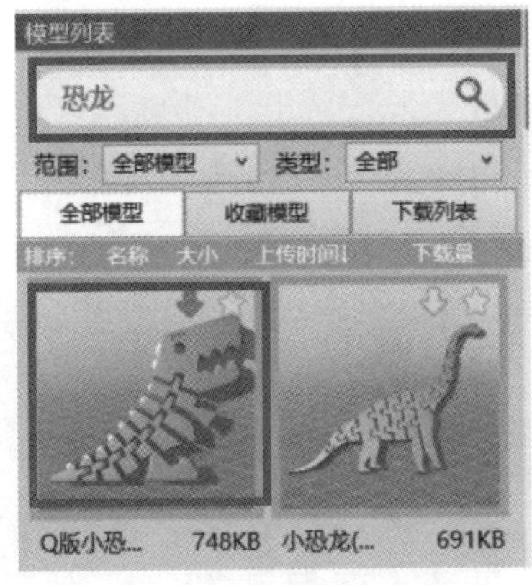

图 2-1-14　“模型列表”对话框

（2）如果模型显示框内没有恐龙，我们在对话框的顶部搜索框内输入“恐龙”，单击“搜索”图标，模型显示框内会出现两只恐龙模型，单击所需要的恐龙模型，弹出如图 2-1-15 所示的模型信息列表框。

（3）单击“下载”按钮，弹出如图 2-1-16 所示的模型下载列表对话框，单击“加载”图标，即可完成模型的下载及加载，结果如图 2-1-10 所示。

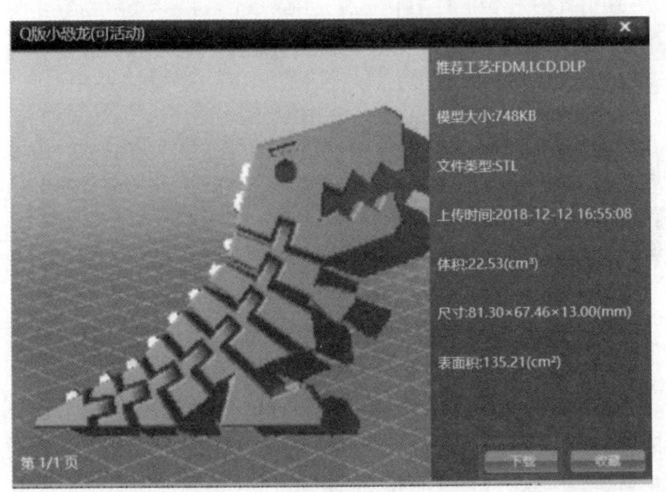

图 2-1-15　模型信息列表框

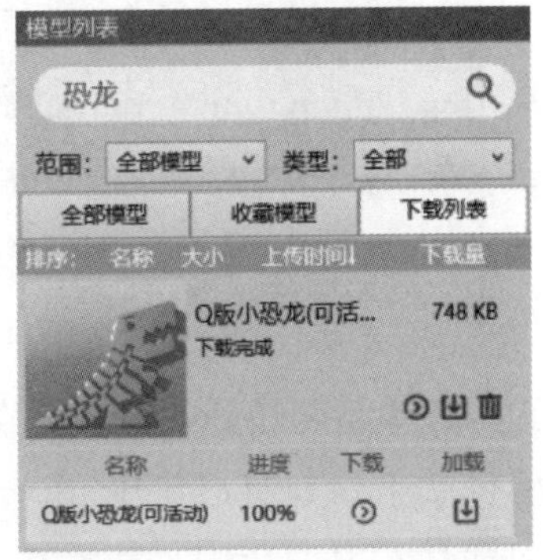

图 2-1-16　模型下载列表对话框

Step4：摆放恐龙模型

活动恐龙模型加载成功后，在如图 2-1-17 所示的“模型列表”对话框中新增模型尺寸和模型“碰撞检查”。该模型长 81.3mm，宽 67.46mm，高 13mm，模型尺寸符合我们的要求，我们就按 1：1 比例打印模型，不做缩放。

如果我们想打印两个恐龙模型，可以单击鼠标右键，弹出如图 2-1-18 所示的快捷菜单，选择“复制模型”命令，结果如图 2-1-19 所示，会复制出一个相同尺寸的恐龙模型，列表中也会增加模型名称，同时自动检查碰撞。

课堂笔记

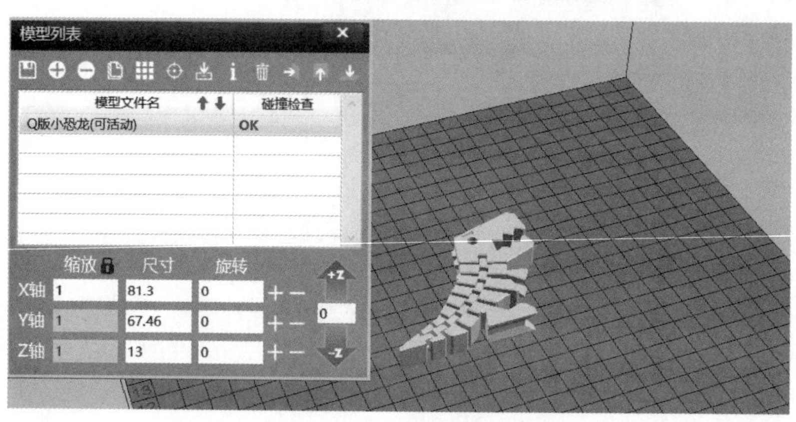

图 2-1-17　模型加载成功

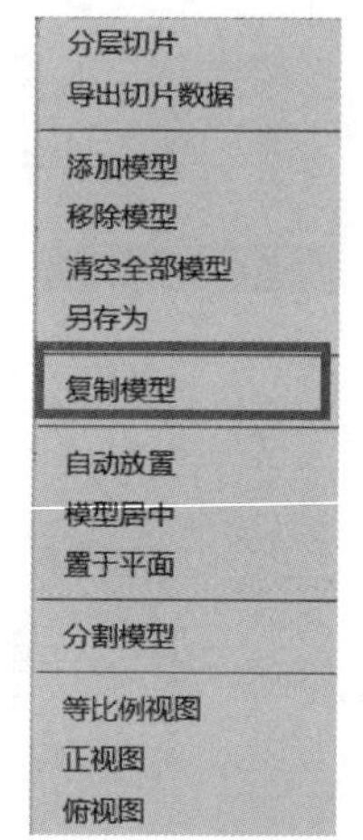

图 2-1-18　快捷菜单

单击图 2-1-19“模型列表”中的 +Z，可以向上移动模型；单击 -Z 可以向下移动模型（Z 可以取负值，模型低于平台，低于平台部分模型将不进行切片打印）。

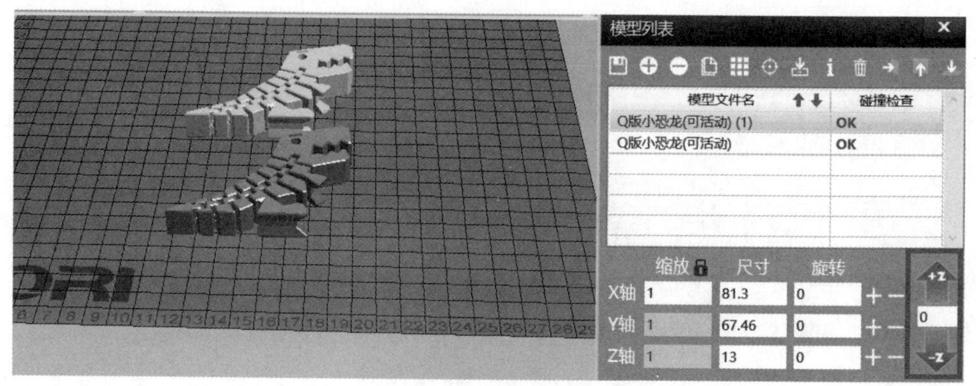

图 2-1-19　复制模型

打印精度最好的位置是在平台中心，一般模型多放置在平台中心。为了快速让模型接触平台并且居于中心，可以单击鼠标右键，在弹出的如图 2-1-18 所示快捷菜单中选择“模型居中”和“置于平面”命令，就完成模型接触平台并且居于中心的操作了。

为了更好地观测模型，可以选择快捷菜单中的“俯视图”“正视图”命令，结果如图 2-1-20 所示，我们可以看到模型的俯视图及正视图。在俯视图中观测模型位置，在正视图中观测模型是否接触到平台，如果没有接触，则会有间隙，“模型列表”中 Z 方向会有数值。

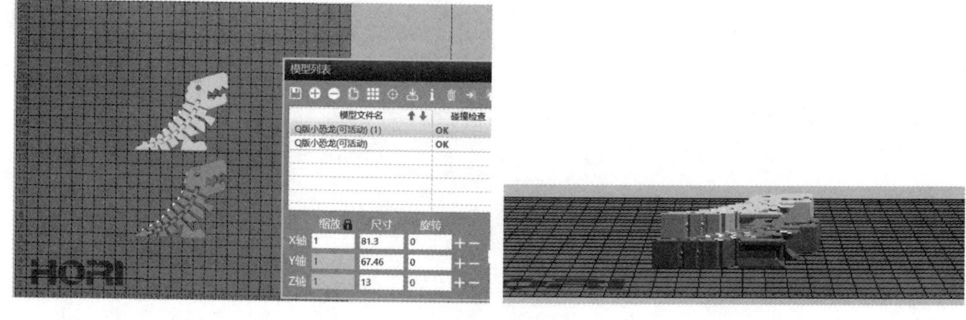

图 2-1-20　模型俯视图及正视图

Step5：设置打印参数

完成模型摆放后，我们需要根据打印制件的工艺要求设置切片参数。

单击“切片设置”图标，弹出如图 2-1-21 所示“切片设置”对话框。一般来说，对于简单模型，采用默认的基本参数就行。对于复杂的模型或对打印精度和时间有要求的情况，我们需要对主要打印参数进行简单的修改。

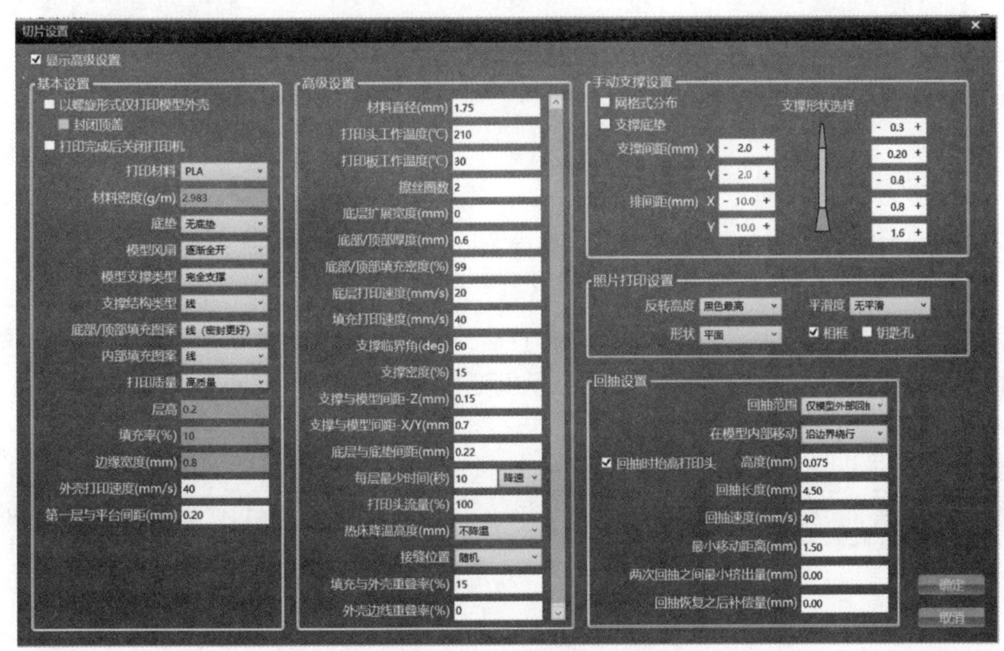

图 2-1-21　“切片设置”对话框

需设置的打印参数包含 5 个基本设置（低质量、中等质量、高质量、最高质量和自定义）和 4 个相关设置（层高、填充率、边缘宽度、外壳打印速度）。

（1）外壳打印速度：速度与打印质量成反比。一般默认外壳打印速度为 40mm/s。

（2）层高，即模型层高，其设置越低，打印质量越高，相应的打印时长越长，并且模型层高是有范围的，一般打印小模型或者要求较高的模型，选择 0.1，其他可以选择 0.2，或者根据具体要求进行选择。

（3）填充率：填充率越大，模型内部填充越多，上层结果越稳定，相对地，时间和用料越多。

（4）边缘宽度：表现为模型的外壁厚度（模型的外尺寸不变），边缘宽度越小，模型边缘越薄，越容易看到内部结构。

活动恐龙模型相对来说还是比较简单的，我们直接默认 HORI E1 机型厂家“切片设置”参数，单击“确定”按钮即可。

Step6：分层切片处理

完成“切片设置”对话框的设置后，就可以对模型切片进行处理了。单击“切片”图标，软件立即开始进行切片分层处理，弹出“代码生成信息”提示框，如图 2-1-22 所示。处理完成后，在界面右上方会显示打印时间及所用材料，如图 2-1-23 所示，切片预览如图 2-1-24 所示。

课堂笔记

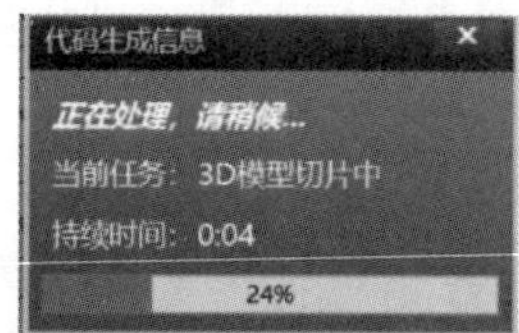

图 2-1-22 “代码生成信息”提示框

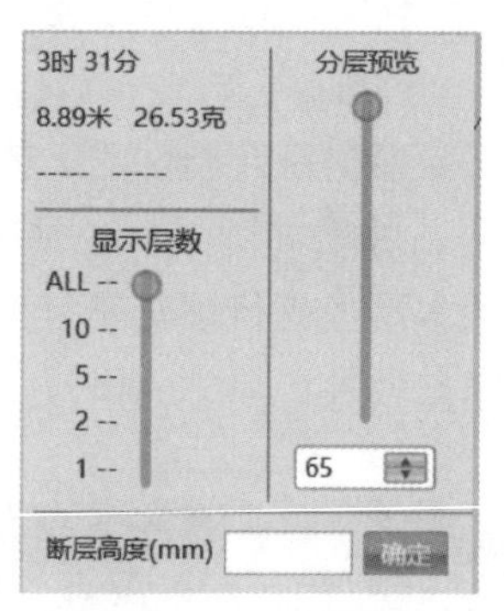

图 2-1-23 打印信息

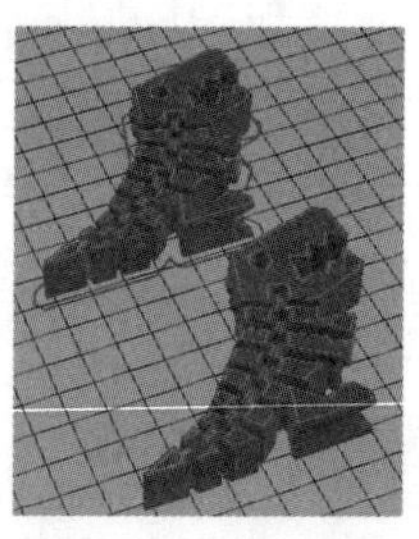

图 2-1-24 切片预览

Step7：分层预览

完成切片后，我们可以对模型进行分层预览，验证切片方案是否合适。

在模型窗口的右上角，有如图 2-1-25 所示的模型显示工具条。软件自动切片完成后，可单击“轨迹显示”图标，预览打印路径，如图 2-1-26 所示；可拖动右上角“打印信息”中的“分层预览”滑杆，显示模型每一层的信息，如图 2-1-27 所示。

图 2-1-25 模型显示工具条

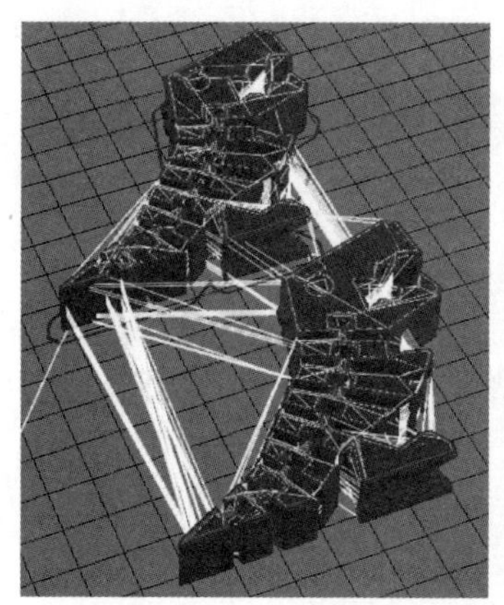

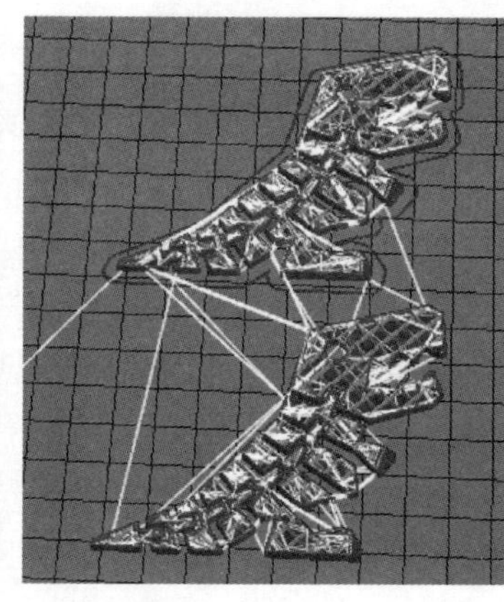

图 2-1-26 打印路径预览

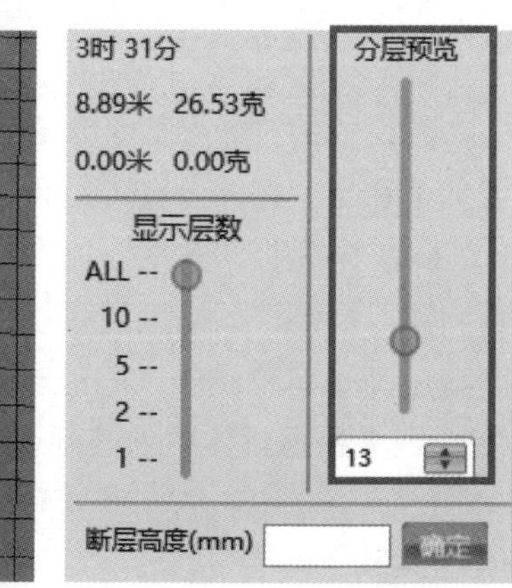

图 2-1-27 分层预览

Step8：导出G-Code文件，存入SD卡

如果 Step7 观察后没有问题，我们就可以导出 G-Code 代码文件，并存入 SD 卡中，进行打印操作了。

插入 SD 卡，单击图标，弹出如图 2-1-28 所示的“保存”对话框，“数据格式”默认为“gcode”；单击“浏览”按钮，设置保存路径；在随后弹出的对话框中设置保存文件名，如图 2-1-29 所示。单击“保存”按钮，回到图 2-1-28 所示对话框，再单击“确定”按钮就完成了 G-Code 代码的保存，退出 SD 卡，将它插入打印机 SD 读卡口，就可以调用切片程序进行打印了。

课堂笔记

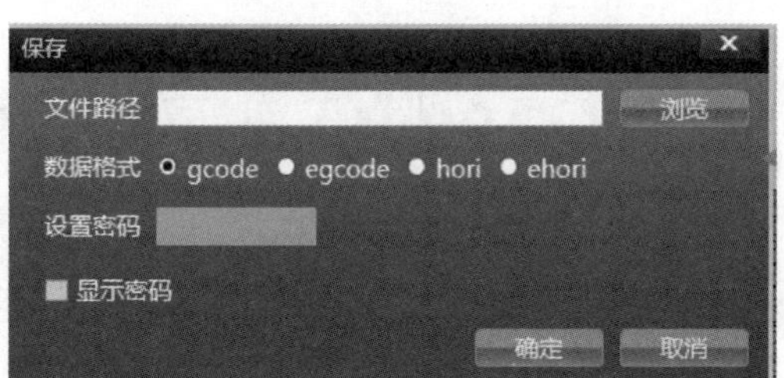

图 2-1-28　“保存”对话框

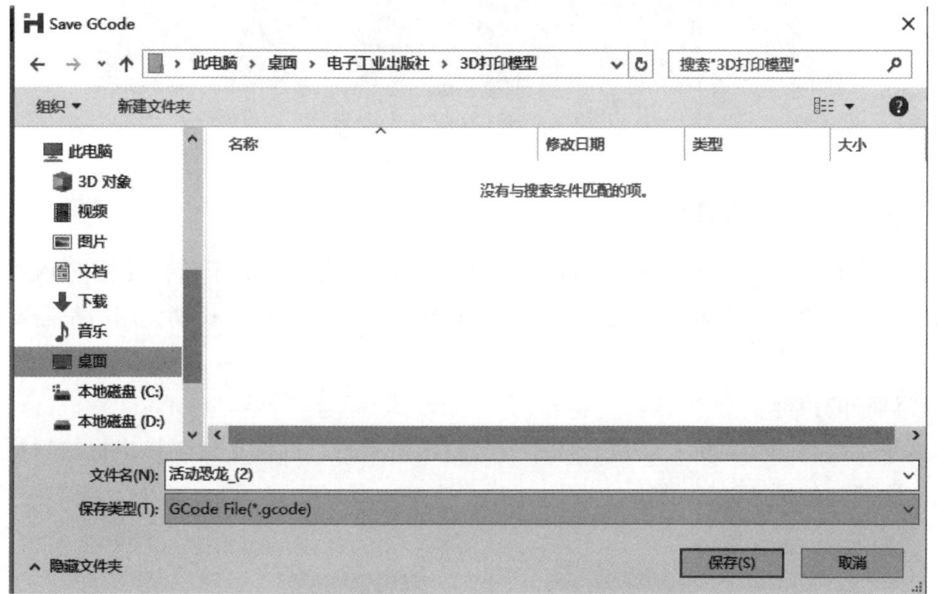

图 2-1-29　“保存文件”对话框

2.1.3　打印操作

Step1：开机

HORI E1 打印机外观如图 2-1-30 所示。打印机接入电源后，按下电源开关，即可启动打印机。此时，打印机开机屏幕显示如图 2-1-31 所示。打印机屏幕为触摸屏，单击就可以进行操作。

图 2-1-30　HORI E1 打印机外观

课堂笔记

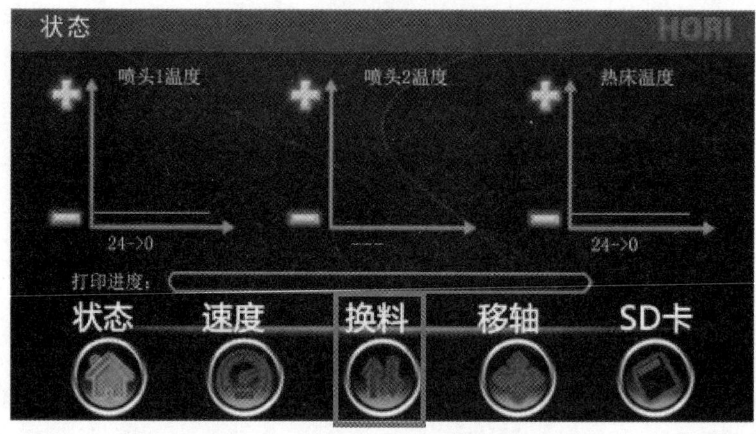

图 2-1-31　打印机开机屏幕显示

Step2：平台首次调平

打印平台是否水平，是影响打印质量的重要因素之一。对于首次使用 FDM 3D 打印机的用户来说，这也是最大的挑战之一。首次安装打印机后和长期使用后都需要对打印机进行调平操作。

1. 调平的目标

调平主要有两个目标：确保打印平台与挤出机平行，确保平台与挤出机的喷头保持正确的距离，如图 2-1-32 所示。

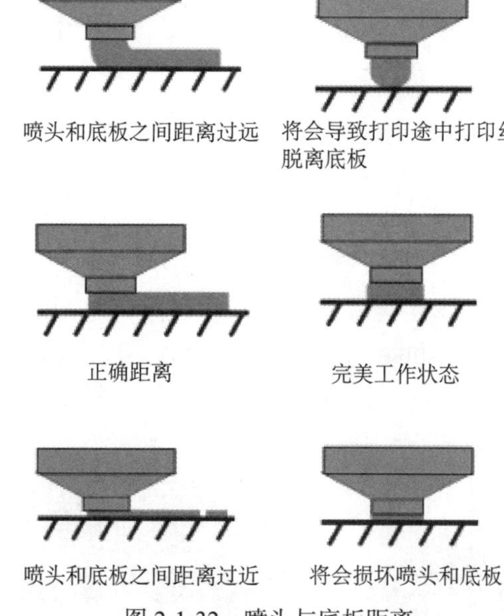

图 2-1-32　喷头与底板距离

2. 调平方法

调平方法为手动调平。HORI E1 调平操作如下：

（1）在平台与喷头之间放一张 A4 纸。

（2）单击图 2-1-31 打印机开机屏幕显示界面上的“换料”触摸按钮，进入如图 2-1-33 所示的“换料”界面。

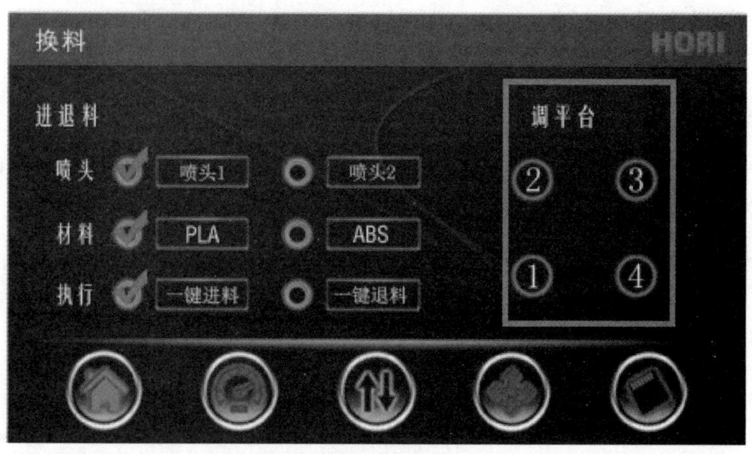

图 2-1-33　“换料”界面

（3）在“换料”界面中，单击“调平台”下点位 1，将喷头移至平台调节点 1 的上方。

（4）平行往外拖拽纸张，在有一定阻力的同时喷头又不会划破纸张，则该距离是合适的。如果拉动纸张过程中感觉过松或者过紧，就需要通过旋转平台调整旋钮来调节平台四角，如图 2-1-34 所示。

图 2-1-34　4 个调平旋钮

（5）单击“调平台”下点位 2，将喷头移至平台调节点 2 上方；重复步骤（4）。

（6）单击“调平台”下点位 3，将喷头移至平台调节点 3 上方；重复步骤（4）。

（7）单击“调平台”下点位 4，将喷头移至平台调节点 4 上方；重复步骤（4）。

上述 4 个点位的调平次序没有关系。调整后再移动喷头，重复步骤（4）检查一下，4 个点位松紧合适就完成调平了。

重要提示：如图 2-1-35 所示，距离过大（A4 纸往外拽时过松），从右向左拧旋钮；距离过小（A4 纸往外拽时过紧），则从左向右拧旋钮。

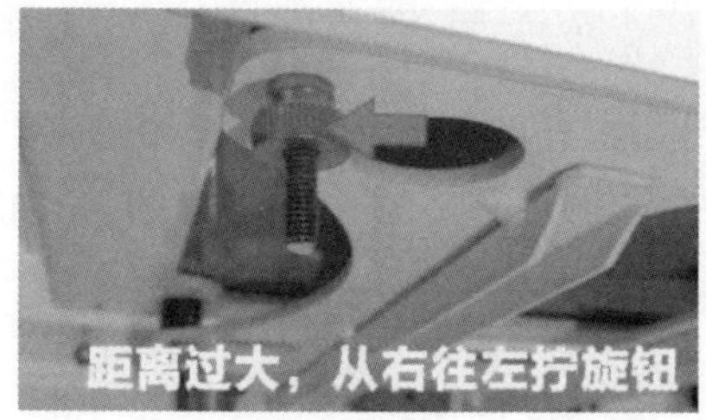

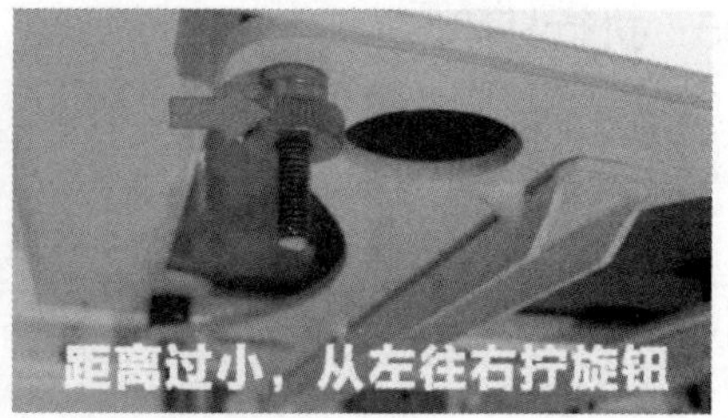

图 2-1-35　调平操作

课堂笔记

Step3：装料和卸料

3D 打印需要材料，材料装卸操作步骤如下：

（1）如图 2-1-36 所示，把料盘装到料架上。

（2）抽出丝料，前端头剪成斜 45°，扳直（至少保证有 35mm 不弯曲），从送料装置的小孔穿入导料管，并插入送料装置中。

（3）单击图 2-1-37 中的“一键进料”选项，待目标温度升至 220℃左右后，设备开始自行上料，上料完成后会发出“嘀”的响声。

（4）需要换其他材料，卸料时，单击“一键退料”选项，耗材退出后，将耗材拔出即可。

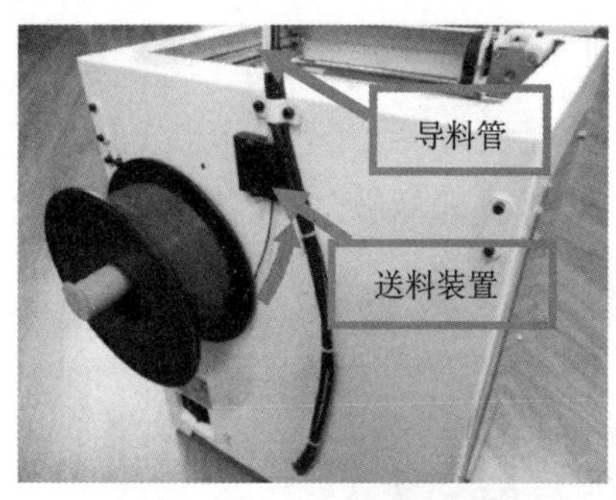

图 2-1-36　装入料盘

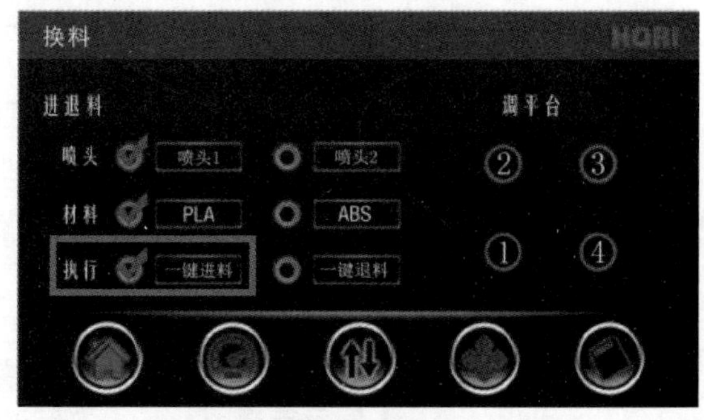

图 2-1-37　工具操作界面

Step4：在打印平台上涂胶

为了保障打印工件与平台在打印过程中黏合在一起，需要增加平台与打印件的黏合度，因此，要在打印平台上涂上水溶性胶水。如图 2-1-38 所示，往平台上滴 3～5 滴水溶性胶水，用随机配备的滚筒把胶水抹匀，如图 2-1-39 所示。

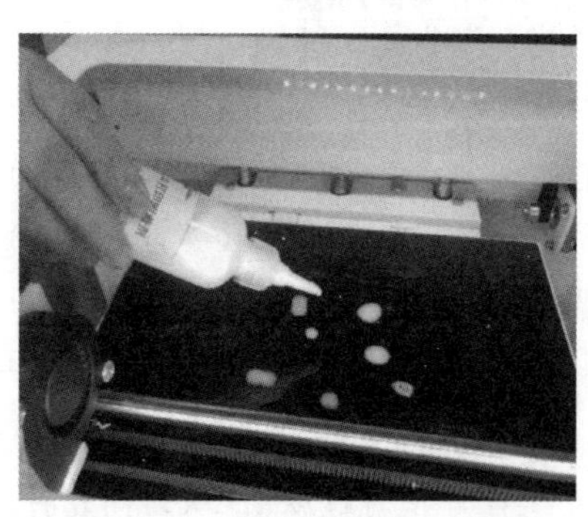

图 2-1-38　在打印平台上滴胶水

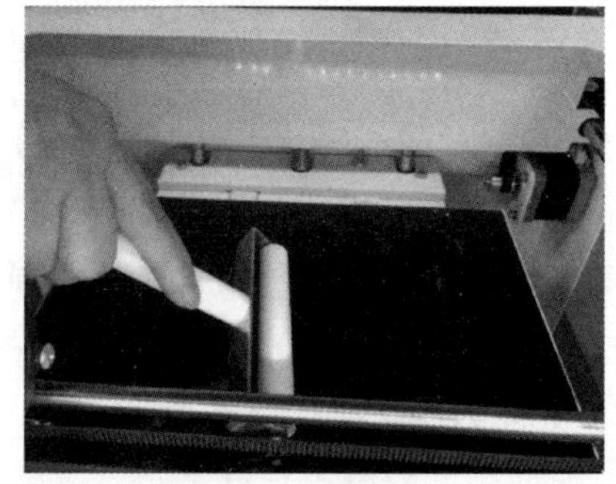

图 2-1-39　抹匀胶水

使用打印机讲解视频

Step5：执行打印

（1）如图 2-1-40 所示，把存有活动恐龙打印程序的 SD 卡插入打印机卡槽。

（2）如图 2-1-41 所示，轻触操作面板上的“SD 卡”选项，弹出如图 2-1-42 所示的打印选项面板。

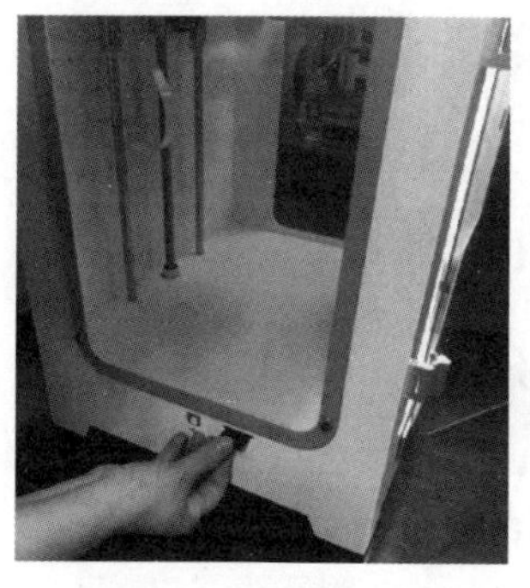

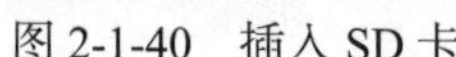
图 2-1-40　插入 SD 卡

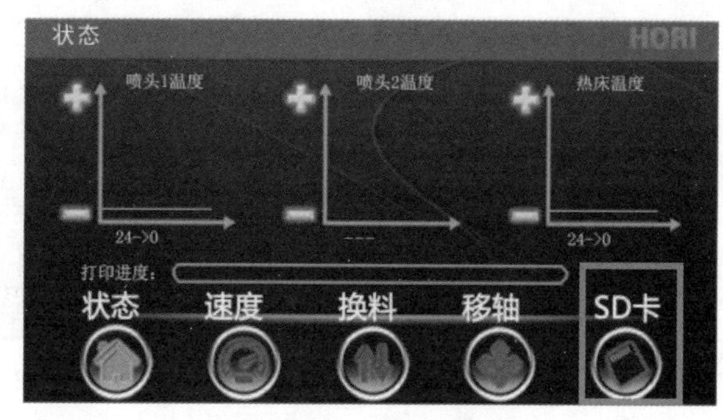

图 2-1-41　单击 SD 卡

（3）如图 2-1-42 所示，单击三角图标，移动光标，选择所需打印程序：活动恐龙 --E1. gcode。

（4）光标停留在所需程序上，轻触“活动恐龙 --E1. gcode”，如图 2-1-43 所示，打印机开始启动，在操作面板上会显示打印信息，包括打印程序名称，打印层高 0.2mm，填充率 10%，所需时间为 1 小时 47 分钟，所需耗材 13.31 克等。

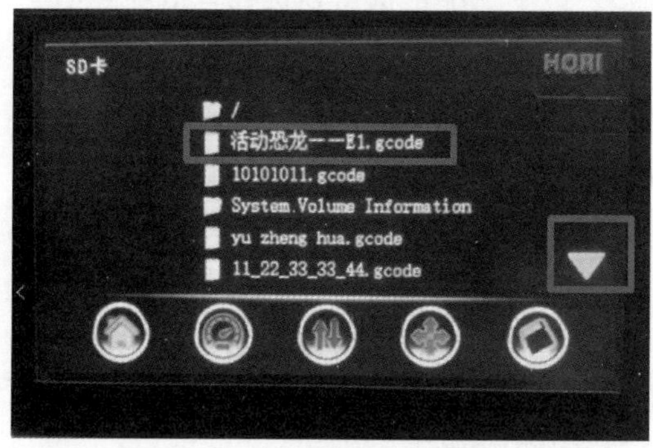

图 2-1-42　打印选项面板

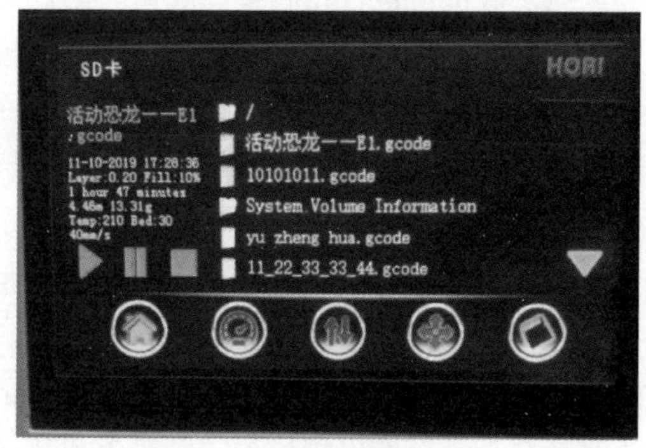

图 2-1-43　启动打印程序

（5）先打印测试条，如图 2-1-44 所示，完成测试打印后，开始正式打印，如图 2-1-45 所示。

（6）打印完成后自动关机，打印结果如图 2-1-46 所示。

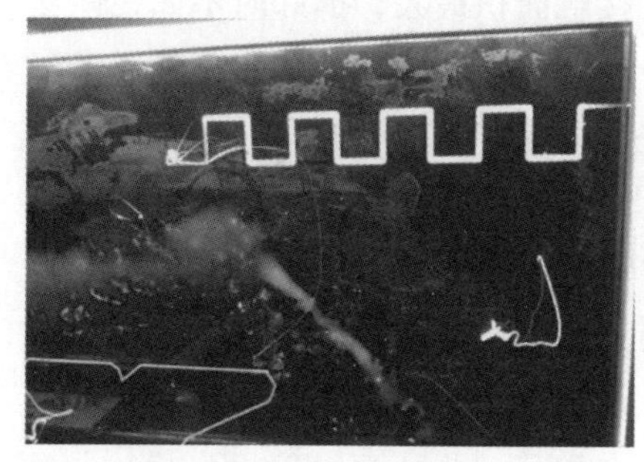
图 2-1-44　打印测试条

图 2-1-45　开始打印模型

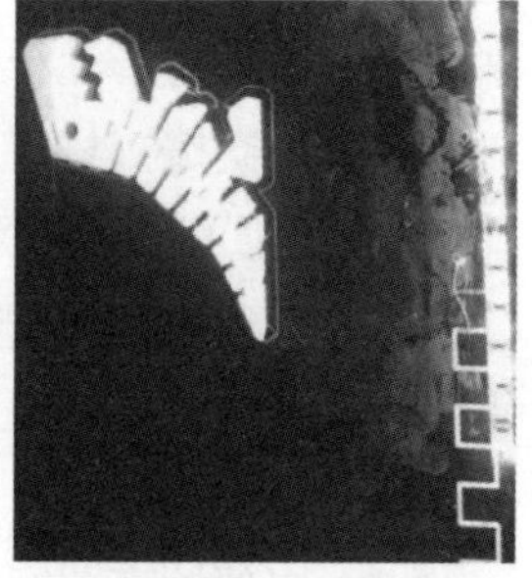
图 2-1-46　打印结果

Step6：后处理

模型打印完成后，用小铲刀（见图 2-1-47）取下模型。本案例中模型没有支撑，无须去除，只要取下就可以，打印成品如图 2-1-48 所示，但有拉丝毛刺需要清理。

课堂笔记

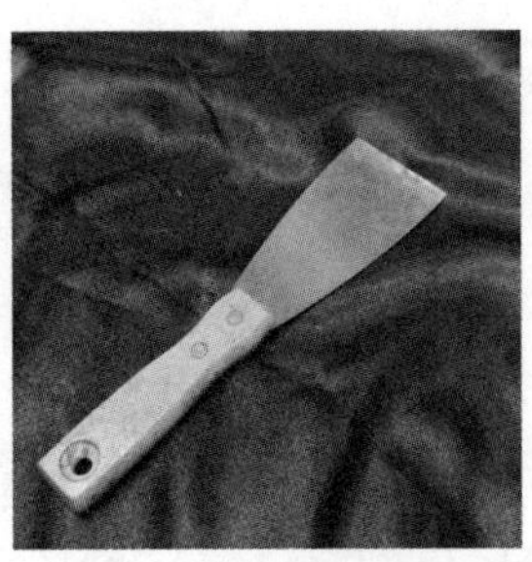
图 2-1-47　小铲刀

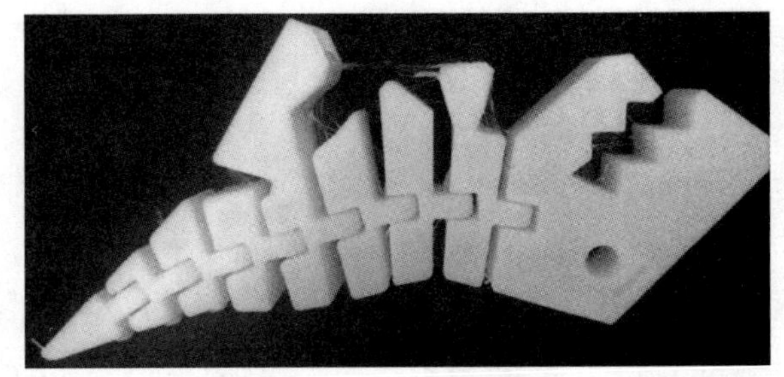
图 2-1-48　打印成品

【相关知识】

3D打印机的构成及3D打印工艺参数

1. 3D 打印工艺参数

1）3D 打印辅助参数

（1）底垫：包含无底垫、底垫和防翘边底垫。以下情况根据需要选择合适的底垫：

①打印板不平整，需要增加底垫辅助模型底面平整。

②底面积过大的平板状结构，需增加底垫防止翘边。

③模型与打印平台接触面积小，需增加底垫以加大模型底部的接触面积，防止倾倒、移动。

（2）支撑：包含 4 种基本支撑结构类型（网格、线性、树状、柱状）和 3 种模型支撑类型（完全支撑、底层支撑、无支撑）。

①无支撑：从字面上看就是没有支撑的意思，有两种情况会用到这个设置，一个是不需要添加支撑的模型，另一个是不希望添加支撑影响模型表面细节。

②底层支撑：只在模型底部添加支撑，而对于模型上面需要添加支撑的结构就不管了，需要配合手动支撑来达到效果。

③完全支撑：对模型达到添加标准的结构全部添加支撑。

④线性支撑：支撑结构一般选择线性支撑，支撑效果和拆卸难易的综合效果最好。

⑤柱状和网格支撑：最好的支撑效果，与模型的接触面积最大，拆卸时不如线性支撑方便，往往需要配合偏口钳取下支撑。

⑥树状支撑：材料最省，特别适合于底部存在关键结构需要支撑的情况。

2）其他（包括选择合适的打印材料和模型填充图案）

（1）打印材料：选项中的 PLA/ABS/PETG 都设定好了默认参数，可以直接选用。特殊材料在选择自定义设置后，要修改相关参数（材料密度、模型风扇、打印头和打印板工作温度）等。

（2）内部填充图案：可选为线、网格或者圆形。

圆形填充侧面受力会好一些，但是会浪费时间（打印头在 *XY* 轴频繁地移动会浪费时间）。

（3）打印完成后关闭打印机。勾选“切片设置”对话框中的“打印完成后关闭打印机”选项，可以在模型打印后自动关机，节能环保且避免无人值守时发生危险。

（4）抽壳打印。如图 2-1-49 所示，勾选“以螺旋形式仅打印模型外壳”选项表示抽壳打印。抽壳打印的目的是在最短时间内获得封闭模型的外壳。

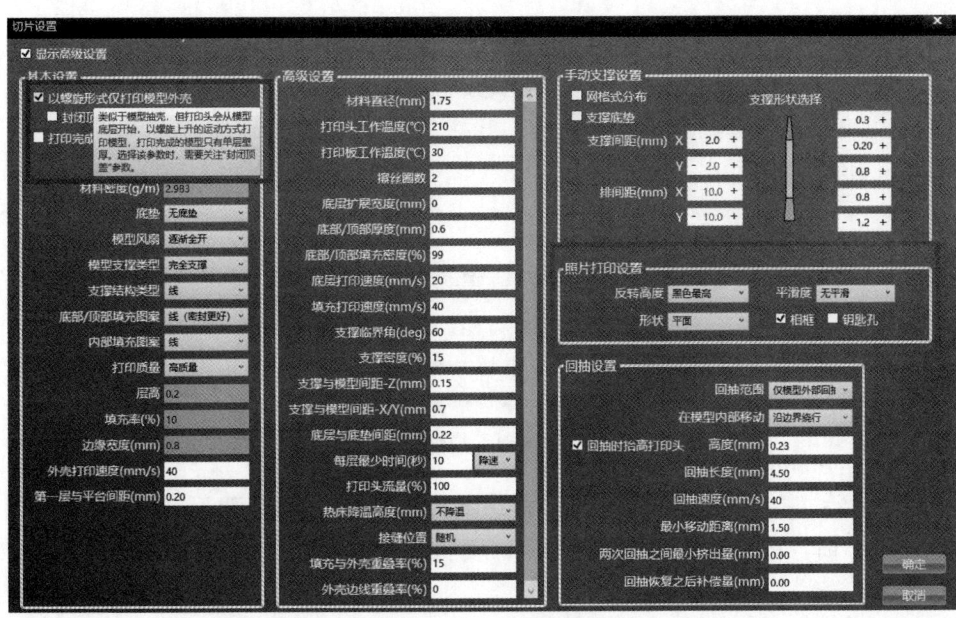

图 2-1-49　抽壳打印

只有满足基本的三个条件才可能进行抽壳打印，分别是：必须是封闭的模型；模型不能存在需要支撑的结构；模型不能存在填充。抽壳后的模型边缘宽度为 0.4mm（喷头直径），还可以选择是否“封闭顶盖”，但是距离超过 3cm 的可能会出现两点桥接下垂的问题。

（5）照片打印。如图 2-1-50 所示为“照片打印设置”选项。

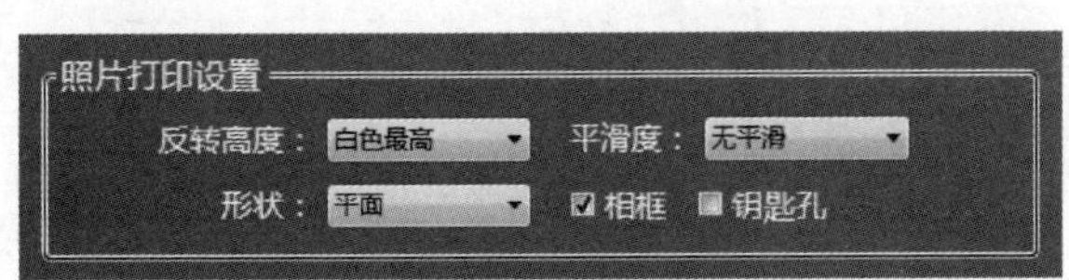

图 2-1-50　“照片打印设置”选项

①反转高度：可选为“黑色最高”（透光后照片效果）和“白色最高”（透光后底片效果）。

②平滑度：有无平滑、轻微平滑和重度平滑 3 个选项。

③形状：有平面、杯子、灯罩、管道、版画 5 个选项，用于选择打印的不同形状特性。

④勾选项：可以选择照片打印时是否带相框和钥匙孔。

● 勾选“相框”：在照片模型的四周加上相框。

● 勾选“钥匙孔”：在照片的左上角打个小孔，方便穿钥匙扣。

3）调整模型大小

如果要打印的模型尺寸不合适，打印时我们可以通过比例来调整，在切片软件界面的左侧，会有如图 2-1-51 所示的模型列表，可以对模型进行“等比例缩放”与“XYZ 单轴向缩放”。

（1）“缩放”：单击图 2-1-51 中的比例图标，在此列表框中，我们可以设置模型的比例或大小；如果图标为“锁”🔒状，模型是按等比缩放的；如果图标为“解锁”🔓状，模型 *X*、*Y*、*Z* 三个方向缩放比例可以不同。

课堂笔记

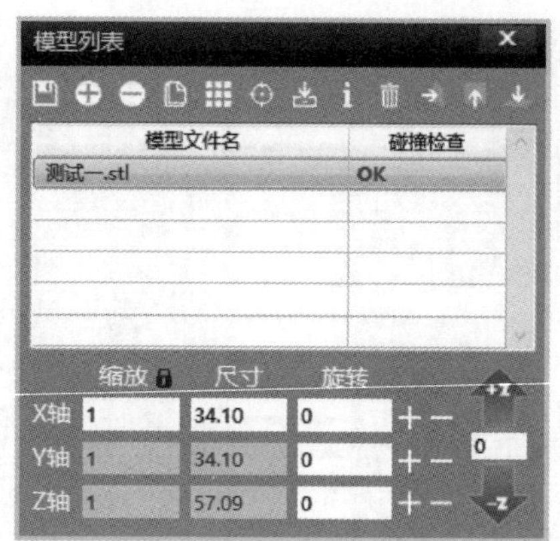

图 2-1-51　模型列表

（2）“旋转”：单击此图标，会弹出如图 2-1-52 所示浮动工具条，出现 3 个选项，X 轴、Y 轴、Z 轴，选中不同的轴向，我们可以旋转模型，图形会显示已经旋转的角度。

（3）“翻转模型面”：此项可以旋转模型至选中平面，也可翻转法线，或在旋转模型后撤销旋转，如图 2-1-53 所示。

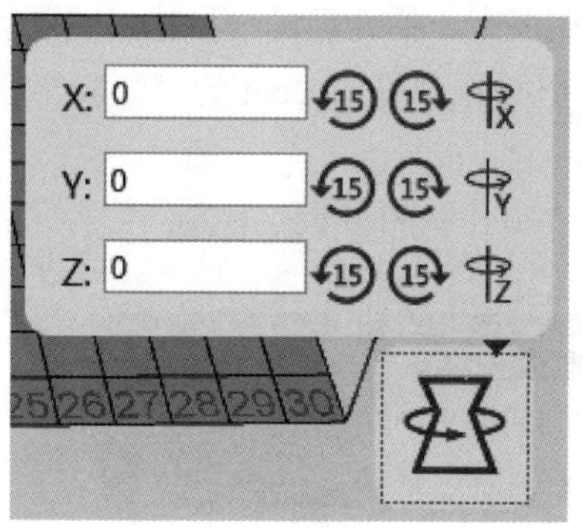

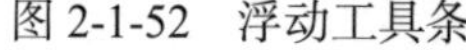

图 2-1-52　浮动工具条

图 2-1-53 翻转模型面

分层切片
添加模型
移除模型
清空全部模型
另存为
复制模型
自动放置
模型居中
置于平面
分割模型
等比例视图
正视图
俯视图
模型信息

图 2-1-54　快捷菜单

如果模型大小合适，没有超出打印机打印的范围，且打印时长合理，可以不用进行缩放操作；如果底面最大面与平台接触，也不用翻转。

4）设置部件打印位置

把光标放置在打印模型上，按住鼠标右键 +Ctrl 键，可以拖动模型，调整打印位置。

把光标放置在打印模型上，单击鼠标右键，弹出如图 2-1-54 所示的快捷菜单。下面简要介绍其中几个命令。

- 添加模型：可以快速将模型添加到打印平台中。
- 移除模型：可以快速删除选中的模型。
- 复制模型：可以快速复制已加载的模型。
- 分割模型：可以拆解装配模型。
- 模型居中：可将模型自动居中。
- 置于平面：可将悬浮的模型自动置于平面。

课堂笔记

2. 3D 打印机的构成

3D 打印机的工作始于数字化的三维模型，通过软件呈现模型，并切割成片，每层厚度为 0.1～0.3mm，打印过程中，打印机喷头会按照给定的路径逐层喷涂热塑性塑料，喷涂处的材料会迅速冷却，冷却后，熔融状态的塑料会形成固体模型。如图 2-1-55 所示为 HORI E1 FDM 3D 打印机。

FDM 打印机一般使用热塑性塑料丝——ABS（丙烯腈－丁二烯－苯乙烯共聚物）或 PLA（聚乳酸，从淀粉中提取出来的可生物降解的物质），热塑性材料达到一定温度后，就会软化，具有流动性。随着温度的降低，它会重新变成固体形态。打印过程中，打印机控制电机非常精准地带动塑料丝引入挤出机。在小巧的喷头处将其加热融化，融化后的塑料在喷头的另一端被挤出，并迅速冷却。

图 2-1-55　HORI E1 FDM 3D 打印机

1）运动机构

打印机运动方式有三种：笛卡儿式、三角式、极坐标式。

（1）笛卡儿式：采用此种工作方式的打印机最为普遍，称为龙门架机构。挤出机固定在刚性框架上，打印平台位于下方。整个打印机工作在 *XYZ* 坐标构建的笛卡儿坐标系中，挤出机在 *XY* 轴上运动，打印平台则在 *Z* 轴方向上下移动，每打印一层，平台沿 *Z* 轴向下移动一层的距离。在其他形式的打印机中，挤出机也可能运动在 *X* 轴和 *Z* 轴上，平台在 *Y* 轴方向移动。

（2）三角式：三角式 3D 打印机通过三个滑块来控制挤出机的运动，三个滑块束缚在三根杆上，可以在电机的驱动下沿垂直方向独立运动。

（3）极坐标式：这种方式中，挤出机围绕某一定点可以旋转，打印平台围绕某点进行旋转，挤出机固定在机械臂上，可以在 *X* 轴方向进行移动，机械臂本身可以在 *Z* 轴方向移动。

2）挤出机

如果说运动机构是骨架，坐标轴是手臂，那么挤出机就是 3D 打印机的心脏，它是 3D 打印机中确保良好和稳定打印的最为重要的部分之一。挤出机有单喷头和多喷头之分，这里以单喷头为例，挤出机内部有一个步进电机，精确控制的电机带动材料丝进入喷头高温区，能瞬间把塑料融化为黏状，由喷嘴处挤出，并且由外部的冷却风扇迅速冷却固化。随着挤出机的移动，塑料层层累加，直至物体成型。

3）控制板

每一台打印机都有一套控制板，配合内部的固件程序，可以说是 3D 打印机的灵魂，它负责与用户交互、读取指令、控制打印机的所有运动。

4）打印平台

打印平台通常是铝制的，其表面还有一层加热板用于加热，这可以让 3D 打印机支持更多的打印材料。在实际打印中，还需要在平台上放置玻璃板或者胶带等，作为打印物体的承接物。

课堂笔记

3. 模型格式

1）STL

STL（STereo Lithography）文件，一种经典的3D模型文件格式，是由3D Systems公司于1988年制定的一个接口协议，是一种为快速原型制造技术服务的三维图形文件格式。STL文件由多个三角形面片的定义组成，每个三角形面片的定义包括三角形各个定点的三维坐标及三角形面片的法矢量。

STL文件有两种类型：文本文件（ASCII格式）和二进制文件（BINARY）。

（1）STL的ASCII格式如下：

```
solid filenamestl //文件路径及文件名;
facet normal x y z // 三角形面片法向量的3个分量值;
outer loop
vertex x y z //三角形面片第一个顶点的坐标;
vertex x y z // 三角形面片第二个顶点的坐标;
vertex x y z //三角形面片第三个顶点的坐标;
endloop
endfacet // 第一个三角形面片定义完毕;
...
endsolidfilenamestl //整个文件结束;
```

（2）STL的二进制文件格式。二进制STL文件用固定的字节数来给出三角形面片的几何信息。文件的起始80字节是文件头，用于存储零件名，可以放入任何文字信息；紧随着用4字节的整数来描述实体的三角形面片个数，后面的内容就是逐个给出每个三角形面片的几何信息。每个三角形面片占用固定的50字节，它们依次是3个4字节浮点数，用来描述三角形面片的法矢量；3个4字节浮点数，用来描述第1个顶点的坐标；3个4字节浮点数，用来描述第2个顶点的坐标；3个4字节浮点数，用来描述第3个顶点的坐标；每个三角形面片的最后2字节用来描述三角形面片的属性信息（包括颜色属性等），暂时没有用。一个二进制STL文件的大小为三角形面片数乘以50再加上84字节。

STL模型是以三角形集合来表示物体外轮廓形状的几何模型。在实际应用中对STL模型数据是有要求的，尤其是在STL模型广泛应用的RP领域，对STL模型数据均需要经过检验才能使用。这种检验主要包括两方面的内容：STL模型数据的有效性和STL模型封闭性检查。有效性检查包括检查模型是否存在裂隙、孤立边等几何缺陷；封闭性检查则要求所有STL三角形围成一个内外封闭的几何体。本书中讨论的STL模型，均假定已经进行有效性和封闭性测试，是正确有效的STL模型。

（3）AMF（Additive Manufacturing File）。AMF是以目前3D打印机使用的“STL”格式为基础的、弥补了其弱点的数据格式。

众所周知，在AMF出现之前，STL已经被广泛地使用在3D打印/增材制造中，已经成为事实的3D打印/增材制造技术标准。但是STL文件格式表现力较差，只能记录物体的表面形状，缺失颜色、纹理、材质、点阵等属性，即使利用CAD软件制作了惊喜的模型，但颜色、材料及内部结构等信息在保存为STL数据时也会消失，给3D打印的发展造成了很大的制约。为此，2009年1月，ASTM委员会成立了专门的小组来研究新型的3D打印/增材制造文件标准，最终确立了基于XML技术的AMF作为最新

的 3D 打印 / 增材制造文件标准。

AMF 作为新的基于 XML 的文件标准，弥补了 CAD 数据和现代的增材制造技术之间的差距。这种文件格式包含用于制作 3D 打印部件的所有相关信息，包括打印成品的材料、颜色和内部结构等。标准的 AMF 文件包含 object、material、texture、constellation、metadata 5 个顶级元素，一个完整的 AMF 文档至少要包含一个顶级元素。

- object：object定义了模型的体积或者3D打印/增材制造所用到的材料体积。
- material：material定义了一种或多种3D打印/增材制造所用到的材料。
- texture：texture定义了模型所使用的颜色或者贴图纹理。
- constellation：constellation定义了模型的结构和结构关系。
- metadata：metadata定义了模型3D打印/增材制造的其他信息。

AMF 文档标准作为专门针对 3D 打印 / 增材制造开发的开放性文档标准，已经得到业内诸多企业和专家的支持，目前 AMF 文档标准最新的版本是 V1.1。

2）模型来源

（1）三维扫描。三维扫描就是通过三维扫描仪对物体外观数据（如造型和颜色信息）的采集过程。三维扫描后输出的数据就是点云。采集得到的点云需要使用相应的软件进行处理后才能够生成面片构建的模型。而生成的面片模型可以在其他的三维软件中进行进一步的处理，最后得到完整的打印模型。

（2）软件制作。3D 模型的另一个来源是通过软件来制作，常用的免费三维制作软件有 Autodesk 123D、Meshmixer、Blender、Sketchup 等；商业软件有 UG NX、Creo/Pro Engineer、CATIA、3D Studio Max、AutoCAD、SolidWorks、ZBrush、Geomagic DX 等。

3）打印前检测

打印前检测包括多种检测，大部分三维制作软件都支持一键检测。切片软件也有自动修复的功能。

（1）孤立物体。检测物体是否有孤立部分，包括点、线、面和模型。

（2）闭合性检测。法线是垂直于平面并且指明面的方向的矢量。构成模型的面的法线应该始终指向外部。3D 打印软件借助法线来判断模型的表面和边界的构建是否正确。如果某个面的法线指向物体内侧，打印时将出错。闭合性检测主要检测物体表面的法线是否一致，是否有面出现法线反转，以及模型本身是否闭合。

（3）交叉区域。模型中是否有面相互交叉。

（4）无法产生的线和面。模型中是否存在长度为 0 的线和面积为 0 的面，或者长度、面积低于某一指定值的线和面。

（5）非流形检测。非流形物体是现实中无法存在的物体。

（6）厚度。3D 打印机都会有厚度限制，厚度低于限定值的部分是无法正确打印的。所以需要检测模型是否满足此限制。

（7）悬垂。当不使用支撑物进行打印时，被打印物体的某些悬垂就会受到限制。悬垂检测即检测模型是否存在超过悬垂限制的部分。这些限制与材料和打印机有关，最好对打印机和材料进行测试以得出较为准确的阈值。

（8）尺度约束。通常 3D 打印机能够打印成型的物体尺寸都有一定的限制。在打印前需要对物体的尺度进行检测，看是否匹配打印机的尺度限制，如果体积超出限制，就需要适当缩小物体。但有一点需要注意的是，缩小物体后，可能会导致某些部分的厚度

课堂笔记

低于打印机的厚度限制。

4）打印过程

我们现在所得到的3D模型并不能直接被3D打印机所使用。以FDM桌面打印机为例，它需要知道什么地方挤出材料，挤出多少，而这些信息无法直接从三维模型上得到，所以我们需要转换。第一步就是将3D模型进行切片。切片是通过切片程序进行处理的，切片程序能够将3D模型转化为一系列的薄层，随后这些薄层又被转化为G-Code文件，G-Code文件包含了控制打印机的指令。这些指令发送到打印机，被打印机固件进行解释，从而控制3D打印机的打印过程。3D打印机按照G-Code的指令逐层地添加材料来构建物体，这些层融合到一起最终形成了物体，如图2-1-56所示。

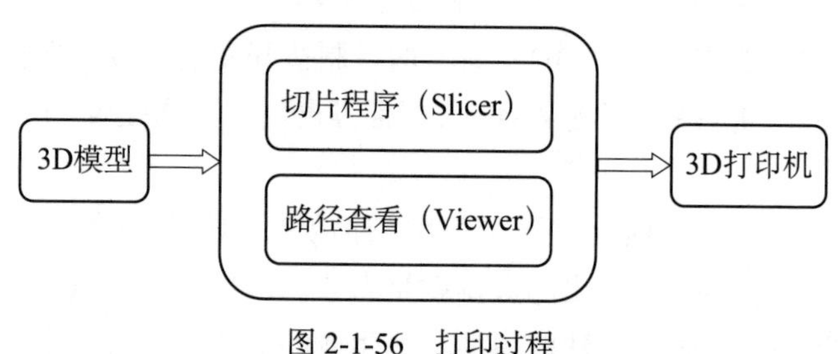

图2-1-56　打印过程

需要注意的是，伴随3D打印机的往往还有另一个程序——G-Code Viewer，这个软件可以让使用者预览模型切片后的效果并且模拟打印机的打印过程。

5）后处理

（1）拾取。在打印结束后，需要将模型从平台上取下，常用的工具包括漆刀、铲子。

（2）处理支撑。如果打印模型时采用了边缘型或者基座型的方式与平台相连，取下后还需要处理多余部分。

如果打印物体有支撑，那么需要将其清除，这个过程比较枯燥。去除支撑物有时会影响模型的精细度，而且当使用不当工具时，支撑物会有残留。去除支撑物常用的工具是尖嘴钳。

（3）表面处理。由于采用的是FDM桌面打印机，其打印模型会有纹理，在对模型表面要求较高的情况下，还需要对表面进行进一步的处理，可以采用机械的方法，也可以采用化学溶剂的方法。

机械方法：锉刀、剪刀、钳子是常见的表面处理工具，可以去除大块的、明显的多余部分。锉刀可以用来打磨物体表面，更方便的打磨工具是电动砂轮。

化学方法：丙酮可以轻易地溶解ABS材料和PLA材料，这两种材料是FDM桌面打印机的主要打印材料，从而通过溶解消除模型表面的细小瑕疵。但一定要注意丙酮的使用量，过度使用会导致模型尺寸变化较大。

3D打印的物体还可以在之后使用染料上色，例如，比较便宜的丙烯颜料，适用于PLA和ABS材料上色。

【课后拓展】

打开弘瑞Modellight 3D打印系统，登录“模型云”平台，下载“模型云”中自己喜欢的模型（见图2-1-57），操作3D打印机，打印制作自己喜欢的模型，从易到难，熟

悉 3D 打印的一般流程及 3D 打印机的操作，训练调平技能，特别注意支撑和平台添加，保证打印成功。

图 2-1-57　模型

任务2.2　天鹅模型打印

【任务引入】

天鹅，颈与体躯等长或较长；嘴形适中，基部高而前端缓平，嘴甲位于嘴端的正中间，而不占据嘴端的全部；眼睛裸露；鼻孔椭圆，形态优美。由于天鹅的羽色洁白，体态优美，叫声动人，行为忠诚，在欧亚大陆的东方文化和西方文化中，不约而同地把白色的天鹅作为纯洁、忠诚、高贵的象征，深受人们的喜爱。为满足世界各国人们的需求，可以通过 3D 打印获得不同造型的天鹅，下面就用 3D 打印的 FDM 技术来制造一款客户指定的天鹅。

本次的任务：根据客户提供的天鹅三维数字模型，使用 Miracle H2 三角式 3D 打印机（FDM），完成天鹅的 3D 打印及后处理。

【任务分析】

按照 3D 打印的一般流程（如图 2-2-1 所示），第 1 步完成模型检查修复，要先把天鹅模型导成 STL 格式文件，再对文件进行分析，是否满足打印要求；第 2 步进行切片处理，根据模型，合理摆放位置，构建支撑，进行切片处理，生成 3D 打印机能执行的

课堂笔记

G-Code 代码文件；第 3 步操作 3D 打印机完成天鹅打印，使用 SD 卡（或其他方式）把上一步生成的 G-Code 代码文件导入打印机，操作 3D 打印机，完成天鹅打印；第 4 步取下打印好的天鹅，去除支撑；第 5 步打印后处理，清理天鹅表面，利用酒精熏蒸。

图 2-2-1　3D 打印一般流程

完成本任务，可实现下列目标。

知识目标：

1. 熟悉 FDM 打印技术应用领域。
2. 了解三角式 FDM 打印机的工作原理。
3. 了解 FDM 打印技术的优缺点。
4. 掌握 FDM 打印技术常用切片软件应用。
5. 掌握 FDM 打印工艺及参数设置。
6. 掌握 FDM 打印技术后处理工艺。

能力目标：

1. 会 3D 打印模型检查及修复。
2. 能根据模型合理摆放位置及设置支撑。
3. 能根据 3D 打印机，对模型进行切片处理并导出切片文件至打印机。
4. 会 FDM 打印工艺及参数设置。
5. 会操作 FDM 打印机，制作 3D 模型。
6. 会 FDM 打印技术后处理工艺。

素质目标：

1. 培养工具使用的能力。
2. 培养分析问题解决问题的能力。
3. 培养沟通的能力。
4. 培养团队协作的能力。
5. 培养工程职业素养。

【任务实施】

根据天鹅 3D 打印任务分析，我们开始任务的第 1 步——检查天鹅模型。天鹅模型可以使用 Maya 等正向软件自行设计，也可以应用逆向扫描得到，或者从网上下载模型（http://www.Miracle3d.com/Model3D、http://www.thingiverse.com/、http://www.dayin.la/ 等）。

2.2.1　模型检查

一般切片软件检测功能较弱，能判断是否可以打印，但通常缺少修复功能。例如，

我们使用奇迹三维的 Miracle H2 打印机，生产厂家就有自己开发的 Miracle 切片软件，但该软件模型修复功能较弱，无法判断模型非流形、悬垂、交叉区域、闭合性等。这里应用一款较为专业的软件——Materialise Magics 21.0 来对模型进行检查和修复。

Step1：双击图标打开Materialise Magics 21.0

按照 Materialise Magics 21.0 的安装步骤，先安装 Materialise Magics 21.0 软件。

双击图标，进入如图 2-2-2 所示 Materialise Magics 21.0 软件操作界面。

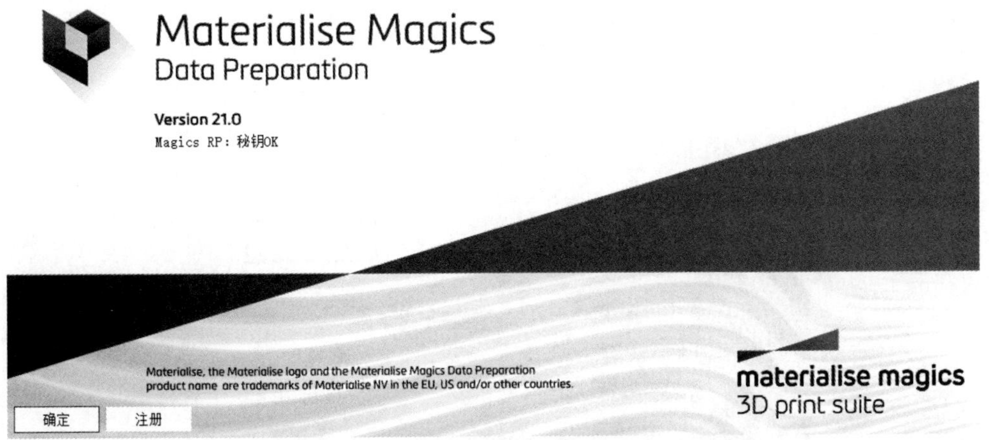

图 2-2-2　Materialise Magics 21.0 软件操作界面

不做任何操作，等待 1 分钟左右，即打开 Materialise Magics 21.0，进入初始界面，如图 2-2-3 所示。

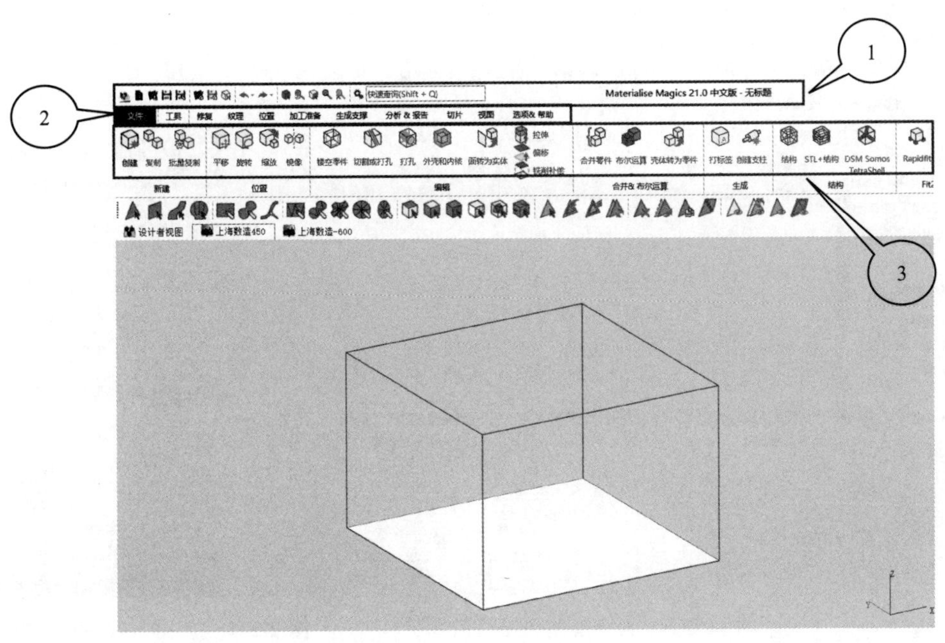

图 2-2-3　初始界面

温馨提示：图 2-2-3 中，1 为标题栏，2 为菜单栏，3 为工具栏。

Step2：加载天鹅模型

模型加载有以下 3 种方式：

课堂笔记

（1）快捷键方式——按住 Ctrl+L 键，弹出“模型加载”对话框。

（2）单击标题栏中的图标——导入已有的 3D 模型到当前视图，弹出“模型加载”对话框。

（3）单击菜单栏中的“文件”菜单，进入如图 2-2-4 所示的“加载路径”界面，选择“加载”→“导入零件”命令，再选择零件所在文件路径，如图 2-2-5 所示，单击“开启”按钮，完成天鹅模型加载。

温馨提示： Materialise Magics 21.0 兼容性非常强，基本可以导入当前主流软件所有格式的文件，一般不需要经过第三方软件来转换了。单击图 2-2-5 中的“所有可导入文件”，展开“可导入文件格式”选项，如图 2-2-6 所示。

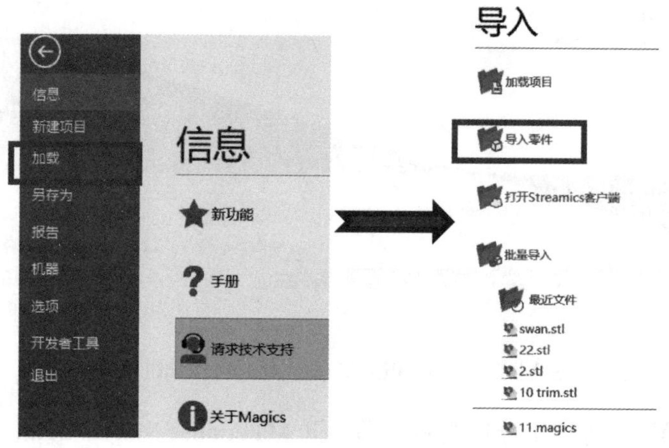

图 2-2-4 “加载路径”界面

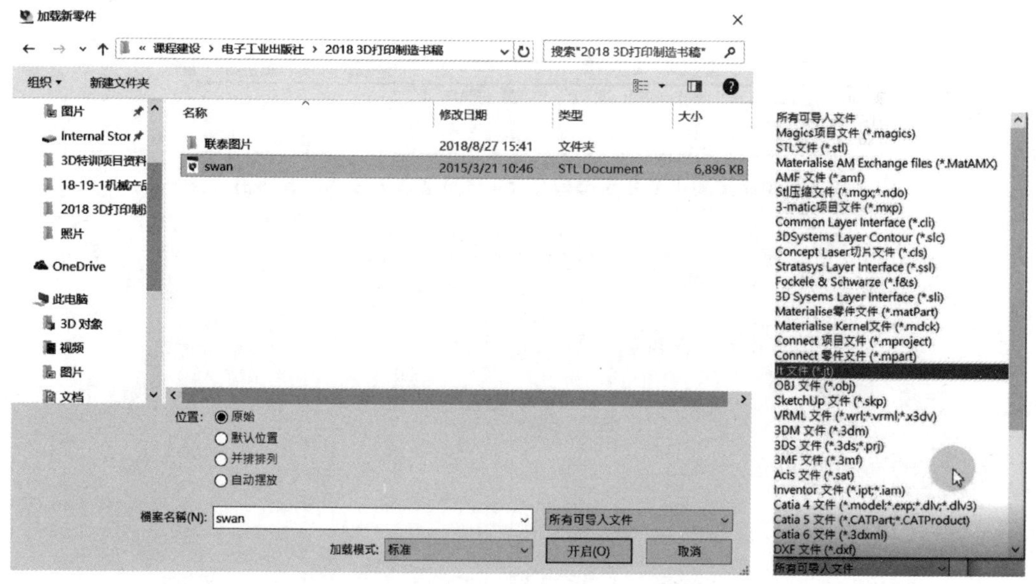

图 2-2-5 天鹅模型文件路径　　图 2-2-6 “可导入文件格式”选项

Step3：模型检查

（1）摆放模型。如图 2-2-7 所示，天鹅模型加载成功后，天鹅在平台外，我们首先要把天鹅模型放置到平台上。

课堂笔记

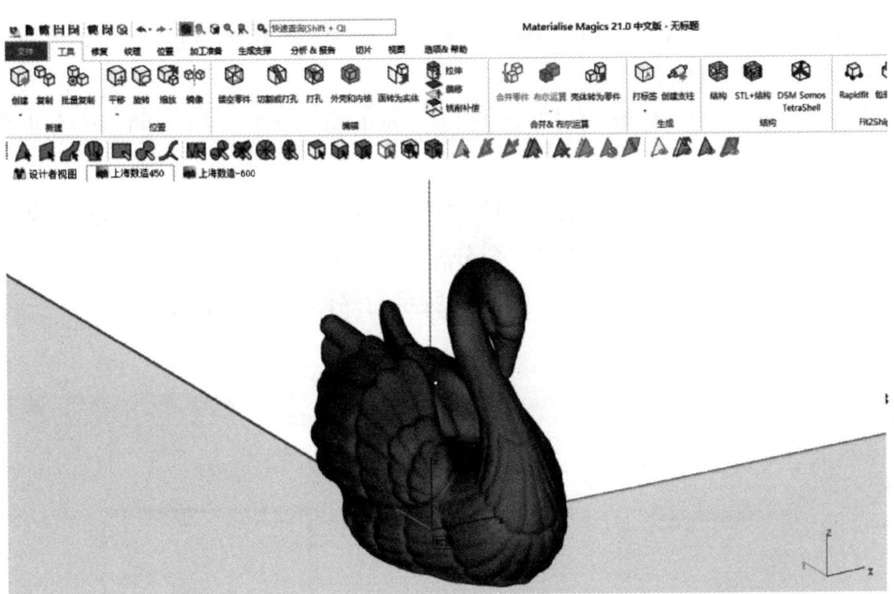
图 2-2-7　天鹅加载成功

①按下 Ctrl+A 组合键，弹出如图 2-2-8 所示的“自动摆放”对话框。
②默认“自动摆放”对话框中的参数设置。
③单击“确认”按钮，模型自动摆放到位，结果如图 2-2-9 所示。

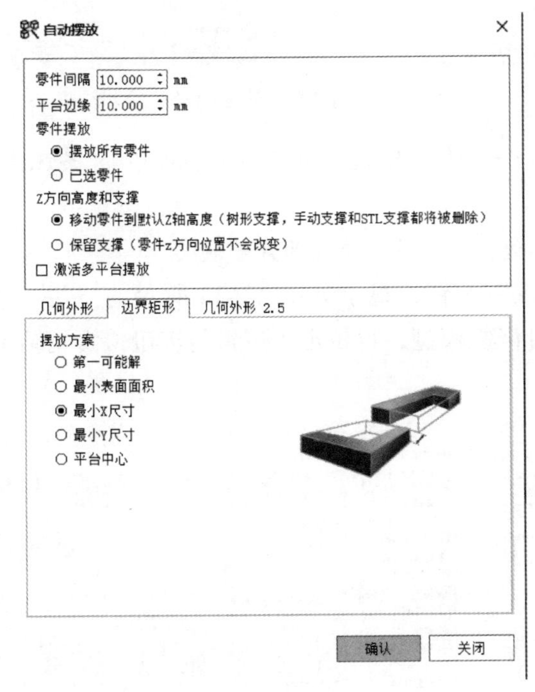

图 2-2-8　“自动摆放”对话框

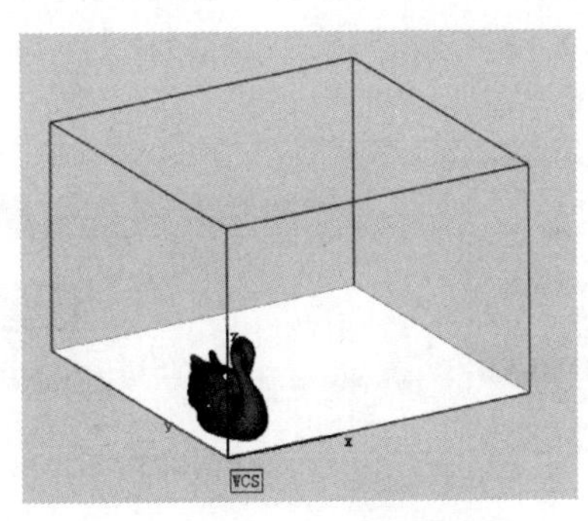
图 2-2-9　自动摆放结果

（2）检查模型。单击菜单栏中的“修复”，弹出如图 2-2-10 所示的“修复”工具栏。

图 2-2-10　“修复”工具栏

课堂笔记

因为我们初次使用 Materialise Magics 21.0，对 Materialise Magics 21.0 功能不是很了解，我们借助“修复向导”来完成。

①单击工具栏中的“修复向导”图标，弹出如图 2-2-11 所示的“修复向导”对话框。

②单击“根据建议”按钮，弹出如图 2-2-12 所示的“修复向导”诊断结果，为了避免遗漏，在“诊断”选项组中选中“全分析”复选框。

③单击“更新”按钮，显示如图 2-2-12 所示的“诊断”分析结果。

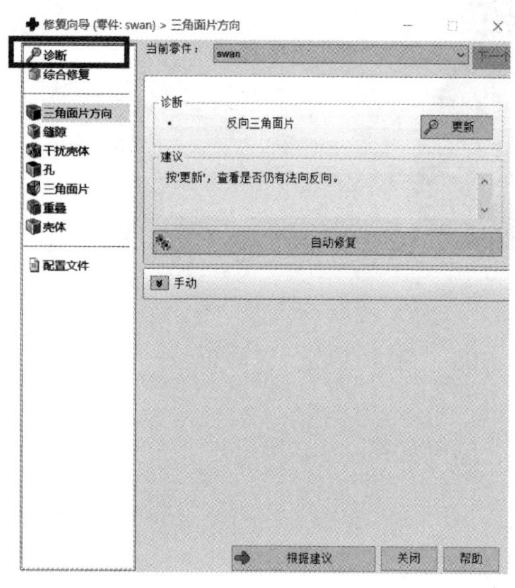

图 2-2-11　“修复向导”对话框

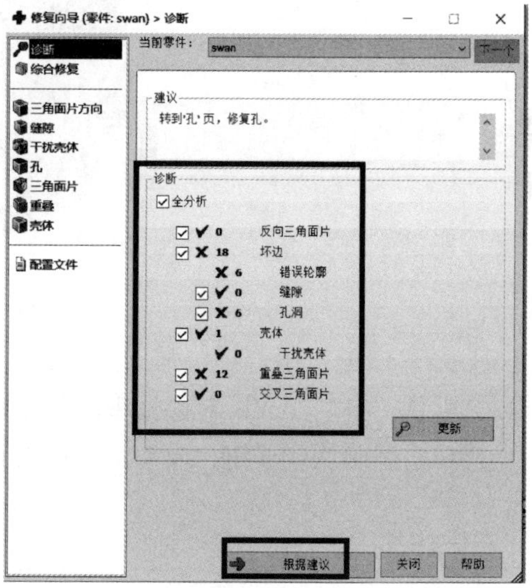

图 2-2-12　“修复向导”诊断结果

④从分析结果中可以看到，只有一个壳体，有 12 个重叠三角面片，18 条坏边，6 个孔洞。

温馨提示：打印时，模型不能有坏边，不允许有重叠面片等缺陷。

⑤孔洞修复。我们单击“根据建议”按钮，显示如图 2-2-13 所示的“孔”修复对话框。单击“自动修复”按钮，即可修复模型，再单击“更新”按钮，修复结果如图 2-2-14 所示。

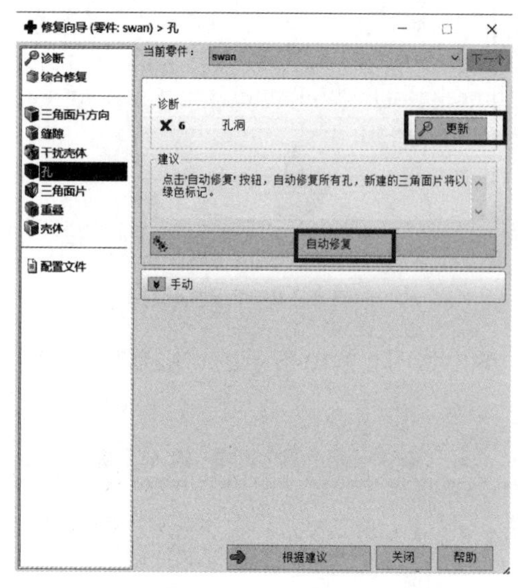

图 2-2-13　“孔”修复对话框

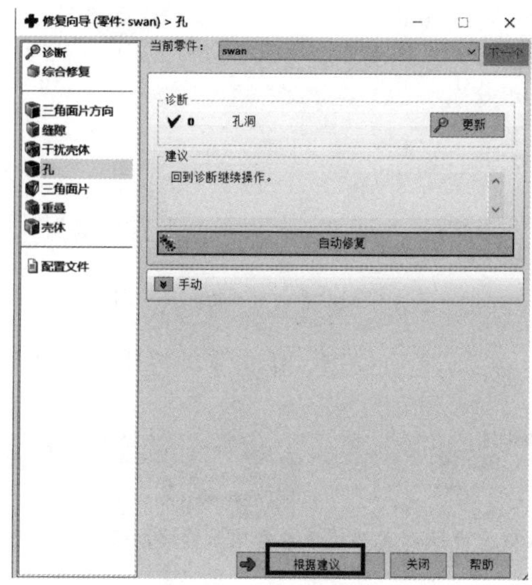

图 2-2-14　孔洞修复结果

⑥三角面片删除。单击“根据建议”按钮，修复孔洞后的诊断如图 2-2-15 所示，孔洞已经修复，只剩12个重叠三角面片。继续单击“根据建议”按钮，弹出如图2-2-16所示“重叠”诊断对话框。一般只要重复第⑤步操作，单击“自动修复”按钮，即可修复模型。但此处，“建议”给出的是“自动操作无法删除所有重叠三角面片。使用手动工具来删除其余的重叠三角面片……”，如图 2-2-17 所示。

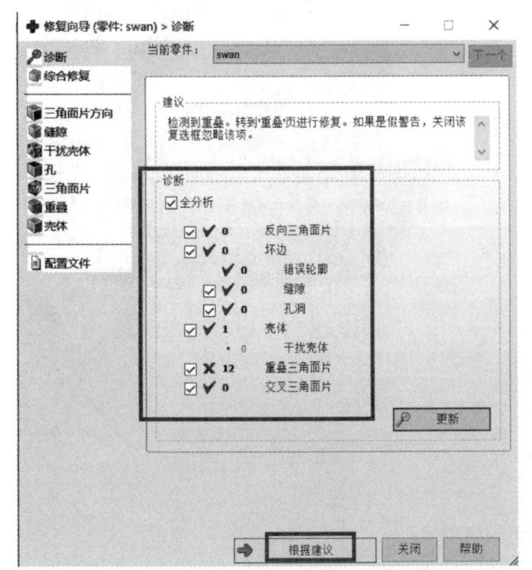

图 2-2-15　修复孔洞后的诊断

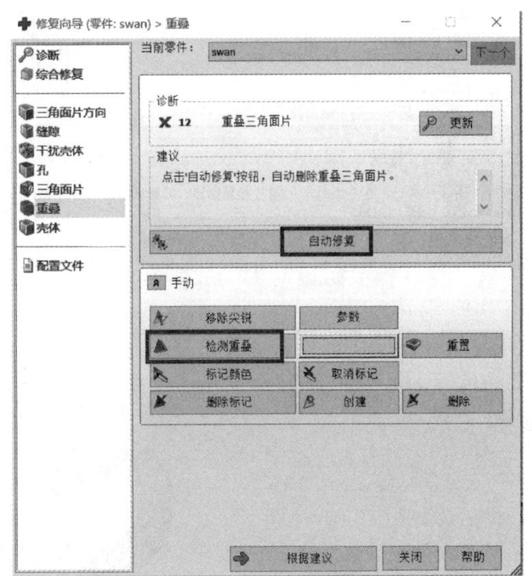

图 2-2-16　“重叠”诊断对话框

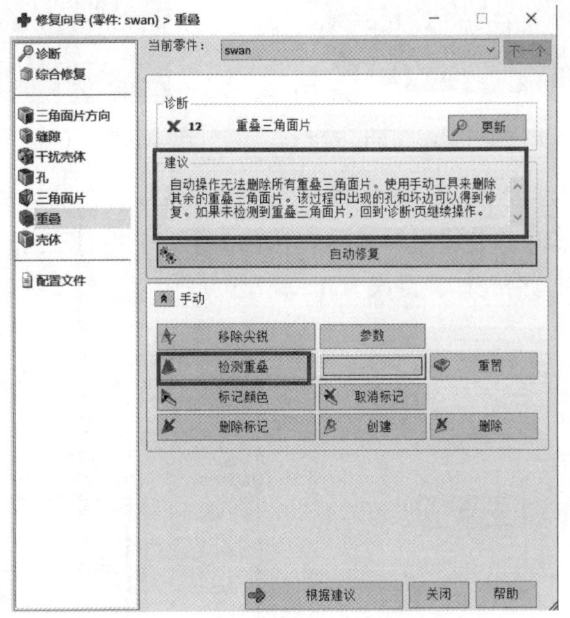

图 2-2-17　自动修复三角面片结果

为了显示三角面片重叠部分，我们先给模型着色。如图 2-2-18 所示，单击操作界面右侧的“视图工具页”图标，选择除黄色以外的其他颜色（重叠部分默认黄色），结果如图 2-2-19 所示。

模型已经着色，但面片重叠部分没有以其他颜色显示，因此不易区分。移动鼠标，单击图 2-2-16 所示对话框中的“检测重叠”按钮，结果如图 2-2-20 所示，重叠部分以

课堂笔记

黄色显示。

单击工具栏中的图标，移动鼠标到天鹅模型黄色显示处，单击鼠标左键，删除选中部分，如图 2-2-21 所示。

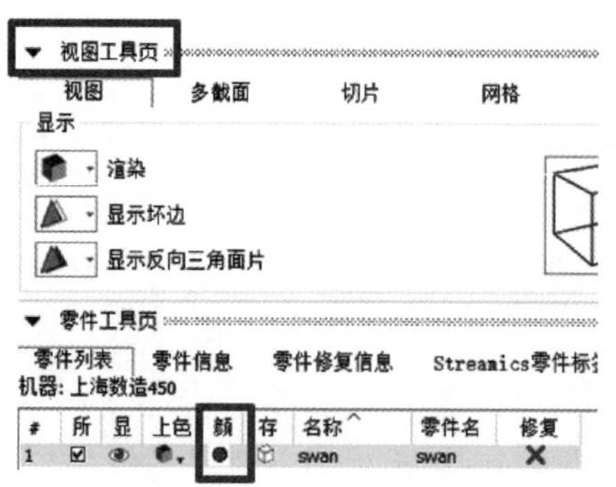

图 2-2-18 模型着色

图 2-2-19 模型着色结果

图 2-2-20 重叠面片显示结果

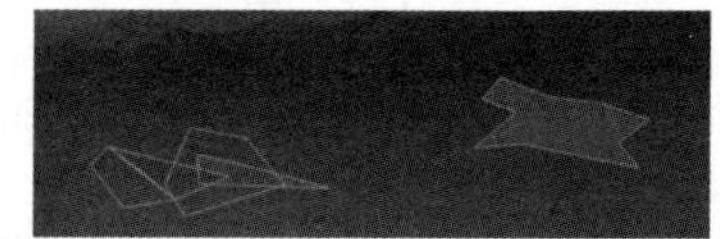

图 2-2-21 手动删除重叠部分（红色）

完成后，如图 2-2-22 所示，单击“综合修复”选项，在随后显示的对话框中单击“自动修复”按钮，即可修复模型。再次单击“诊断”→“更新”按钮，结果如图 2-2-23 所示，天鹅模型仅剩 1 个壳体，错误为 0。模型彻底修复，模型结果如图 2-2-24 所示。

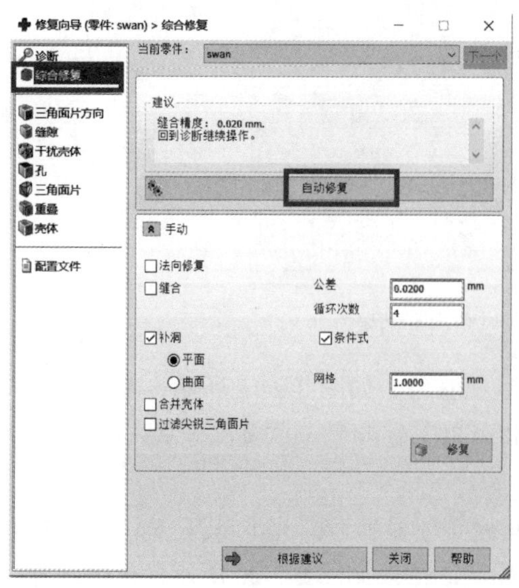

图 2-2-22 “综合修复”选项

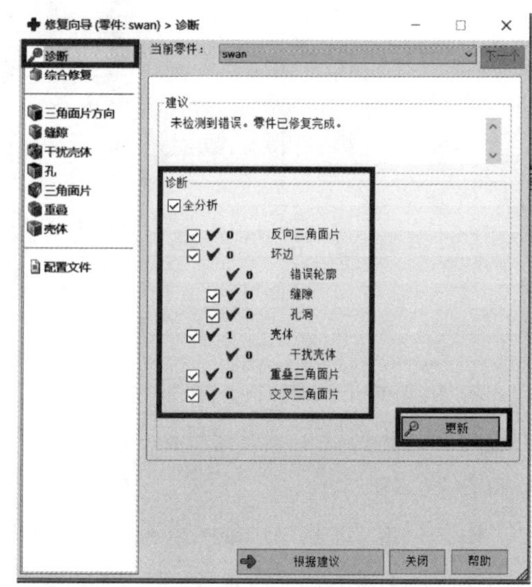

图 2-2-23 修复后诊断结果

图 2-2-24　天鹅模型修复结果

课堂笔记

Step4：导出修复的模型

至此，完成模型修复，我们选择菜单栏中的“文件”→“另存为”命令，以“.magics”后缀进行保存，完成修复文件的保存。再单击标题栏中的 图标，将天鹅模型另存为 swan_xiufu，格式为 STL，为导入切片软件做准备。

天鹅模型切片操作视频

2.2.2　天鹅模型切片

模型切片一般流程如图 2-2-25 所示。

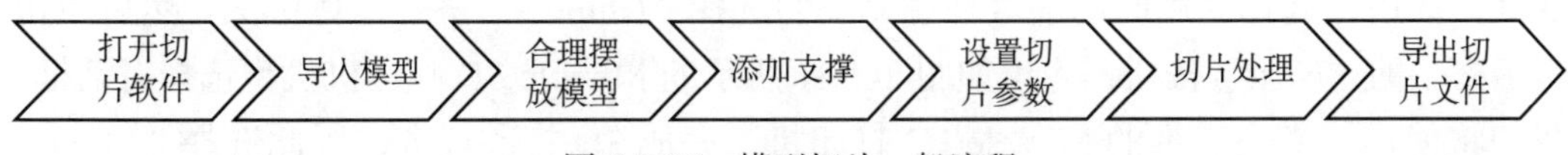

图 2-2-25　模型切片一般流程

切片软件将模型信息转换为机器能够读取的语言，也就是 G-Gode 代码。这些代码中含有每一层切片的路径信息，会指示打印机的运动轨迹，从而完成模型打印。

一般 3D 打印机厂都有自己的切片软件。奇迹三维的 Miracle H2 打印机也自带切片软件 Miracle，可以用来进行切片。下面把修复的天鹅模型导入 Miracle 软件，合理摆放模型，构建支撑。

Step1：安装Miracle软件

（1）找到机器自带的“Miracle 3D 切片软件安装包” Miracle 3D切片软件安装包 并打开，双击 Miracle 文件，弹出如图 2-2-26 所示 Miracle 安装向导。

Miracle 使用教程 1

（2）单击“下一步”按钮，弹出如图 2-2-27 所示安装路径选择对话框，默认安装路径；单击“下一步”按钮，弹出如图 2-2-28 所示的安装准备对话框，单击“安装”按钮，弹出对话框后单击“下一步”按钮直至弹出如图 2-2-29 所示的正在完成 Miracle 安装向导对话框，单击“完成”按钮，完成 Miracle 安装，计算机桌面出现 快捷图标。

课堂笔记

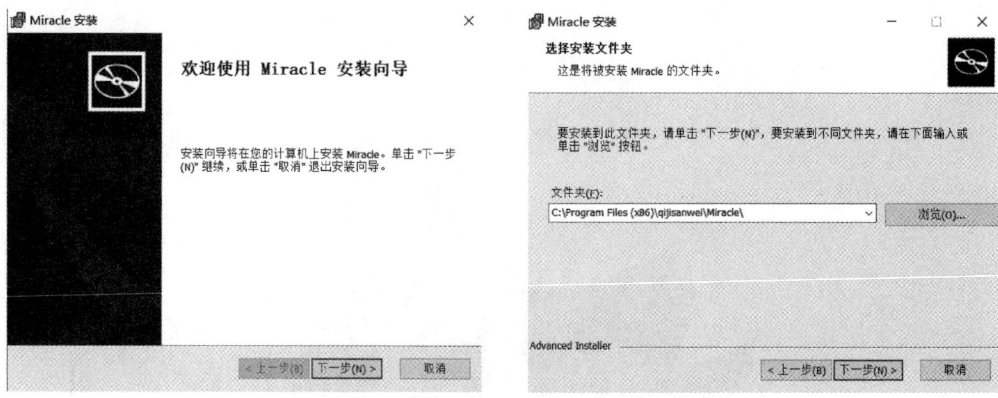

图 2-2-26　Miracle 安装向导　　图 2-2-27　安装路径选择对话框

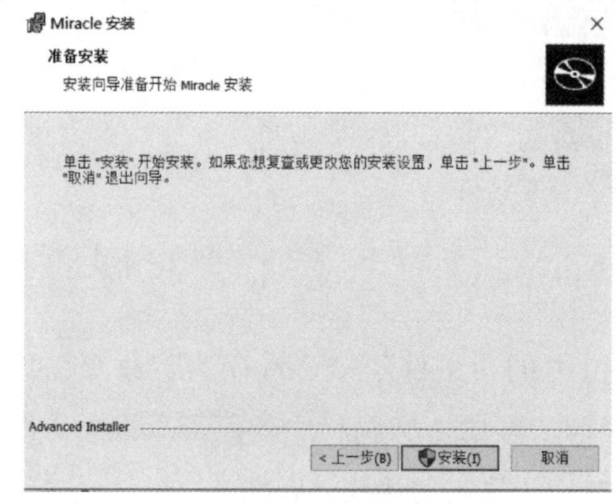

图 2-2-28　安装准备对话框

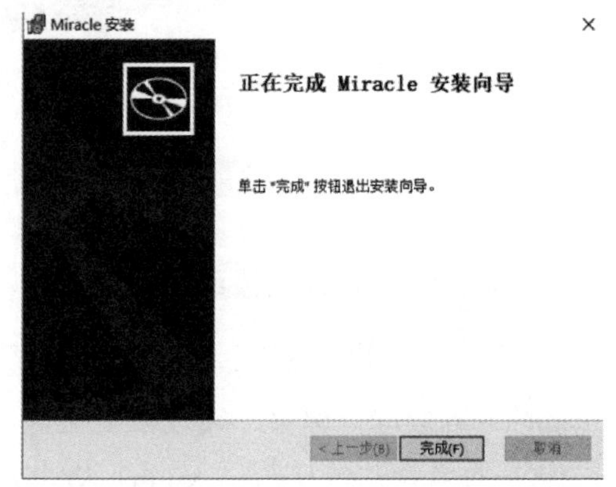

图 2-2-29　Miracle 安装完成

Step2：打开Miracle软件

双击快捷图标，第一次使用会弹出如图 2-2-30 所示的“首次运行体验向导”对话框，让用户选择使用时的语言环境，我们选择“Chinese”——简体中文，然后单击对话框中的“Next”按钮，弹出如图 2-2-31 所示的 Miracle 3D 打印机机型选择对话框，我们将使用“奇迹三维的 Miracle H2 打印机”完成 3D 打印任务，因此选择“Miracle H2”，单击“Next”按钮，弹出如图 2-2-32 所示的软件参数设置完成对话框，单击“Finish”按钮，进入如图 2-2-33 所示的 Miracle 操作界面。

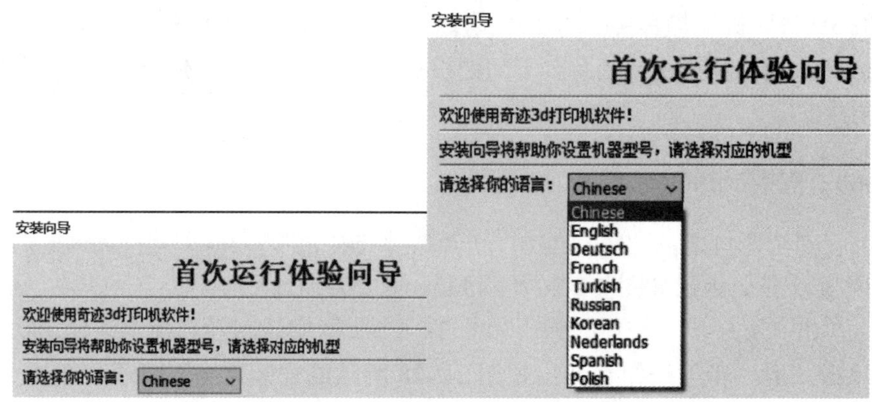

图 2-2-30　“首次运行体验向导”对话框

课堂笔记

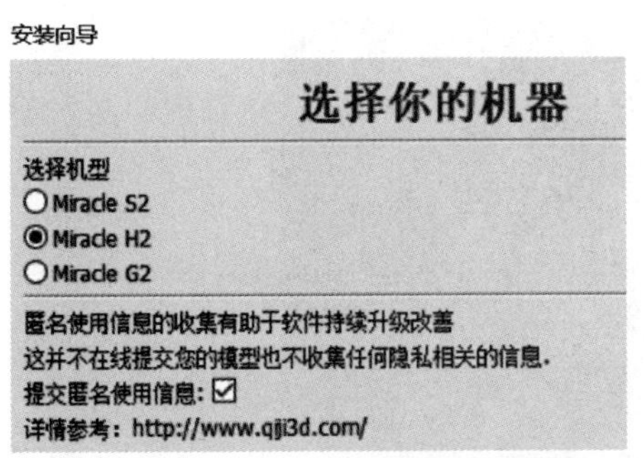

图 2-2-31　Miracle 3D 打印机机型选择对话框

图 2-2-32　软件参数设置完成对话框

图 2-2-33　Miracle 操作界面

Step3：导入天鹅模型

单击操作界面中的图标，弹出如图 2-2-34 所示“打开 3D 模型”对话框，选择天鹅模型所在路径，再选择天鹅模型（修复后的），单击“打开”按钮，即可完成模型导入，如图 2-2-35 所示。

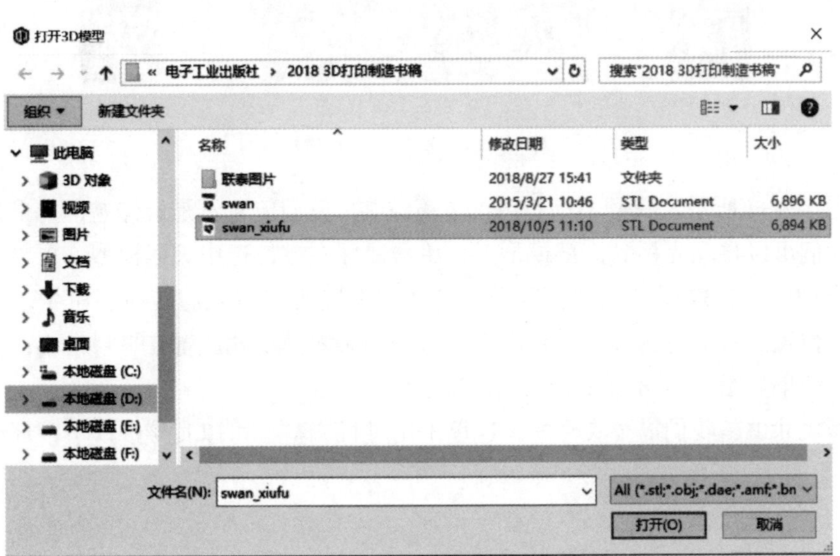

图 2-2-34　“打开 3D 模型”对话框

课堂笔记

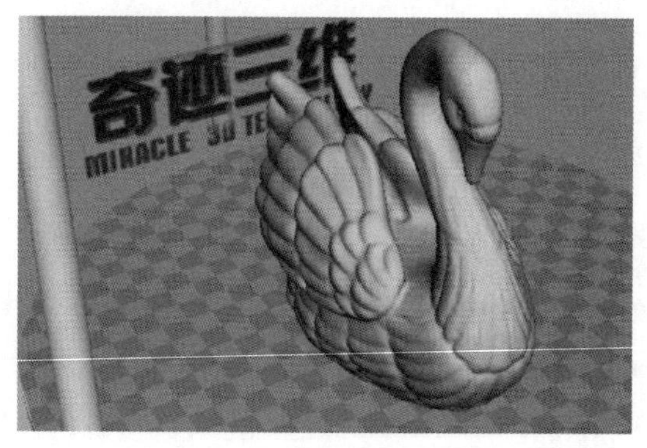

图 2-2-35　天鹅模型成功加载

Step4：合理摆放天鹅模型

如图 2-2-35 所示，天鹅模型是以建模时的坐标系为默认坐标系导入的，此时模型的位置、尺寸大小、数量不一定是我们所需要的。我们可以根据自己的需求来合理摆放模型，设置打印尺寸。移动鼠标到天鹅模型上的任意处，单击鼠标左键，弹出如图 2-2-36 所示的模型设置工具条——包含旋转、比例、镜像工具图标，单击相应图标，可以展开下级功能图标。

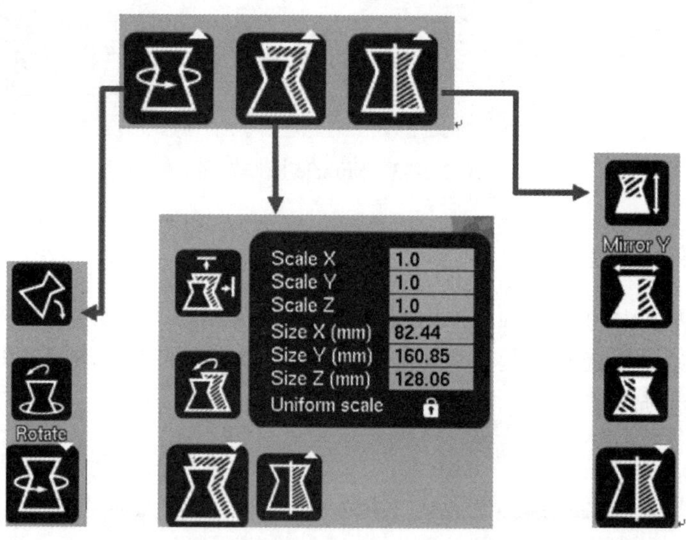

图 2-2-36　模型设置工具条

如图 2-2-37 所示，我们不小心单击了镜像 Z，模型位置不是最佳的，与平台接触面太小。我们可以移动光标到天鹅模型上，单击鼠标左键，选中天鹅模型，再单击鼠标右键，弹出如图 2-2-37 所示的快捷菜单，选择“重置所有对象的转换”命令，可以恢复模型初始位置。我们再选择“平台中心”命令，天鹅模型就放置在平台中心，并且与平台接触，结果如图 2-2-38 所示，摆放位置合理。

模型尺寸也是我们需要关注的，这里不用进行调整，可以直接进入下一环节——构建支撑。

课堂笔记

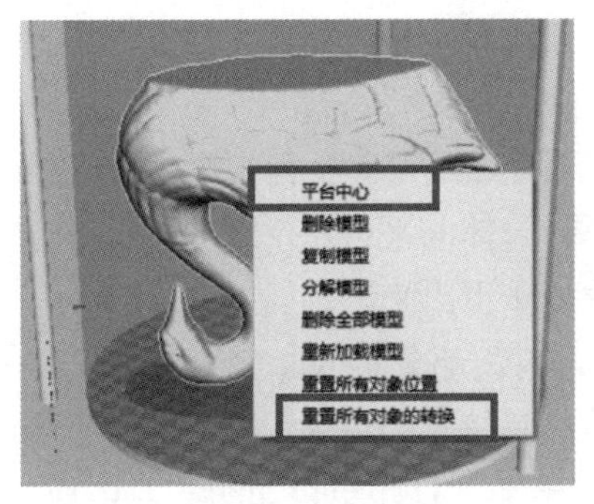

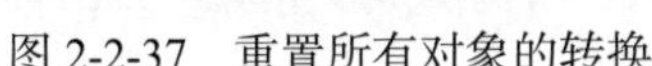
图 2-2-37　重置所有对象的转换

图 2-2-38　模型摆放结果

温馨提示：模型摆放最佳位置为模型与平台接触面最大，所需支撑最少，打印时间最短，可见表面光滑。

Step5：构建支撑

3D 打印支撑的构建是打印成功的关键之一，支撑不仅影响打印表面质量、后续的剥离，更影响打印的成败。

1. 支撑类型

在 Miracle 等一般切片软件中，支撑类型如图 2-2-39 所示，有“无”“局部支撑”“全部支撑”三种。因天鹅脖子和头部悬空，身体部分也存在多处凸起细节特征，我们选择“全部支撑”选项。

（1）支撑类型专家设置。“支撑类型”后有“…”按钮，单击“…”按钮弹出如图 2-2-40 所示的支撑“专家设置”对话框，在此对话框中，我们可以详细设置支撑形状。在上一级对话框中，设置“支撑类型”时要设置是否添加支撑，是局部添加还是全部添加。在本对话框中的“支撑类型”下拉列表中设置的是支撑形状，是线性支撑还是网格支撑，一般默认的是“线性支撑”，比较好剥离；如果线性支撑强度不足，可以设置成“网格支撑”来加强强度。

图 2-2-39　支撑类型

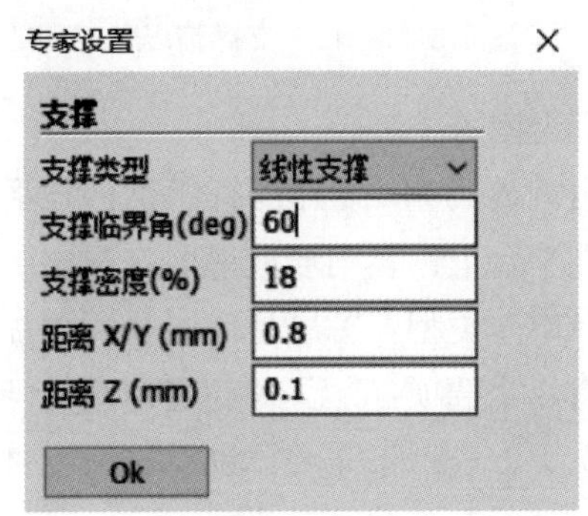

图 2-2-40　支撑“专家设置”对话框

（2）支撑临界角。支撑“专家设置”对话框中其他参数我们都可以默认厂家设置，但支撑的生成与“支撑临界角”关系匪浅，直接关系打印的成败。“支撑临界角”默认的是 30°，我们最大可以设置到 60°。在切片过程中是设置成 30° 还是 45° 或 60°，需要看试切效果，图 2-2-41 所示的是 30° 支撑临界角切片效果，图 2-2-42 所示的是 60° 支撑临界角切片效果，图 2-2-43 所示的是 45° 支撑临界角切片效果。

从图 2-2-41 中可以看出，30° 支撑临界角时，天鹅头颈部分得到了完全支撑，身

课堂笔记

体与平台悬空部分也全部有支撑；在这种状态下，打印成型不会有问题，但支撑剥离会很麻烦。

从图 2-2-42 中可以看出，60° 支撑临界角时，天鹅头部完全没有支撑生成，颈部也只有前面弯曲部分有支撑，后面弯曲部分没有支撑，身体与平台悬空部分也有部分支撑；在这种状态下，打印不会成功，天鹅的头颈部分打印不出来。

从图 2-2-43 中可以看出，45° 支撑临界角时，天鹅颈部分得到了完全支撑，但头部没有得到支撑，身体与平台悬空部分也有部分支撑并且较多；在这种状态下，打印成型还是有问题的，打印不会成功，天鹅的嘴会打印不出来，打印结果如图 2-2-44 所示，并且支撑剥离也比较麻烦。

在这种状况下，我们首先要保证的是打印成功，因此，切片时选择 30°“支撑临界角”。打印结果如图 2-2-45 所示，天鹅打印成功，但支撑多，去除麻烦。

图 2-2-41　30° 支撑临界角切片效果

图 2-2-42　60° 支撑临界角切片效果

图 2-2-43　45° 支撑临界角切片效果

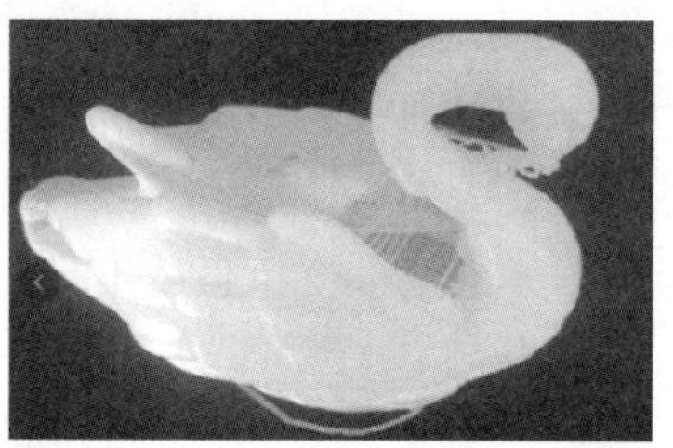

图 2-2-44　45° 支撑临界角打印效果

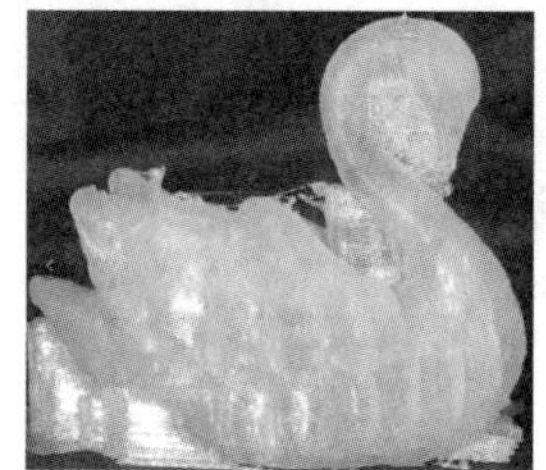

图 2-2-45　30 ° 支撑临界角打印效果

2. 平台附着类型

平台附着类型决定 3D 打印工件与平台黏着的牢固度，如果 3D 打印工件不能牢固地附着在平台上，轻则形成翘曲，重则脱离平台。

平台附着类型：首层打印时是否添加辅助来确保每项黏合工作台的牢固性。平台附着类型有 3 个选项：“无”“底层边线”“底层网格”，如图 2-2-46 所示。

（1）无：表示不需要添加。打印工件与平台之间不产生任何附加支撑，如图 2-2-47 所示。

（2）底层边线：表示首层打印时在模型的外边缘打印线圈，即在打印工件与平台之间产生线圈型附加支撑，平台上与工件以底面最大轮廓向外扩展，生成线性支撑，用以增加工件附着力。

底层边缘线圈数默认为 10 圈，如图 2-2-46 所示，“平台附着类型”设为“底层边线”，其右侧有“…”按钮，单击“…”按钮弹出图 2-2-48 所示的底层边线“专家设置”对话框，在此对话框中，我们可以在“边缘线圈数”输入框中设置边缘线圈数，如果输入“10”，即天鹅轮廓向外拓展 10 圈，结果如图 2-2-49 所示。

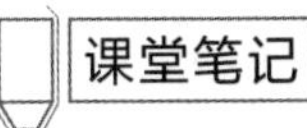

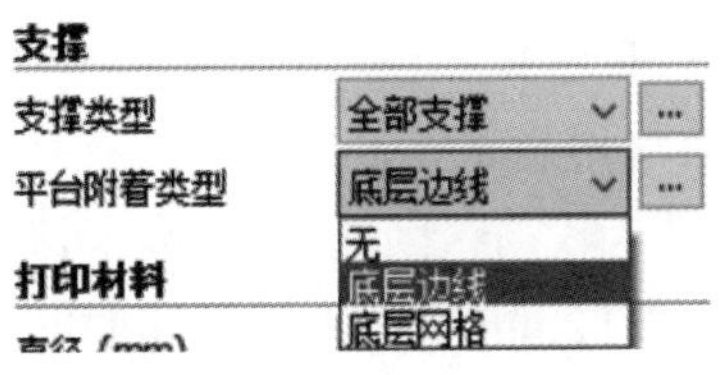

图 2-2-46　平台附着类型

图 2-2-47　无平台附着

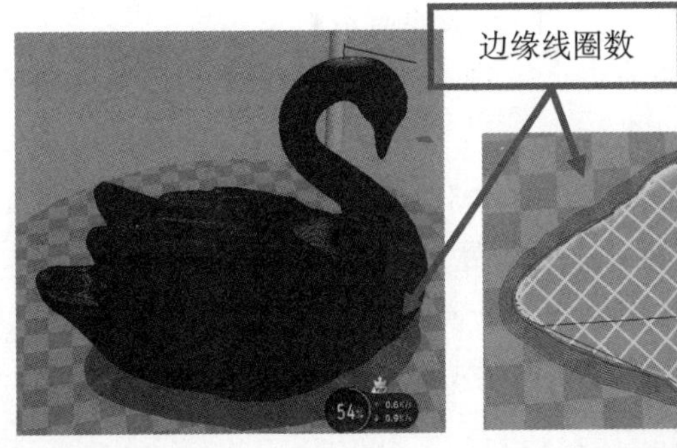

图 2-2-48　底层边线“专家设置”对话框

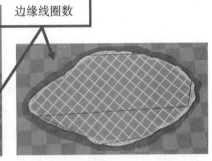

图 2-2-49　10 圈底层边线切片

（3）底层网格：表示首层打印网格线再打印模型，即在打印工件与平台之间将产生网格型附加支撑平台，用以增加工件附着力。

底层网格支持平台生成与专家设置有关。如图 2-2-46 所示，“平台附着类型”设为“底层网格”后，单击其右侧的“…”按钮弹出图 2-2-50 所示的底层网格“专家设置”对话框，在此对话框中，我们设置“底层网格”各个参数，如果不是很熟悉各参数的功能，可以默认厂家参数，结果如图 2-2-51 所示。

天鹅模型底面是平面，接触面积较大，但为了增加黏着力，一般采用“底层边线”平台附着类型，边缘线圈数一般设置为 10～20 圈之间，打印就不会出现问题。

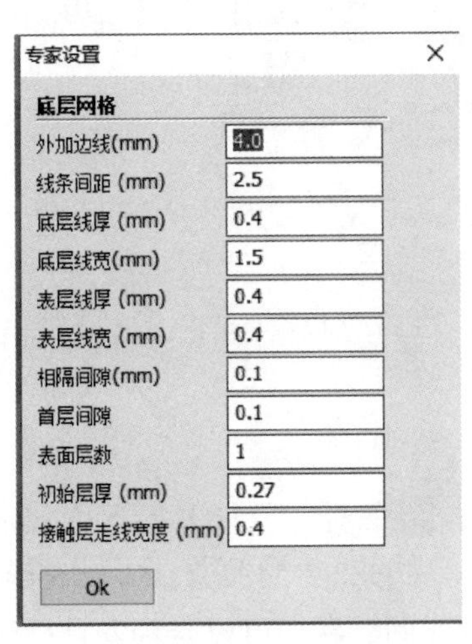

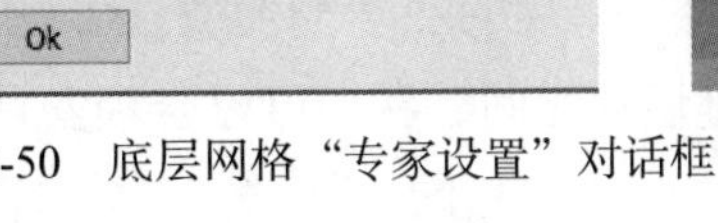

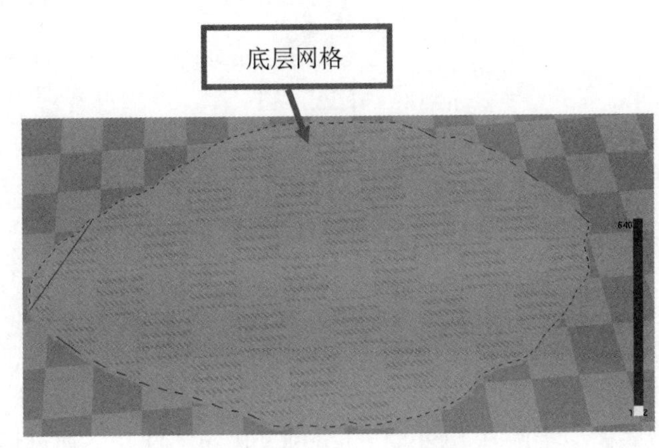

图 2-2-50　底层网格“专家设置”对话框

图 2-2-51　底层网格

课堂笔记

Step6：设置切片参数

模型支撑设置完成后，我们需要根据打印工艺要求设置切片参数。Miracle 软件切片参数有“基本”和“高级”两种模式。

图 2-2-52 所示为“基本”设置对话框，包括质量、填充、速度 / 温度、支撑、打印材料。“质量”选项下有“层高”和“壁厚”，跟其他切片软件含义一样。

天鹅模型多曲面，本身为摆件，对表面质量要求较高，因此，“层高”建议设置为 0.1mm 或 0.15mm。0.15mm 的层高，介于 0.1mm 和 0.2mm 之间，其打印时间比 0.1mm 的缩短三分之一，质量更接近于 0.1mm 层高的表面质量；0.2mm 的表面质量，则比 0.1mm 层高的表面质量低很多，同学们可以自己试验一下，分别设置 0.1mm、0.15mm 和 0.2mm 切片打印，比较它们的表面质量。

“壁厚”一般设为喷头直径的 2～3 倍，Miracle H2 打印机喷嘴直径为 0.6mm，因此，壁厚设置为 1.2mm。

“填充密度”一般设为 10%～30%，天鹅模型打印时设置成 20%，以增强强度。

温度和速度可以默认厂家设置参数。

图 2-2-53 所示为“高级”设置对话框，包括机型、回丝、质量、速度、冷却等设置，一般默认厂家参数设置，等熟悉各工艺参数后再根据经验修改设置。本次天鹅模型切片就保留默认参数。

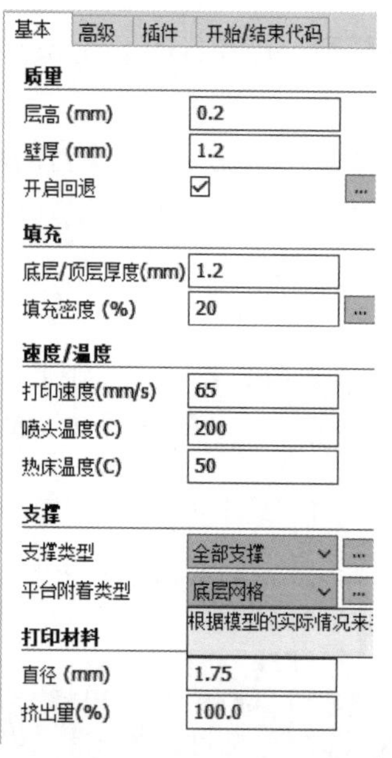

图 2-2-52 “基本”设置对话框

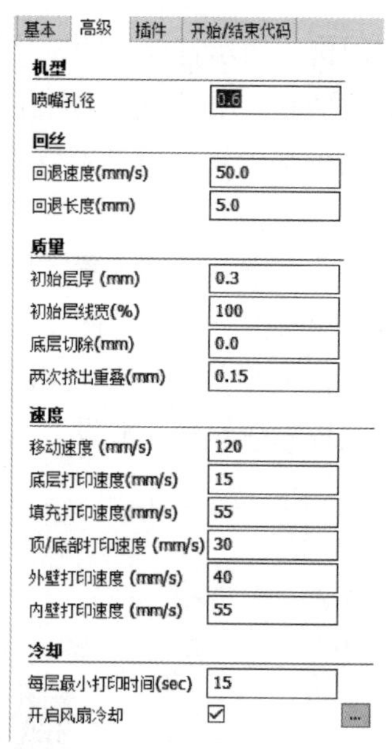

图 2-2-53 “高级”设置对话框

Step7：切片处理

切片参数设置完成后，就可以进行切片处理了。单击图标，软件开始运营切片处理，生成 G-Code 代码。结果会显示在切片图标的下方，如图 2-2-54 所示，1∶1 打印天鹅模型将用时 12 小时 33 分钟，用料 209 克。通过切片时间，我们可以合理安排打印工时，还可以估算材料是否足够，判断是否需要换料。切片效果如图 2-2-55 所示。

课堂笔记

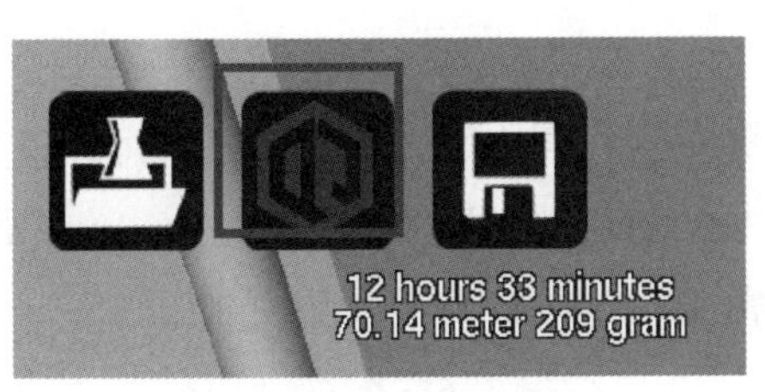

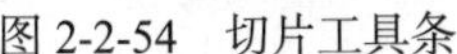

图 2-2-54　切片工具条

图 2-2-55　天鹅切片效果

Step8：导出G-Code文件

切片完成后，我们需要导出切片文件即 G-Code 可执行代码文件。单击图 2-2-54 中的图标，弹出图 2-2-56 所示切片文件导出保存对话框，输入文件名，单击“保存”按钮即可。保存完成后，我们可以用记事本格式打开查看，如图 2-2-57 所示。

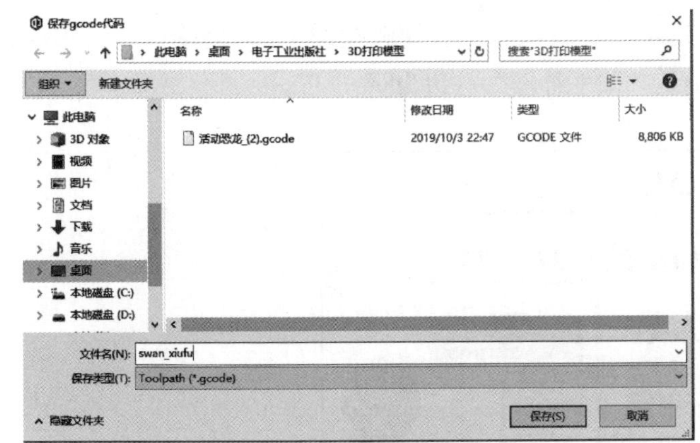

图 2-2-56　切片文件导出保存对话框

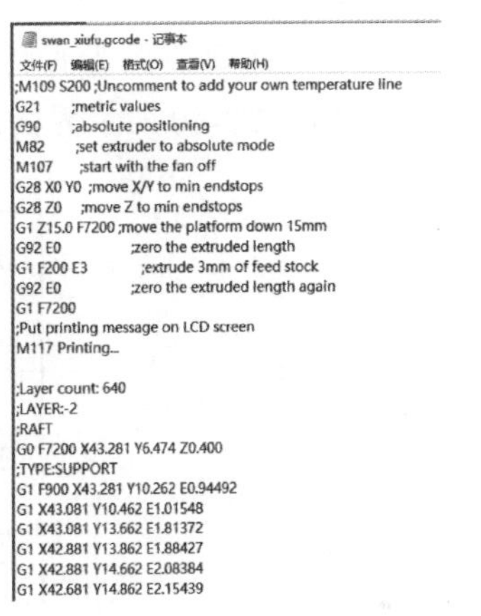

swan_xiufu.gcode - 记事本

文件(F)　编辑(E)　格式(O)　查看(V)　帮助(H)

```
;M109 S200 ;Uncomment to add your own temperature line
G21       ;metric values
G90       ;absolute positioning
M82       ;set extruder to absolute mode
M107      ;start with the fan off
G28 X0 Y0 ;move X/Y to min endstops
G28 Z0    ;move Z to min endstops
G1 Z15.0 F7200 ;move the platform down 15mm
G92 E0              ;zero the extruded length
G1 F200 E3          ;extrude 3mm of feed stock
G92 E0              ;zero the extruded length again
G1 F7200
;Put printing message on LCD screen
M117 Printing...

;Layer count: 640
;LAYER:-2
;RAFT
G0 F7200 X43.281 Y6.474 Z0.400
;TYPE:SUPPORT
G1 F900 X43.281 Y10.262 E0.94492
G1 X43.081 Y10.462 E1.01548
G1 X43.081 Y13.662 E1.81372
G1 X42.881 Y13.862 E1.88427
G1 X42.881 Y14.662 E2.08384
G1 X42.681 Y14.862 E2.15439
```

图 2-2-57　G-Code 代码

天鹅模型切片复制至打印机

2.2.3　天鹅模型的制件

我们操作 Miracle H2 3D 打印机完成天鹅制件。

开机讲解视频

Step1：开机

Miracle H2 打印机外观如图 2-2-58 所示。打印机接入电源后，按下打印机开关，即可启动打印机。此时，打印机屏幕显示如图 2-2-59 所示。打印机屏幕为触摸屏，单击就可以进行操作。

图 2-2-58　Miracle H2 打印机外观

图 2-2-59　打印机开机屏幕显示

开箱检查讲解视频

课堂笔记

Step2：打印机首次使用要校准

自动调平视频

机器校准包括重置零点和调平。打印平台是否水平及零点设置是否合理是影响打印质量的重要因素之一。对于首次使用FDM 3D打印机的用户来说，这也是最大的挑战之一。首次安装和长期使用打印机后都需要对打印机进行重新校准。

1. 校准目标

校准主要有两个目标：确保打印平台与挤出机平行（调平），确保平台与挤出机的喷嘴保持正确的距离（重置零点）。

2. 调平方法

调平方法：调平方法为自动调平。Miracle H2调平操作如下。

（1）检查打印平台是否清理干净，若上面有固体胶或者残留耗材，请用湿毛巾擦拭干净，喷嘴上若有残留耗材也需要清理干净，以防影响调平精度。

手动调平视频

（2）确认机器调平补偿开关处于启用状态，选择触摸屏上的“系统”→“Delta”命令进入图2-2-60所示界面，确认“调平补偿”右边为☑。

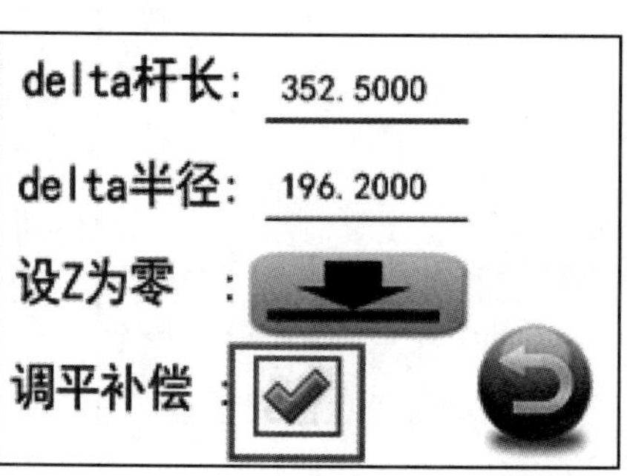

图2-2-60　调平补偿界面

奇迹三维H2操作视频

（3）选择触摸屏“工具”→“调平”命令，喷头模块在回到原点后开始在打印平台上自动取点调平，完成后自动结束。

3. 重置零点（需手动操作）

所需工具：普通A4纸一张，另外在重置零点前，需将打印平台清理干净并确保喷嘴端部没有残余耗材，以免影响置零精度。完成以上准备工作后，下面开始重置零点操作：

（1）选择触摸屏“工具”→“手动”命令，弹出如图2-2-61所示界面，单击按钮，让喷头模块回到最上方的初始位置。

重置零点视频

（2）先单击触摸屏左下角的“10mm”选项，将步长设置为10mm，再单击向下的按钮，使喷头向下移动；待喷头与打印平台距离不足10mm时，选择“1mm”选项，将步长设置为1mm，同时将A4纸放置在喷嘴下方，如图2-2-62所示；继续单击向下的按钮，当喷头快要接触A4纸时将步长设置到0.1mm，继续让喷头下降，直至喷嘴刚好接触到A4纸，这时A4纸的状态以刚好能抽出不会破损且能明显感受到喷嘴已经接触到A4纸为标准。

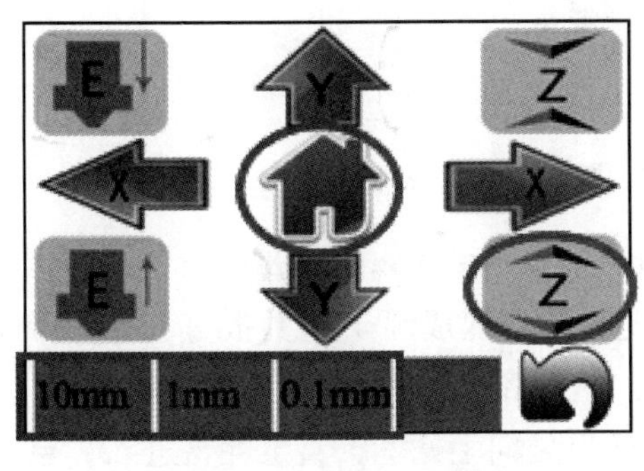

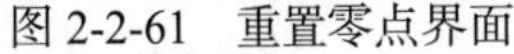

图 2-2-61　重置零点界面

图 2-2-62　测试 A4 纸松紧

（3）保持喷头位置不变，单击屏幕右下角的按钮，返回待机状态，进入“系统”→“状态”，如图 2-2-63 所示。

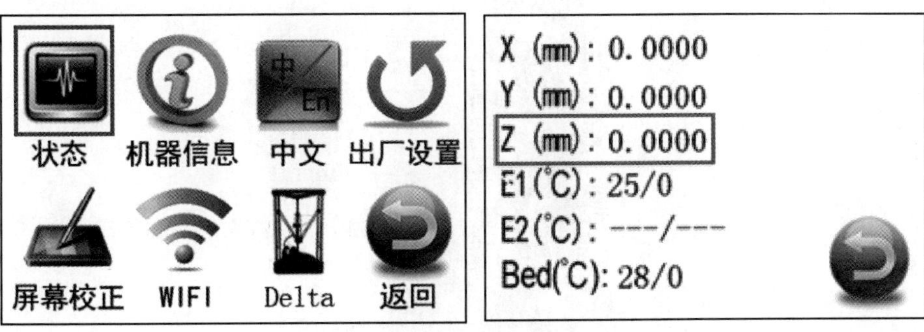

图 2-2-63　查看零点值

注意看 Z 轴坐标值，此时 Z 轴的值正常应在 ±0.5mm 之内，若偏差超过 1mm，注意检查步骤（1）（2）是否有错误，如有必要请重复步骤（1）（2）。

（4）若偏差在 1mm 之内，单击屏幕右下角的按钮，进入“系统”→“Delta”当中，如图 2-2-64 所示，单击按钮，将该位置的喷头重新设置为零点。至此，重置零点工作完成，这时选择“工具”→“手动”命令，再单击按钮可以让喷头重新回到最上方的初始位置。

Step3：装料和卸料

3D 打印需要材料，材料装卸操作步骤如下。

（1）预热喷头。选择“工具”→“装卸耗材”命令后，单击屏幕上的“28/--”，数字由黑色变成红色，如图 2-2-65 所示，左侧“28”表示喷头当前温度，右侧“205”表示目标温度，当喷头当前温度达到目标温度时就可以开始手动装卸耗材了。

课堂笔记

上丝讲解视频

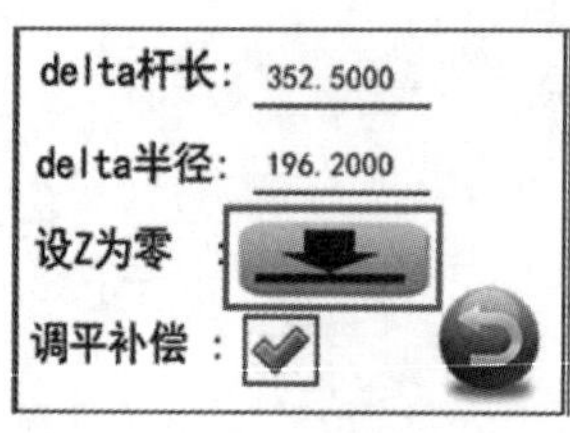

图 2-2-64　重设零点

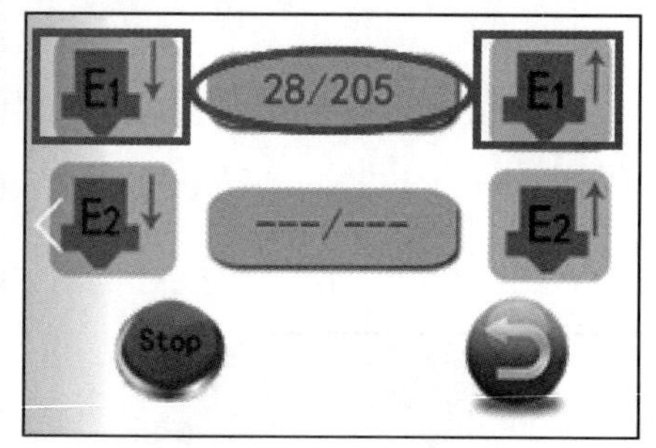

图 2-2-65　装卸耗材界面

注意：此时喷头已经加热到 200℃左右，请勿触碰喷嘴，以免烫伤！

（2）装耗材。为便于装料，建议用剪刀将耗材端部剪成斜 45° 并扳直（至少保证有 35mm 不弯曲），先将料盘挂在"料盘架"上，左手将耗材从"断丝检测模块"穿过，右手捏住"送丝手柄"，对准"送丝齿轮"的进丝口处向上送丝，直至耗材进入"导料管"，如图 2-2-66 所示。此时可以单击屏幕上的按钮，进行自动进丝，但自动进丝速度较慢，建议用手直接将耗材推入喷头，直至耗材从喷嘴处流出。

更换挤出机快速接头视频

喷头疏通视频

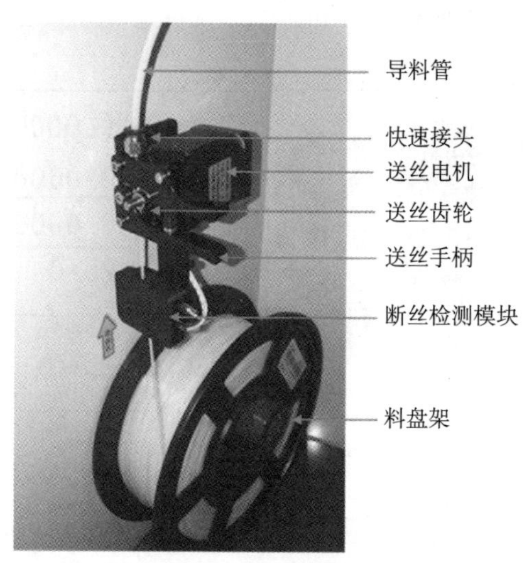

图 2-2-66　装卸料

卸丝操作视频

（3）卸耗材。与装耗材类似，首先需要将喷头加热至 200℃左右，然后右手捏住"送丝手柄"，左手先将丝推入喷头一段后迅速将耗材从喷头中拔出即可完成卸耗材，也可直接单击屏幕上的按钮自动卸耗材。

Step4：打印平台准备

为了增加打印平台与模型之间的黏合度，在打印之前需在打印平台上贴上美纹胶带纸或均匀涂上专用固体胶，涂胶范围为打印模型的底座范围即可。

Step5：上机打印

打印讲解视频

先将切片好的 G-Code 文件复制并保存到 SD 卡中，然后将 SD 卡插入机器右侧的 SD 卡插槽内。单击打印机触摸屏上的"打印"按钮，切换到打印程序的调用界面，如图 2-2-67 所示。单击上下箭头可选择所需打印的文件，单击一个文件，随即进入打印界面。机器在等待喷头和打印平台完成预热后开始打印，如图 2-2-68 所示。屏幕会显示当前打印产品的信息，包括耗时、剩余时间等，如图 2-2-69 所示。执行完成打印程序后，天鹅制件如图 2-2-70 所示，打印机自动关机。

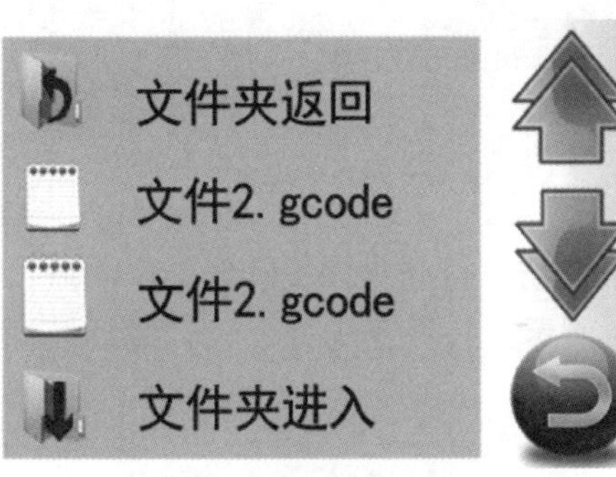

图 2-2-67　选择打印程序

图 2-2-68　打印机正在打印

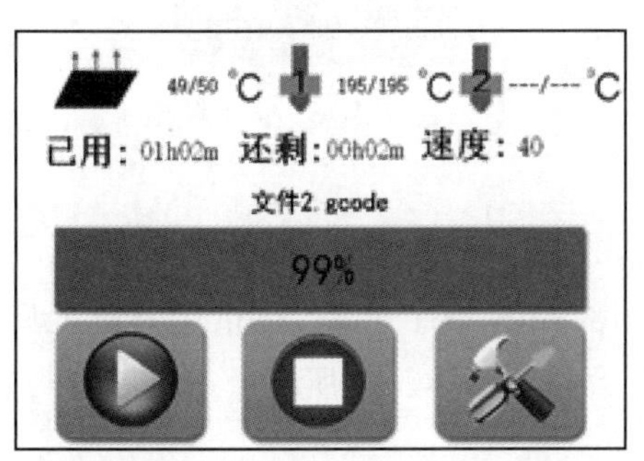

图 2-2-69　打印时显示信息

图 2-2-70　完成天鹅打印

温馨提示：在首次开机打印时，需要特别关注第一层是否出丝正常，若出现以下两种情况，需立即停止打印，并对机器进行重新校准（参考 Step2）。

（1）在打印第一层时，吐出的丝呈锯齿状，用手指轻轻触碰就会从平台上脱落，如图 2-2-71 所示，表示机器零点设置过高，吐出的丝与平台黏接不牢。

（2）在打印第一层时，如图 2-2-72 所示，吐出的丝很薄，有些地方几乎不出丝，送丝模块处的挤出轮会发出“噔噔”的打滑声，表示机器零点设置过低，没空间吐丝。

图 2-2-71　零点设置过高

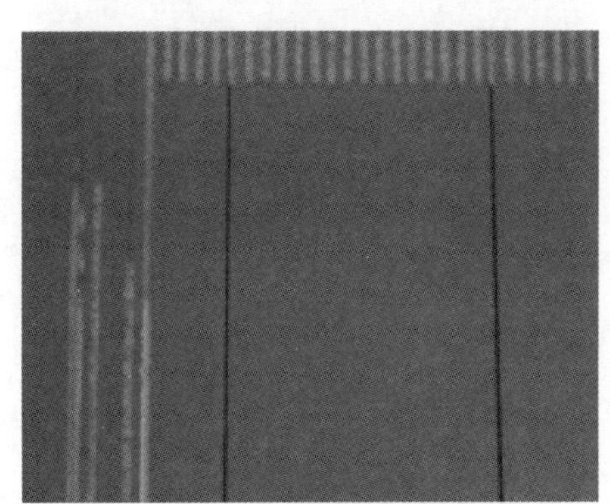

图 2-2-72　零点设置过低

课堂笔记

Step6：取件

模型打印完成，我们需要取出模型。模型的取出需要技巧，不然会在取出时破坏模型，导致前功尽弃。取件的常用工具有撬棒（见图 2-2-73）和模型铲（见图 2-2-74）。

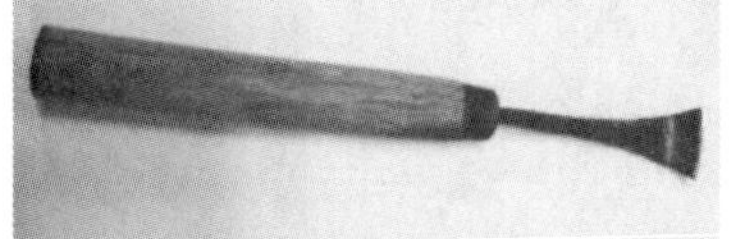

图 2-2-73　撬棒

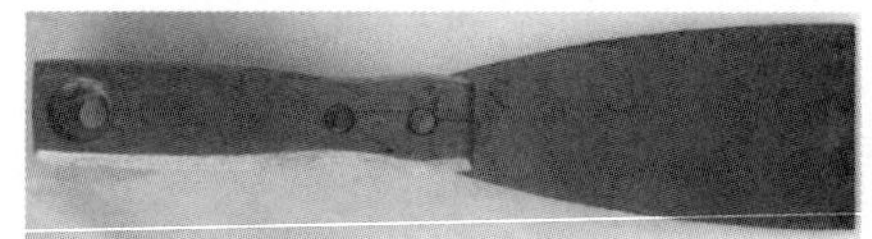

图 2-2-74　模型铲

我们先等底盘和模型冷却，需要 3～5 分钟时间。待底盘温度降低到室温后，我们用小铲刀和模型铲取下天鹅模型。如图 2-2-75 所示，找一受力处，轻轻撬动模型，再用模型铲铲下模型，如图 2-2-76 所示。

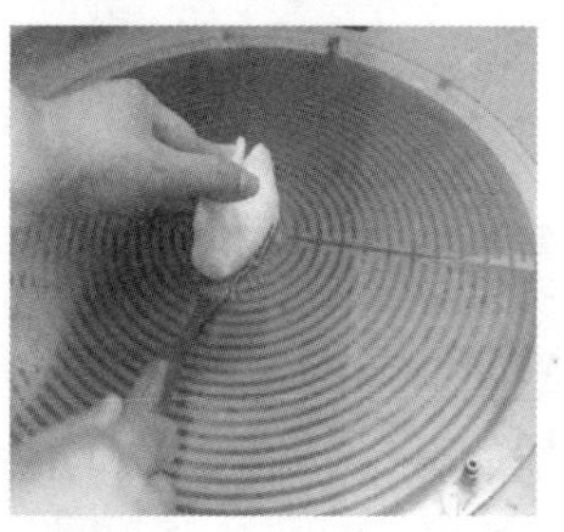

图 2-2-75　撬起模型

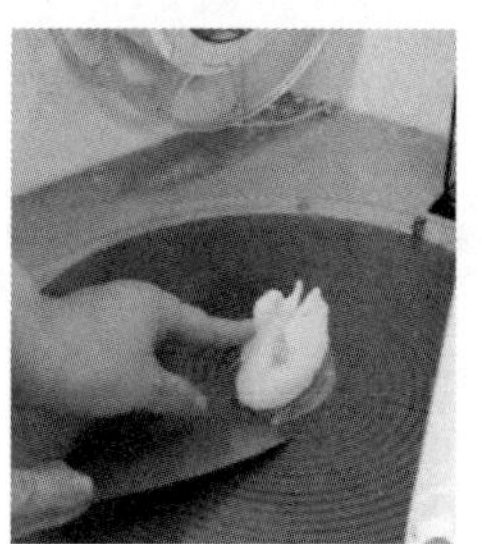

图 2-2-76　铲下模型

Step7：模型后处理——去支撑

模型取出后，如图 2-2-77 所示，天鹅的颈部和脚部有支撑，需借用随机工具中的斜口钳（见图 2-2-78）和美工刀等进行支撑去除。如图 2-2-79 所示，一点点剥离支撑，结果如图 2-2-80 所示。

图 2-2-77　取出的天鹅原件

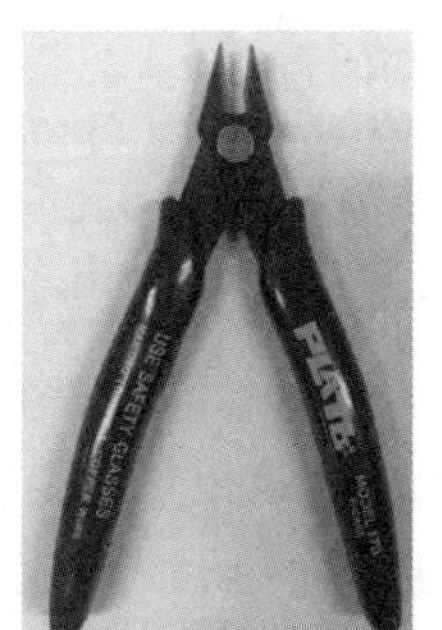

图 2-2-78　斜口钳

图 2-2-79　剥离支撑

图 2-2-80　支撑剥离后的天鹅

课堂笔记

Step8：模型后处理——清理表面（酒精熏蒸）

支撑剥离干净后，天鹅制件已经成型。但天鹅一般作为摆件，人们对表面要求较高，我们可以采用化学后处理的方式，用酒精（或化学制剂）熏蒸，提高表面质量。详见天鹅后处理视频。

【相关知识】

三角式挤压熔融成型3D打印机

1. 三角式挤压熔融成型 3D 打印机工作原理

三角式挤压熔融成型 3D 打印机又名 Delta 型 rostock 运动结构 3D 打印机，该型打印机采用并联式运动机构牵引喷头运动。为了保证喷头有良好的运动轨迹和工作精度，该并联式运动机构要限制喷头在各个方向的转动自由度，因此，该机构由 3 个平行四边形闭环组成，通过平行四边形闭环把滑块和运动平台连接起来。与工业并联机械臂相似，3 个平行四边形闭环消除了该机构的 3 个转动自由度，运动平台最后只剩 3 个平动自由度，分别为沿 *X*、*Y*、*Z* 向的平移自由度。

含 rostock 运动机构的 Delta 型 3D 打印机的实体模型如图 2-2-81 所示，该模型的整体框架为 6 根光轴搭建的正三棱柱，正三棱柱的三根侧棱上安装有滑块，滑块背部通过轴承与光轴连接。在正三棱柱的顶部各装有一台步进电机，如图 2-2-82 所示。步进电机通过其输出轴上的同步带轮由皮带带动滑块在光轴上上下运动，如图 2-2-83 所示。

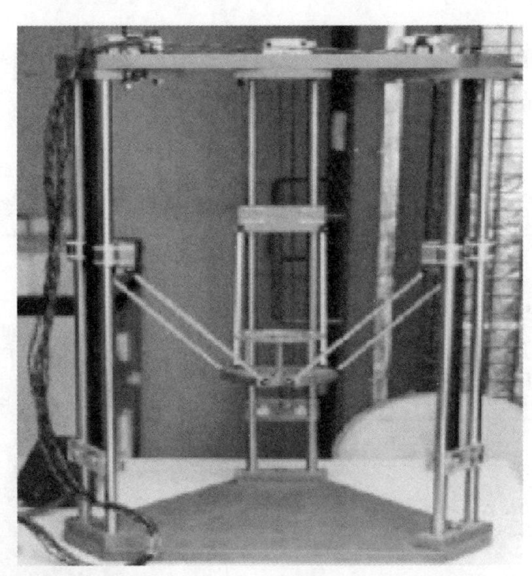

图 2-2-81　含 rostock 运动机构的 Detla 型 3D 打印机实体模型

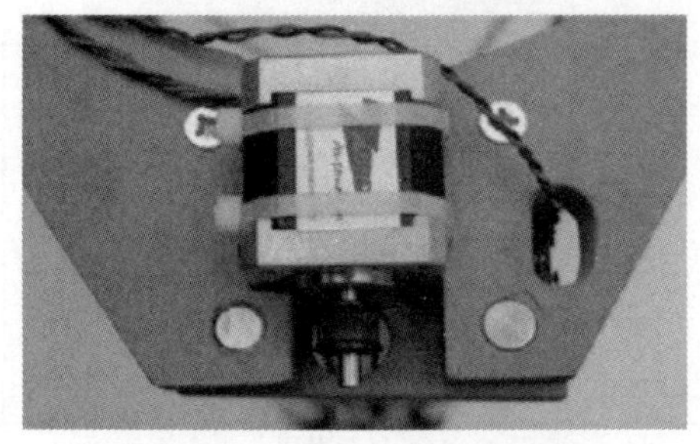

图 2-2-82　步进电机的安装位置

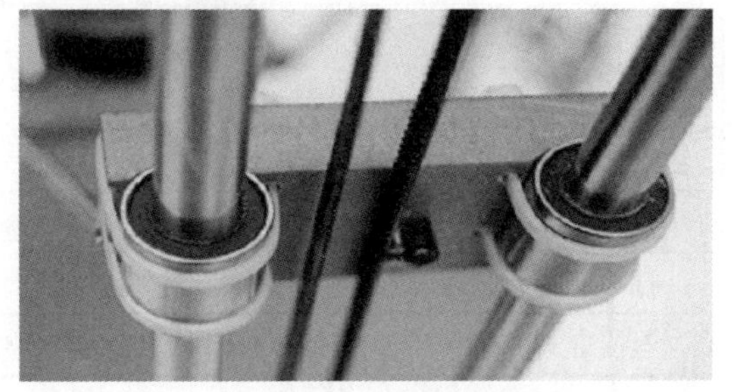

图 2-2-83　同步带的传动

课堂笔记

滑块依靠连杆与打印机喷头相连，当滑块上下运动时，依靠连杆的刚度完成对喷头的牵引，实现对打印喷头的精准控制，打印所需的原料通过一根聚乙烯管从喷头顶部送入，送料电机的动力由一个步进电机提供，如图 2-2-84 所示，工作平面位于打印机的底部，如图 2-2-85 所示。

条料
轴承
送料齿轮

图 2-2-84　送料装置原理图

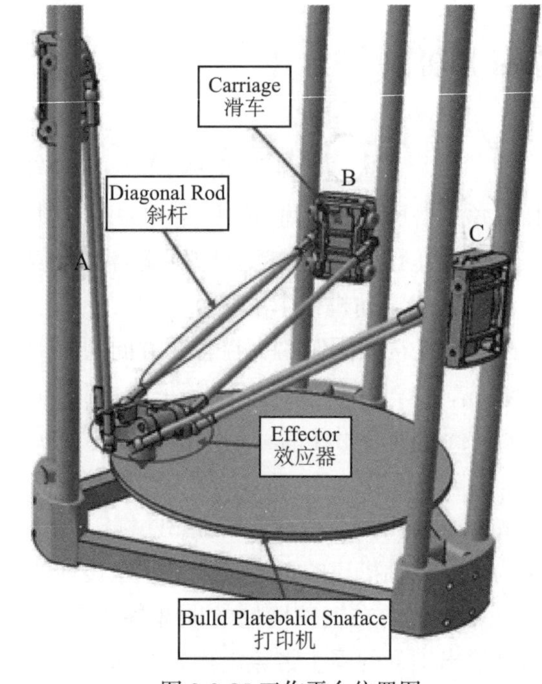

图 2-2-85 工作平台位置图

2. 三角式挤压熔融成型 3D 打印机代表设备及其主要技术参数

三角式挤压熔融成型 3D 打印机代表设备及其主要技术参数和机器说明如表 2-2-1 所示。

表2-2-1　三角式挤压熔融成型3D打印机代表设备及其主要技术参数和机器说明

项　目	参　数	
型号	Miracle H2	
成型尺寸	直径300mm/高度450mm	
机器外形	550mm × 650mm × 1100mm	
机器毛重	45kg	
输入功率	500W	
喷嘴直径	0.6mm（标配）	
打印速度	20～200mm/s，可调	
输入电压	220V	
耗材直径	1.75mm	
打印层厚	0.1～0.3mm	
输入文件类型	STL/gcode	
支持系统	Windows XP/Windows 7/Windows 8	
打印原料	PLA/ABS/碳纤维	
连接方式	支持SD卡脱机打印、USB直接连接	

续表

机器说明	
喷头系统	喷头内置缓冲结构，在遇到打印凸点或翘边时自动弹起喷嘴，避免打印错层
调平系统	一键式全自动调平，可自动插补打印平台水平度
传动系统	高精度闭环控制，新型并联臂结构运动方式，工业级直线导轨，特制关节轴承
送料系统	远程自动送料，手柄按压式快速换料
打印平台	高性能温控底板
运动空间	全密封设计，避免有害气体溢出
智能控制	断电续打、断丝检测、完成自动关机、漏电保护、国家专利超强静音系统
显示屏	3.5寸彩色液晶触摸屏，显示打印名称、打印速度、打印时间，直接触控操作各级菜单，可随时调整打印参数
安全与环保规格	有CE EMC认证与RoHS认证
机身结构	整体金属外壳，全封闭结构，确保设备结构稳固；面向操作者采用亚克力门，便于观察，内部有照明灯与氛围灯
操作方式	支持全彩触摸屏/USB数据线连接/手机App远程控制传输等多种操作模式，SD卡脱机打印

3. 三角式挤压熔融成型打印技术关键工艺参数

1）位置设置

①单击“位置设置”图标，展开如图 2-2-86 所示下级功能图标，同时，天鹅模型出现旋转标志——红、黄、绿 3 个圆圈。

②绕平台旋转（Lay Flat），功能与相同。

③重置（Reset），其功能为恢复初始位置。

④移动光标到绿圈上，单击鼠标左键，绿圈成翠绿色，呈激活状态，按住鼠标左键进行拖曳，模型绕 X 轴旋转，默认旋转单位为 15°（拖曳一下旋转 15°，可以累计），如图 2-2-87 所示。

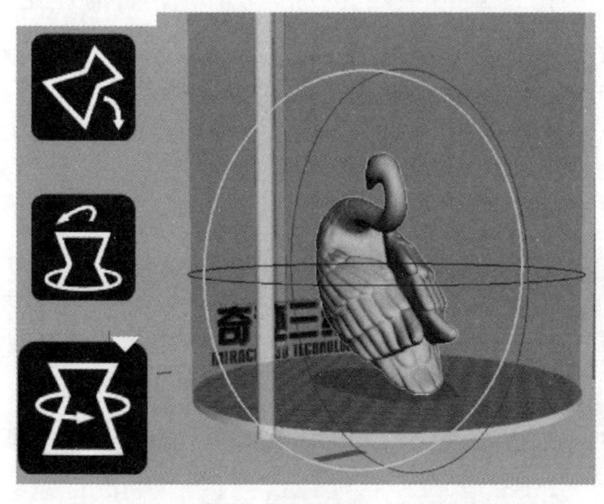

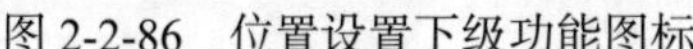
图 2-2-86　位置设置下级功能图标

图 2-2-87　绕 X 轴旋转

⑤移动光标到黄圈上，单击鼠标左键，黄圈成明黄色，呈激活状态，按住鼠标左键进行拖曳，模型绕 Y 轴旋转，默认旋转单位为 15°（拖曳一下旋转 15°，可以累计），如图 2-2-88 所示。

课堂笔记

⑥移动光标到红圈上，单击鼠标左键，红圈成鲜红色，呈激活状态，按住鼠标左键进行拖曳，模型绕 *Z* 轴旋转，默认旋转单位为 15°（拖曳一下旋转 15°，可以累计），如图 2-2-89 所示。

⑦鼠标左键单击“重置”（Reset）图标，回到初始位置。天鹅模型建模坐标系在模型中心，无须旋转。

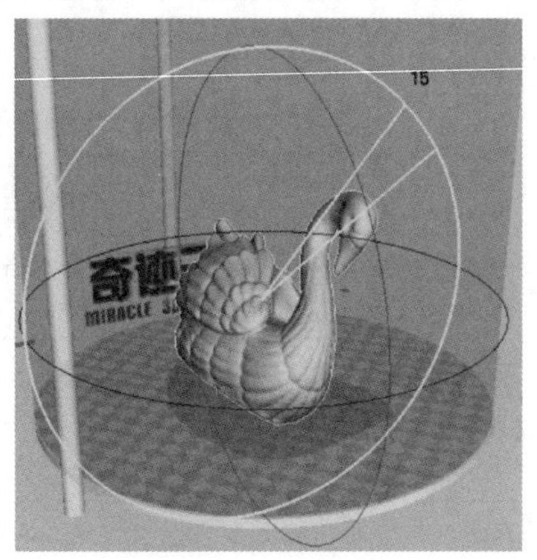

图 2-2-88　绕 *Y* 轴旋转

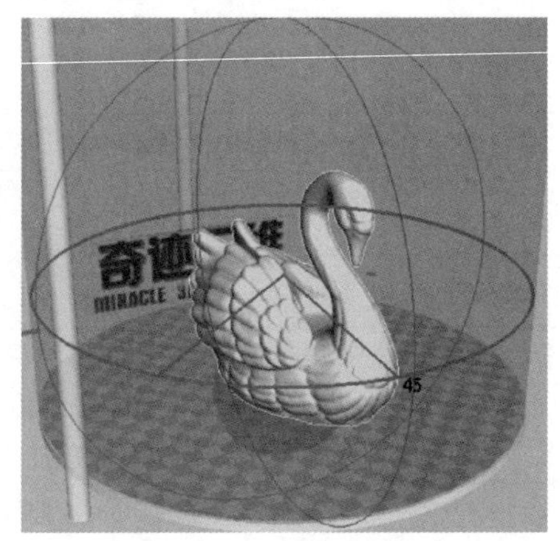

图 2-2-89　绕 *Z* 轴旋转

2）比例设置

如图 2-2-90 所示，天鹅模型按 1∶1 比例打印时，*X* 轴方向最大尺寸为 82.44mm，*Y* 轴方向最大外形尺寸为 160.85mm，*Z* 轴方向最大外形尺寸为 128.06mm。如果该尺寸不是我们想要的，可以直接设置尺寸大小或比例来获取所需的尺寸制件。若想要一个大一点的天鹅模型，我们移动光标到天鹅模型上，单击鼠标左键，再单击“比例”图标，弹出如图 2-2-90 所示比例设置对话框，可以在 *X*、*Y*、*Z* 比例或尺寸选项栏中选择一项直接设置，我们在“Size Z（mm）”选项栏中设置 180，其他尺寸也按比例同时缩放。也可以拖曳天鹅模型上的比例尺进行缩放。

温馨提示：

图 2-2-90 中比例锁为闭合状态，模型等比缩放——即 *X*、*Y*、*Z* 3 个方向缩放比例相同，模型不变形；图 2-2-91 中比例锁为打开状态，模型可以在 *X*、*Y*、*Z* 方向按不同比例进行缩放，模型变形。

- 重置功能：重置比例，鼠标左键单击该图标，模型恢复至原始尺寸。
- 最大尺寸功能：模型缩放至 3D 打印机能打印的最大尺寸。

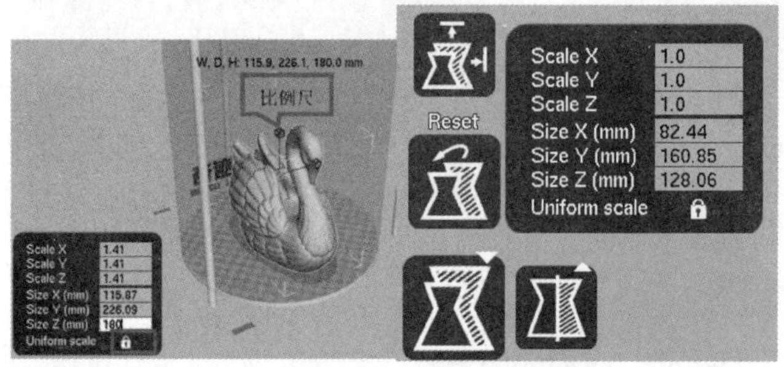

图 2-2-90　比例设置对话框

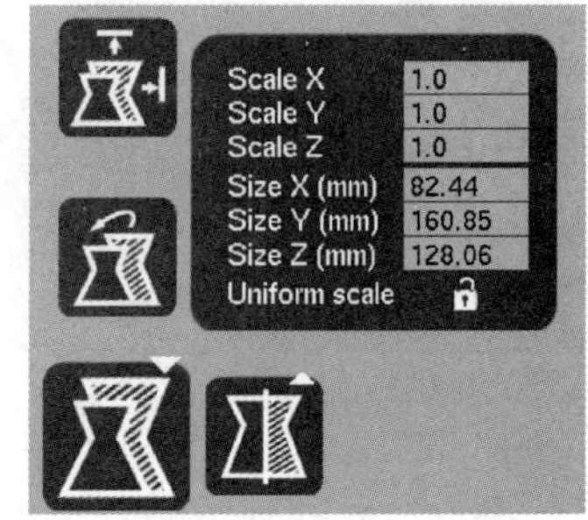

图 2-2-91　打开比例尺

3）镜像设置

镜像设置有 3 种方式：镜像 *Z*、镜像 *Y*、镜像 *X*。鼠标左键单击下列相应功能图标

即可完成。

镜像 Z 功能：模型关于 XY 平面镜像，模型相对 XY 平面翻转 180°，结果如图 2-2-92 所示。

镜像 Y 功能：模型关于 XZ 平面镜像，模型相对 XZ 平面翻转 180°，结果如图 2-2-93 所示。

镜像 X 功能：模型关于 YZ 平面镜像，模型相对 YZ 平面翻转 180°，结果如图 2-2-94 所示。

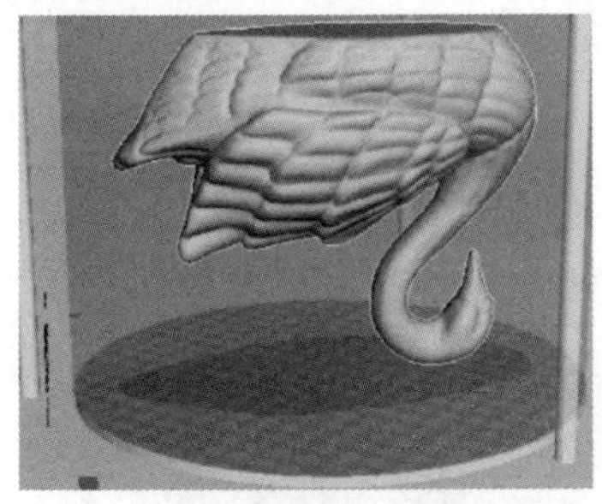
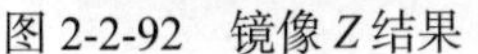

图 2-2-92　镜像 Z 结果

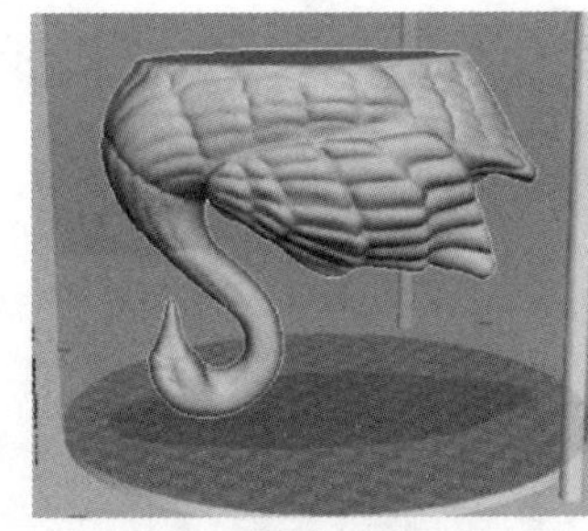

图 2-2-93　镜像 Y 结果

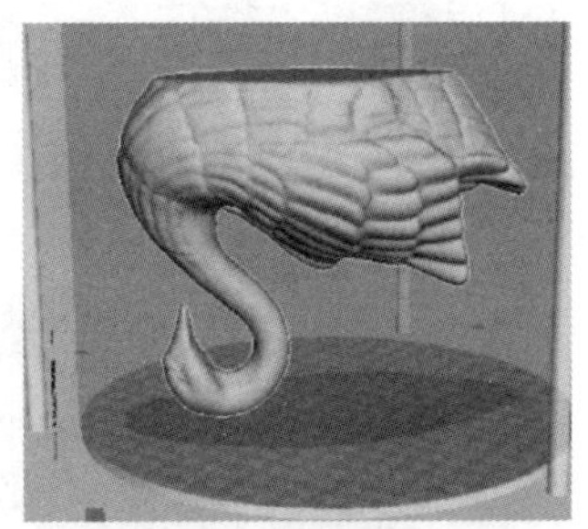

图 2-2-94　镜像 X 结果

4）复制模型

移动光标到模型上，单击鼠标右键，弹出如图 2-2-95 所示的快捷菜单，选择“复制模型”命令，弹出如图 2-2-96 所示对话框，“数量”设为 2，单击“OK”按钮，弹出如图 2-2-97 所示对话框，模型已经摆放不下，询问是否要重新布置模型位置，单击“是”按钮，结果如图 2-2-98 所示，仅复制 1 个。如果模型较小，能摆放下，则模型直接复制，自动居中摆放，如图 2-2-99 所示。

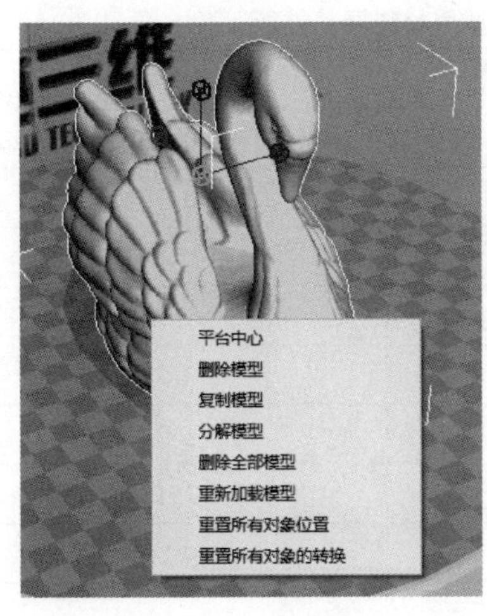

图 2-2-95　快捷菜单

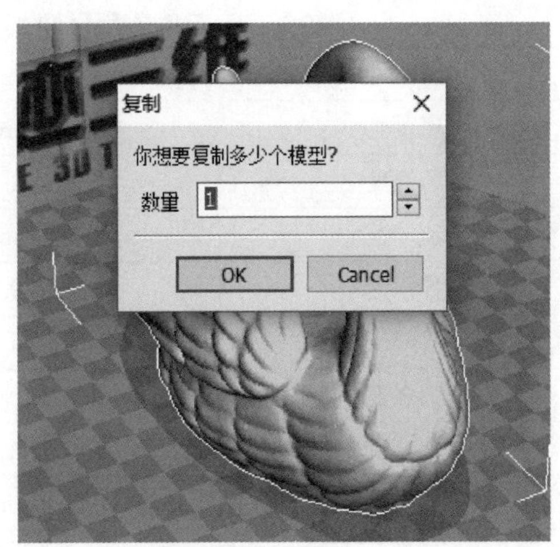

图 2-2-96　“复制”对话框

快捷菜单中还有其他命令：“平台中心”——模型自动摆放在中心位置；“删除模型”——删除选中的模型；“分解模型”——拆分模型；“删除全部模型”——删除平台上的所有模型；“重新加载模型”——再次加载模型；“重置所有对象位置”——模型移动后，单击此命令，模型回到初始位置；“重置所有对象的转换”——模型旋转无效，回到初始状态。

此快捷菜单常用，大家可以多试一下。

课堂笔记

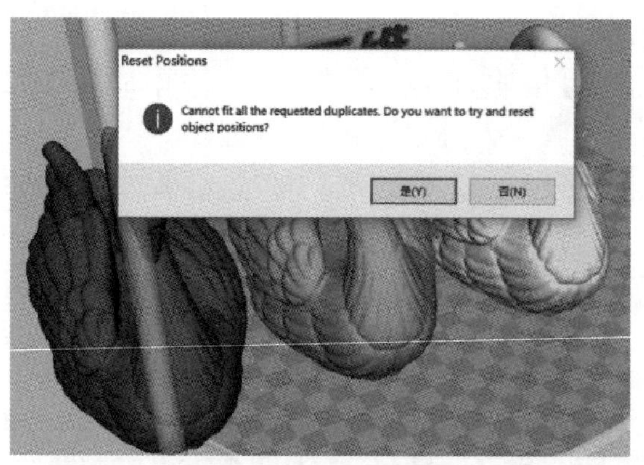

图 2-2-97 “询问重置位置”对话框

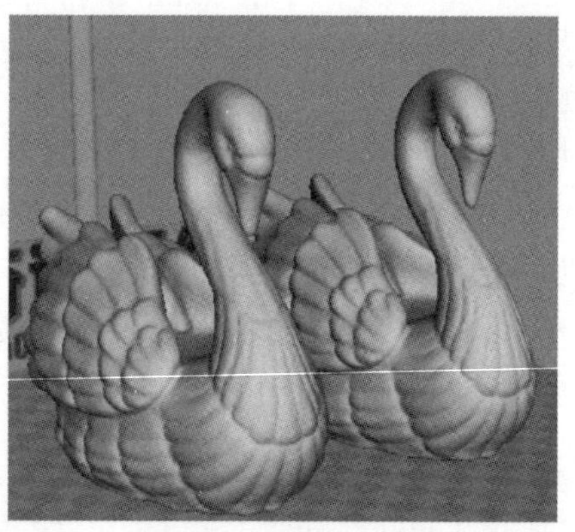

图 2-2-98 复制结果

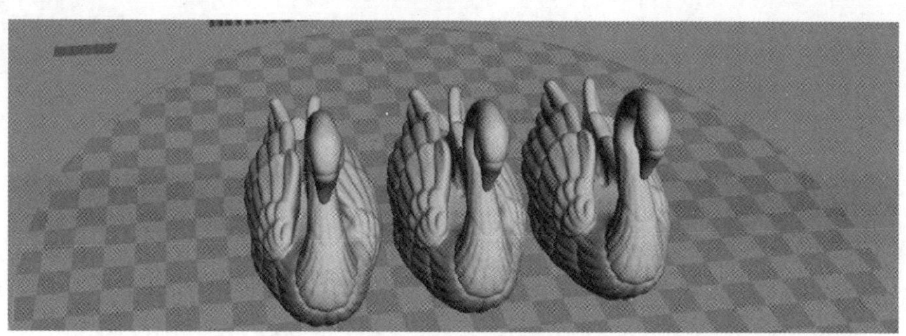

图 2-2-99 小尺寸复制结果

4. 三角式挤压熔融成型打印适用材料及其性能

三角式挤压熔融成型打印适用材料及其性能，如表 2-2-2 所示。

表2-2-2 三角式挤压熔融成型打印适用材料及其性能

测 试 项 目	单 位	PLA聚乳酸
密度	kg/m³	1.20～1.25
打印温度	℃	190～220
熔体流动速度	g/10min	7.8
拉伸强度	MPa	62.63
断裂伸长率	%	4.43
弯曲强度	MPa	65
弯曲模量	MPa	2515
缺口冲击强度	kJ/m³	4.28
重量	kg/roll	1

【课后拓展】

课后可以打开弘瑞 Modellight 3D 打印系统，登录“模型云”平台，下载“模型云”中自己喜欢的模型（见图 2-2-100），操作三角式 3D 打印机，打印制作自己喜欢的模型，从易到难，熟悉三角式 3D 打印一般流程及 3D 打印机的操作，训练调平技能，特别注意支撑和平台添加，保证打印成功。

课堂笔记

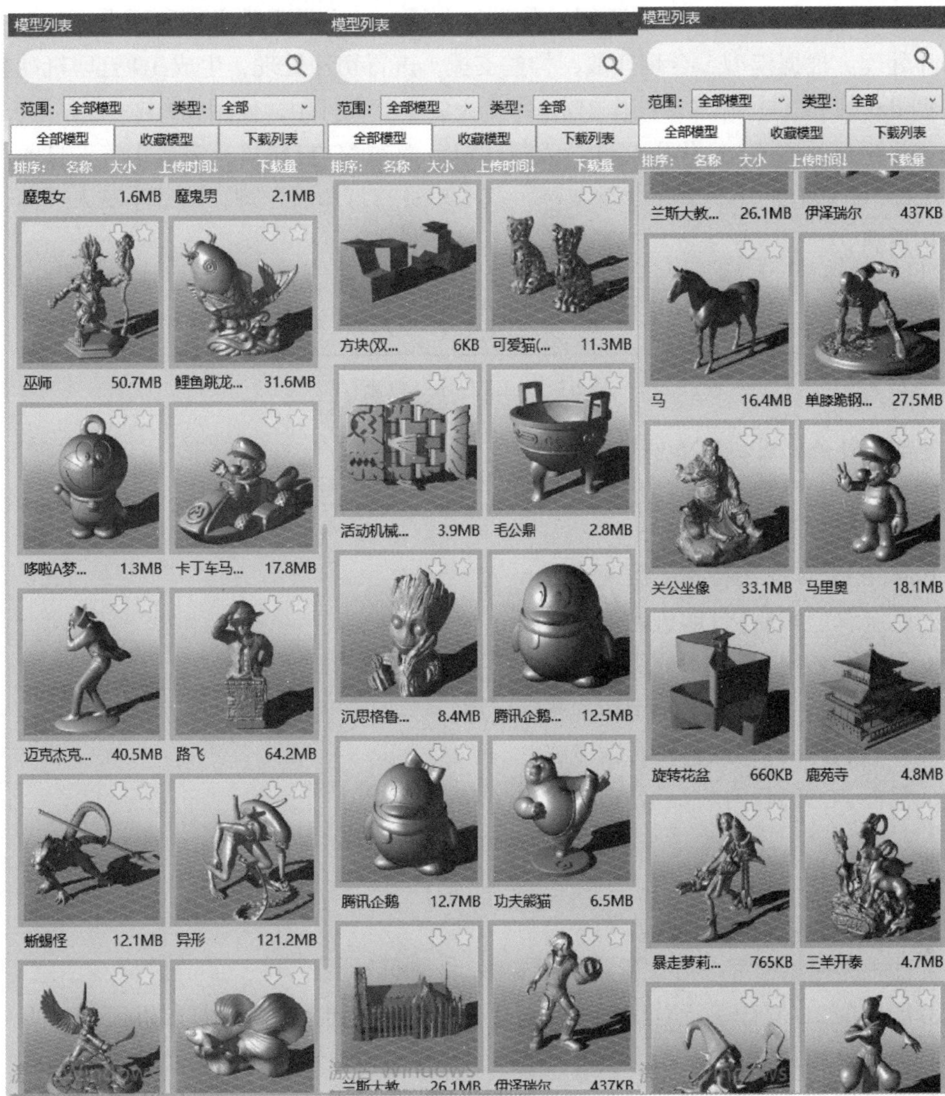

图 2-2-100　模型展示

任务2.3　小黄人双色模型打印

【任务引入】

小黄人是电影《神偷奶爸》中的角色，身形为黄色胶囊状，拥有自己独特的语言，短胳膊短腿的，走起来也显得特别可爱，他们勤劳勇敢，爱吃香蕉和冰激凌，虽然做事容易分心，但仍然萌倒一片影迷。为满足广大影迷的需求，可以通过 3D 打印获得不同造型的小黄人，下面就用 3D 打印的双色 FDM 技术来制作一款客户指定的小黄人。

本次的任务：根据客户提供的小黄人三维数字模型，使用奇迹 M2030 双色 3D 打印机，完成小黄人的 3D 打印及后处理。

【任务分析】

按照 3D 打印的一般流程（如图 2-3-1 所示），第 1 步进行模型检查修复，要先把小

课堂笔记

黄人模型转成STL格式文件，再对文件进行分析，确定是否满足打印要求。第2步进行切片处理。根据模型，合理摆放，构建支撑，进行切片处理，生成3D打印机能执行的G-Code代码文件。第3步操作3D打印机完成小黄人打印，使用SD卡（或其他方式）把上一步生成的G-Code代码文件导入打印机，操作3D打印机，完成小黄人打印。第4步，取下打印好的小黄人，去除支撑。第5步进行打印后处理，清理小黄人表面，进行酒精熏蒸。

图 2-3-1　3D 打印一般流程

完成本任务，可实现下列目标。

知识目标：

1. 熟悉FDM打印技术应用领域。
2. 了解双色FDM打印机的工作原理。
3. 了解FDM打印技术的优缺点。
4. 掌握FDM打印技术常用切片软件应用。
5. 掌握FDM打印工艺及参数设置。
6. 掌握FDM打印技术后处理工艺。

能力目标：

1. 会3D打印模型检查及修复。
2. 能根据模型合理摆放位置及设置支撑。
3. 能根据3D打印机，对模型进行切片处理并导出切片文件至打印机。
4. 会FDM打印工艺及参数设置。
5. 会操作FDM打印机，制作3D模型。
6. 会FDM打印技术后处理工艺。

素质目标：

1. 培养工具使用的能力。
2. 培养分析问题解决问题的能力。
3. 培养沟通的能力。
4. 培养团队协作的能力。
5. 培养工程职业素养。

【任务实施】

根据小黄人3D打印任务分析，我们开始任务的第1步——检查小黄人模型。小黄人模型可以使用UG NX、CATIA、Maya等正向软件自行设计，也可以应用逆向扫描得到，或者从网上下载模型（http://www.Miracle3d.com/Model3D、http://www.thingiverse.com/、http://www.dayin.la/ 等）。本次打印的模型是客户应用UG NX自行设计并导出为STL格式文件提供给我们的。

2.3.1　小黄人模型切片

课堂笔记

模型切片一般流程如图 2-3-2 所示。

图 2-3-2　模型切片一般流程

切片软件将模型信息转换为机器能够读取的语言，也就是 G-Code 代码。这些代码中含有每一层切片的路径信息，会指示打印机的运动轨迹，从而完成模型打印。

Step1：安装双色切片软件

（1）找到机器自带的“软件安装包”（如果没有可以去昆山市奇迹三维科技有限公司官网 www.qijisanwei.com/ 下载）并打开，双击 Cura_17.08.16_Nt 文件，弹出如图 2-3-3 所示安装路径选择对话框，选择默认的安装路径。

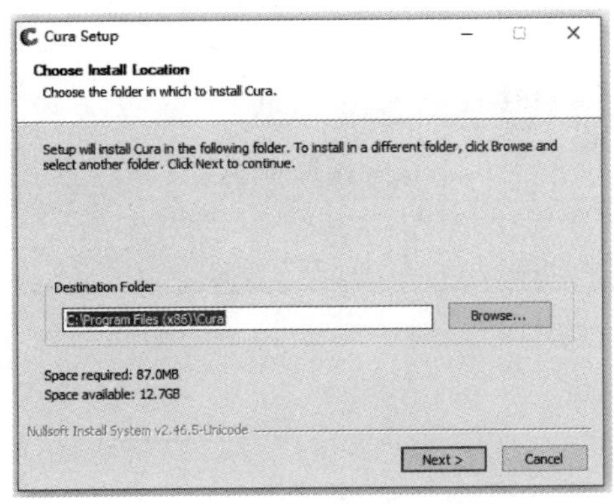

图 2-3-3　安装路径选择对话框

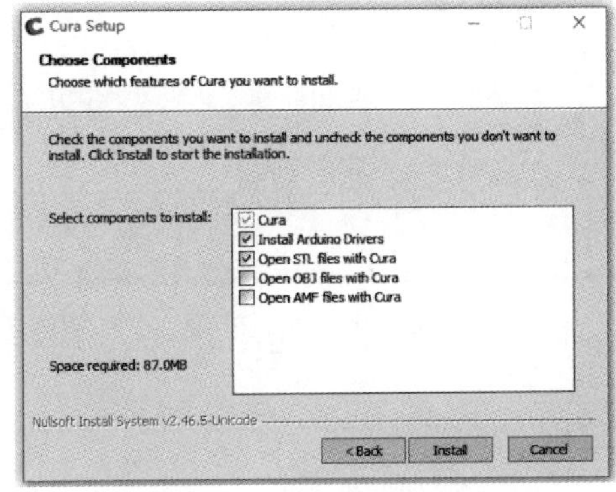

图 2-3-4　安装选项对话框

（2）单击“Next”按钮，弹出如图 2-3-4 所示安装选项对话框，接受默认安装选项；单击“Install”按钮，直至完成安装。

Step2：打开Cura软件

安装完成后双击 Cura 17.08.16 快捷图标，第一次使用会弹出让用户选择使用语言环境选项，选择“Chinese”——简体中文，再单击“Next”按钮打开软件后，单击“设备”菜单，将设备切换到“M2030X双色”模式，如图 2-3-5 所示。

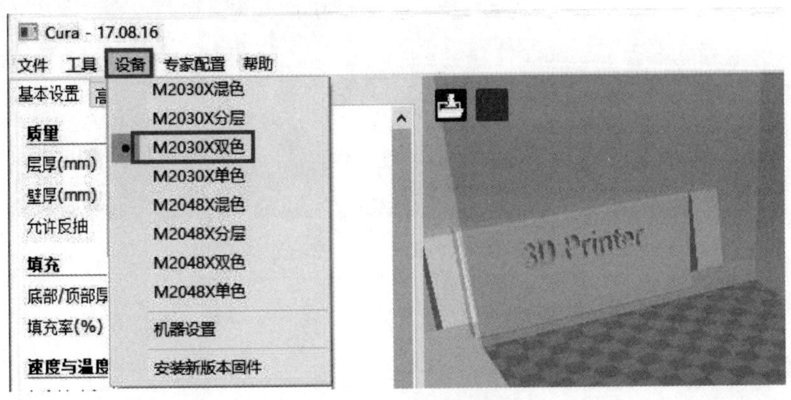

图 2-3-5　Cura 软件界面

课堂笔记

Step3：导入小黄人模型

单击操作界面中的图标，弹出如图 2-3-6 所示的“打开 3D 模型”对话框，选择小黄人模型所在路径，分别导入可以装配在一起的两个模型，如图 2-3-7 所示。

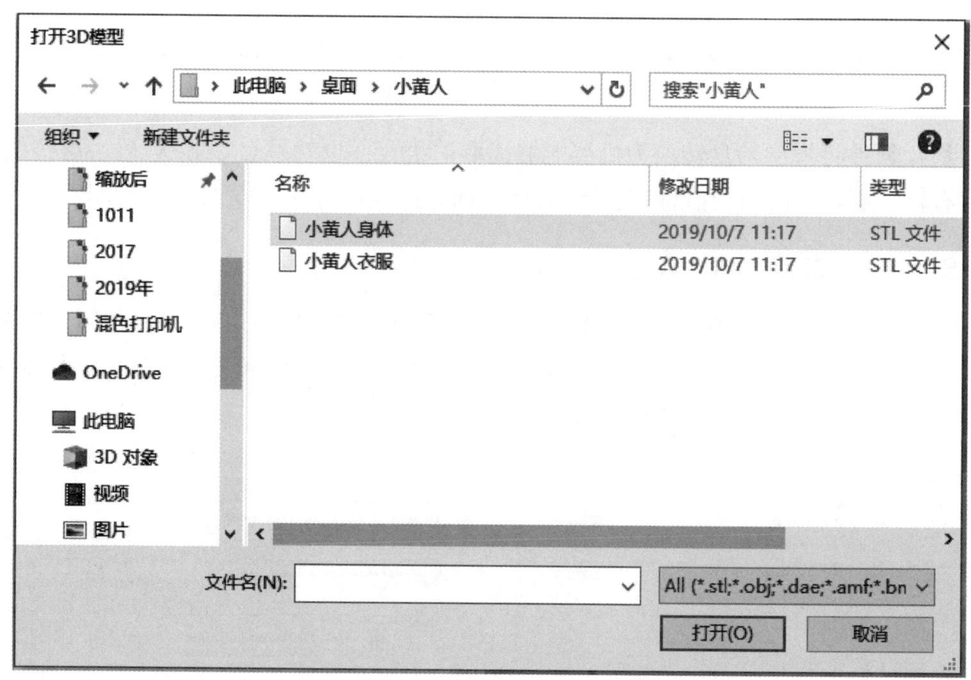

图 2-3-6 “打开 3D 模型”对话框

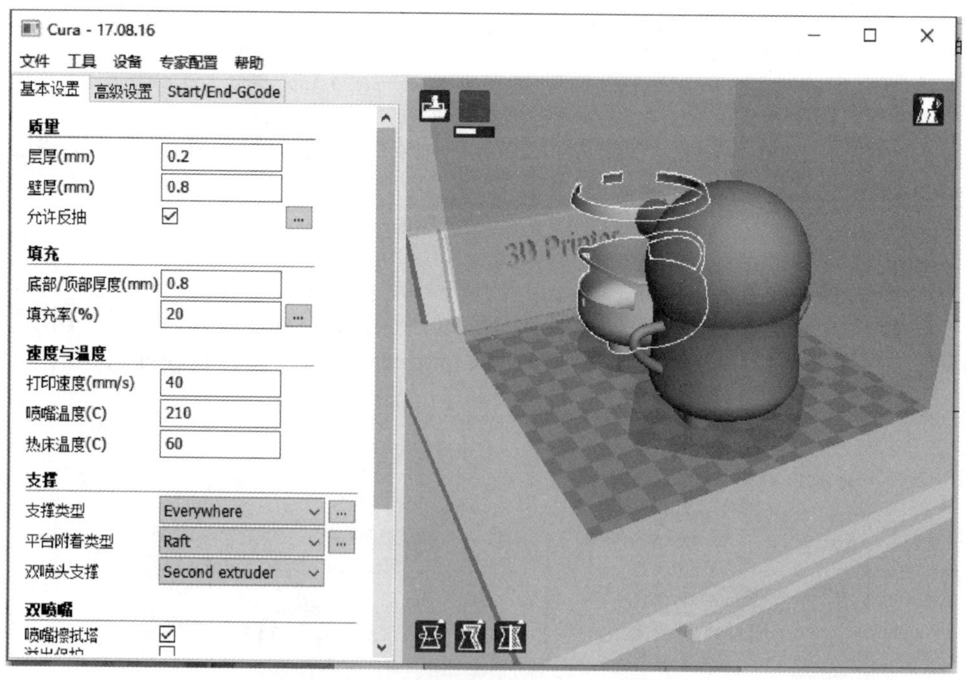

图 2-3-7 小黄人模型成功加载

温馨提示：

导入的模型先后顺序所对应的进丝顺序为从右到左，先导入的模型的颜色就是右边进丝的材料颜色，所以可以通过改变模型导入的顺序来改变模型对应的颜色。

课堂笔记

Step4：合理摆放小黄人模型

导入两个模型后，单击鼠标右键，出现如图 2-3-8 所示的快捷菜单，选择“双喷头组合”命令。

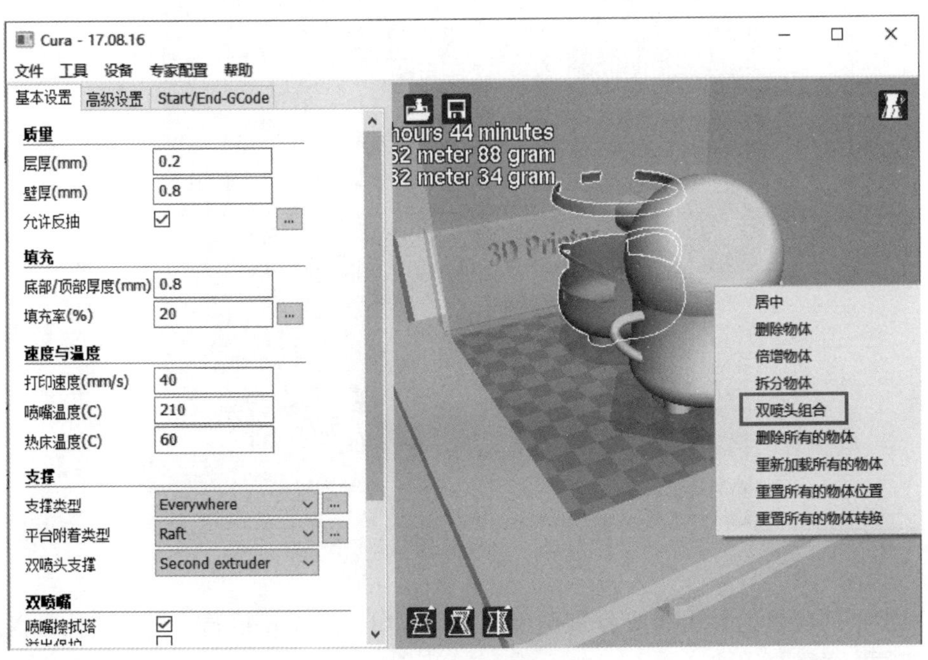

图 2-3-8　快捷菜单

模型组合后，单击鼠标右键，在弹出的快捷菜单中选择“居中”命令，如图 2-3-9 所示，组合后可以看到模型有两种颜色，黄色部分的模型就是先导进来的，对应着右边进料的耗材，红色部分是后导入的模型，对应左边的进料耗材。

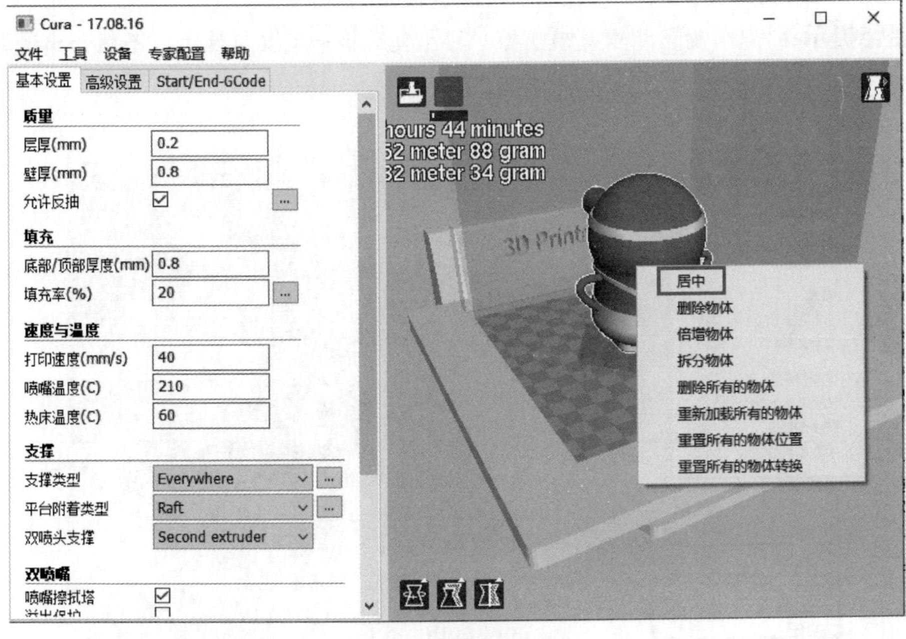

图 2-3-9　模型居中窗口

课堂笔记

若需要调节小黄人的摆放位置，可用鼠标单击模型，在视图窗口中会出现模型调节按钮，如图 2-3-10 所示。

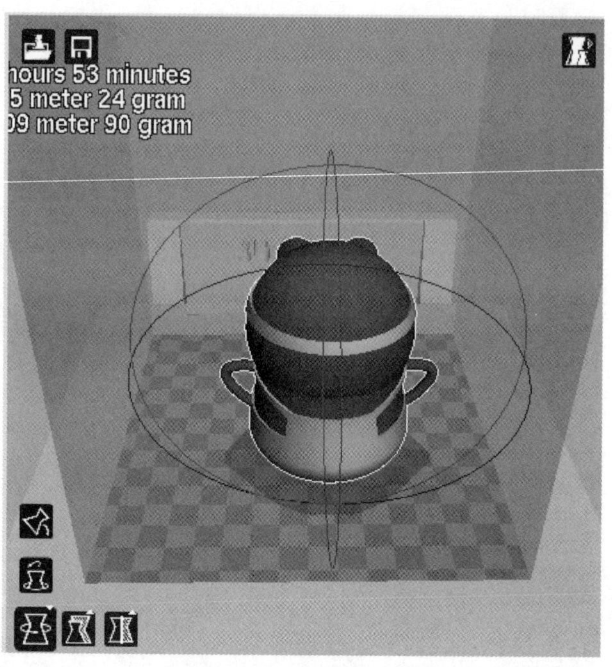

图 2-3-10　模型位置调整

单击不同位置的导引线可分别调节模型的方向，如需要精调节，可按住键盘上的 Shift 键同时单击导引线。

Step5：设置打印参数

完成模型摆放后，需要根据模型的工艺要求进行参数设置。

“支撑类型”选择“Everywhere”，“平台附着类型”选为“Raft”，如图 2-3-11 所示，其他参数建议接受软件默认值。

温馨提示：“双喷嘴”栏中“喷嘴擦拭塔”复选框一定要勾选上，不然会出现混色。

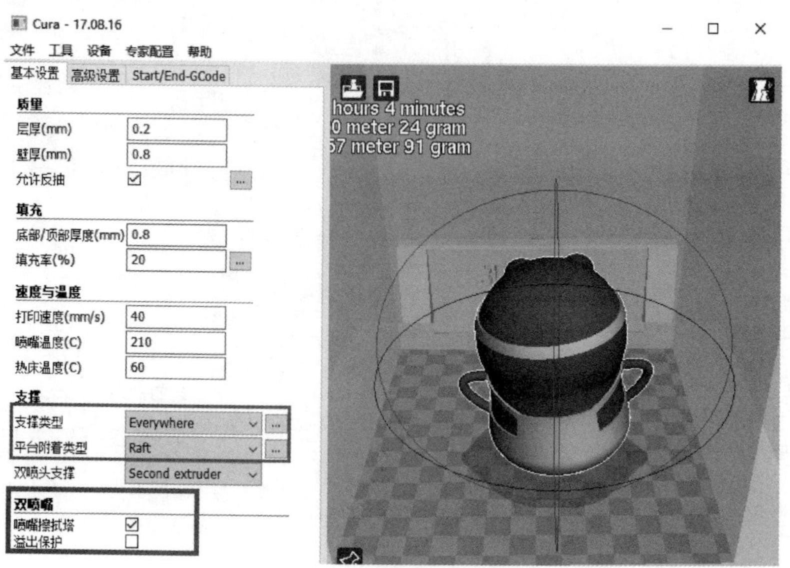

图 2-3-11　软件参数配置

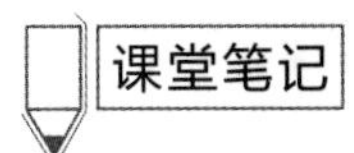

Step6：切片处理

切片参数设置完成后，软件开始自动运行切片处理，生成 G-Code 代码，打印所需时间和耗材会显示在图标的下方，如图 2-3-12 所示，1：1 打印小黄人模型将用时 11 小时 4 分钟，衣服用料 24 克，人体用料 91 克。通过切片时间，可以合理安排打印工时；还可以估算材料是否足够，判断是否需要换料。切片分层预览效果如图 2-3-13 所示。

图 2-3-12　打印信息参数

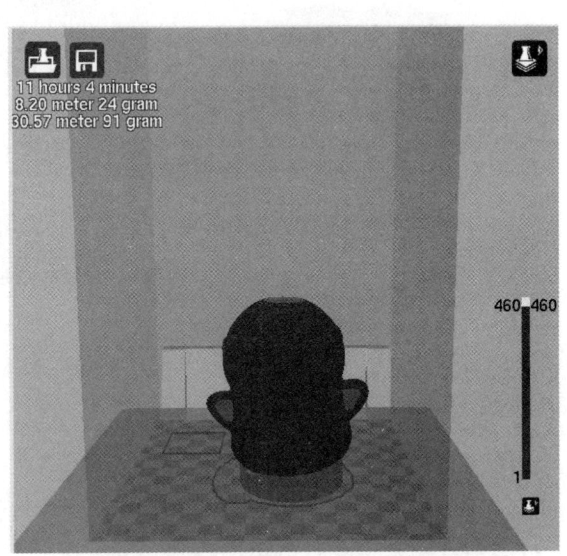

图 2-3-13　小黄人切片分层预览效果

Step7：导出G-Code文件

切片完成后，需要导出切片文件即 G-Code 可执行代码文件。单击图 2-3-13 中的图标，会弹出如图 2-3-14 所示的“保存路径”对话框，输入文件名，再单击“保存”按钮即可。保存完成后，可以用记事本格式打开查看，如图 2-3-15 所示。

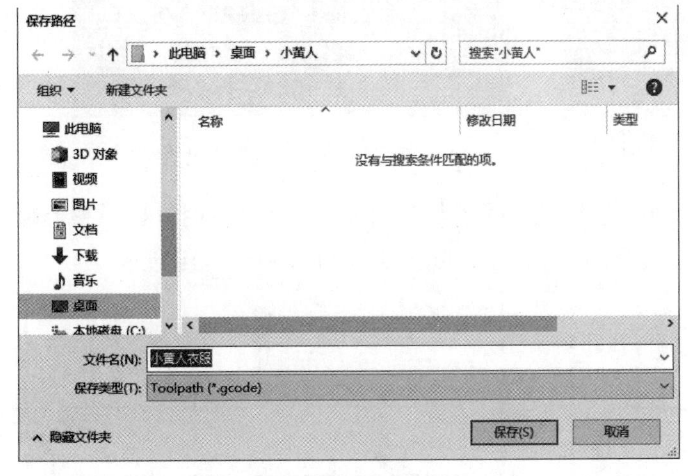

图 2-3-14　“保存路径”对话框

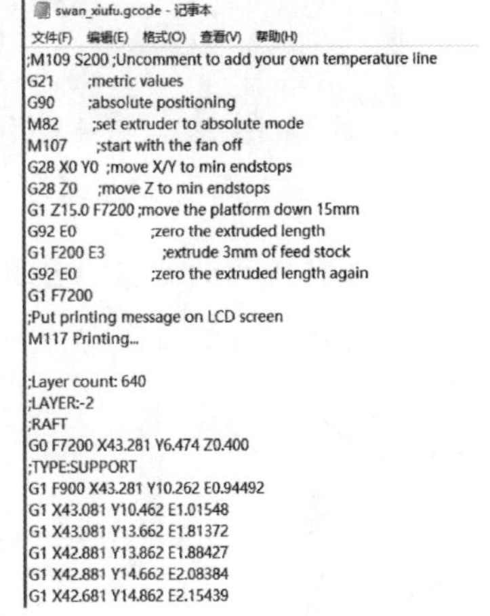

```
swan_xiufu.gcode - 记事本
文件(F) 编辑(E) 格式(O) 查看(V) 帮助(H)
;M109 S200 ;Uncomment to add your own temperature line
G21       ;metric values
G90       ;absolute positioning
M82       ;set extruder to absolute mode
M107      ;start with the fan off
G28 X0 Y0 ;move X/Y to min endstops
G28 Z0    ;move Z to min endstops
G1 Z15.0 F7200 ;move the platform down 15mm
G92 E0           ;zero the extruded length
G1 F200 E3         ;extrude 3mm of feed stock
G92 E0           ;zero the extruded length again
G1 F7200
;Put printing message on LCD screen
M117 Printing...

;Layer count: 640
;LAYER:-2
;RAFT
G0 F7200 X43.281 Y6.474 Z0.400
;TYPE:SUPPORT
G1 F900 X43.281 Y10.262 E0.94492
G1 X43.081 Y10.462 E1.01548
G1 X43.081 Y13.662 E1.81372
G1 X42.881 Y13.862 E1.88427
G1 X42.881 Y14.662 E2.08384
G1 X42.681 Y14.862 E2.15439
```

图 2-3-15　G-Code 代码

2.3.2　小黄人模型的制件

操作奇迹 M2030X 打印机完成小黄人制件。

课堂笔记

Step1：开机

奇迹 M2030X 打印机外观如图 2-3-16 所示。打印机接入电源后，按下打印机开关，即可启动打印机。此时，打印机屏幕显示如图 2-3-17 所示。打印机屏幕为触摸屏，轻触单击就可以进行操作。

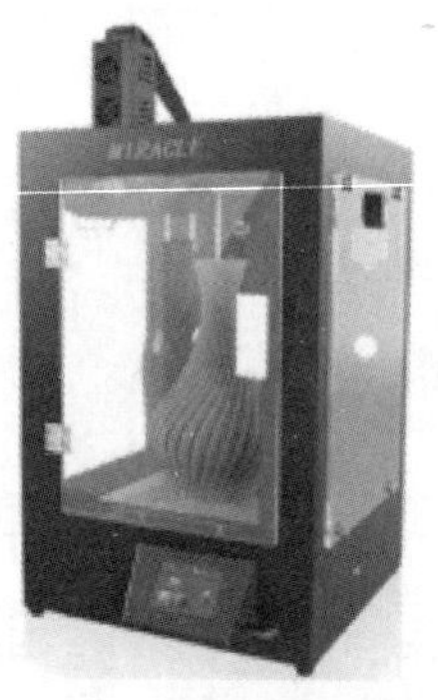
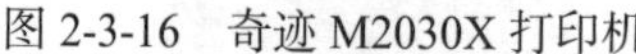

图 2-3-16　奇迹 M2030X 打印机

图 2-3-17　打印机开机屏幕显示

Step2：打印机平台调整

1. 粗调

（1）在触摸屏上选择“准备”，可以看到“机器归零”选项，单击“机器归零”选项，打印平台和十字滑台将会回到零点的位置，如图 2-3-18 所示。

（2）等到平台复位完成后，电机会自动锁死，需要选择“解锁步进电机”选项来解锁电机，如图 2-3-19 所示。

图 2-3-18　“机器归零”选项

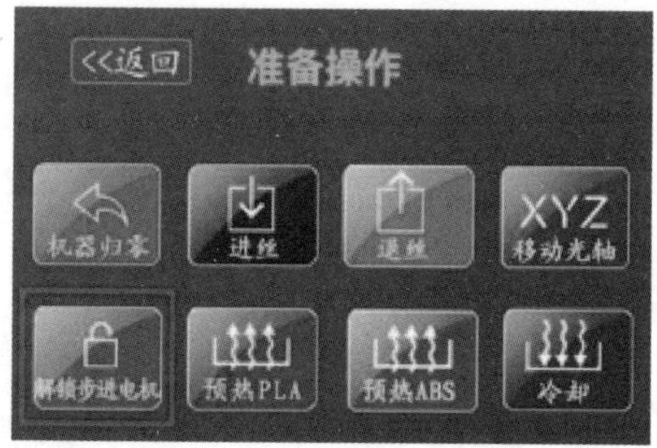

图 2-3-19　解锁步进电机

（3）依次移动喷嘴到玻璃板四周进行调节喷嘴与玻璃板的距离，顺时针选择平台螺母，平台向上，逆时针旋转平台螺母，平台向下，如图 2-3-20 和图 2-3-21 所示。

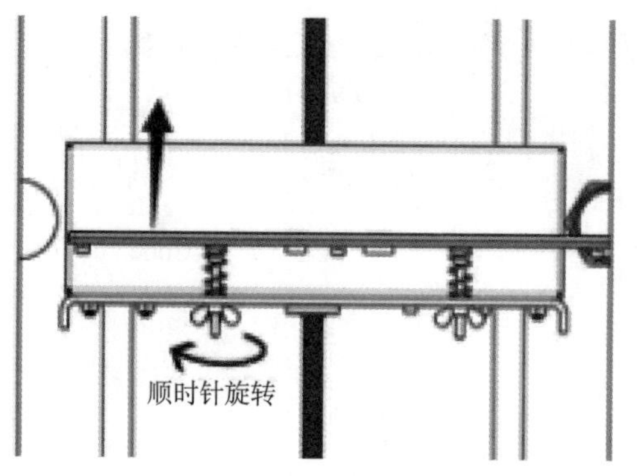

图 2-3-20　平台向上粗调

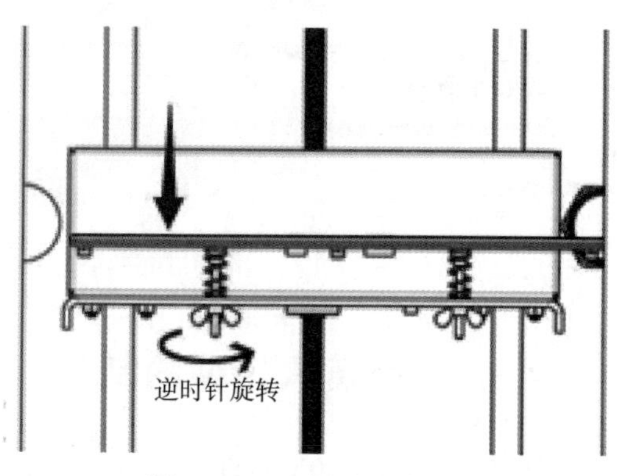

图 2-3-21　平台向下粗调

课堂笔记

粗调时，喷嘴与玻璃板的大概距离是一张纸的间隔，如果距离过大，就要顺时针旋转平台螺母，使平台向上；如果距离过小碰到喷嘴，就逆时针旋转螺母，使平台向下。

2. 精调

选择一个模型开始打印，等打印机开始打印时，眼睛平视打印平台，再次查看喷嘴跟平台之间的距离，大概是一张纸的距离，然后开始打印调试平台专用的 TS.gcode 文件，通过查看第一层的打印效果来对平台进行微调，打印完第一层即可停止打印，进行微调和下一次的调试打印，调整好的平台的打印效果应该是出丝饱满并且线条压平贴紧平台，如图 2-3-22 所示。

图 2-3-22　饱满出丝图片

打印时，如果发现喷嘴跟平台之间的距离过大或者过小，请停止打印，重新调整平台直到平台跟喷嘴之间的距离合适为止。多数的打印失败事故都是由于平台没调好造成的，所以请按照要求反复调试，确定平台高度已调到较佳，并且在打印第一层的时候，最好看着机器打印，确认机器打印正常后才离开。

Step3：装料和卸料

材料装卸操作步骤如下：

（1）进丝：选择“准备”→“进丝”命令后，喷头开始预热，散热风扇同时自动开启，等温度达到设定温度后开始自动进料，这里要再一次确认是否把耗材线卡送到送料电机的齿轮当中。

警告：此时喷头已经加热到 230℃左右，请勿触碰喷嘴，以免烫伤！

机器会先归零再下降一小段距离，同时喷嘴也会加热，等喷嘴加热到 230℃时，送丝机就会把丝均匀顺畅地从喷头中挤出来了（进料操作机器自动完成，单击“退出”按钮进料停止），如图 2-3-23 所示。

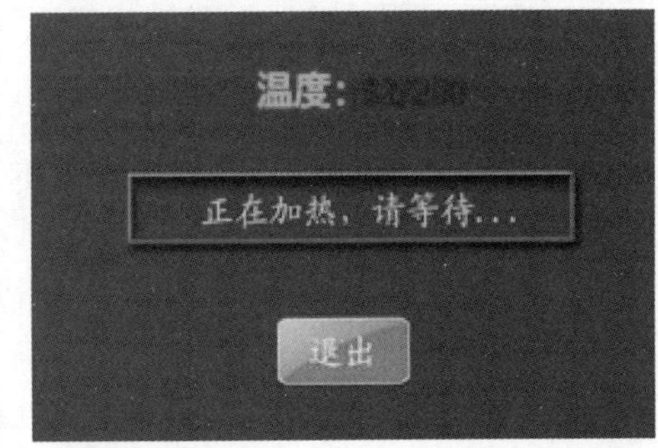

图 2-3-23　进丝操作

课堂笔记

（2）退丝：退丝是使用过程中经常用到的一个操作，机器把耗材从喷嘴里退出来，选择“准备”→“退料”命令给喷嘴加热，更换耗材时一般都要先进行退丝操作。喷嘴加热到 230℃，进料电机快速地将耗材从喷嘴抽出（退丝操作机器自动完成，单击“退出”按钮退丝暂停），如图 2-3-24 所示。

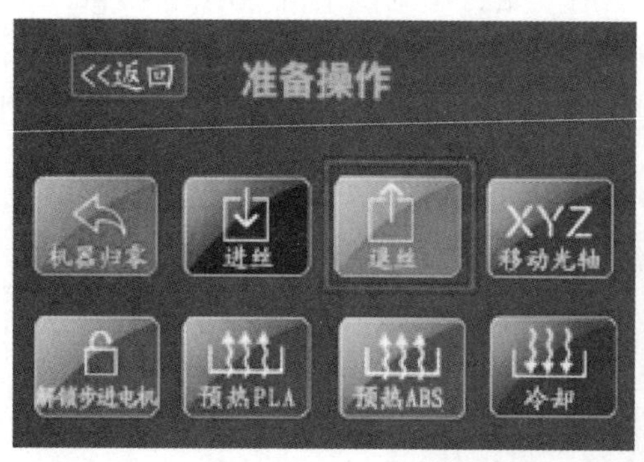

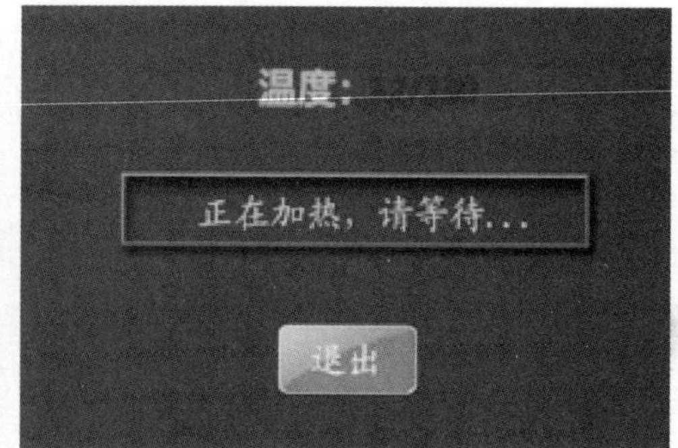

图 2-3-24　退丝操作

Step4：打印平台准备

为了增加打印平台与模型之间的黏合度，在打印之前需在打印平台上贴上美纹胶带纸或均匀涂上专用固体胶，涂胶范围为打印模型的底座范围即可。

Step5：上机打印

先将切片好的 G-Code 文件复制并存到 U 盘中，然后将 U 盘插入机器显示屏右侧的插槽内。单击打印机触摸屏上的“打印”按钮，切换成打印程序的调用界面，如图 2-3-25 所示。选择所需打印的文件，随即进入打印界面。机器在等待喷头和打印平台完成预热后开始打印，且屏幕会显示当前打印产品的信息，包括耗时、剩余时间等。

打印完成后，使用任务 2.2 相同的方法，取出小黄人即可。

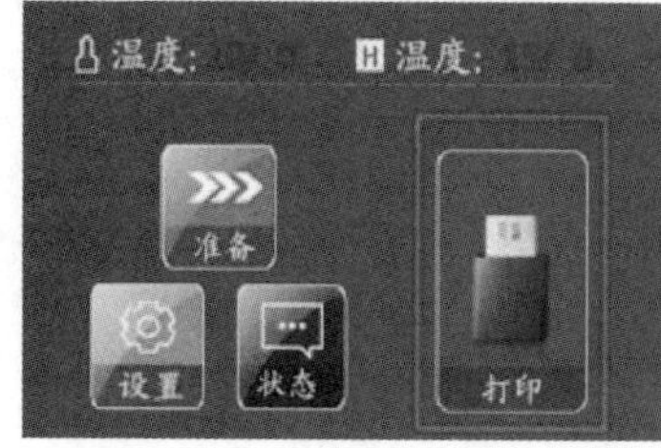

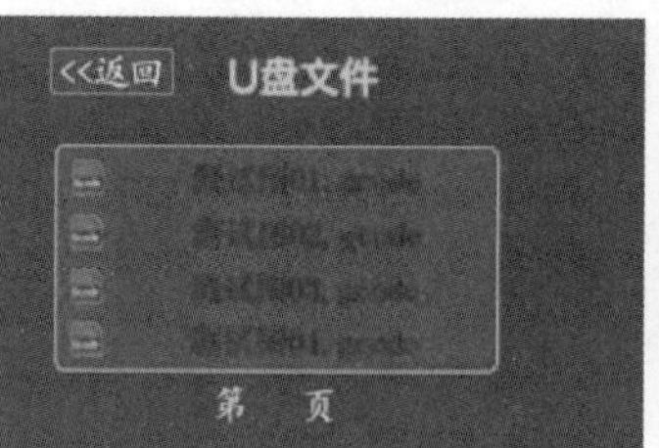

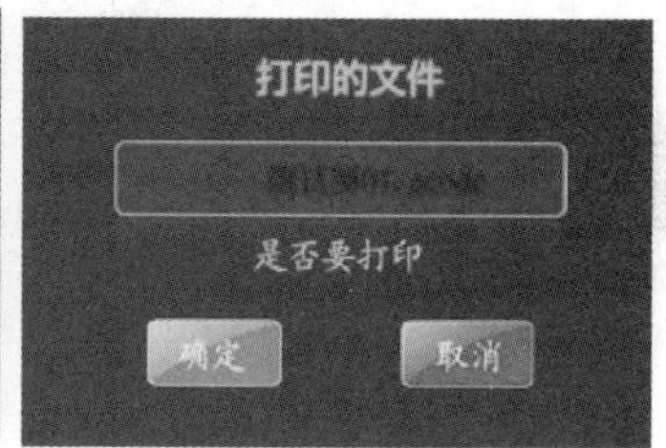

图 2-3-25　打印文件操作

Step6：模型后处理——去支撑

模型打印完成，用小铲刀取下模型，本案例中小黄人的腰部和脚部有支撑，需借用随机工具当中的斜口钳、美工刀等进行支撑去除。

Step7：模型后处理——清理表面

本模型本身为双色打印，不需要上色处理，仅需把表面清理干净。

【相关知识】

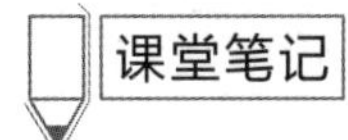

双色挤压熔融成型机工作原理

双色挤压熔融成型机的工作原理与单色类同，只是多了一个送丝机构，采用了两个独立的送丝机构，对于双喷头的打印机，两个喷头完全独立，相当于两个独立的打印机打印有相互位置关系的两个模型，两个独立的喷头不能同时工作，一个喷头打印时，另一个只能等待，因此，奇迹 M2030X 双色打印机另辟蹊径，采用了双进一出的设计理念，就是采用两个独立的进丝机构，但打印喷头只有一个，这样打印机可实现多种功能，既可以打印出双色模型也可以打印出渐变色的混色模型。下一节专门讲解奇迹 M2030X 机型打印混色模型的案例。

奇迹三维混色机操作视频

1. 双色挤压熔融成型 3D 打印机代表设备及其主要技术参数（见表 2-3-1）

表2-3-1　双色挤压熔融成型3D打印机代表设备及其主要技术参数

项目	参数
型 号	奇迹M2030X
成型尺寸	200mm × 200mm × 300mm
机器外形	415mm × 366mm × 540mm
机器毛重	22kg
输入功率	200W
喷嘴直径	0.4mm（标配）
打印速度	40～60mm/s
输入电压	220V
耗材直径	1.75mm
打印层厚	0.1～0.3mm
输入文件类型	STL/gcode
支持系统	Windows XP/Windows 7/ Windows 8
打印原料	PLA
连接方式	USB连接
机器说明	
打印模式	支持4种打印模式，分别是单色、混色、双色、分层
工作平台	热床耐高温玻璃工作平台
喷嘴结构	双进料单喷嘴
耗材放置	外挂2kg打印耗材
人机交互	3.5寸触摸屏（支持中英文切换）
智能控制	支持断电续打功能，来电后可自动打印，避免打印失败

2. 双色式挤压熔融成型打印技术关键工艺参数

（1）由于采用的是双进一出设计，只有一个出料口，在打印双色模型时一定要将“喷嘴擦拭塔”选项选中（双色模式默认选中），如图 2-3-26 所示。

课堂笔记

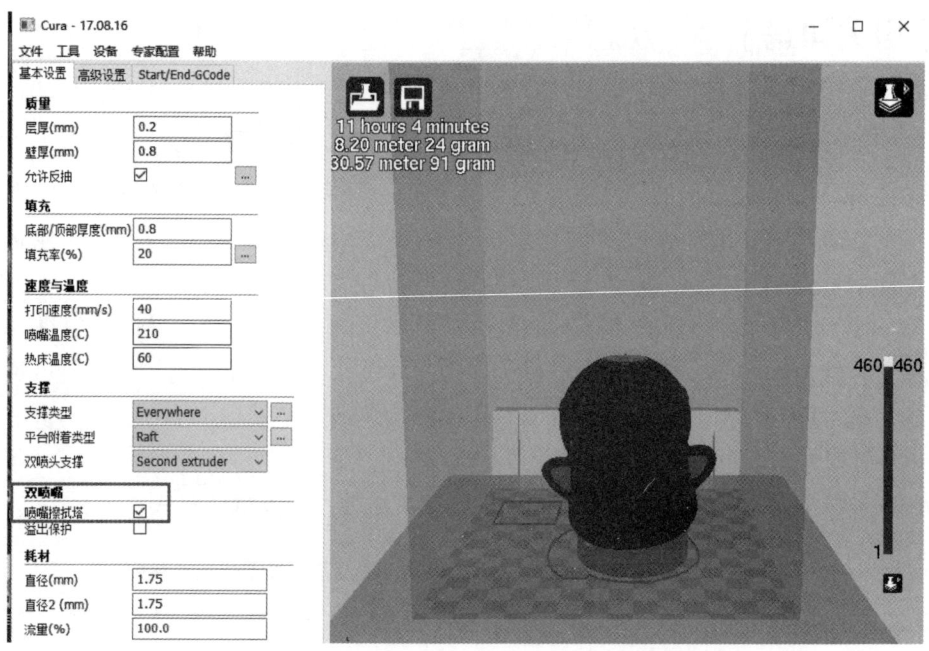

图 2-3-26　双喷头关键参数设置——喷嘴擦拭塔

（2）在双色模式打印过程中，由于进料系统需不断切换，为保证成功率，建议打印速度不要超过 40mm/s，否则速度过快容易导致打印失败，如图 2-3-27 所示。

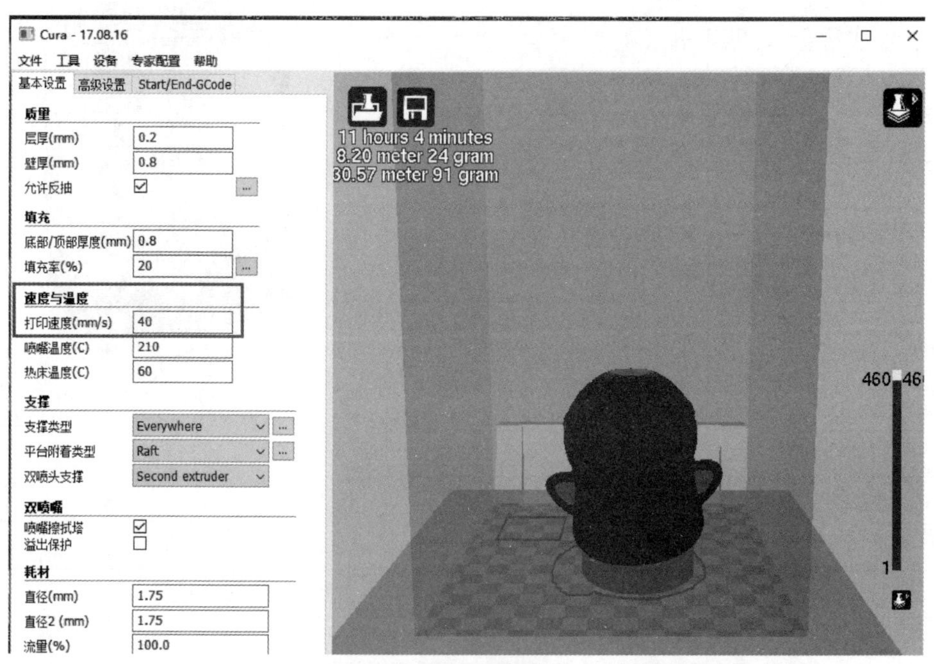

图 2-3-27　双喷头关键参数设置——打印速度

（3）在双色模式打印过程中，由于共用一个出料口，为保证两种耗材的顺利切换，工作喷头在切换成闲置喷头时，需要退丝一段距离，默认值为 15mm，如图 2-3-28 所示，这样可以减小打印擦拭塔的体积，节省打印时间。

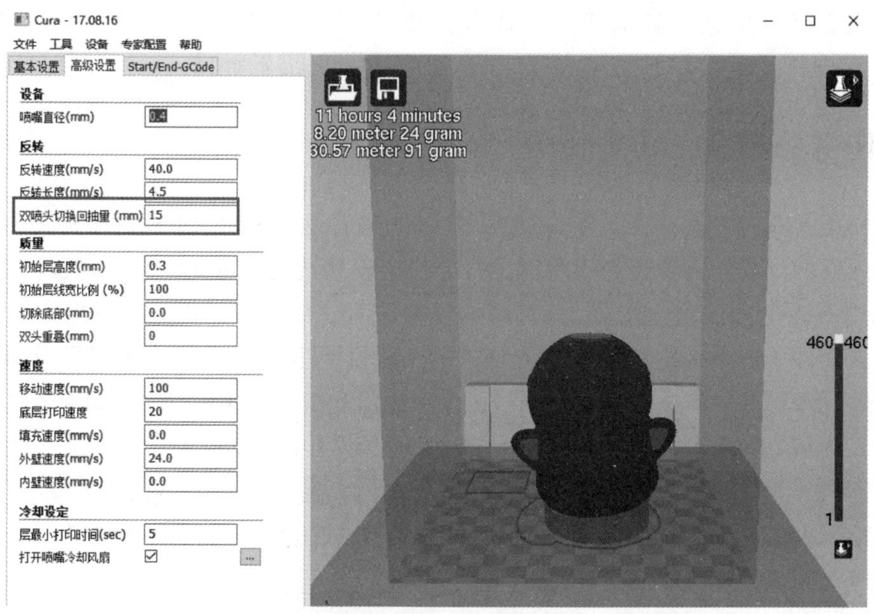

图 2-3-28　双喷头关键参数设置——退丝（双喷头切换回抽量）

【课后拓展】

下载“模型云”中自己喜欢的模型，操作 3D 打印机，打印制造自己喜欢的模型，从易到难，熟悉双色 3D 打印一般流程及 3D 打印机的操作，训练调平技能，特别注意支撑和平台添加，保证打印成功。

任务2.4　玉白菜双色模型打印

【任务引入】

混色玉白菜操作视频

翠玉白菜是中国台北故宫的镇馆之宝，它是清代光绪皇帝瑾妃的陪嫁之物，如图 2-4-1 所示。玉白菜的谐音为遇百财，有纳百财的说法，人们喜欢将玉白菜作为摆件，常被人们拿来馈赠亲朋好友，有很好的寓意。但玉石太贵，镇馆之宝是文物，也是唯一的，就无法满足普通百姓的需求，我们可以通过三维扫描的方式获得翠玉白菜三维模型，通过 3D 混色打印来获得翠玉白菜。

我们也可以应用 Maya 等三维软件来创建翠玉白菜，造型多样，如图 2-4-2 所示。

图 2-4-1　中国台北故宫博物馆翠玉白菜

图 2-4-2　淘宝上的翠玉白菜

课堂笔记

本次任务：根据用户需求，选择玉白菜201693三维数字模型，使用奇迹三维Miracle打印机（混色），完成玉白菜201693的3D打印及后处理。

【任务分析】

玉白菜底部为白色，顶部为翠绿色，中间为过渡色；因此，单色打印机是无法完成本工作任务的。我们需要选择一台混色打印机。丝材选用无毒无味的可降解材料PLA；颜色选用翠绿色和白色。按照3D打印的一般流程，第1步，要先把玉白菜模型导成STL格式文件（如果文件已经是STL格式的，跳过此步骤），再对文件进行分析，确认是否满足打印要求；第2步，根据模型，合理构建支撑；第3步，应用切片软件进行切片处理，生成3D打印机能执行的G-Code代码文件，使用SD卡（或其他方式）将其导入打印机；第4步，操作3D打印机，完成玉白菜的3D打印；第5步，取下打印好的玉白菜，去除支撑；第6步，打印后处理，清理玉白菜面，打磨、喷清漆。

完成本任务，可实现下列目标。

知识目标：

1. 熟悉混色FDM打印机的工作原理。
2. 掌握混色FDM打印切片软件。
3. 掌握混色FDM打印工艺及参数设置。
4. 掌握后处理工艺。

能力目标：

1. 3D打印模型检查及修复。
2. 能根据模型合理摆放位置及设置支撑。
3. 会混色切片工艺参数设置，对模型进行切片处理并导出切片文件至打印机。
4. 会操作混色FDM打印机，制作3D模型。
5. 会后处理工艺。

素质目标：

1. 培养工具使用的能力。
2. 培养分析问题解决问题的能力。
3. 培养沟通的能力。
4. 团队协作能力。

【任务实施】

根据玉白菜3D打印任务分析，我们开始任务的第1步，检查玉白菜模型，玉白菜模型可以使用Maya等正向软件自行设计，也可以应用逆向扫描得到，或者从网上下载模型（http://www.Miracle3d.com/Model3D、http://www.thingiverse.com/、http://www.dayin.la/等）。

2.4.1 玉白菜模型切片

模型切片一般流程如图2-3-2所示。

切片软件将模型信息转换为机器能够读取的语言，也就是 G-Code 代码。这些代码中含有每一层切片的路径信息，会指示打印机的运动轨迹，从而完成模型打印。

Step1：安装切片软件

该软件与任务 2.3 为同一款软件，请参照上一节内容。

Step2：打开Cura软件

双击 Cura 17.08.16 快捷图标，第一次使用会弹出让用户选择使用语言环境选项，选择“Chinese”——简体中文，在单击“Next”按钮打开软件后，再单击“设备”菜单，将设备切换到“M2030X 混色”模式，如图 2-4-3 所示。

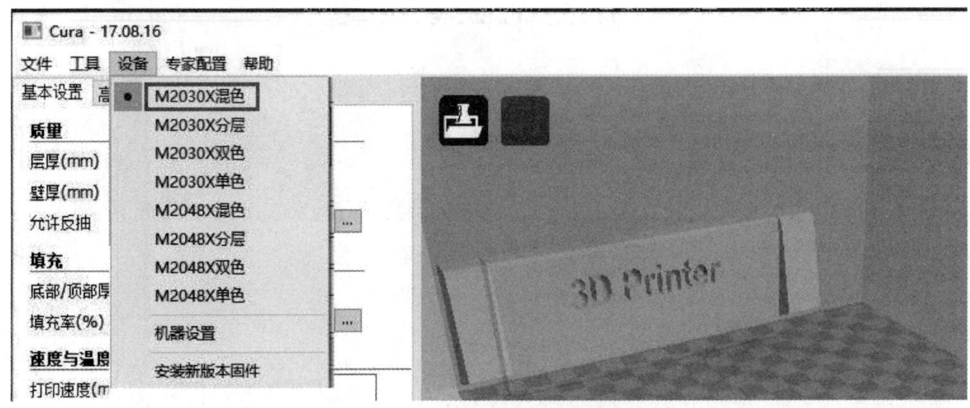

图 2-4-3　Cura 软件界面

Step3：导入玉白菜模型

单击操作界面中的图标，弹出如图 2-4-3 所示“打开 3D 模型”对话框，在玉白菜模型所在路径下选择玉白菜模型，如图 2-4-4 所示。

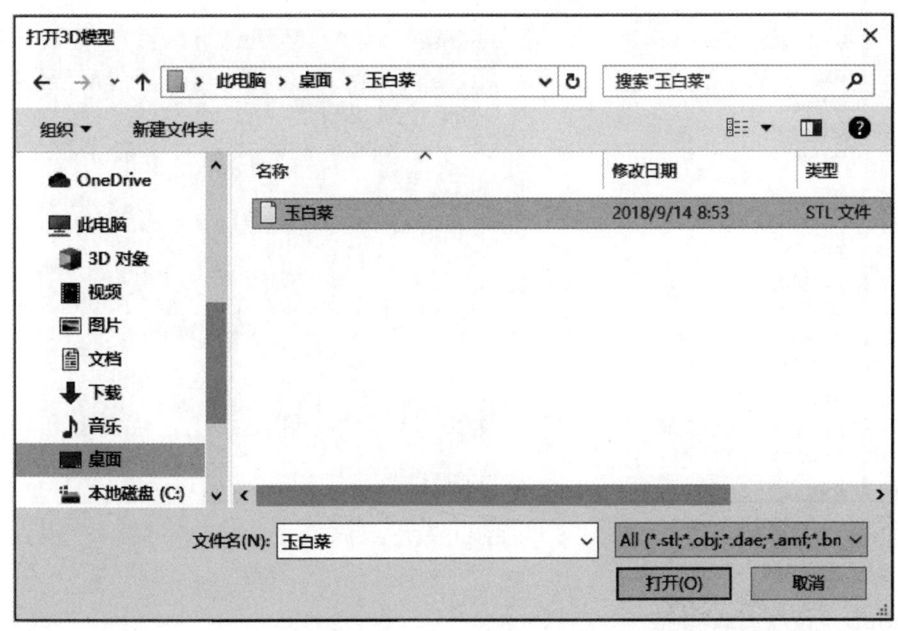

图 2-4-4　“打开 3D 模型”对话框

课堂笔记

成功导入模型后，结果如图 2-4-5 所示。

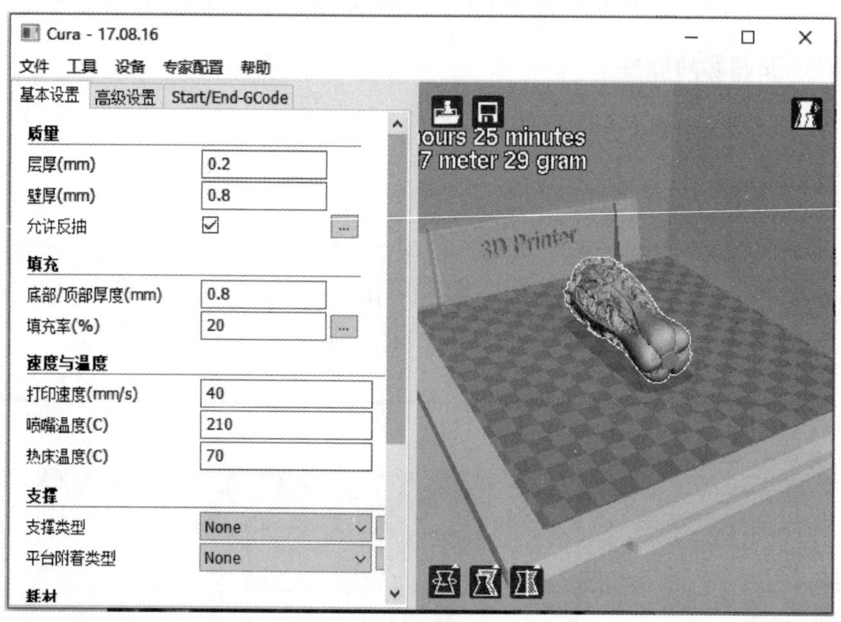

图 2-4-5　玉白菜模型成功加载

Step4：合理摆放玉白菜模型

导入模型后，需要调节玉白菜的摆放位置，调节的原则是尽量减少悬垂面的出现，可以尽量少加或不加支撑。其方法是用鼠标单击模型，这时视图窗口的左下角会出现模型调节的 3 个按钮，同时模型上会出现位置调节的导引线，单击导引线将玉白菜位置最终调整到如图 2-4-6 所示的竖直位置，如需要精调节，可在按住键盘上的 Shift 键的同时单击导引线来调整。

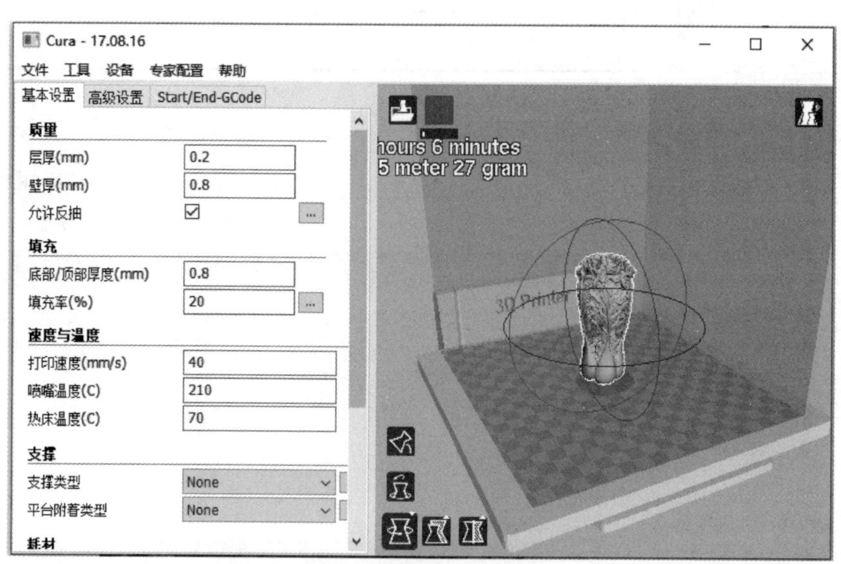

图 2-4-6　玉白菜摆放位置调节窗口

Step5：设置打印参数

完成模型摆放后，需要根据模型的工艺要求进行参数设置。

“支撑类型”选择“Everywhere”，“平台附着类型”选择“Raft”，“渐变配置”栏中选择“渐变起点（范围0到100）”为0，“渐变终点（范围0到100）”为100，表示从白菜的底部开始一直到顶部作为渐变范围，渐变的颜色比例软件会自动分配，如图2-4-7所示，其他参数建议接受软件默认值。

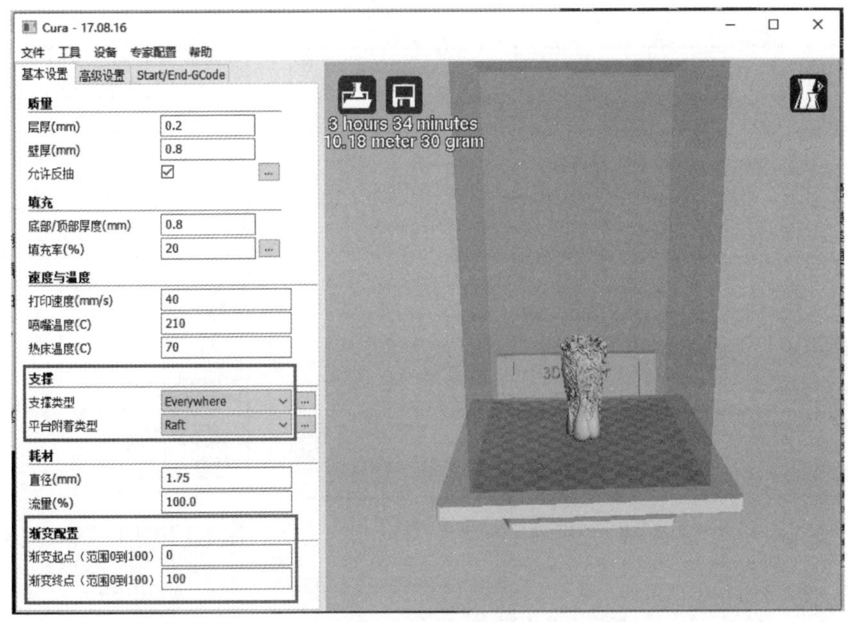

图2-4-7　软件参数配置

Step6：切片处理

切片参数设置完成后，软件开始自动运行切片处理，生成G-Code代码。打印所需时间和耗材会显示在图标的下方，如图2-4-8所示，1∶1打印玉白菜模型将用时3小时34分钟，用料30克。通过切片，可以合理安排打印工时，也可以估算材料是否足够，且判断是否需要换料。切片效果可以通过单击视图窗口右上角的视图选项再选择“Layers”模式来观察，如图2-4-8所示。

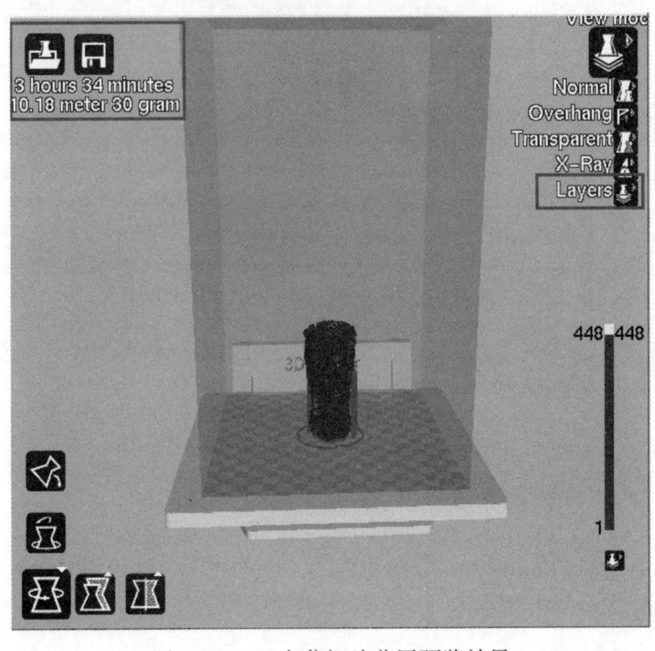

图2-4-8　玉白菜切片分层预览效果

课堂笔记

Step7：导出G-Code文件

切片完成后，需要导出切片文件即 G-Code 可执行代码文件。单击图 2-4-8 中的▣图标，会弹出如图 2-4-9 所示的“保存路径”对话框，输入文件名，单击“保存”按钮即可。保存完成后，可以用记事本格式打开查看，如图 2-4-10 所示。

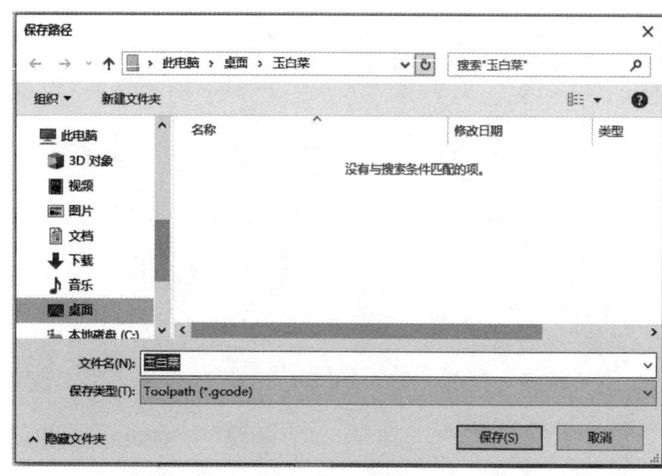

图 2-4-9 “保存路径”对话框保存切片文件

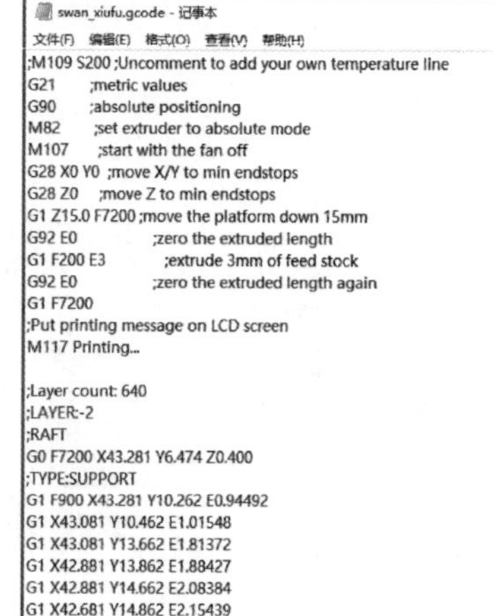

swan_xiufu.gcode - 记事本

文件(F) 编辑(E) 格式(O) 查看(V) 帮助(H)

```
;M109 S200 ;Uncomment to add your own temperature line
G21      ;metric values
G90      ;absolute positioning
M82       ;set extruder to absolute mode
M107      ;start with the fan off
G28 X0 Y0 ;move X/Y to min endstops
G28 Z0    ;move Z to min endstops
G1 Z15.0 F7200 ;move the platform down 15mm
G92 E0              ;zero the extruded length
G1 F200 E3            ;extrude 3mm of feed stock
G92 E0              ;zero the extruded length again
G1 F7200
;Put printing message on LCD screen
M117 Printing...

;Layer count: 640
;LAYER:-2
;RAFT
G0 F7200 X43.281 Y6.474 Z0.400
;TYPE:SUPPORT
G1 F900 X43.281 Y10.262 E0.94492
G1 X43.081 Y10.462 E1.01548
G1 X43.081 Y13.662 E1.81372
G1 X42.881 Y13.862 E1.88427
G1 X42.881 Y14.662 E2.08384
G1 X42.681 Y14.862 E2.15439
```

图 2-4-10 玉白菜 G-Code 代码

2.4.2 玉白菜模型的制件

打印机操作部分与任务 2.3 类同，请参照上一节内容，这里要注意渐变色的进料顺序，“进丝”顺序为先右孔出丝，再左孔出丝，混色打印的“渐变”颜色是按设置的比例从右往左依次变化的。如图 2-4-11 所示，将白料插入右孔用来打印白菜根部，将绿料插入左孔用来打印白菜顶部叶子部分。

图 2-4-11 打印机进料安排

重复任务 2.3 中打印机操作步骤，完成玉白菜的 3D 打印。

【相关知识】

混色挤压熔融成型3D打印机

1. 混色挤压熔融成型机工作原理

混色挤压熔融成型机的工作原理与单色类同，只是采用了两个送丝装置，但出丝口只有一个，即采用双进一出的设计理念，通过切片软件设置两个送丝装置的送丝顺序和比例就可以打印出混合色的模型。

2. 混色挤压熔融成型 3D 打印机代表设备及其主要技术参数（见表 2-3-2）。

表2-3-2　混色挤压熔融成型3D打印机代表设备及其主要技术参数

项目	参数
型 号	奇迹M2030X
成型尺寸	200mm × 200mm × 300mm
机器外形	415mm × 366mm × 540mm
机器毛重	22kg
输入功率	200W
喷嘴直径	0.4mm（标配）
打印速度	40～60mm/s
输入电压	220V
耗材直径	1.75mm
打印层厚	0.1～0.3mm
输入文件类型	STL/gcode
支持系统	Windows XP/Windows 7/Windows 8
打印原料	PLA
连接方式	USB连接
机器说明	
打印模式	支持4种打印模式，分别是单色、混色、双色、分层
工作平台	热床耐高温玻璃工作平台
喷嘴结构	双进料单喷嘴
耗材放置	外挂2kg打印耗材
人机交互	3.5寸触摸屏（支持中英文切换）
智能控制	支持断电续打功能，来电后可自动打印，避免打印失败

3. 双色式挤压熔融成型打印技术关键工艺参数

混色模式打印时，为达到预期的混色效果，以玉白菜模型为例，想要打印出如图 2-4-12 所示的效果需正确设置切片软件和机器。

课堂笔记

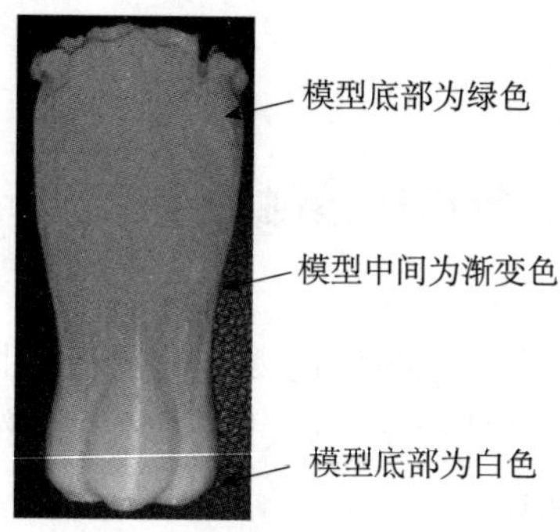

图 2-4-12 玉白菜打印结果

切片软件设置渐变范围参照图 2-4-7 所示，进料安排请参照图 2-4-11，渐变范围的起点设为 0（在模型的底层），终点设为 100（在模型的顶层），也可以根据自身的需要选择渐变范围，软件会自动分配渐变的颜色比例。如果设置渐变起点为 20，终点为 80，以玉白菜为例，则在模型高度 0～20% 处将打印成白色，在模型高度 20%～80% 处将从白色到绿色渐变，软件会自动分配渐变的颜色比例，在模型高度 80%～100% 处将打印成绿色。

【课后拓展】

到 3D 打印机企业平台上下载“模型云”中自己喜欢的模型，操作 3D 打印机，打印制造自己喜欢的模型，从易到难，熟悉混色 3D 打印一般流程及 3D 打印机的操作，训练调平技能，特别注意支撑和平台添加，保证打印成功。

项目 3 3D 打印成型——光固化技术

【项目简介】

1986 年，Chuck Hull 发明了立体光刻工艺，利用紫外线照射将树脂凝固成型来制造物件，随后成立 3D Systerm 公司；1988 年该公司生产了第一台 3D 打印 SLA 商用机。

光固化（Stereo Lithography，SLA）成型技术基本工作原理，是以光敏树脂为加工材料，加工从底部开始，紫外激光（355nm）根据模型分层的截面数据在计算机的控制下在光敏树脂表面进行扫描，每次产生零件的一层，最终完成 3D 打印制件。机器设备如图 3-0-1 所示。

近年来，德州仪器开发数字光处理（Digital Light Processing，DLP）技术，应用到 3D 打印领域，通过投影仪来逐层固化光敏聚合物液体，产生一种新的快速成型技术——DLP 光固化打印技术。设备如图 3-0-2 所示。

光固化技术，除了 SLA 激光扫描和 DLP 数字投影，目前又形成了一种新的技术，2013 年，有人利用 LCD 作为光源替代 DLP 技术的光源，产生了最新的 LCD 打印技术。代表设备如图 3-0-3 所示。

我们可以回顾光固化技术的特点，每个光固化技术的核心都围绕光源问题的解决方案，从激光扫描的 SLA，到数字投影的 DLP，再到 LCD。

本项目阐述目前应用较为广泛的光固化（SLA、DLP、LCD）技术 3D 打印实践操作及相关理论，让我们自己能动手打印作品，逐步领略 3D 打印的魅力。

图 3-0-1 SLA 设备

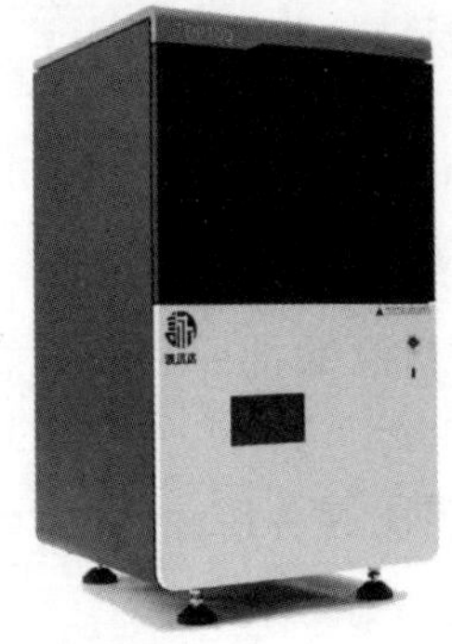

图 3-0-2 DLP 设备

图 3-0-3 LCD 设备

任务3.1 飞天模型SLA成型

【任务引入】

我国战国甚至更早期的墓葬中就有升仙场景，东汉以后随着神仙思想和早期道教的

课堂笔记

传播更为流行。佛教传入中国后，与中国的道教交流融合，佛教的飞天、道教的飞仙在艺术形象上互相融合。敦煌飞天指的就是画在敦煌石窟中的飞神，它不仅是一种文化的艺术形象，而且是多种文化的复合体。敦煌飞天可以说是中国艺术家最天才的创作，是世界美术史上的一个奇迹，是中国艺术的象征，深受我国人民大众的喜爱。因此，使用3D扫描技术，可以扫描飞天模型，构建3D数模，一些厂家再用3D打印技术制造飞天模型，用硅胶复模技术小批量生产，作为礼品，送给重要客户。

【任务分析】

SLA是一种可以制造实体树脂零件的激光固化三维打印技术，根据零件的STL文件，分层切片，利用紫外光，固化各种类型的光敏树脂，从而一层一层“生长”成三维实体。因此，任何复杂的几何形状，都可以化繁为简，一层一层制造。光固化的主要优点是它能够迅速产生具有高表面质量、高精度的实体模型。飞天模型精度要求高，后续还有硅胶复模批量生产，因此选用SLA技术来制造。

3D打印的一般流程如图3-1-1所示。第1步：获取飞天模型，再对模型文件进行分析，确认是否满足打印要求；第2步：切片处理，根据模型，合理摆放位置，构建支撑，进行切片处理，生成3D打印机能执行的G-Code代码文件；第3步：操作3D打印机完成飞天模型的3D打印。使用SD卡（或其他方式）把上一步生成的G-Code代码文件导入打印机，操作iSLA600 3D打印机，完成飞天模型打印；第4步，取下打印好的飞天模型，用95%以上浓度的酒精清洗并去除支撑；第5步，打印后处理：清理飞天表面，固化制件。

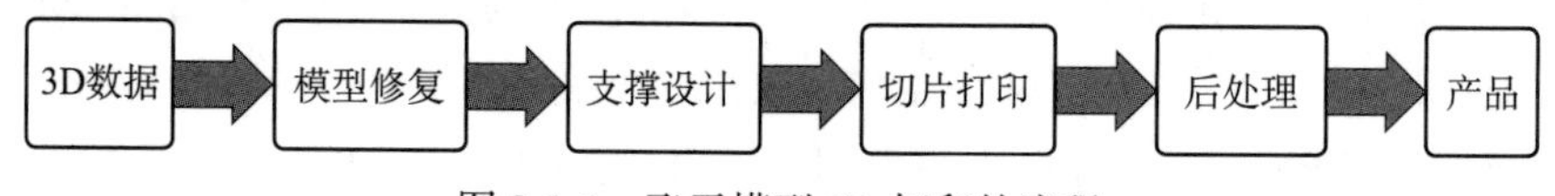

图3-1-1　飞天模型3D打印的流程

下面就来一步步实施工作过程，完成工作任务。

完成本任务，可实现下列目标。

素质目标：

1. 自信自强。能发觉自身潜力，独立解决问题。

2. 诚实守信。能接受他人对自己的批评和改进意见，能够对别人的不足给出改进意见。

3. 审辩思维。能够对事物进行客观分析和评价，客观评价他人的工作，反思自己的工作。

4. 学会学习。能够建立已有知识和经验与新知识的联系，能够运用工具书、新媒体等搜集信息，能够从错误中学习经验教训。

5. 自我管理。能够合理规划和利用时间，能够自觉完成任务，无须别人督促。

6. 团队协作。能够与人分工协作并共同完成一项任务，共同营造和维护团队的良好工作氛围。

7. 亲和友善。能够对他人的错误或不足保持一定的耐心和宽容。能够对别人的帮助有感激之情，并表达谢意。

8. 持之以恒。具有达成目标的持续行动力。

9. 精益求精。有不断改进、追求卓越的意识。有严谨的求知和工作态度。有坚持不懈的探索精神。能够优化工作计划。能够改进工作方法。

10. 安全环保。具备生产规范和现场 7S 管理意识。能够妥善地保管文献、资料和工作器材。能够规范地使用及维护工量具。能够保持周围环境干净整洁。能够明确和牢记安全操作规范。能够规范地操作。

知识目标：

1. 熟悉 SLA 打印技术应用领域。
2. 了解 SLA 打印机的工作原理。
3. 了解 SLA 打印技术的优缺点。
4. 掌握 SLA 打印技术常用切片软件应用。
5. 掌握 SLA 打印工艺及参数设置。
6. 掌握 LSA 打印技术后处理工艺。

能力目标：

1. 会 3D 打印模型检查及修复。
2. 能根据模型合理摆放位置及设置支撑。
3. 能根据 3D 打印机，对模型进行切片处理并导出切片文件至打印机。
4. 会 SLA 打印工艺及参数设置。
5. 会操作 SLA 打印机，制作 3D 打印模型。
6. 会 SLA 打印技术后处理工艺。

【任务实施】

3.1.1　Magics软件安装

Step1：解压安装包

将软件安装包复制到任一硬盘上，解压缩后，打开文件夹“crk”，如图 3-1-2 所示。“crk”文件夹内第一个文件为“magics21.matkey”；第二个文件为 MatGlobal.dll；第三个文件为“readme”，安装必读文件，以记事本格式打开，如图 3-1-3 所示。打开第三个“readme”记事本文件，如图 3-1-4 所示，阅读安装说明，按步骤进行安装。

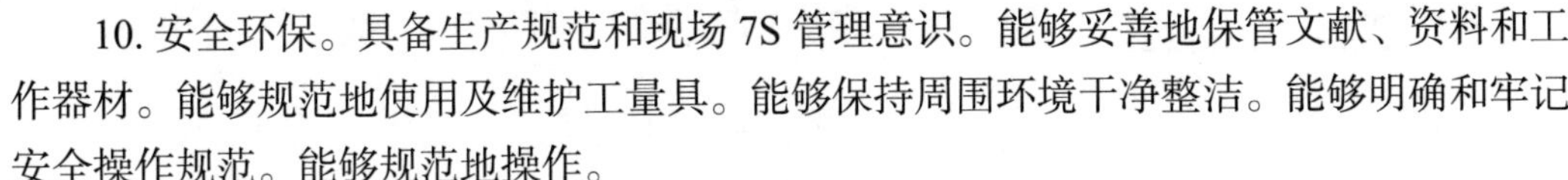

图 3-1-2　安装程序包

课堂笔记

图 3-1-3 “crk”文件内的内容

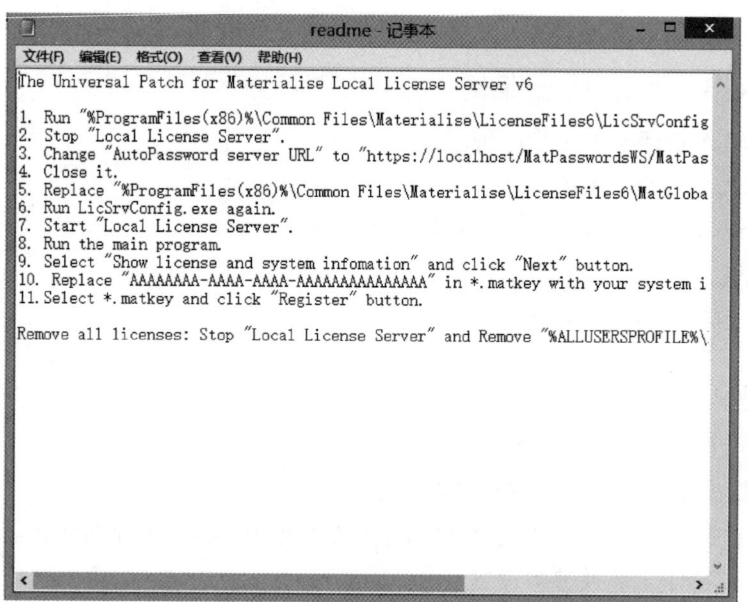

The Universal Patch for Materialise Local License Server v6

1. Run "%ProgramFiles(x86)%\Common Files\Materialise\LicenseFiles6\LicSrvConfig
2. Stop "Local License Server".
3. Change "AutoPassword server URL" to "https://localhost/MatPasswordsWS/MatPas
4. Close it.
5. Replace "%ProgramFiles(x86)%\Common Files\Materialise\LicenseFiles6\MatGloba
6. Run LicSrvConfig.exe again.
7. Start "Local License Server".
8. Run the main program.
9. Select "Show license and system infomation" and click "Next" button.
10. Replace "AAAAAAAA-AAAA-AAAA-AAAAAAAAAAAAAAAA" in *.matkey with your system i
11. Select *.matkey and click "Register" button.

Remove all licenses: Stop "Local License Server" and Remove "%ALLUSERSPROFILE%\

图 3-1-4 “readme”记事本文件

Step2：安装主程序

（1）双击运行 MagicsRPSetup64bit21.0.exe 文件，弹出选择操作语言对话框，系统默认的是英文，如图 3-1-5（a）所示。如果希望软件操作界面为中文版，可在此处选择“Chinese”，再单击“OK”按钮，如图 3-1-5（b）所示，继续安装，弹出如图 3-1-6 所示选择安装路径对话框。

（a）

（b）

图 3-1-5 选择软件操作界面的语言

温馨提示：安装时请尽量选择正确的语言，软件界面中没有语言切换功能键和命令；如果此处没有选择正确语言或想安装完成后想使用其他语言，需要重新修复安装，选择中文或需要的语言，比较麻烦。

课堂笔记

图 3-1-6　选择软件安装路径

（2）在图 3-1-6 中，选中“Materialise China”，勾选“我同意 Materialise 最终用户许可协议和 Microsoft DirectX 最终用户许可协议”，完成后单击“安装”按钮，进入如图 3-1-7 所示安装程序界面，安装有一段时间，请耐心等待；直至显示如图 3-1-8 所示的“操作成功”对话框。在这一步如有需要可以修改安装路径。

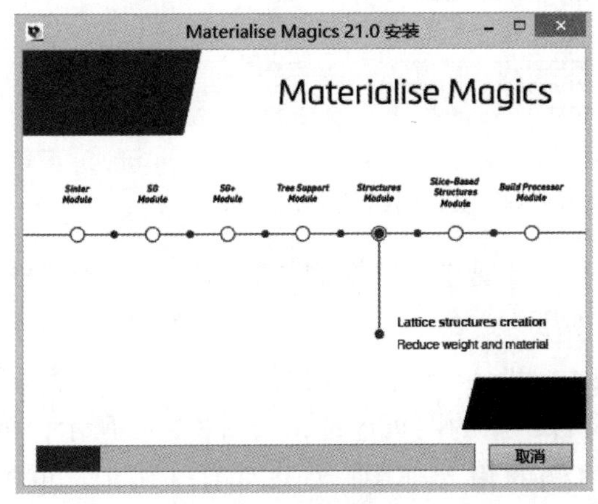

图 3-1-7　安装程序界面

图 3-1-8　“操作成功”对话框

（3）单击“关联文件”按钮，显示“设置程序关联”对话框，如图 3-1-9 所示，单击“保存”按钮，安装完成，退出安装页面。

提示：这一步有时不会出现“设置程序关联”对话框。

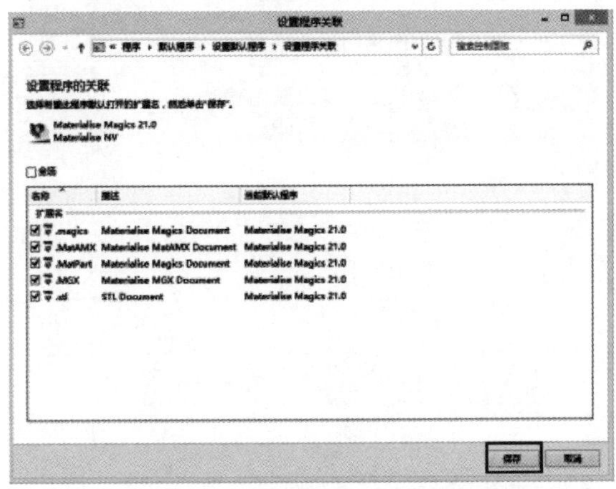

图 3-1-9　“设置程序关联”对话框

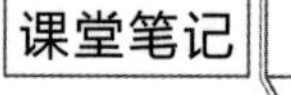

Step3：安装执照

打开“crk”文件夹中的“readme”记事本文件，按照其显示的步骤进行操作。

（1）按照“readme”记事本文件提示的路径，找到并运行“C:\Program Files（x86）\Common Files\Materialise\LicenseFiles6\LicSrvConfig.exe”文件，如图 3-1-10 所示。

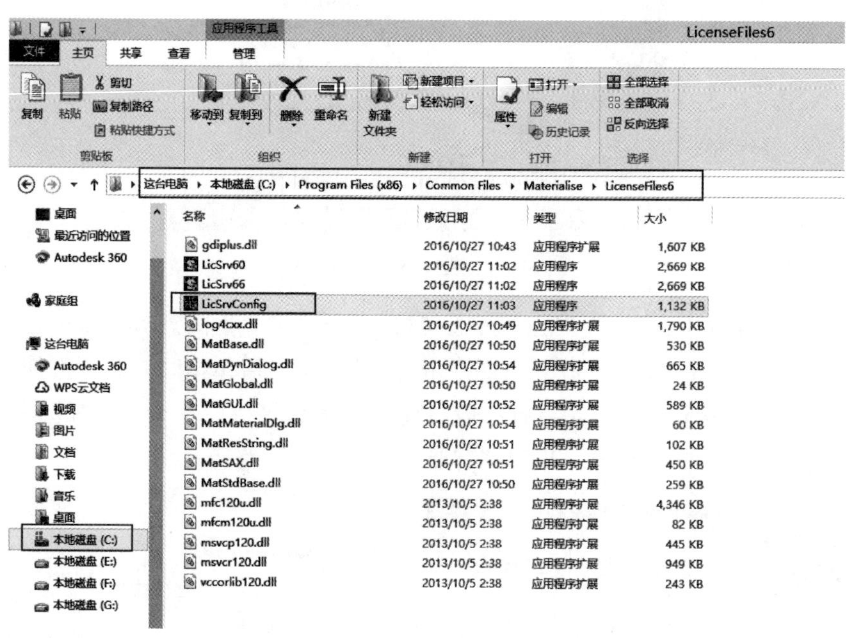

图 3-1-10 “LicSrvConfig.exe”文件的路径

（2）双击运行“LicSrvConfig.exe”之后，出现“用户控制”对话框，单击“是”或者“允许”按钮。

（3）在“许可证服务器配置”对话框中，单击“Stop”按钮停止 License 服务器，如图 3-1-11 所示。复制“readme”记事本文件中新的网页地址，如图 3-1-12 所示，将其粘贴到“AutoPassword server URL”栏右侧的输入框中，如图 3-1-13 所示，单击“Close”按钮。

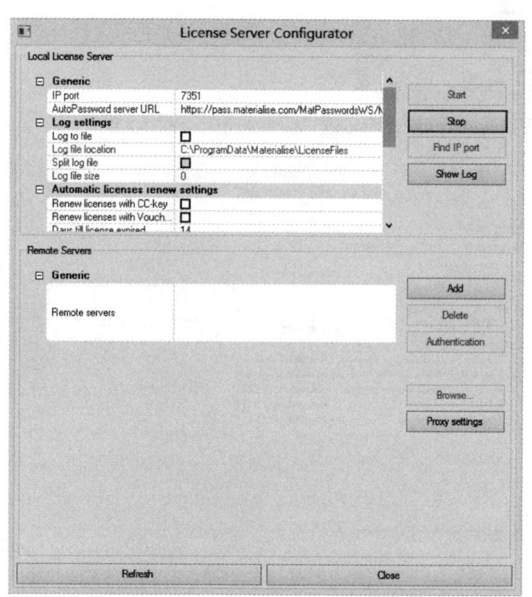

图 3-1-11 停止 License 服务

课堂笔记

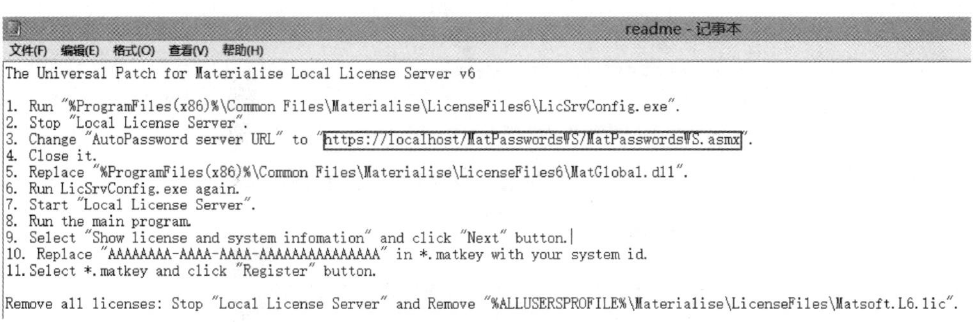

图 3-1-12　复制新的网页地址

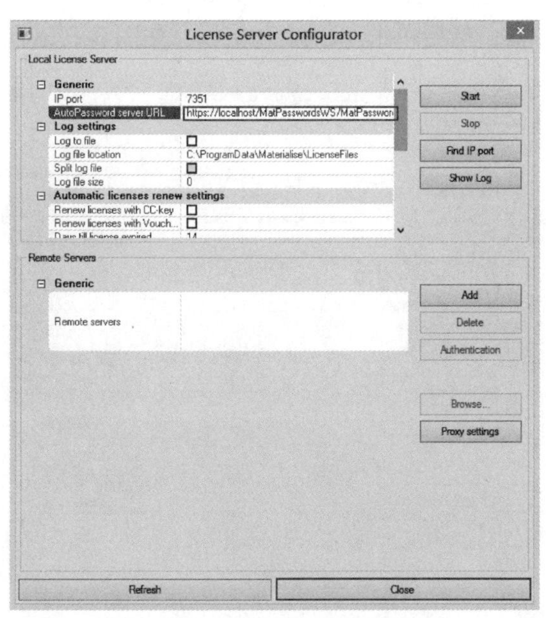

图 3-1-13　替换原来的网页地址

（4）把文件夹“crk”中的文件“MatGlobal.dll”复制并粘贴到“C:\Program Files（x86）\Common Files\Materialise\LicenseFiles6\MatGlobal.dll”位置，即替换原文件，如图 3-1-14 所示。如果出现如图 3-1-15 所示“目标文件夹访问被拒绝”对话框，单击“继续”按钮，完成“MatGlobal.dll”文件的替换。

图 3-1-14　替换“MatGlobal.dll”文件

图 3-1-15　“目标文件夹访问被拒绝”对话框

（5）再次运行“C:\Program Files（x86）\Common Files\Materialise\LicenseFiles6\LicSrvConfig.exe”文件后，在出现的“许可证服务器配置”对话框中，单击“Start”按钮重新启动 License 服务器，然后单击“Close”按钮，如图 3-1-16 所示。

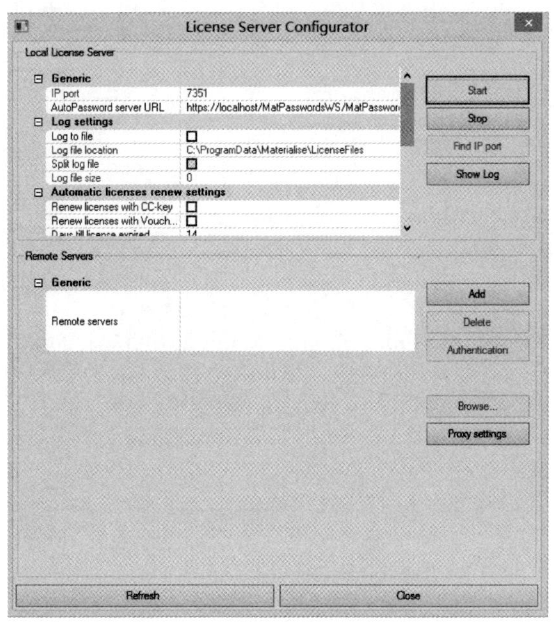

图 3-1-16　重新启动 License 服务器

（6）通过桌面快捷方式运行 Magics 主程序，在弹出的“注册”对话框中选择“显示许可和系统信息”，单击“下一步”按钮，如图 3-1-17 所示。出现的“系统信息”对

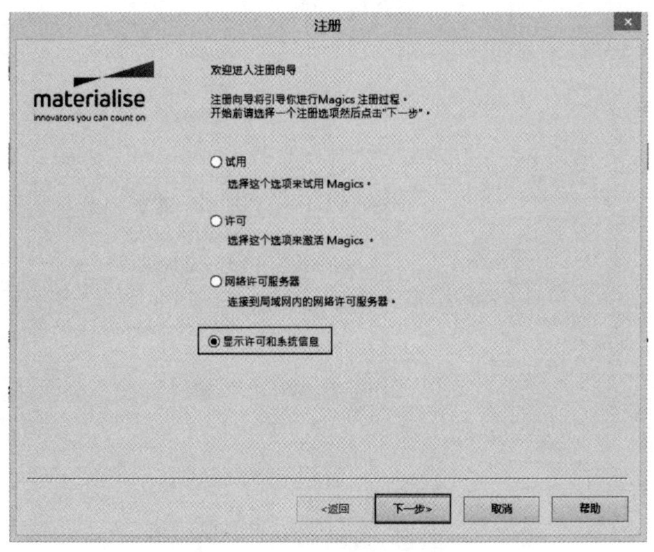

图 3-1-17　“注册”对话框

话框如图 3-1-18 所示，复制“系统 ID”，然后打开“crk”文件夹中的“magics21.matkey”文件，打开时系统会显示如何打开这个文件，选择“更多选项”，然后选择“记事本”方式打开文件，如图 3-1-19 所示。

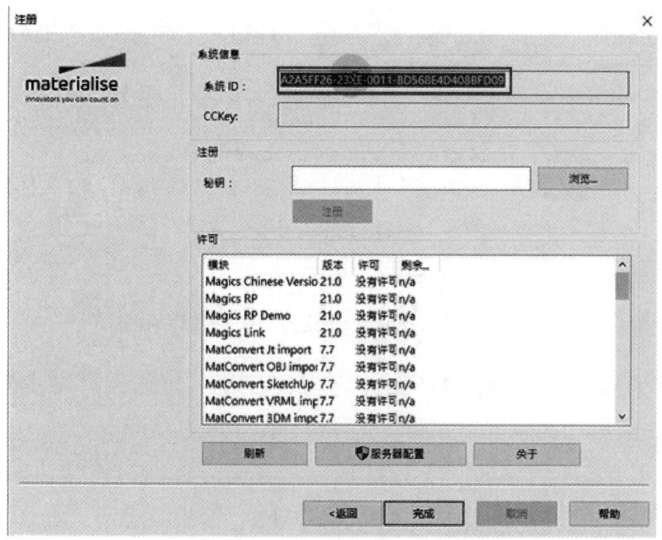

图 3-1-18　“系统信息”对话框

图 3-1-19　打开记事本文件中的第一个“magics21.matkey”文件

（7）把打开的记事本文件中的“AAAAAAAA-AAAA-AAAA-AAAAAAAAAAAAAAAA”文字，如图 3-1-20 所示，替换成你的系统 ID，如图 3-1-21 所示，然后单击“文件”菜单下的“保存”命令，最后关闭该文件。

图 3-1-20　“magics21.matkey”文件中原 ID

图 3-1-21　替换成你的系统 ID

课堂笔记

（8）将“magics21.matkey”文件保存至“C:\Program Files（x86）\Common Files\Materialise”文件夹下，如图 3-1-22 所示。

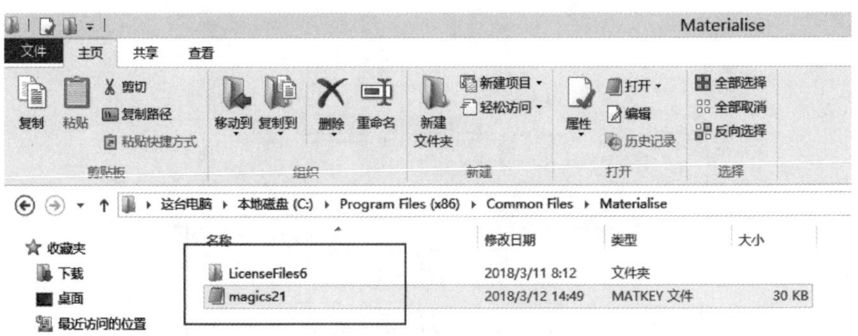

图 3-1-22　“magics21.matkey”文件现保存路径

（9）回到运行 Magics 主程序的界面，单击“浏览”按钮，再逐步进入“C:\Program Files（x86）\Common Files\Materialise”文件夹下，选中“magics21”并单击“开启”或者双击“magics21”文件后，如图 3-1-23 所示。单击“注册”按钮，随后，出现“密钥注册成功”对话框，单击“确定”按钮，再单击“完成”按钮，如图 3-1-24 所示。安装完成之后进入软件界面，如图 3-1-25 所示。

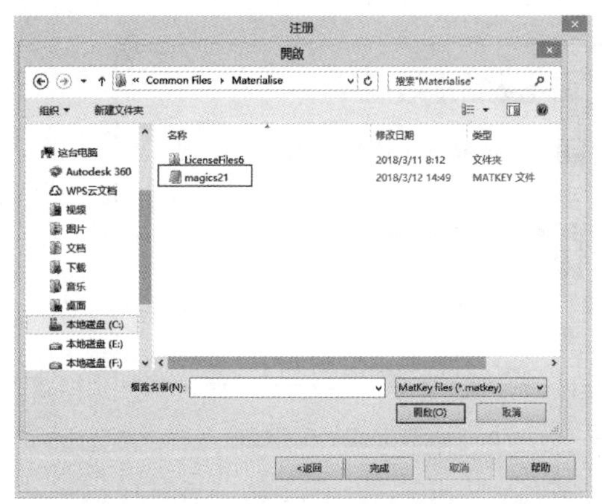

图 3-1-23　再次开启“magics21.matkey”文件

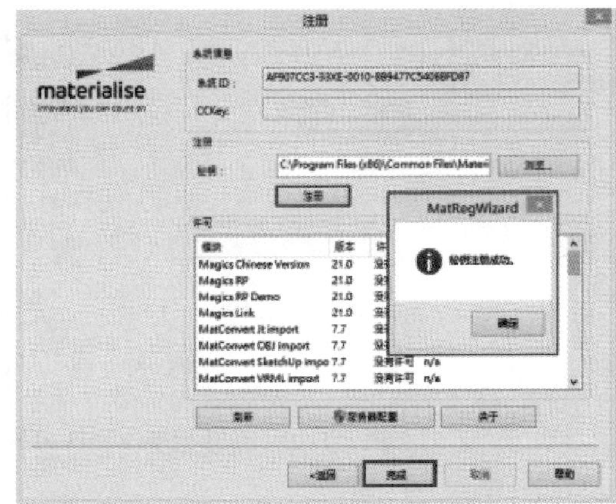

图 3-1-24　完成“注册”操作

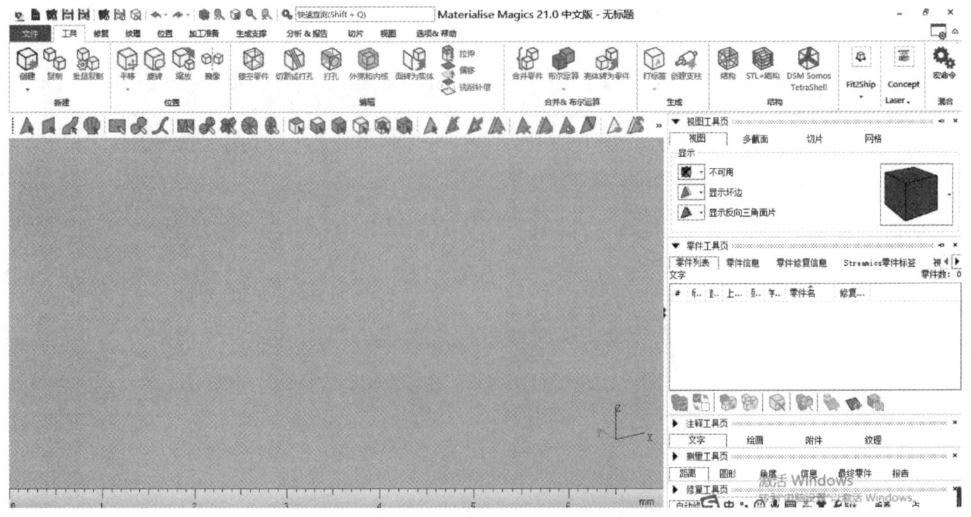

图 3-1-25　进入“Magics21”软件初始界面

3.1.2　模型修复

课堂笔记

飞天女神模型数据处理讲解视频

Step1：模型导入

将模型导入 Magics 软件，单击菜单栏“文件”→“加载”→“导入零件”命令，如图 3-1-26、图 3-1-27 所示。

文件　工具　修复　纹理　位置　加工准

图 3-1-26　Magics 软件菜单栏

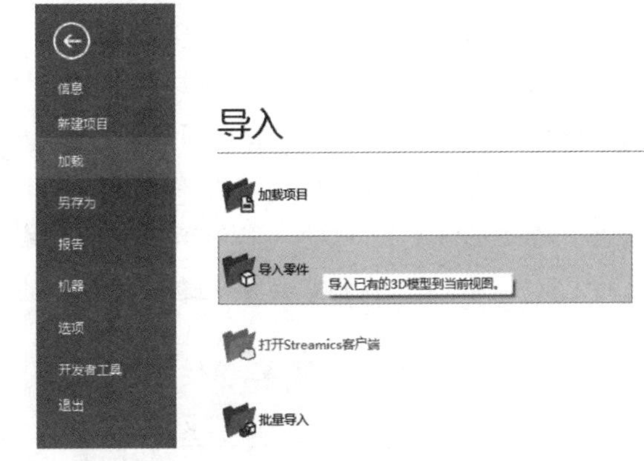

图 3-1-27　导入模型界面

Step2：修复向导

在打印前，我们一般要对模型进行检查和修复，对破面、干扰壳体、孔等进行修补和去除。我们按照如图 3-1-28 所示“修复向导”对话框的提示进行操作。

温馨提示：通常情况下“重叠三角面片”和“交叉三角面片”不会影响打印结果，为节省模型修复时间，也可以不做处理。

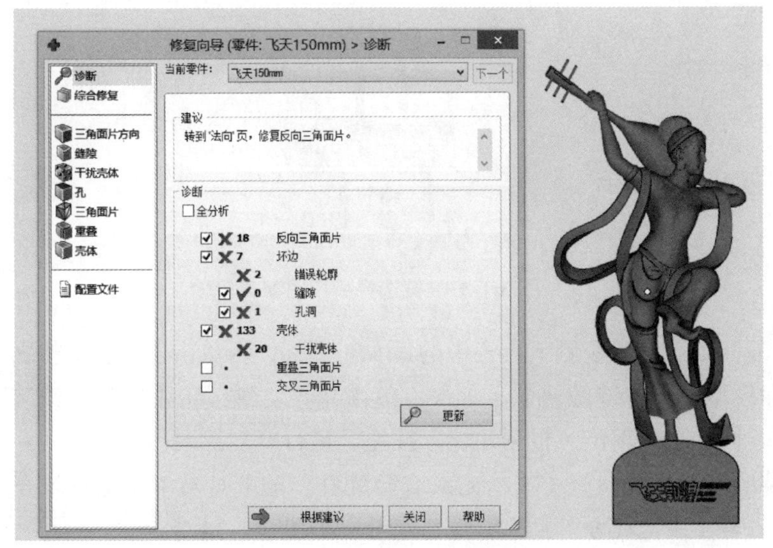

图 3-1-28　“修复向导”对话框

（1）修复三角面片方向。单击左侧工具栏中的三角面片方向图标，再单击“更新”按钮，显示诊断 ×18 反向三角面片，单击“自动修复”按钮，出现如图 3-1-29 所示的自动修复界面，然后再单击“更新”按钮，更新后如图 3-1-30 所示，可以单击“自动修复”按钮，进行修复，即完成反向三角面片的修复。

课堂笔记

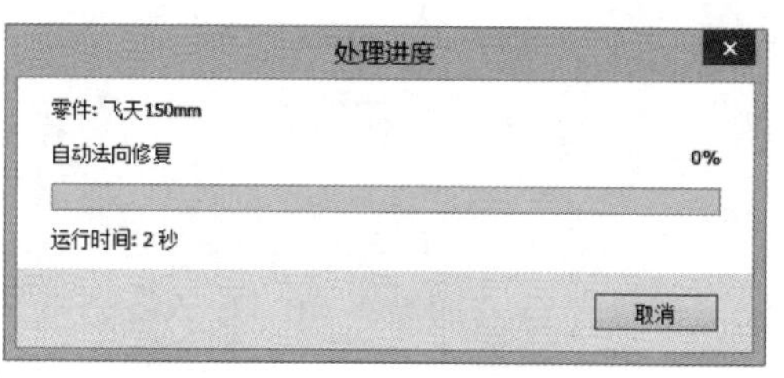

图 3-1-29　模型修复界面

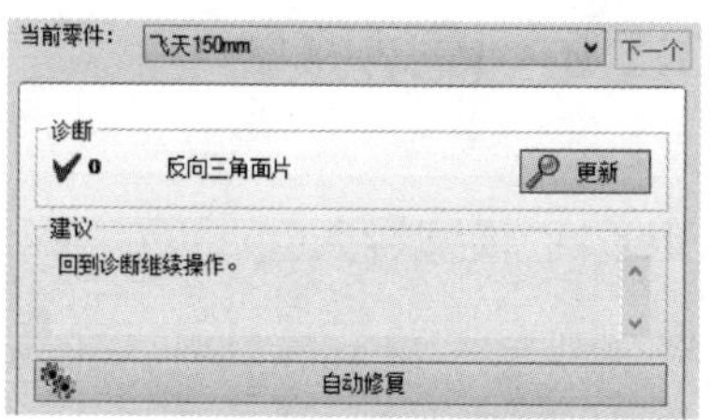

图 3-1-30　修复完成

温馨提示：一般自动修复可以完成大部分的修复工作，一旦自动修复无法成功的时候，我们要手动修复，如图 3-1-31 所示，在页面上有关于手动修复的相应的按钮，我们通过鼠标点选如图 3-1-32 所示的选择方法，进入选择模式，点选后如图 3-1-33 所示，高亮处即为被选中状态，再单击图 3-1-31 中的“反转标记”按钮即可，如果选择错误，单击图 3-1-32 中的“取消所有标记”按钮；如果要取消选择模式，可以按键盘上的 ESC 键取消，如果需要再次选择，按上述步骤进行。

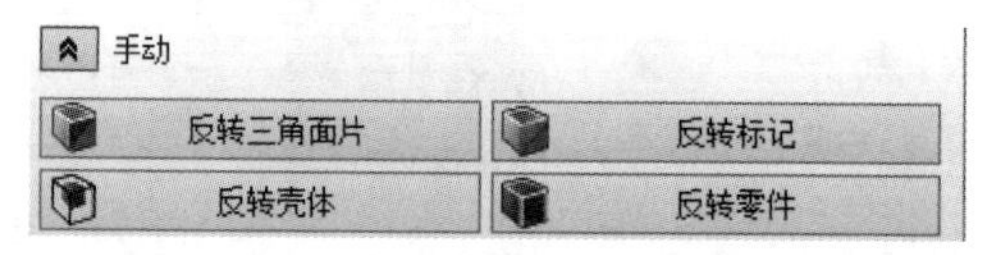

图 3-1-31　手动修复方式

图 3-1-32　手动选择标记三角面方式

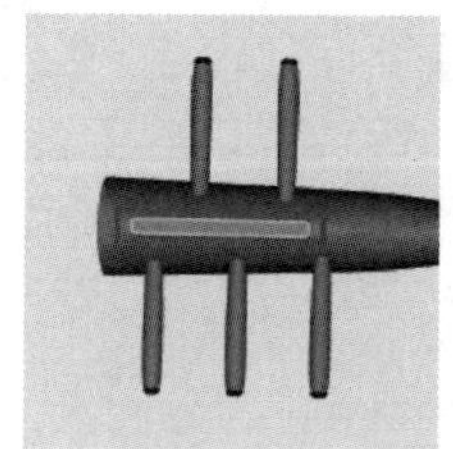

图 3-1-33　被选择后视图窗口

（2）修复间隙。单击左侧工具栏中的缝隙图标，再单击“更新”按钮，右侧显示诊断 0 缝隙，即模型不包含缝隙错误，如果有缝隙错误，继续单击“自动修复”按钮，自动修复即可，同样可以单击“根据建议”按钮，进行修复。

温馨提示：一般自动修复可以完成自动缝补，如果自动不能完成缝合可以通过手动输入公差，再单击“缝合”按钮，进行修补，如图 3-1-34 所示。

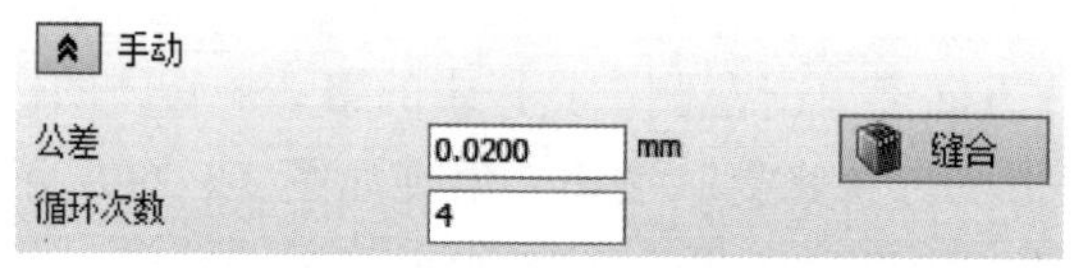

图 3-1-34　手动缝合

（3）修复干扰壳体。单击左侧工具栏中的干扰壳体图标，再单击“更新”按钮，显示诊断 X 20 干扰壳体。单击下方“自动修复”按钮，自动修复即可，可以单击“根据建议”按钮，进行修复。

温馨提示：一般自动修复可以解决干扰壳体，如果不能去除干扰壳体，如图3-1-35所示，可以单击“根据建议”按钮，进行修复，也可以单击“删除选择壳体”按钮或“分离所选壳体”按钮，进行修复。

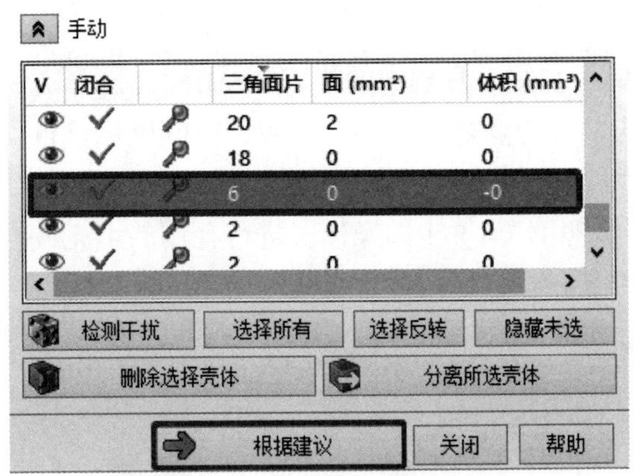

图3-1-35　“干扰壳体修复”对话框

（4）修复孔洞。单击左侧工具栏中的孔图标，再单击“更新”按钮，右侧显示诊断 X1 孔洞。单击下方的“自动修复”按钮，如图3-1-36所示，自动修复即可，也可以单击“根据建议”按钮，进行修复。

温馨提示：如果自动修复的结果不能满足要求，可以单击下方的补孔方式，手动补洞。例如，“创建桥”：单击“创建桥”按钮，可以选择“平面”“规则”“曲面”的填充方式，在模型上左键单击长按孔洞的边线，如图3-1-37所示，拉到另一侧的边线上，即完成桥搭建，如图3-1-38所示；再单击“补洞”按钮或“自动修复”按钮，就可以完成孔洞修复，按以上重复操作，就可以把孔全部填充。

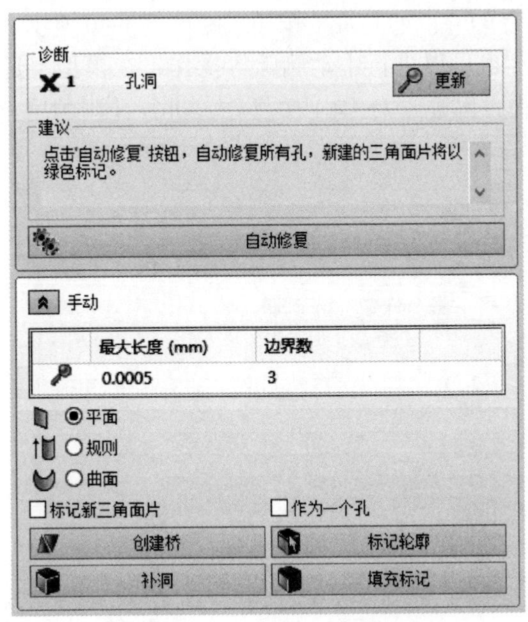

图3-1-36　“孔洞修复”对话框

课堂笔记

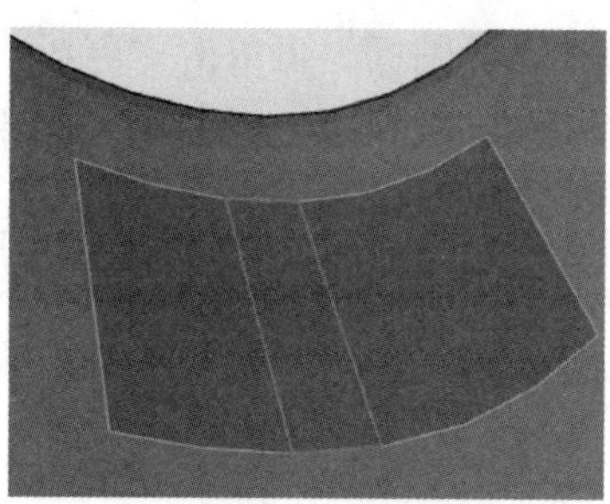

图 3-1-37　搭建桥视图窗口

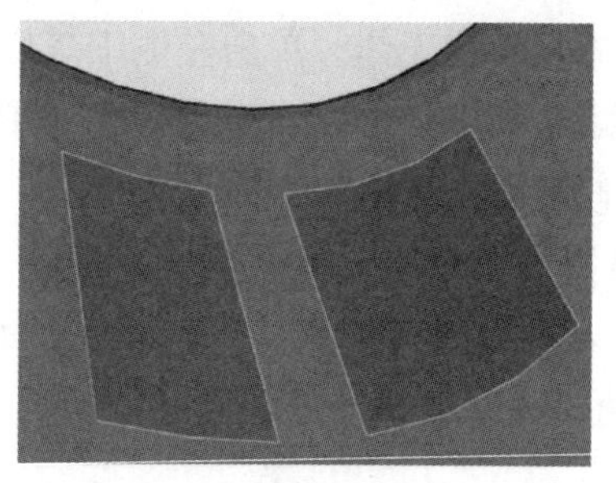

图 3-1-38　完成搭建桥视图窗口

（5）修复坏边。单击左侧工具栏中的三角面片图标，再单击“更新”按钮，右侧显示诊断 ×25 坏边。单击下方的“自动修复”按钮，如图 3-1-39 所示，自动修复即可。对于三角面片坏边的处理，也可以进行手动删除等操作，在模型上选择相应的部分，然后单击“删除”按钮，然后再按照第（4）步的操作，进行孔洞的填充或修补，也可以单击“根据建议”按钮，进行修复。

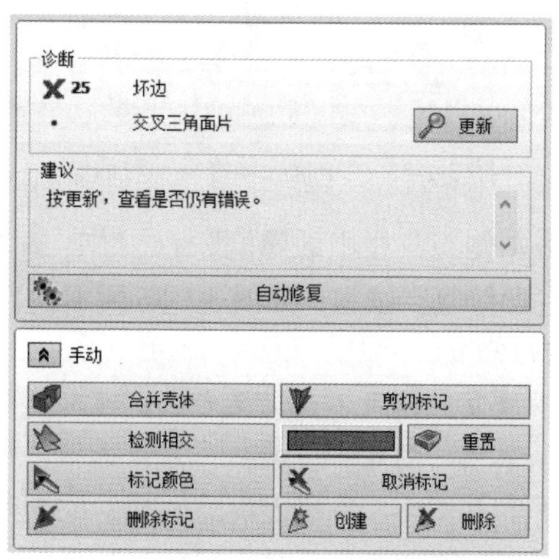

图 3-1-39　坏边修复

（6）修复重叠面。单击左侧工具栏中的重叠图标，再单击“更新”按钮，右侧显示诊断 ×2125 重叠三角面片。单击下方的“自动修复”按钮，如图 3-1-40 所示，自动修复即可。对于三角面片的重叠处理，也可以进行手动删除等操作，在模型上选择相应的部分，然后单击“删除”按钮，然后再按照第（4）步操作，进行孔洞的填充或修补，也可以单击“根据建议”按钮，进行修复。

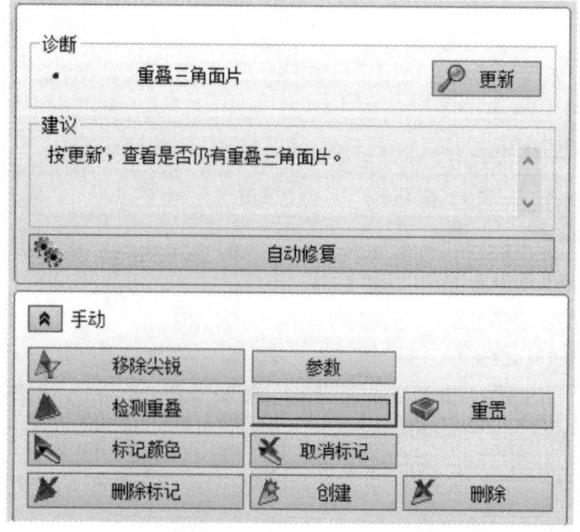

图 3-1-40　重复三角形修复

（7）修复壳体。如图 3-1-41 所示，按照第（3）步的“修复干扰壳体”的处理方式处理。

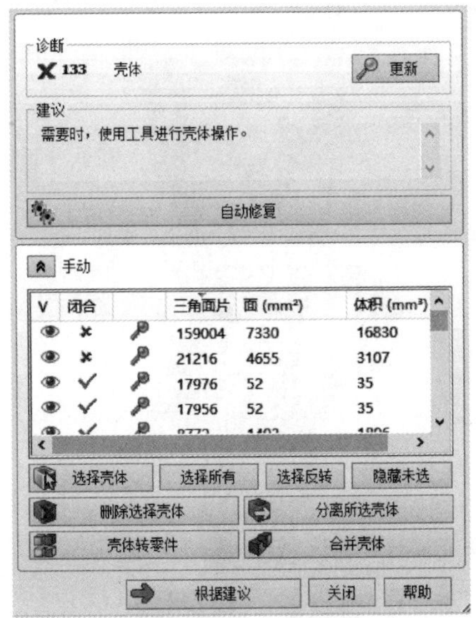

图 3-1-41　壳体修复

Step3：观察视图

模型修复后，我们需要查看视图，查看模型是否完全修复。我们可以通过视图工具页来实现。如图 3-1-42、图 3-1-43 所示，可以应用“视图显示设置”对话框设置模型的渲染模式，凸显坏边、三角形的显示、多截面显示等。在图 3-1-42 中，把鼠标放在右侧的立方体的各个面上，就可以实现 6 个视图视角观察模型；在图 3-1-43 中，可以单击勾选，激活每一个截面。例如，单击图 3-1-44 中“隐藏朝向原点的一侧”选项，显示结果如图 3-1-45 所示，显示截面；单击“隐藏远离原点的一侧”选项则可以反向查看。如果反复多视角查看模型后没有问题，我们就可以进入下一步，编辑模型。

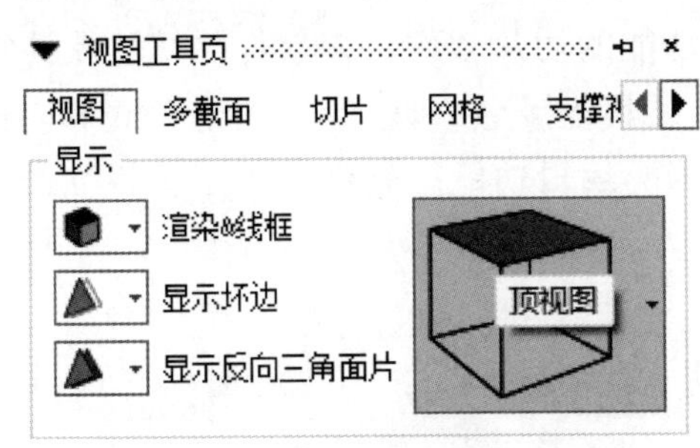

图 3-1-42　“视图显示设置”对话框

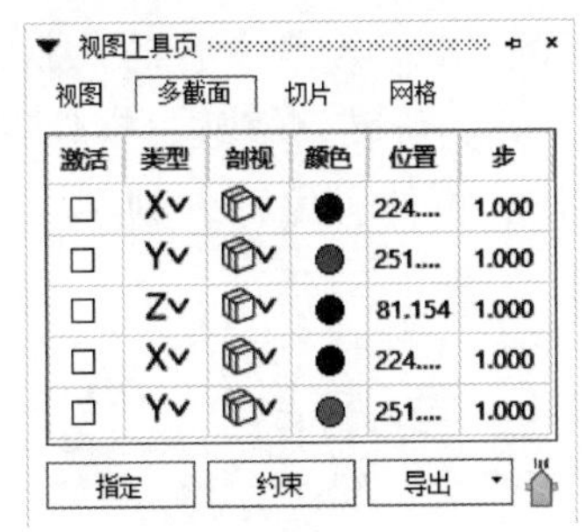

图 3-1-43　多截面

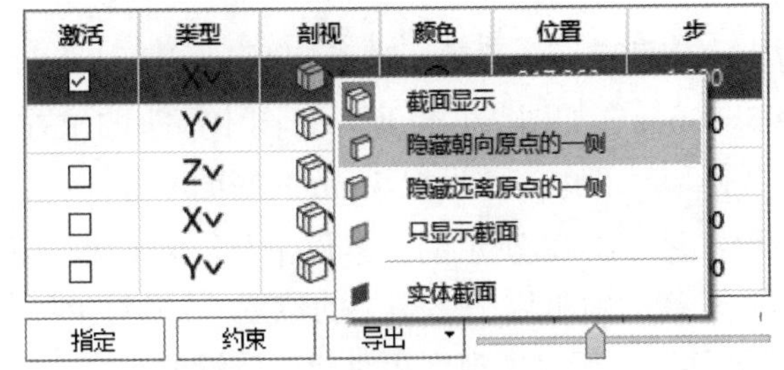

图 3-1-44　多截面显示设置

课堂笔记

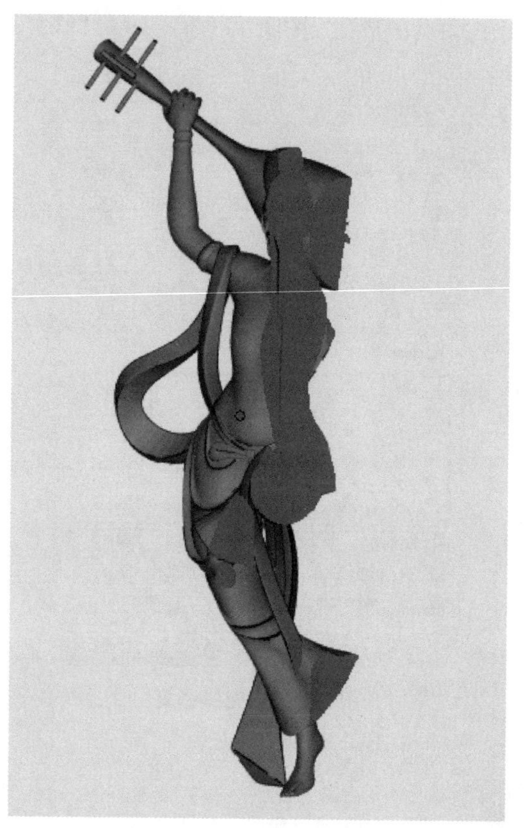

图 3-1-45　多截面显示“隐藏朝向原点的一侧”视图结果

Step4：编辑模型

在打印 3D 模型时，我们会发现，有些软件设计的三维模型并没有精确的尺寸，只具有一定的视角效果和比例。有些尺寸大小并不是我们需要的，我们还需要对模型进行缩放。有些模型只需要打印壳体，因此需要对模型进行镂空处理，同时需要设置工艺孔，流出内腔的树脂材料。还有些模型不符合 3D 打印工艺，需要修改模型的本身特征等。Magics 是少有的几款带编辑功能的切片软件，该软件除切片软件常用的复制、平移、旋转、缩放、镜像等功能，还具备镂空、切割和打孔、外壳和内核、面转为实体、拉伸、偏移、刻字、布尔运算等编辑功能。软件菜单工具栏如图 3-1-46 所示。

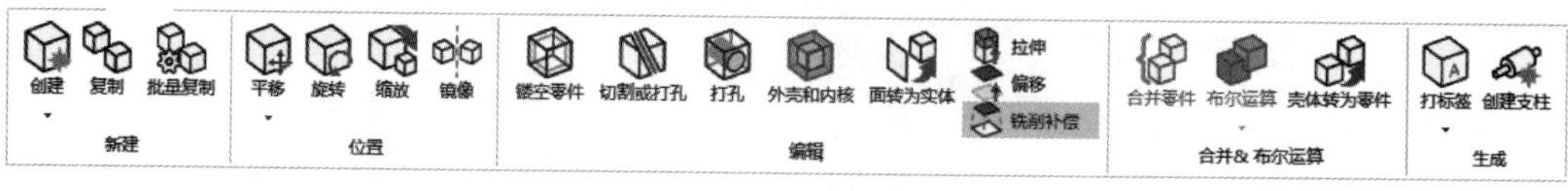

图 3-1-46　菜单工具栏

（1）平移。为防止模型的底面不平整，通常情况下，打印时模型与机器网板都会留有一定距离，一般为 5～6mm，如图 3-1-47 所示，图中箭头的位置就是模型底面与机器网板的距离。飞天模型打印时，也需要设置 5mm 的底面间隙。

单击平移图标，弹出如图 3-1-48 所示的“零件平移”对话框，利用“平移”命令通过设置绝对坐标和相对平移的值可以平移模型的位置。“绝对坐标”用于设置模型相对于平台的位置；“相对平移”用于设置模型相对前一位置的改变。

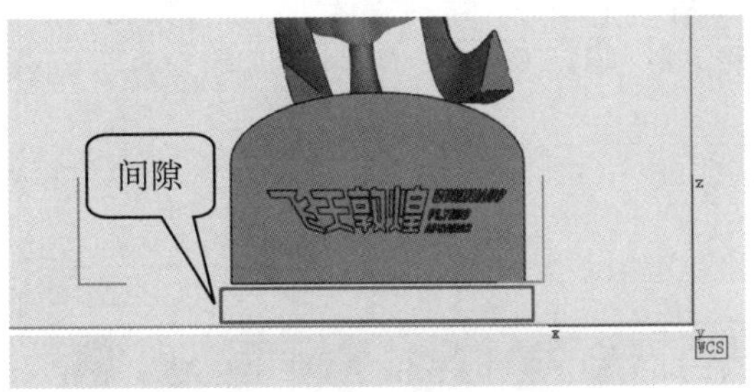

图 3-1-47　模型底面与机器网板间隙

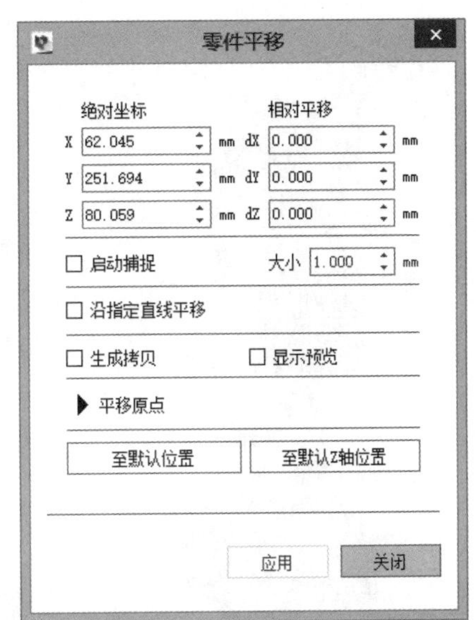

图 3-1-48　“零件平移”对话框

（2）合并模型。在飞天模型“零件工具页”中，模型分成上身模型和底座模型两个零件，而且都是相对独立的，但是我们要打印的话，必须要把两个模型进行合并。

①如图 3-1-49 所示，先在“零件工具页”中，勾选模型前的复选框；如图 3-1-50 所示，视图窗口中箭头所指的点高亮显示即为零件被选中。

②单击图 3-1-46 中的“合并零件”图标，零件即被合并，合并后的模型为一个整体，所以只有一个高亮白点，如图 3-1-51 所示，对话框变成如图 3-1-52 所示的形式。

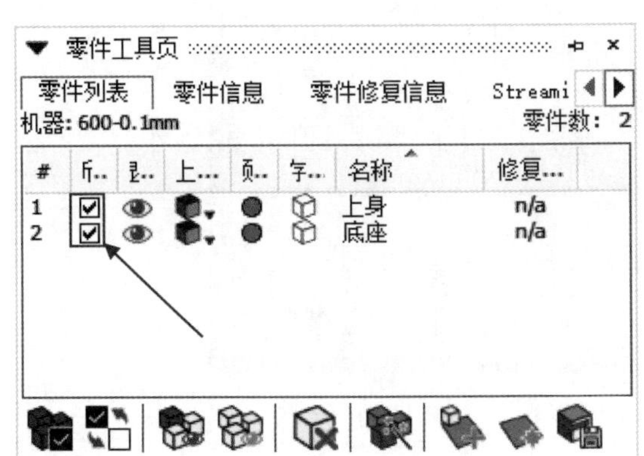

图 3-1-49　合并前勾选模型

图 3-1-50　合并前模型

课堂笔记

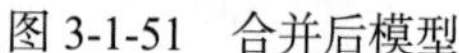

图 3-1-51 合并后模型

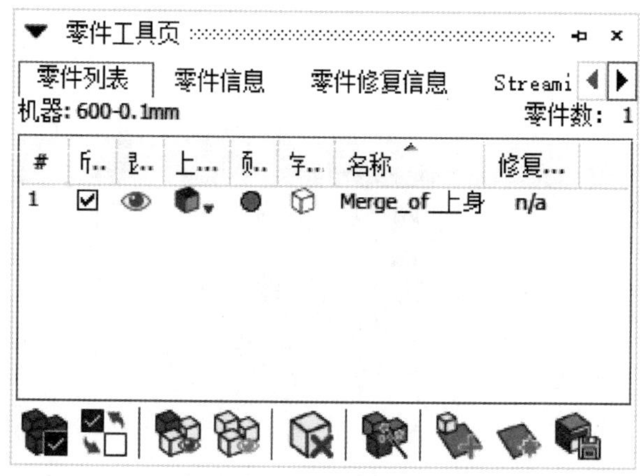

图 3-1-52 合并后的对话框

（4）镂空零件。镂空零件就是我们通常说的抽壳，可以把模型抽成壁厚相同的壳体，这样模型的内部是空的，可以节省一部分材料，抽壳时壁厚就是壳体的厚度，根据客户的要求更改，一般要 1.5mm 以上，产品的结构尺寸越大，建议壁厚加厚或设计加强筋防止变形，对话框如图 3-1-53 所示。打印飞天模型时，我们镂空的壁厚为 2mm，结果如图 3-1-54 所示。

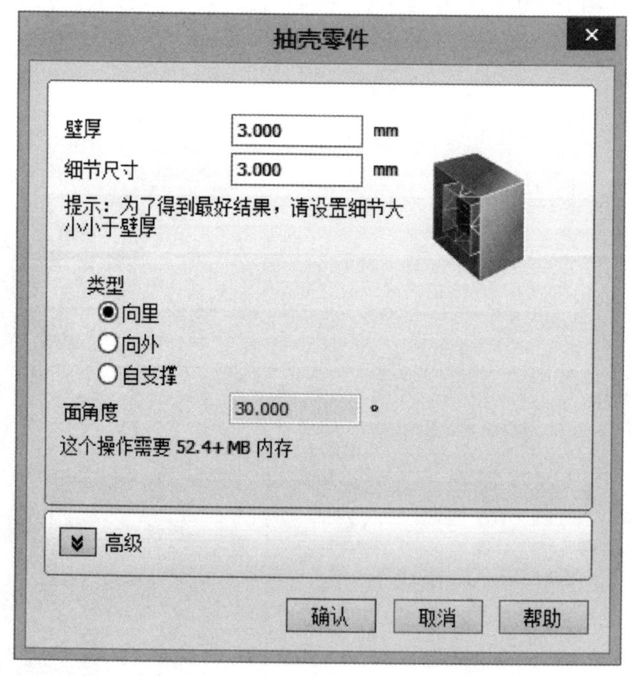

图 3-1-53 “抽壳零件”对话框

（5）打标签（刻字）。3D 打印适用于个性化定制，通常在制作模型的过程中，客户常常需要刻字，或者刻标签，还有的要在产品上刻名字等。在制作飞天模型时，我们也需要打上“飞天敦煌”标签。

课堂笔记

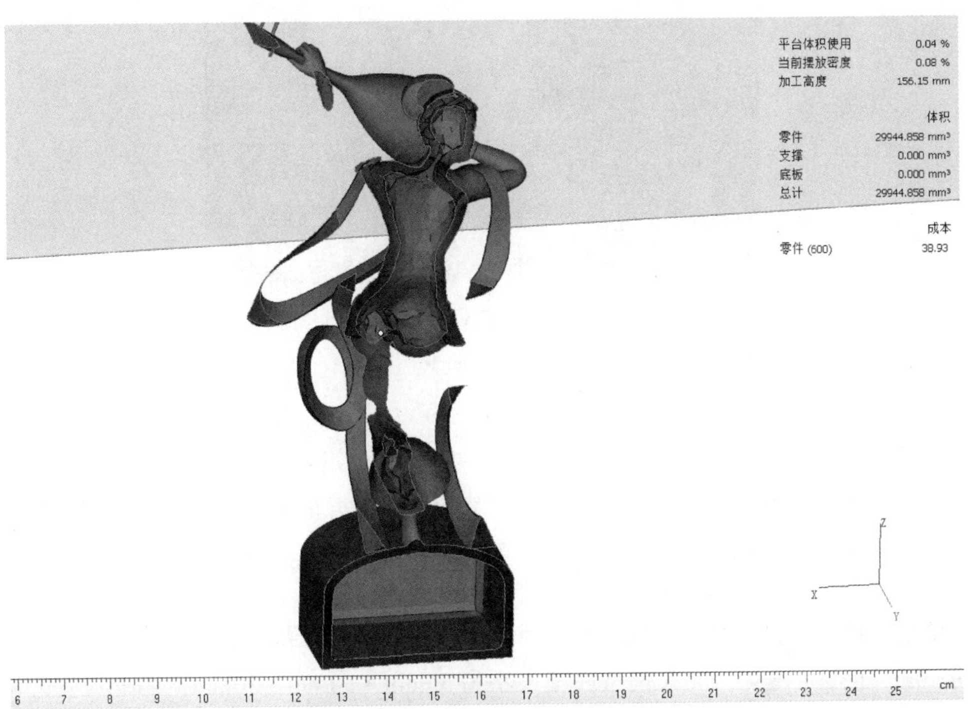

图 3-1-54　镂空结果

单击图 3-1-46 工具栏中的“打标签”图标，弹出如图 3-1-55 所示的对话框。对话框开始为灰色显示无法选择，移动鼠标到模型上，用鼠标框选要刻字的区域，然后在对话框的文本框中输入要刻的字——飞天敦煌，设置文本“高度”为 1mm（通常大于 0.9mm），单击“应用到 STL”按钮，即完成刻字，结果如图 3-1-56 所示。

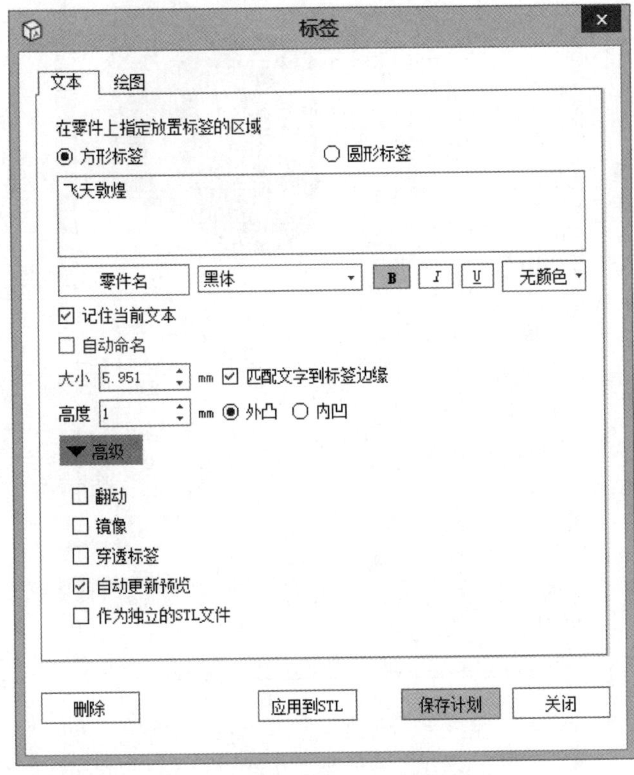

图 3-1-55　“标签”对话框

课堂笔记

图 3-1-56　完成的打标签视图窗口

Step5：开工艺孔

在进行光敏树脂打印时，我们要考虑模型的重量，如果物体较大，我们会进行抽壳操作。一旦抽壳，就会形成内腔，打印的时候空腔内会充满液态树脂，为了节省材料和模型的轻量化，需要排出内腔树脂材料，因此抽完壳之后，需要在模型开工艺孔，打印结束后，通过工艺孔把内部的树脂材料排出。

单击菜单工具栏“打孔”图标，弹出如图 3-1-57 所示的对话框，输入孔的“外圆半径”和“内圆半径”；飞天模型底座大小为 50mm×50mm×30mm，因此设置外圆半径为 7.5mm，在需要打孔的位置单击左键，如图 3-1-58 所示，即在飞天模型底座正下方中心位置单击鼠标左键，单击后孔的位置显示为蓝色，如图 3-1-59 所示。移动鼠标到“打孔”对话框内单击“应用”按钮，完成打孔。将删除部分用平移命令移开，孔内部视图窗口如图 3-1-60 所示。

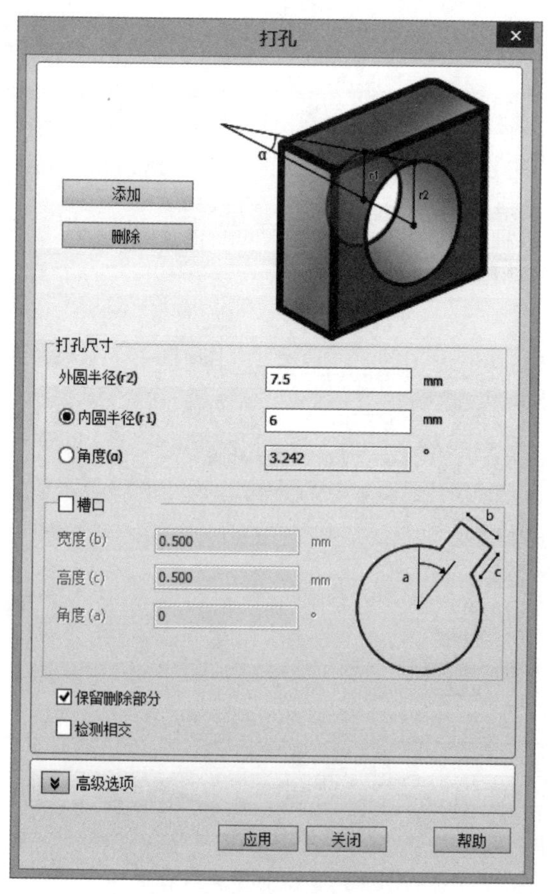

图 3-1-57　“打孔”对话框

温馨提示：

1. 因为“打孔”命令开的是贯穿孔，打孔前，必须要先进行抽壳操作，否则模型将会被打穿。

2. 打孔时，内圆半径一般要小于外圆半径1～2mm，以便于黏接。

3. 打孔是为了使抽壳内部的材料流出，所以一般在底面或者非外观面开孔。

4. 一般的，如果开的孔是较大孔，一个即可，如果是小孔，至少需要两个，这样一个让材料流出，另一个充当进气孔，不然材料由于大气压的作用很难流出。

5. 根据需要，一般选中“保留删除部分”选项，和模型一起打印，在完成模型制作后将孔黏接起来，形成完整的模型。

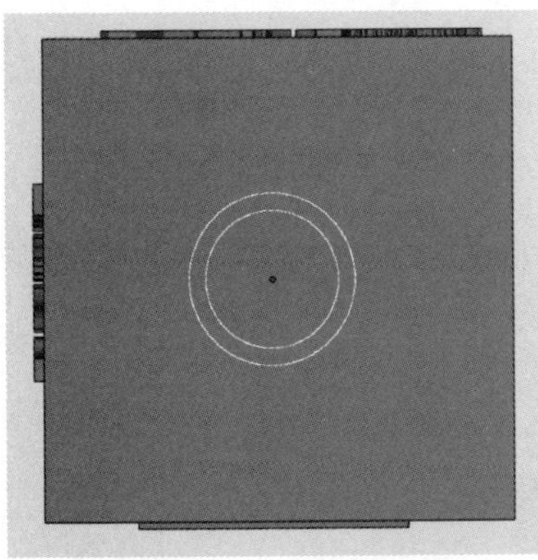
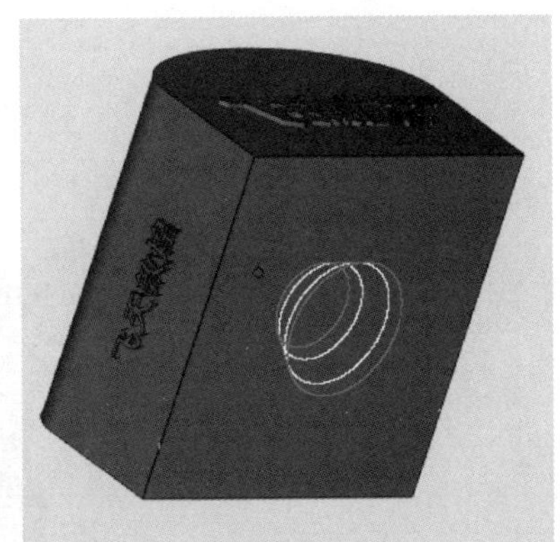

图3-1-58　打孔前预览

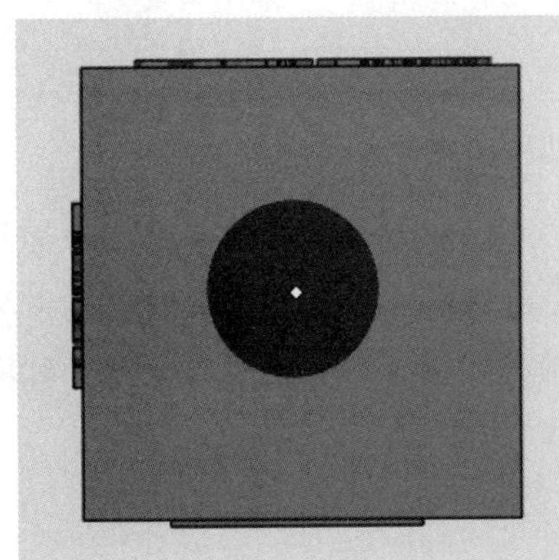
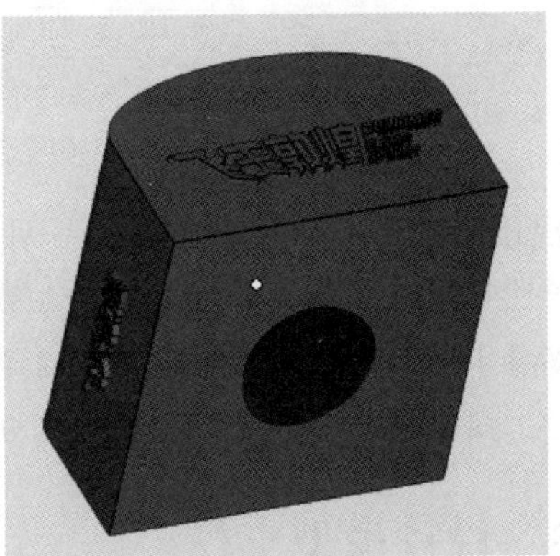

图3-1-59　打孔

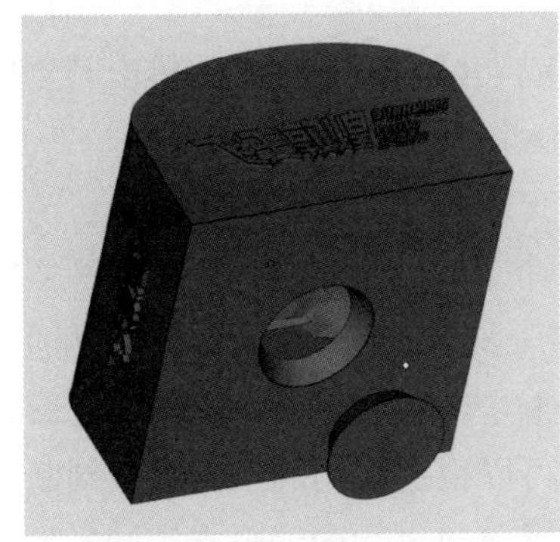

图3-1-60　平移删除部分查看孔内部

课堂笔记

Step6：模型摆放

在3D打印的成型技术中，分层数越多，打印时间就越长，同样选择性激光固化成型（SLA）也是如此，打印的制件高度越高，打印的时间相对较长，在飞天模型打印过程中，综合模型的复杂程度和后期打磨的便捷，我们采用将模型直立打印，位置摆放如图3-1-61所示。

3D打印一般认为可以打印任何形状各异的产品或模型，但在实际生产中，我们要考虑外观面、部分安装卡扣、打磨便捷性等因素来综合考虑模型的位置摆放，既要保证在较短的时间加工出符合客户要求的产品，同时还可以减少相应的工作量，提高生产效率。

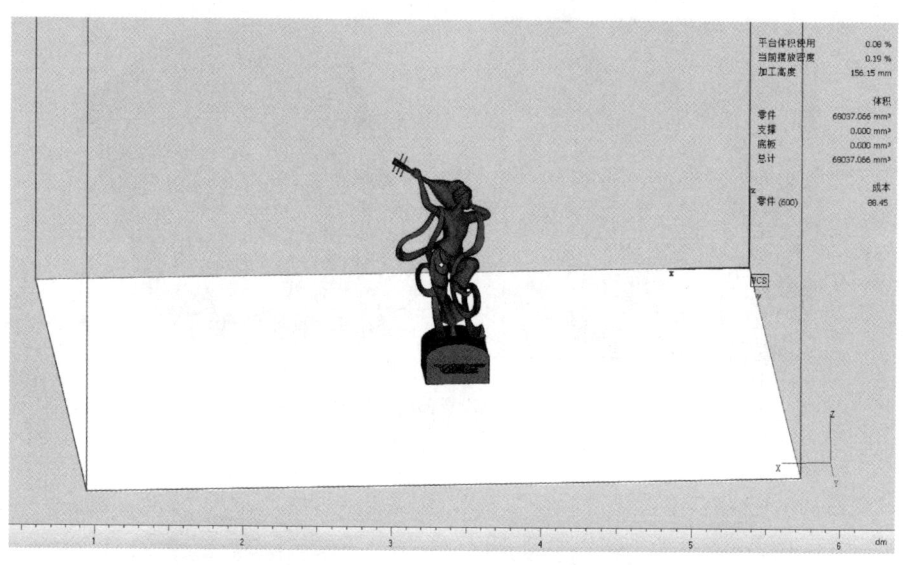

图3-1-61　模型位置摆放

温馨提示：下面介绍模型的摆放与刮刀的位置关系，刮刀是平行于X轴的，SLA设备在打印过程中，每打印两层，刮刀运动一个来回，来回运动的幅度是由物件的轮廓正投影在Y轴上的距离决定的，减少刮刀运动的距离，就可以节省一部分时间，所以在摆放模型时，模型较大轮廓的方向应尽量与X轴平行。

3.1.3　设计模型支撑

Step1：自动添加

（1）自动添加支撑。在软件界面的“生成支撑”工具栏中，单击“生成支撑”图标，会根据模型的摆放自动添加支撑，并进入添加支撑模式。

（2）显示查看支撑，判断是否需要改变支撑类型及手动添加支撑。

单击“视图”工具栏中“显示所有支撑命令”图标，结果如图3-1-62所示。如图3-1-63所示，查看视图窗口右侧的“支撑工具页”，左键单击可以分别查看独立的支撑状态。如图3-1-64所示，支撑投影在模型上呈红色字体显示，支撑投影在工作台面上呈黑色字体显示，被选择后状态常亮。在此可以根据我们的经验，来判断自动添加的支撑是否合理。如果不合理，可在下方的“支撑参数页”内编辑支撑的类型，如图3-1-65所示。如果要删除支撑，可在图3-1-66中的“类型”中单击“无”按钮，或者在支撑工具页中单击右键，在弹出的快捷菜单中选择“选择无”或者“删除面”命令，如图 3-1-66 所示。

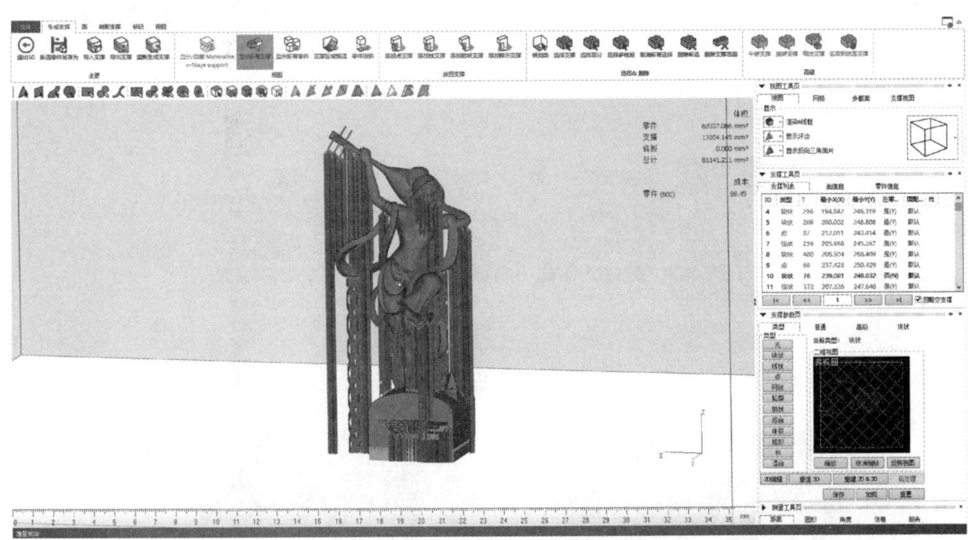

图 3-1-62　自动添加支撑视图窗口

图 3-1-63　支撑工具页

图 3-1-64　被选中的支撑为高亮黄色显示

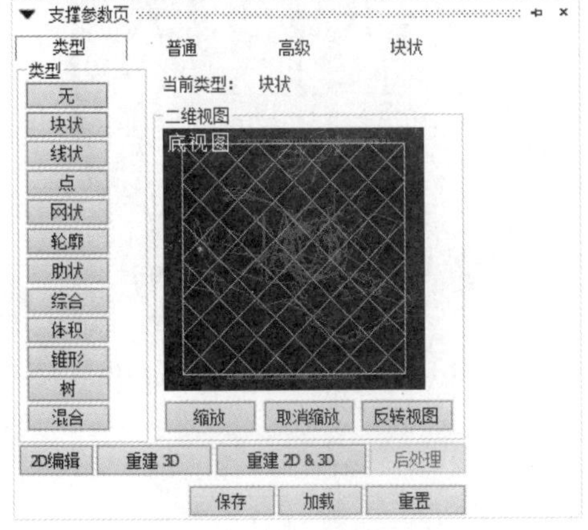

图 3-1-65　支撑参数页

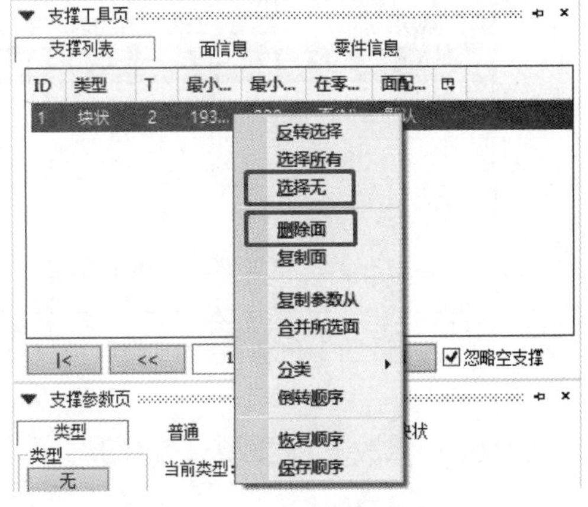

图 3-1-66　右键菜单删除支撑

Step2：手动添加支撑

通常自动添加支撑，能满足一般的打印需要，如果模型的复杂程度或者重量较大，自动支撑满足不了要求，不足以提供支撑，需要我们手动重新添加支撑。

课堂笔记

移动鼠标到视图窗口，选择添加的面，被选中后如图 3-1-67 所示。如图 3-1-68 所示，单击“面”菜单栏→“创建新的面”图标命令，完成新面创建，结果如图 3-1-69 所示。如图 3-1-70 所示，“支撑工具页”增加了一行支撑项，在如图 3-1-65 所示“支撑参数页”中设置支撑类型，设置成“块状”后视图窗口如图 3-1-71 所示，成功给模型添加了块状支撑。

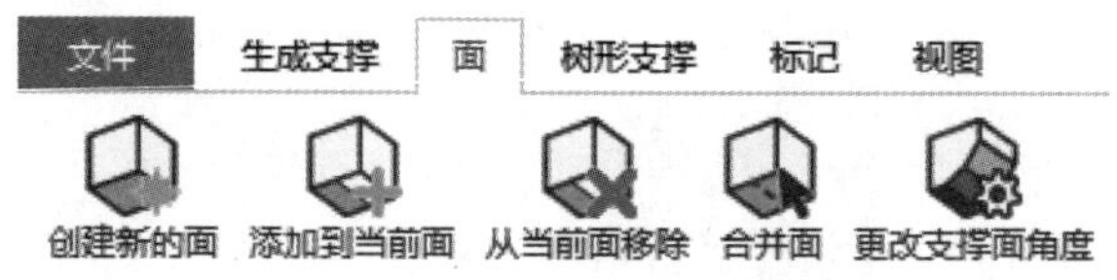

图 3-1-67　创建新的面

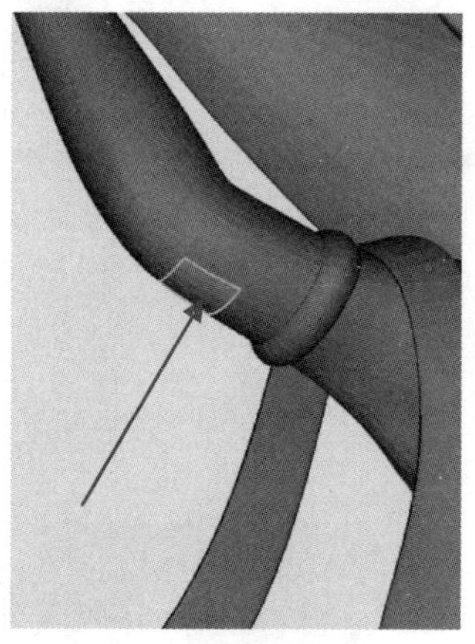

图 3-1-68　选择面

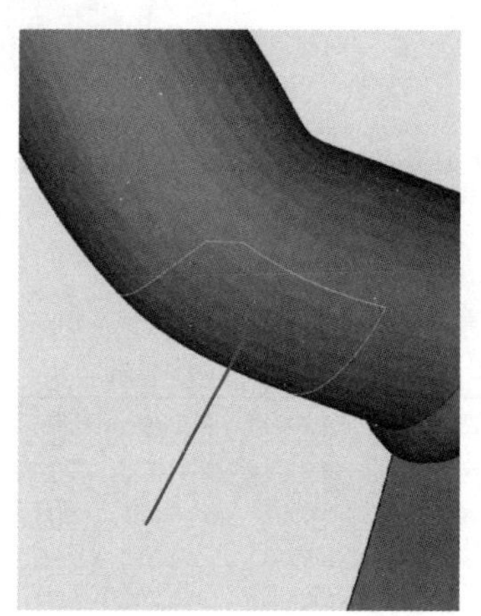

图 3-1-69　完成添加新面

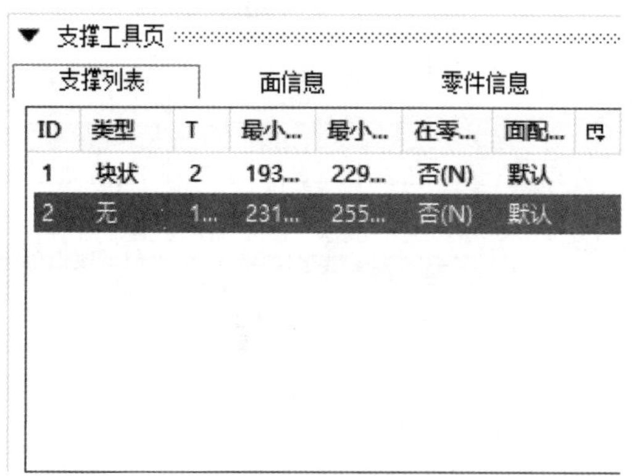

ID	类型	T	最小...	最小...	在零...	面配...
1	块状	2	193...	229...	否(N)	默认
2	无	1...	231...	255...	否(N)	默认

图 3-1-70　添加支撑面

图 3-1-71　完成支撑添加视图窗口

Step3：修改支撑类型（优化）

在自动添加支撑后，要对自动添加的支撑综合检查，对不牢固的支撑进行修改支撑类型，达到稳固的效果。对自动添加的支撑改变支撑类型，在“类型”列中显示的是支撑的类型，不同的类型有不同的支撑方式，各类型如图 3-1-65 所示，在图 3-1-72 中，第 2 列的“块状”支撑改为“轮廓”，则模型上的支撑改变如图 3-1-73 所示（左图为块状支撑，右图为轮廓支撑），即完成了支撑类型的更改。

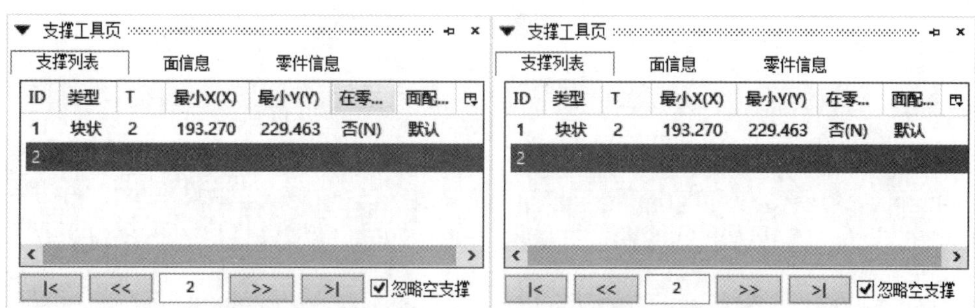

图 3-1-72　自动添加的块状支撑更改为轮廓状支撑对话框比较

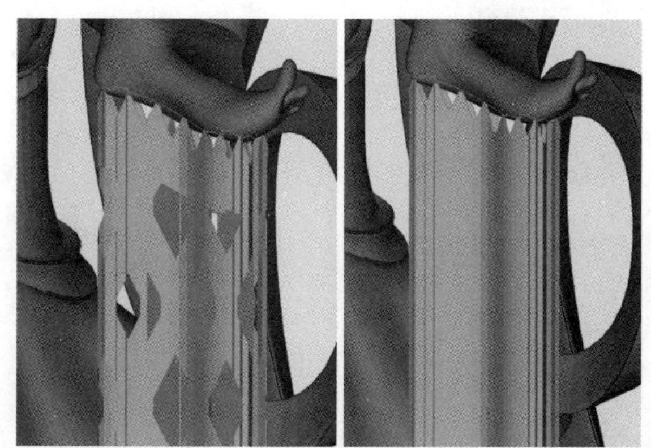

图 3-1-73　自动添加的块状支撑更改为轮廓状支撑视图窗口比较

Step4：加固支撑（2D编辑）

对于不牢固的支撑，还可以通过 2D 编辑对支撑进行加固。如图 3-1-74 所示，当把“块状”支撑更改为“轮廓”时，中间部分为空腔，不能有效支撑模型，单击如图 3-1-74 的左下角“2D 编辑”按钮，弹出如图 3-1-75 所示支撑 2D 编辑窗口，单击“画线”按钮，在轮廓区域内作图画线，所画的每一线段将自动成为一片支撑面，进行支撑加固，画完 2D 曲线后，关闭支撑 2D 编辑窗口即可。也可以借助“多段线”按钮或其他工具按钮画出 2D 线绘制，绘制完成如图 3-1-76 所示的 2D 曲线，如图 3-1-77 所示为加固前后支撑对比。

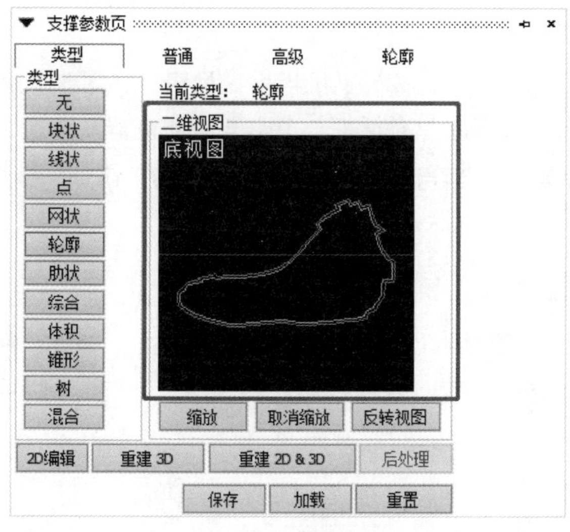

图 3-1-74　支撑参数页

课堂笔记

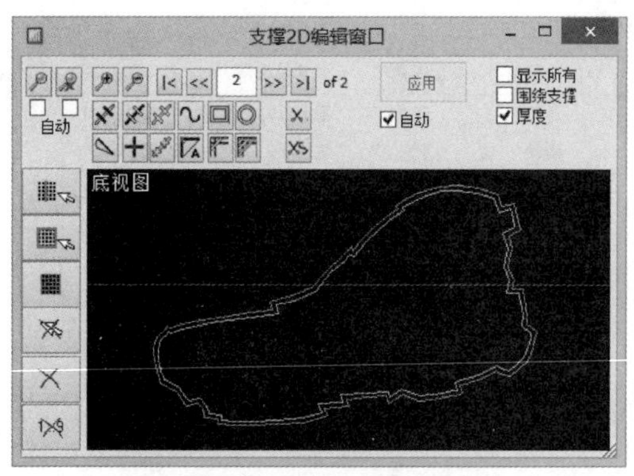

图 3-1-75　支撑 2D 编辑窗口

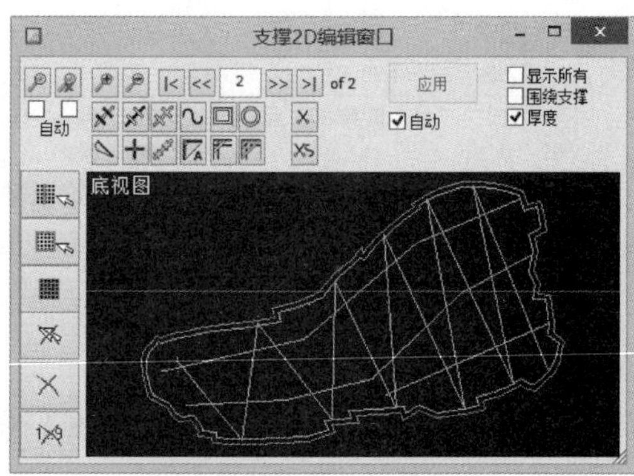

图 3-1-76　完成支撑加固

图 3-1-77　加固前和加固后对比

3.1.4　切片导出

支撑设计完成后，我们就可以开始切片，导出 3D 打印机可执行的程序，进行 3D 打印机操作制件了。各型号打印机尺寸、工艺参数设置及后处理设置不一定相同，所以，在切片前，我们先要添加打印机型号，完成打印机参数设置。

Step1：添加机器

（1）添加机型。在“加工准备”菜单栏中，如图 3-1-78 所示单击 机器库 图标命令，打开如图 3-1-79 所示“机器库”对话框。单击“添加机器”按钮，进入如图 3-1-80 所示对话框。在“机器库”中选择机器型号，单击中间的“添加”按钮 >> ，在“我的机器”框中可以显示已添加的机器，如图 3-1-80 所示。

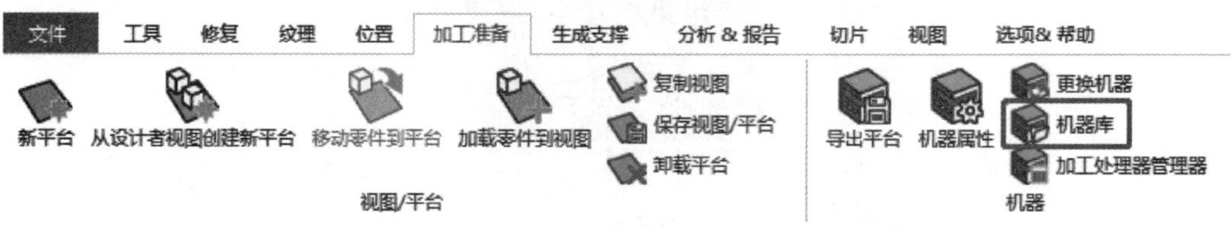

图 3-1-78　“加工准备”菜单栏

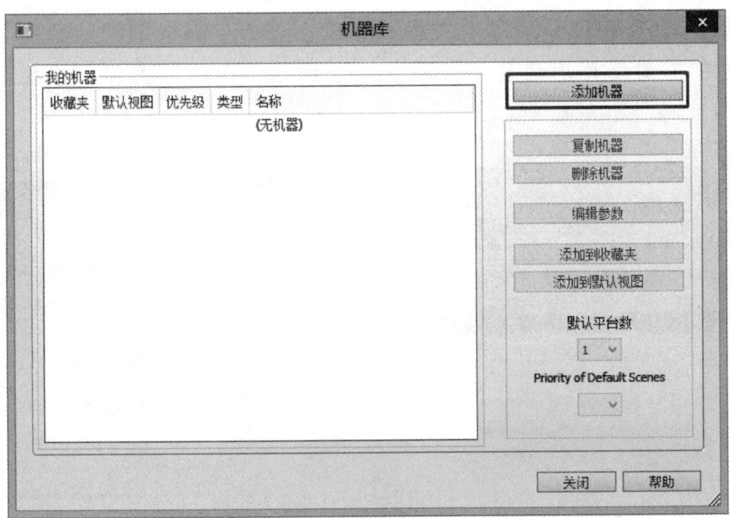

图 3-1-79　“机器库”对话框

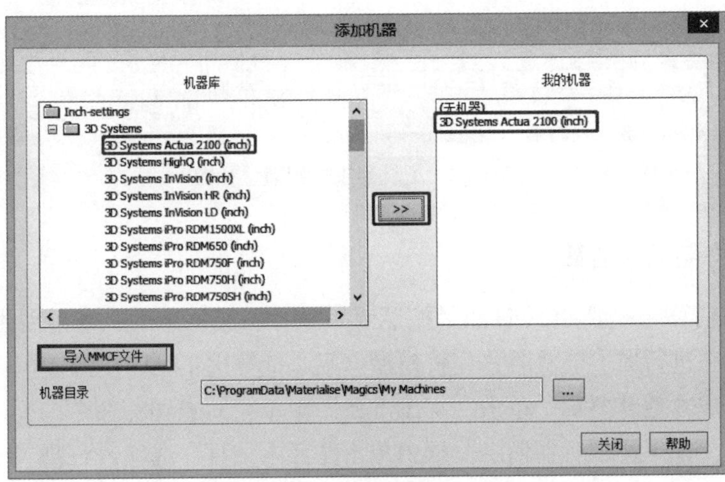

图 3-1-80　“添加机器”对话框

（2）导入 MMCF 文件。通常厂家在测试机器后，会得出该机型的最佳参数配置，厂家一般会提供给客户这些参数配置文件。

在“添加机器”对话框中，单击“导入 MMCF 文件”按钮，打开如图 3-1-81 所示的对话框，选择配置文件（按住 Ctrl 键，可以多选），单击“导入”按钮，就可以完成机器配置文件的添加，回到图 3-1-80 所示“添加机器”对话框。

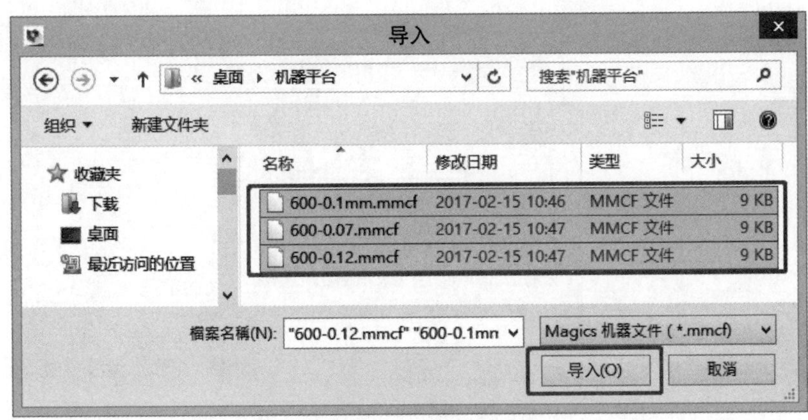

图 3-1-81　选择配置文件

课堂笔记

温馨提示： 添加机器后，为了使用的方便，单击“添加到默认视图”按钮，则每一次进入软件都不需要再次设置，如图 3-1-82 所示。单击“关闭”按钮就可以完成机器添加操作。

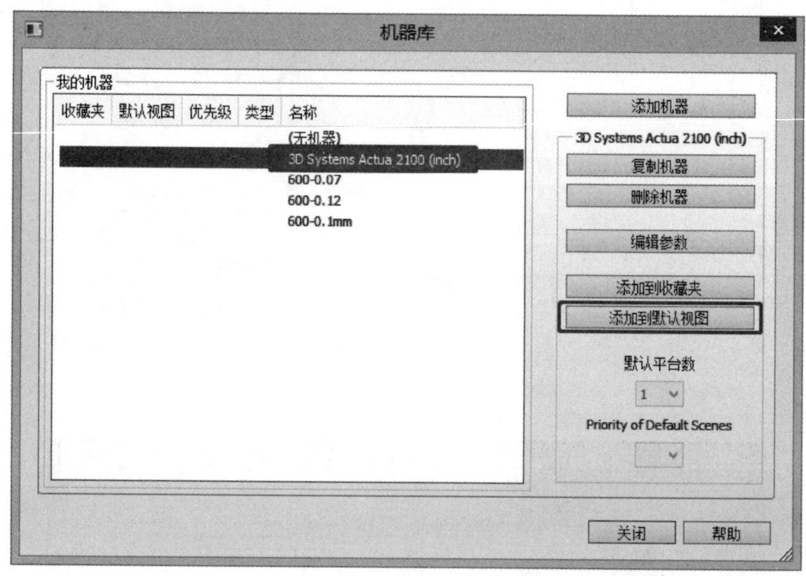

图 3-1-82　把机器添加到默认视图

Step2：产品成本估算

（1）成本估算。一般 SLA 打印是按照克重计算树脂用量的，参考属性为模型的体积，所以我们在进行成本估算时，先将模型修复，计算出正确的模型体积。

（2）设置成本估算要素。单击“加工准备”菜单栏的图标命令，弹出如图 3-1-83 所示的对话框。在左侧“机器信息”框内单击“成本估算”选项，右侧“成本估算”栏内设置估算要素，单击“添加”按钮，进入如图 3-1-84 所示的对话框，“参考要素”通常选择“体积”，在“成本 / 单位”框中输入树脂密度 1300 克 / 升（若是不同材料，可能为其他参数）。

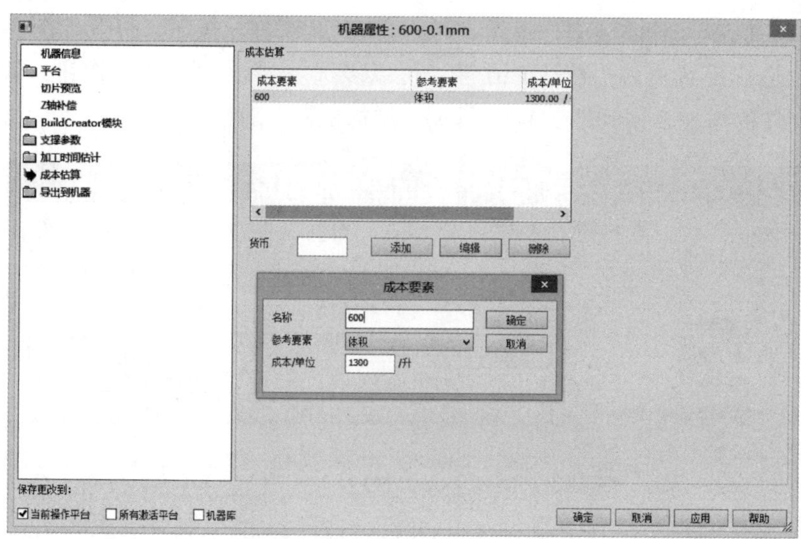

图 3-1-83　“机器属性”对话框

课堂笔记

（3）进行成本分析。单击“分析 & 报告”菜单栏中的图标命令，高亮表示激活状态，如图 3-1-85 所示；在视图窗口，会直接显示产品成本，如图 3-1-86 所示。

温馨提示：以上关于成本估算的设置，在添加设备时设置一次即可。

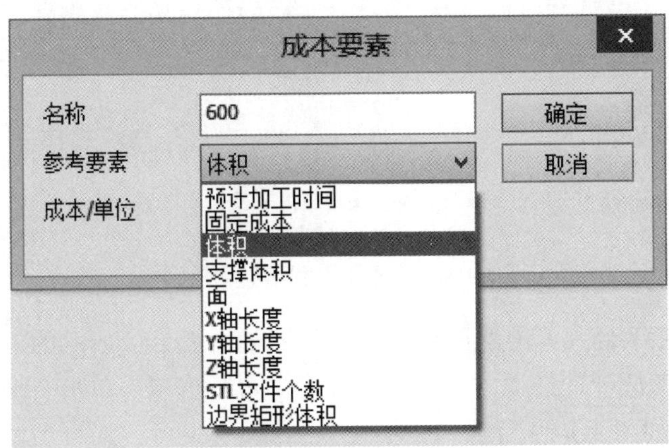

图 3-1-84　“成本要素”对话框

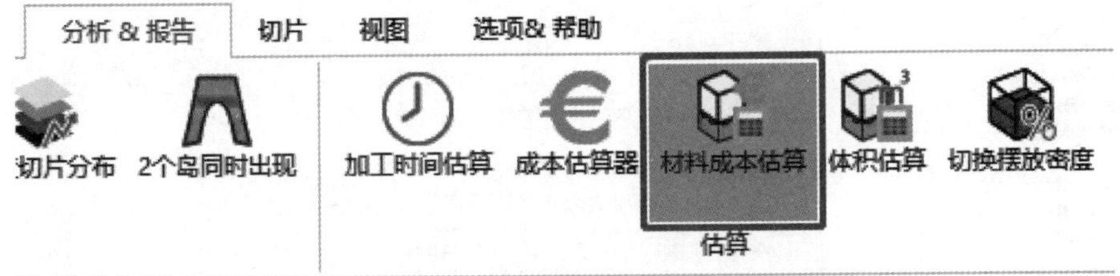

图 3-1-85　材料成本估算菜单

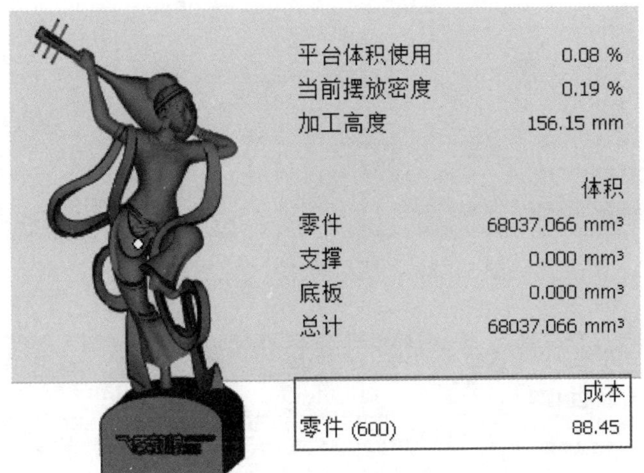

图 3-1-86　产品成本

Step3：加工时间自动估计

（1）单击“加工准备”菜单栏中的图标命令，弹出如图 3-1-87 所示的“机器属性”对话框；单击左侧栏中的“加工时间估计”选项，再选择“常规”选项，右侧进入“常规”→“加工时间估算方式”的设置，我们选择“激光参数”选项。

课堂笔记

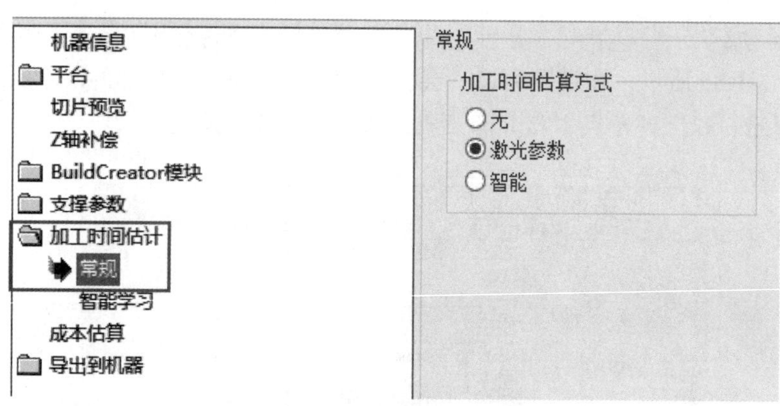

图 3-1-87 “机器属性”对话框（1）

（2）添加学习平台。单击图标命令，打开如图 3-1-88 所示的对话框，单击左侧栏中的“加工时间估计”选项，再选择“智能学习”选项，单击“添加”按钮，进入“打开”对话框，如图 3-1-89 所示。

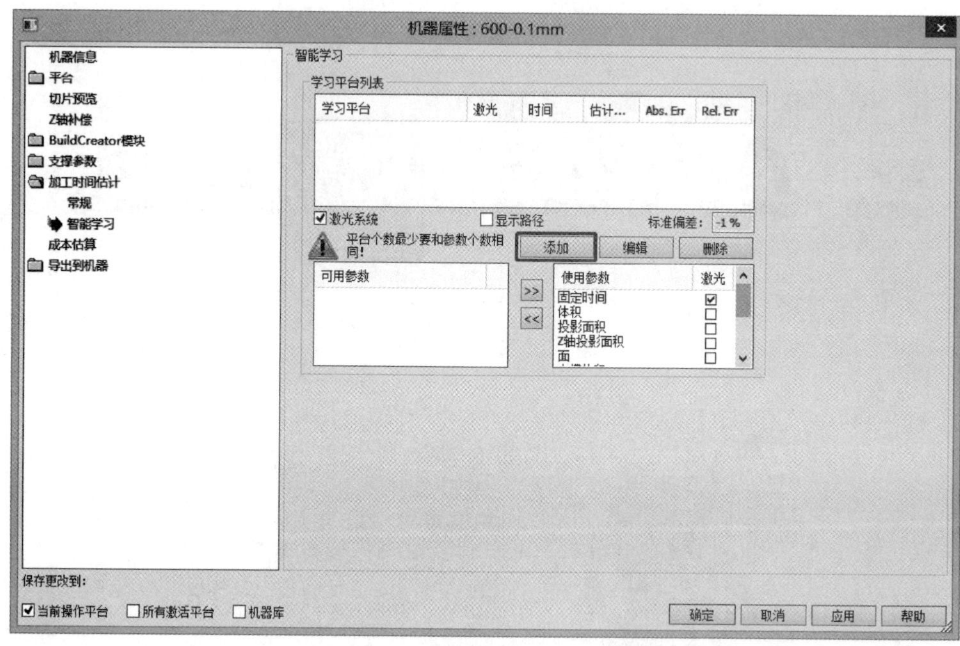

图 3-1-88 “机器属性”对话框（2）

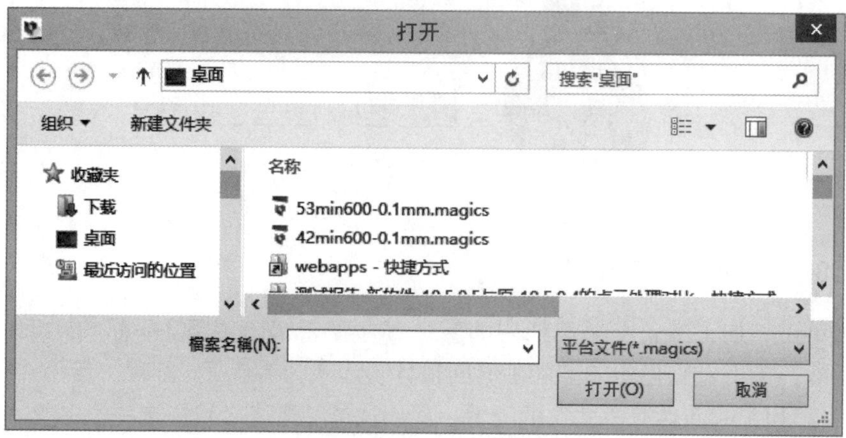

图 3-1-89 “打开”对话框

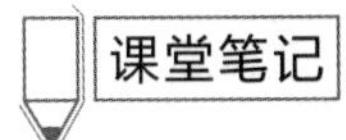

通过路径选择“学习平台”文件，选择后单击“打开”按钮，进入“学习平台”设置对话框；如图 3-1-90 所示，输入实际激光的功率和实际加工时间，单击“确定”按钮，完成“加工时间估计”参数设置，结果如图 3-1-91 所示。

温馨提示：机器学习至少要添加 2 个以上的平台作为机器学习的参考。

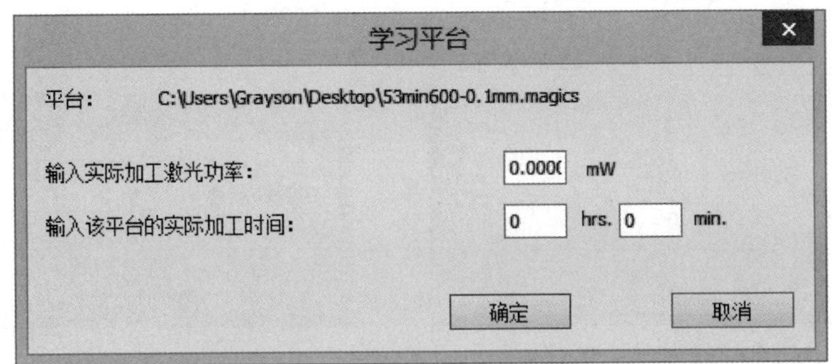

图 3-1-90　“学习平台”设置对话框

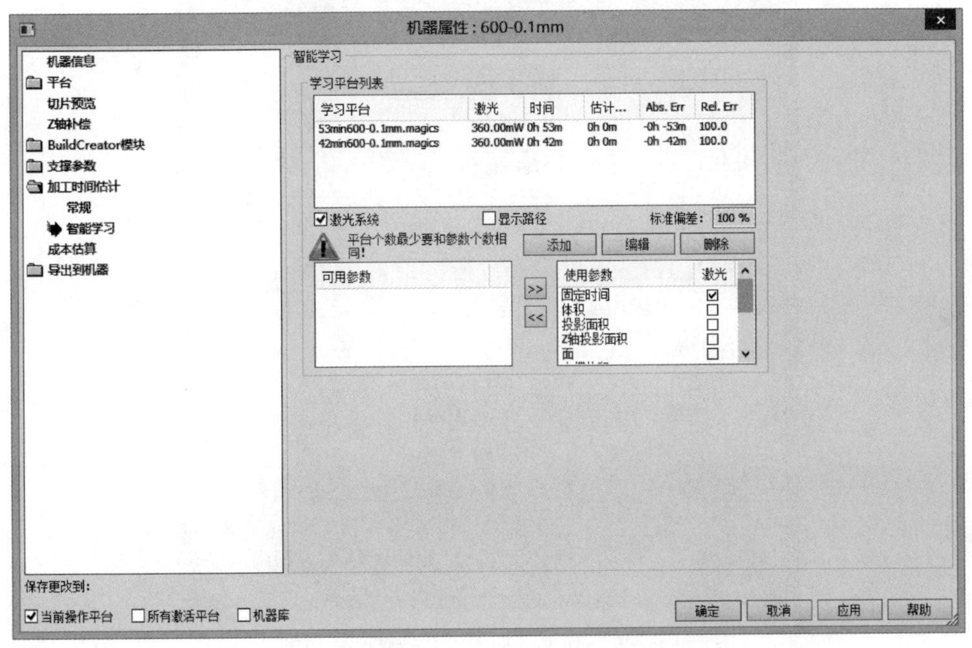

图 3-1-91　完成“加工时间估计”参数设置

（3）计算加工时间。如图 3-1-92 所示，移动鼠标到视图窗口中选中相应的模型，单击“分析 & 报告”菜单栏→“加工时间估算”图标，弹出如图 3-1-93 所示“加工时间估计”对话框，单击“计算”按钮，弹出如图 3-1-94 所示的“当前激光强度”对话框，设置完成后，单击“计算”按钮，可以成功计算出所需要的加工时间，结果如图 3-1-95 所示。

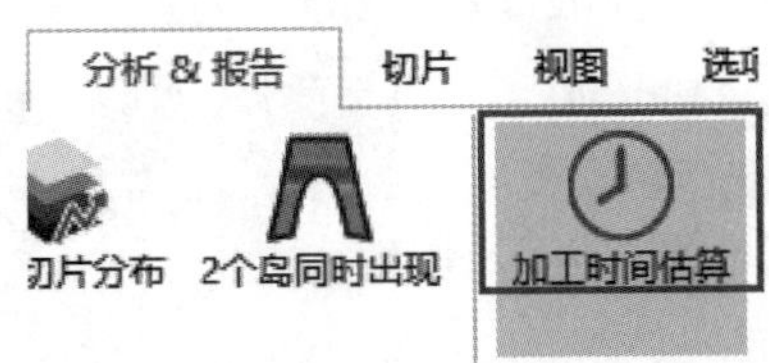

图 3-1-92　“加工时间估算”图标

课堂笔记

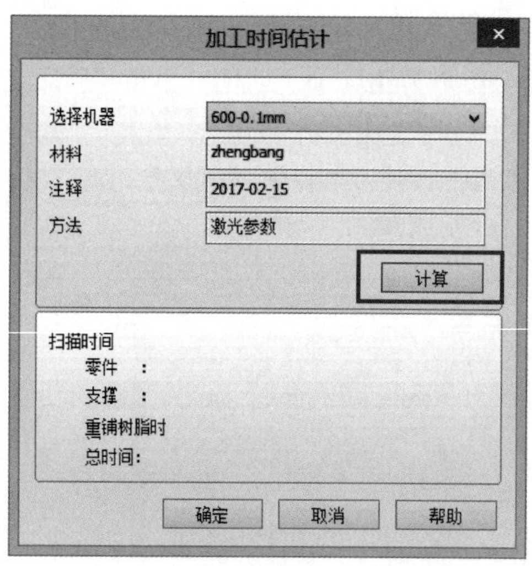

图 3-1-93 “加工时间估计”对话框

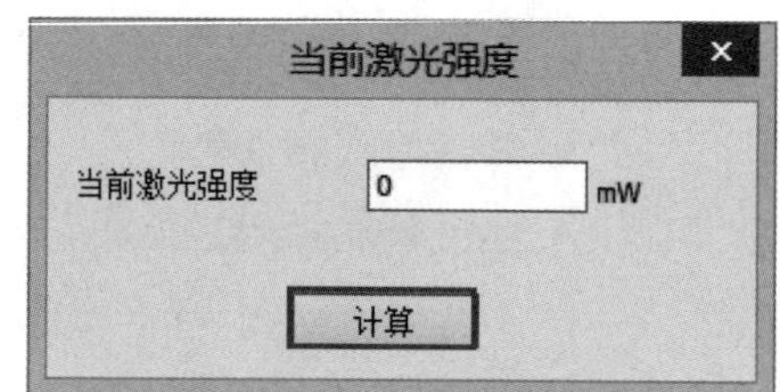

图 3-1-94 “当前激光强度”对话框

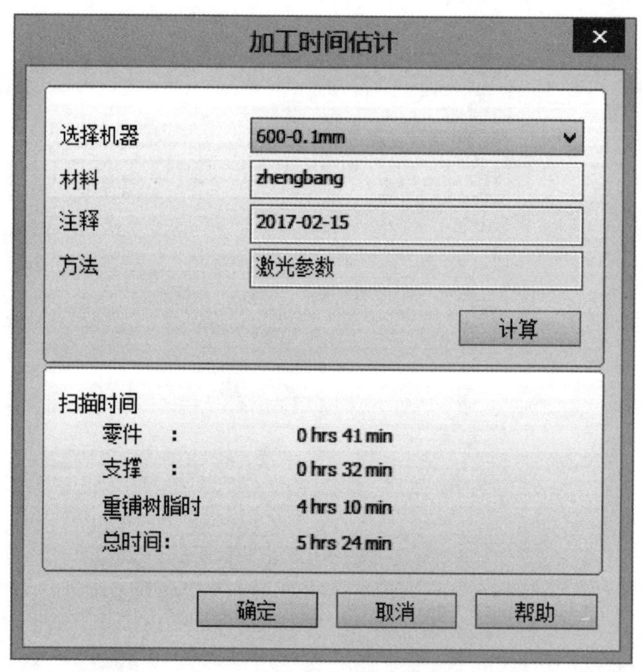

图 3-1-95 完成“加工时间估计”对话框

Step4：导出切片文件

如图 3-1-96 所示，单击“加工准备”菜单栏中的“导出平台”图标命令，弹出如图 3-1-97 所示的“导出平台”对话框，单击“导出”按钮，生成如图 3-1-98 所示两个切片文件，保存文件备用（开头为“s_”的是打印支撑文件，另一个是模型打印文件）。

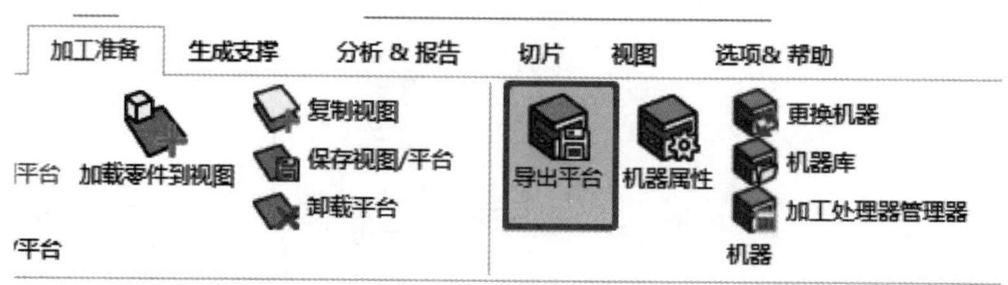

图 3-1-96 “导出平台”图标命令

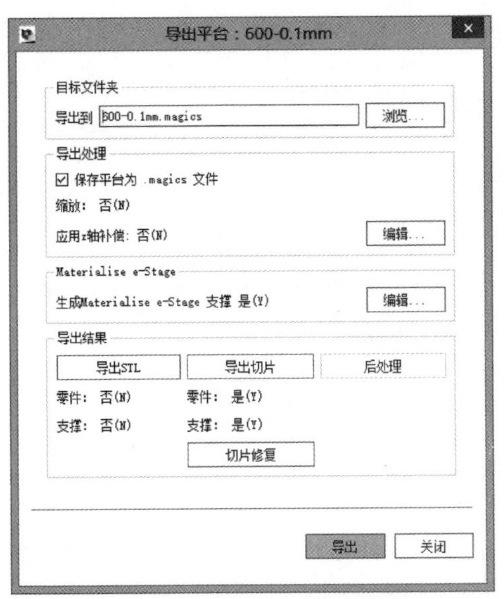

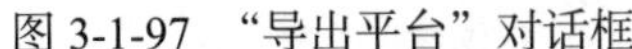
图 3-1-97　“导出平台”对话框

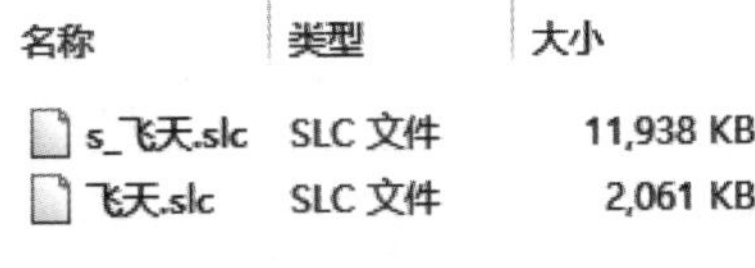

图 3-1-98　切片的程序文件

3.1.5　操作打印机

完成切片后，我们就可以操作 3D 打印机，进行打印制件了。本次任务，我们使用中瑞 iSLA600 打印机来完成。

Step1：认识中瑞iSLA600打印机

中瑞 iSLA600 设备如图 3-1-99 所示。

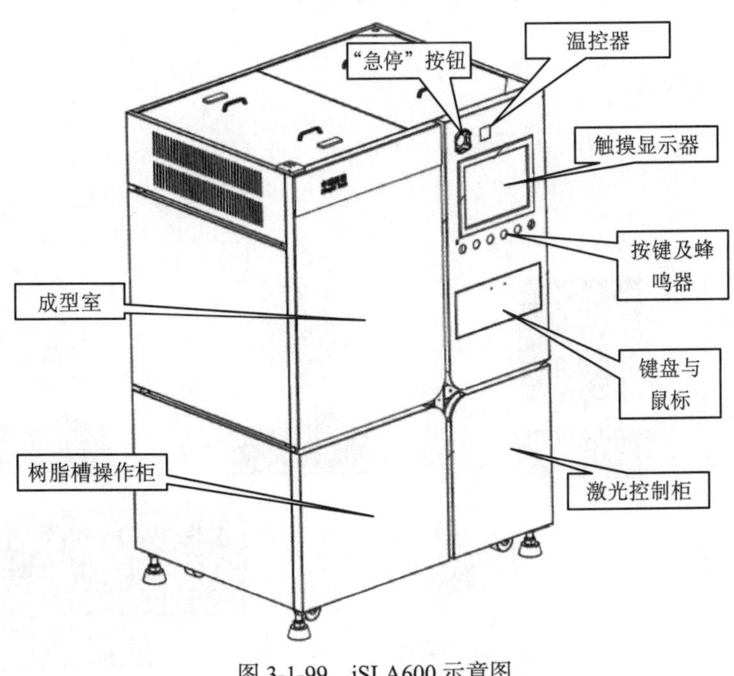

图 3-1-99　iSLA600 示意图

Step2：熟悉中瑞iSLA600操作流程

在操作设备前，我们先需要熟悉操作规程，掌握行业规范。在操作过程中培养职业素

课堂笔记

养和精益求精的工匠精神。中瑞 iSLA600 操作流程如图 3-1-100 所示，

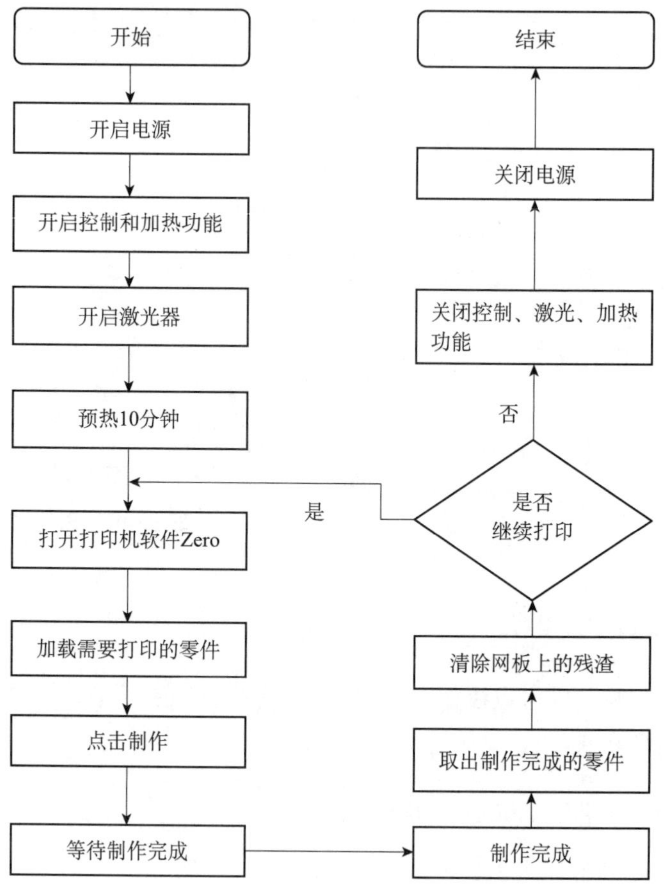

图 3-1-100　中瑞 iSLA600 操作流程

Step3：启动机器

如图 3-1-101 所示为开启设备的总流程图。

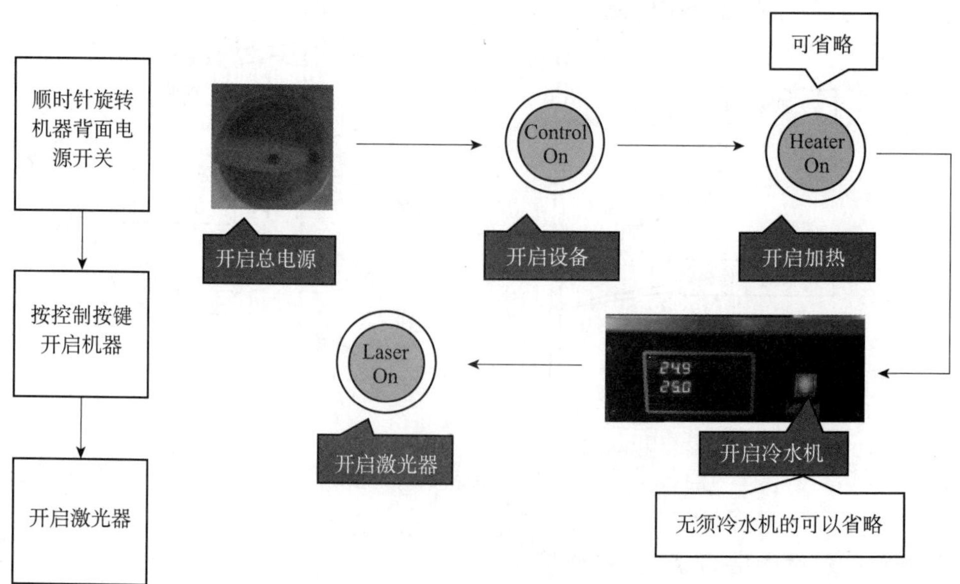

图 3-1-101　启动打印机总流程图

（1）开启总电源。机器总电源开关在机器背面，我们顺时针旋转接通电源（逆时针旋转为断电），电源指示灯亮。如图 3-1-102 所示为电源总开关。

图 3-1-102　电源总开关

（2）开启设备。按下控制按键◉，机器控制系统通电，显示器工作，按键及蜂鸣器操作面板如图 3-1-103 所示。

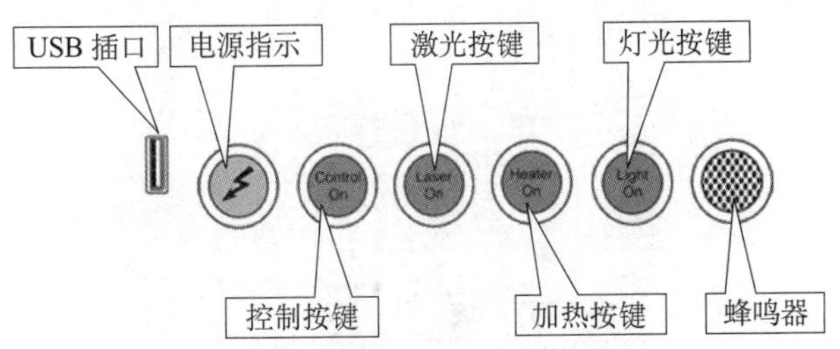

图 3-1-103　按键及蜂鸣器操作面板

USB 插口：连接 U 盘将 SLC 文件复制到设备工控机中。

电源指示：显示机器是否通电。

控制按键：机器控制系统电源开关。

激光按键：激光系统电源总开关。

加热按键：温控系统电源开关。

照明按键：成型室内 LED 灯开关。

蜂鸣器：提示、报警作用。

温馨提示：按下按键将使其处于使能状态，同时按键将发亮，再次按下，进行关闭。

（3）开启加热。光敏材料对环境温度要求较高，室温一般需要控制在 20～26℃。控制成型室内的环境温度一般要求为 32℃左右，通常温控器温度设置为 32℃，温控器如图 3-1-104 所示。但有些光敏材料不需加热，关闭加热按键即可。

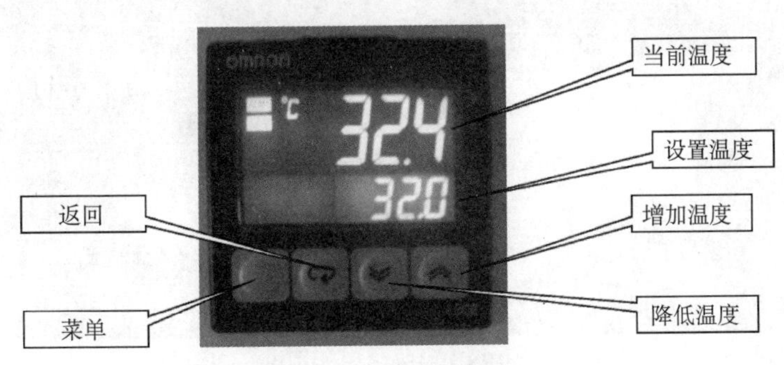

图 3-1-104　温控器

课堂笔记

提示：通常温控器温度依据材料需求来设定，若有些光敏材料不需加热，关闭加热按键即可。

（4）开启冷水机。中瑞 iSLA600 打印机配置的是瑞丰恒激光器，该激光器（3W）配有冷水机，操作时，需先打开冷水机（有部分机器是风冷的，风冷的没有水冷机）。

冷水机如图 3-1-105 所示，是激光器散热保持恒温的设备。

注意：

①开启冷水机之后才可打开激光器电源。

②按下绿色电源开关即可开启冷水机。

图 3-1-105　冷水机

（5）开启激光器。按下图 3-1-103 中的◉按键，按键亮起，就完成激光器的开启。再按一次，就关闭激光器。一般情况下，我们只用到此功能，不对激光器进行调试。如需调试激光器，需要在专业技术人员的指导下完成。

警告：激光系统为机器重要的组成部分，除开、关激光器，其他操作均应在技术人员指导下进行，请大家按规范操作。

在专业技术人员的指导下，可以打开激光控制柜门，看到激光电源操作器面板，如图 3-1-106 所示，可以对激光电源控制器进行控制操作。

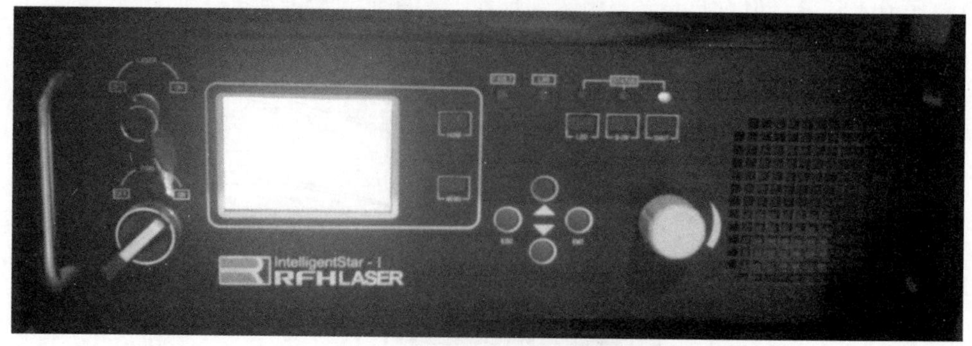

图 3-1-106　瑞丰恒激光电源控制器操作面板

警告：眼睛直视激光会对眼睛造成损害，绝不要用眼睛直视激光源或直视激光发射的方向，操作人员应尽量戴激光防护眼镜。

温馨提示：不同的激光器，控制器与操作方法不同。

激光器：位置在设备顶上内部，提供紫外线激光，可由软件控制。瑞丰恒激光器如图 3-1-107 所示。

图 3-1-107　瑞丰恒激光器

Step6：打印前检查

（1）检查料槽。在打印前，我们需要检查一下料槽，确认树脂材料是否符合要求。在此我们要养成良好职业素养，即一看材料牌号；二看颜色；三看液面高度。

iSLA 系列 3D 打印机控制软件 Zero 已预装入机器工控机中。开机后，在桌面上可看到 Zero 图标，双击该图标，弹出 Zero 软件工作界面，打开“树脂”图标按钮，弹出“液位”柱状图对话框，如图 3-1-108 所示，单击“准备”按钮，机器进入准备加树脂状态，若机器没有归零，则会归零后进入加树脂状态，并且测出当前液位值在左侧显示。若液位值低于或高于正常范围（1.5～5），蜂鸣器会发出报警声。

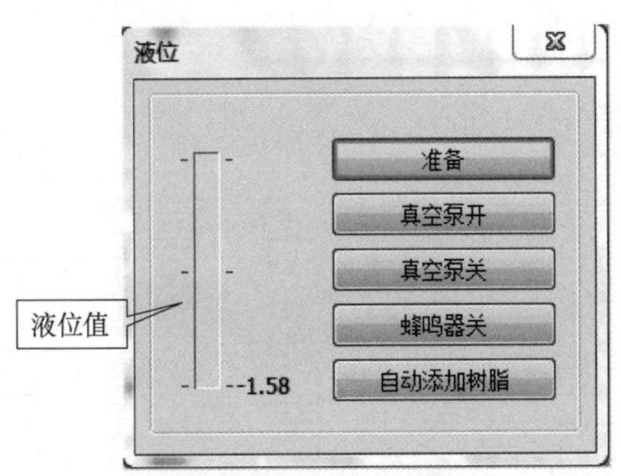

图 3-1-108　“液位”柱状图对话框

若没有检测树脂液位值，直接打印，树脂不够时，机器提示如图 3-1-109 所示，液

课堂笔记

位值小于最小值，需要加树脂，询问是否需要继续打印。

若单击“是”按钮，继续制作，有可能导致零件没有做好或支撑比较短。

若单击“否”按钮，停止制作。

此时，需要停止打印过程，检测树脂，再执行后续的步骤。

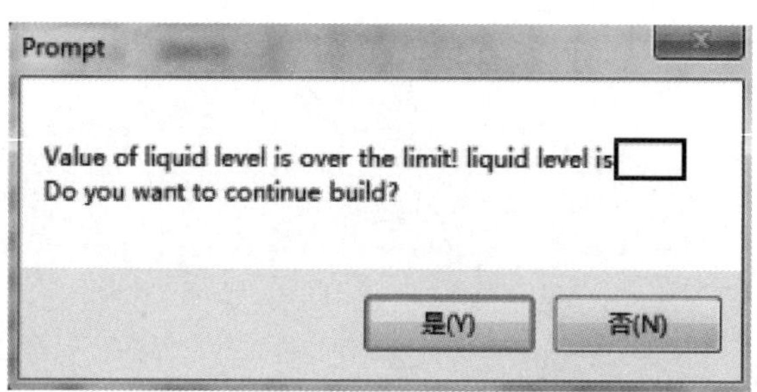

图 3-1-109　提示需要加材料

（2）检查网板。在打印前，我们需要检查一下网板，确认网板上没有上次打印遗留的支撑或者其他异物，如果有，可以用铲子或其他工具将其取出，丢入指定垃圾桶中。

单击“平台”图标按钮，弹出如图 3-1-110 所示对话框，单击 Z 轴图标，并输入相应数值，使工作平台下降到以下液面即可。

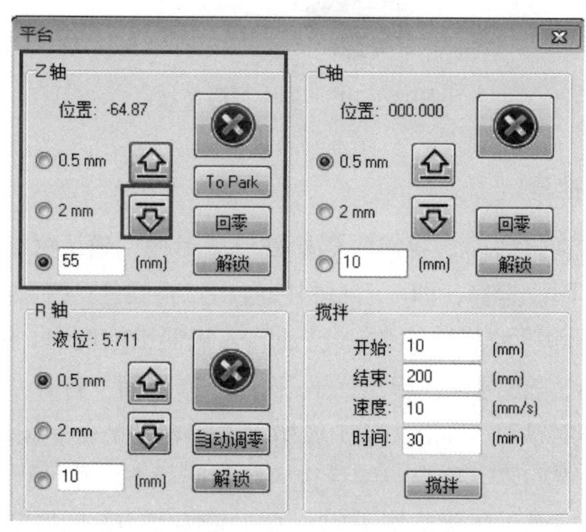

图 3-1-110　“平台”对话框

注意：

Z/C/R 轴运动框如图 3-1-11 所示。

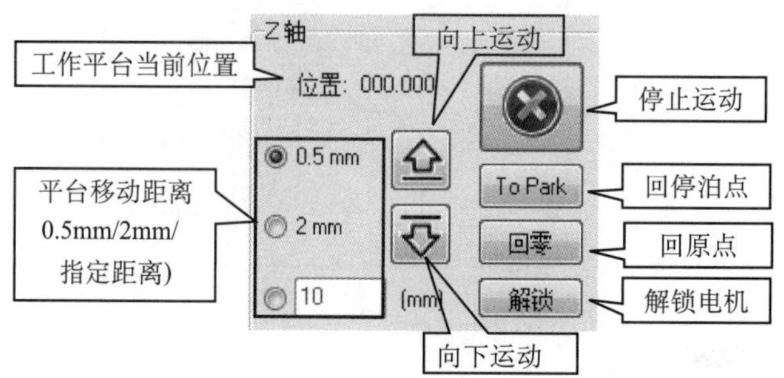

图 3-1-111　Z/C/R 轴运动框

• Z/C 轴中的位置值代表工作台 / 刮平器当前相对原点坐标位置。

• R 轴中的“液位”值代表由液位传感器测量的当前液面相对高度。

• ⇧对 Z/R 轴而言，表示控制工作台 / 浮块向上运动；对 C 轴而言，表示控制刮平器向远离操作者的方向运动。

• ⇩对 Z/R 轴而言，表示控制工作台 / 浮块向下运动；对 C 轴而言，表示控制刮平器向靠近操作者的方向运动。

• 0.5 mm / 2 mm / 10 工作台 / 浮块 / 刮平器的运动距离（0.5mm/2mm/ 指定距离）。

• 停止运动。

• To Park 回停泊点。

• 回零 回到零点。

• 解锁 对电机解锁。

搅拌控制框如图 3-1-112 所示，控制工作平台在树脂槽中升降，起搅拌树脂的作用。我们一般不会用到搅拌功能。

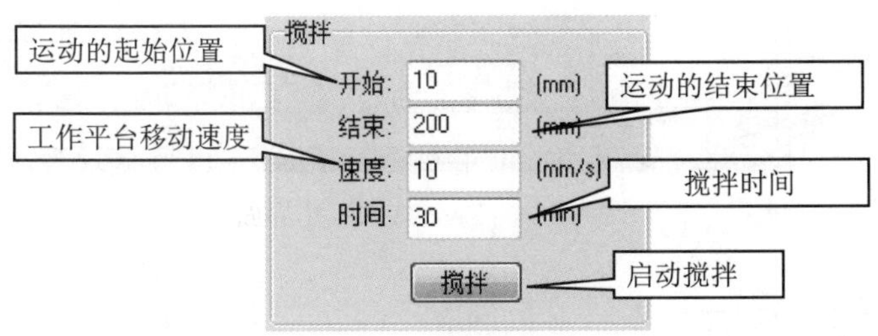

图 3-1-112　搅拌控制框

（3）检查刮平器（刮刀）。在打印前，我们需要检查一下刮平器，确认刮平器上是否有上次的残留树脂或其他异物，如果有，可以用油石或者刀片轻轻去除，去除的残渣注意不要落入材料箱内，将残渣丢入指定的垃圾桶中。

刮平器中间部位有一个水平液，用于观测刮平器是否水平，如图 3-1-113 所示；如果有其他异样，需要在厂家技术人员指导下才能进行调试。

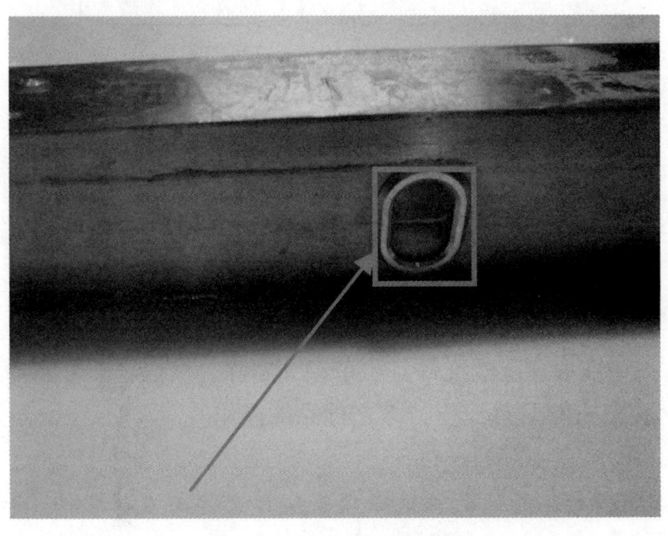

图 3-1-113　刮平器水平液

课堂笔记

3.1.6 执行打印任务

Step1：打开打印机的控制程序

iSLA系列3D打印机控制软件Zero已预装入机器工控机中。开机后，在桌面中可看到Zero图标，双击该图标，弹出Zero软件工作界面，如图3-1-114所示。

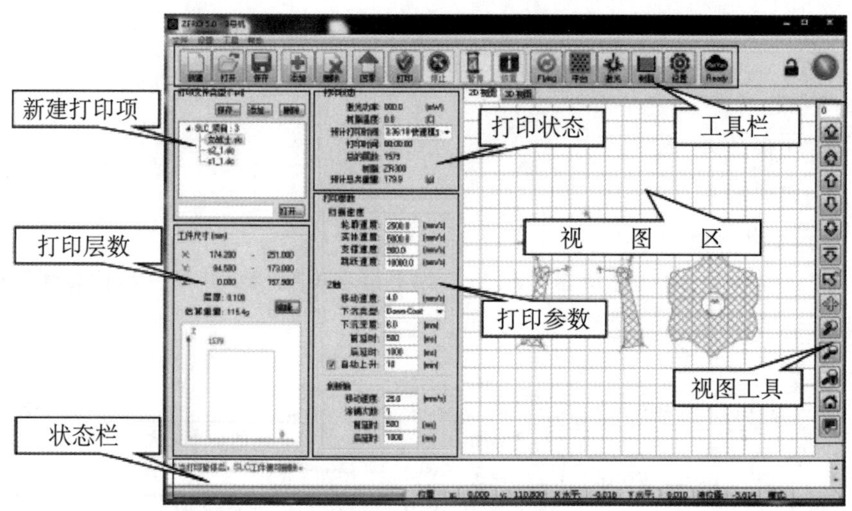

图3-1-114 Zero软件工作界面

Step2：导入打印程序

在如图3-1-114所示的界面中，单击添加...按钮，选择需要添加的文件；导入打印程序后，在“新建打印项”对话框中，会显示加载好的项目，如图3-1-115所示。

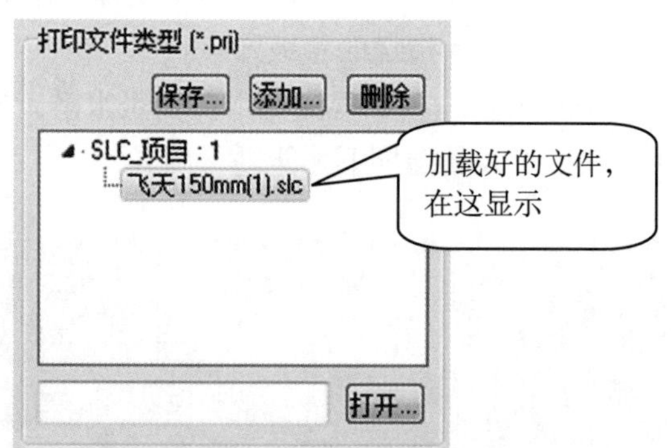

图3-1-115 “新建打印项”对话框

注：

保存...保存：已经添加的文件，作为制作项目保存。

删除删除：选中需要删除的文件，再单击“删除”按钮，即可删除选中的文件。

添加...添加：添加SLC文件，支持多文件添加操作。

打开...打开：打开已保存项目文件。

温馨提示： 添加文件所选择目录必须有实体文件与支撑文件（“s_”开头文件），可使用Shift或Ctrl键联合鼠标左键进行多文件选择，但只需添加实体文件，支撑文件

会自动添加，对话框如图 3-1-116 所示。

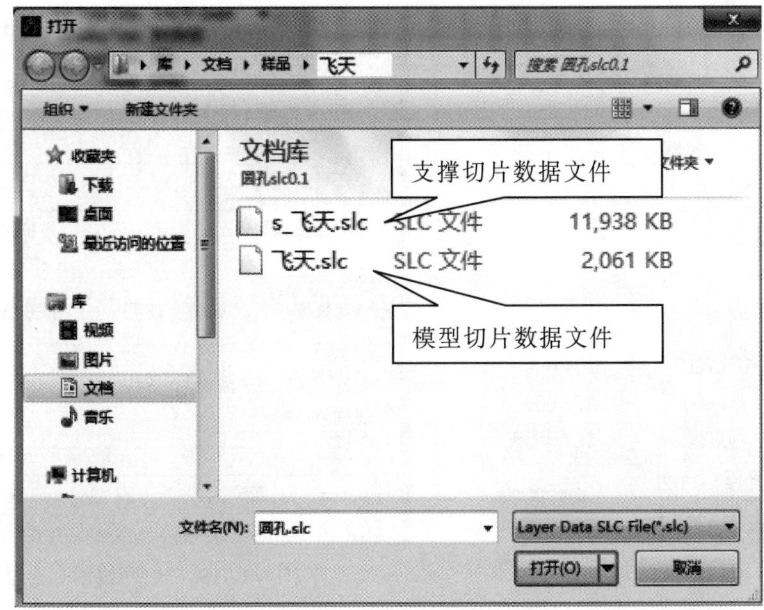

图 3-1-116　添加打印程序文件

Step3　预览模型

导入切片文件以后，通过预览可以查看模型的信息，判断是否正确。

（1）单击[添加]图标或者[添加...]按钮添加 SLC 文件，把切好片的文件导入打印机软件，如图 3-1-117 所示。

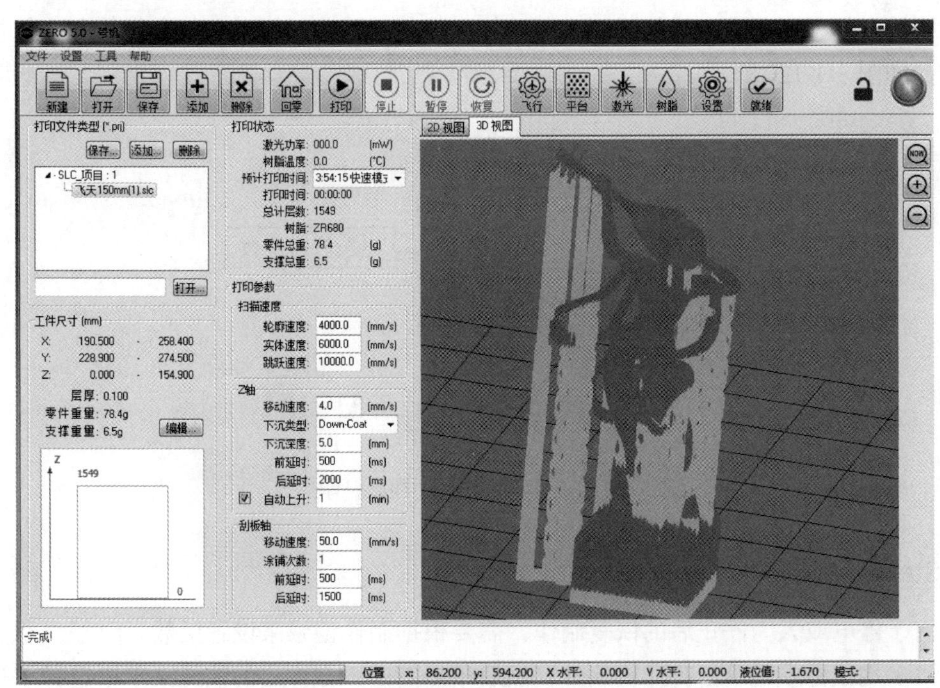

图 3-1-117　导入切片程序文件软件界面

（2）单击“新建打印项”对话框中的“编辑”按钮，如图 3-1-118 所示，编辑 SLC 文件打印位置；建议从 Magics 中把位置放置好，不必在此摆放零件。

课堂笔记

（3）单击图标，开始打印，“打印提示”对话框如图 3-1-119 所示。

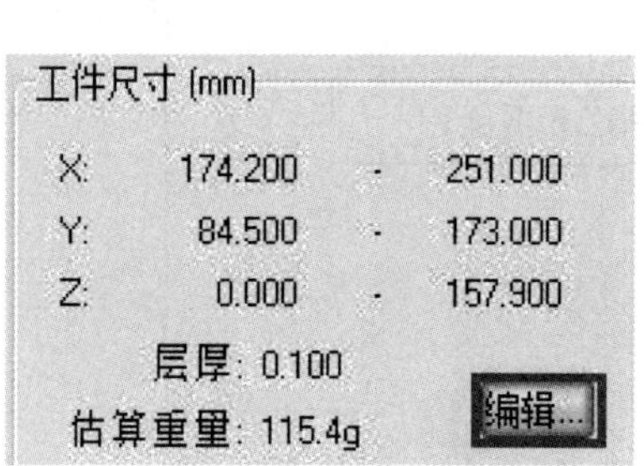

图 3-1-118　打印位置编辑

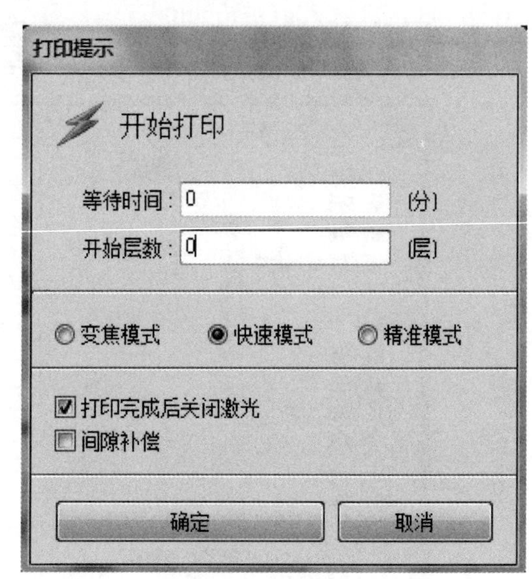

图 3-1-119　“打印提示”对话框

在 等待时间：0 (分) 中设置的值表示等待多少分钟开始制作。

在 变焦模式 快速模式 精准模式 中选择打印模式。

在 开始层数：0 (层) 中设置的值表示从多少层开始制作。新制作零件为从第 0 层开始，机器开始逐层打印，观察设备运行是否正常，激光束是否正常扫描，在机器旁边观察 2～5 分钟，确认打印正常后，方可离开。

Step4：实时监控

机器在打印过程中，我们需要实时监控，软件界面会显示总共打印层数和当前打印层数，如图 3-1-120 所示。

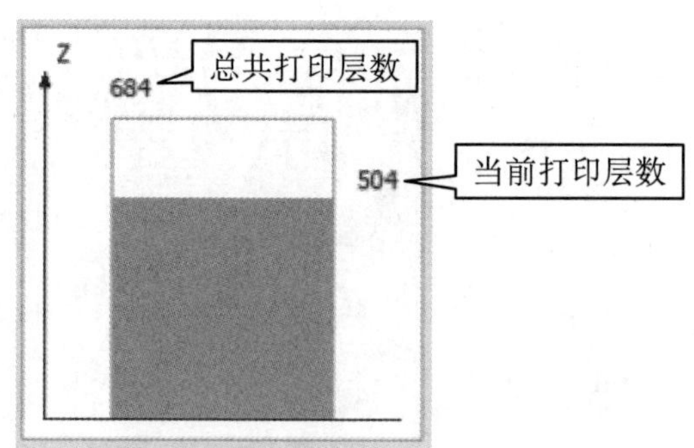

图 3-1-120　打印工件大小和已打印层数

Step5：断电续打

由于停电或人为停止后的恢复制作，需要根据制作记录来设置层数。

（1）用鼠标左键单击打印机软件，然后单击右键，在弹出的快捷菜单中选择“打开文件所在位置”命令，在打开的文件夹中找到名为“buildlog”的文件夹，如图 3-1-121 所示，在“buildlog”目录下有“年 - 月 - 日 .log”文件，如图 3-1-122 所示。

课堂笔记

图 3-1-121　“buildlog”文件夹

（2）找到最后日期的文件，双击打开。检查文件最后记录的层数，如图 3-1-123 所示。

图 3-1-122　打印日期文件

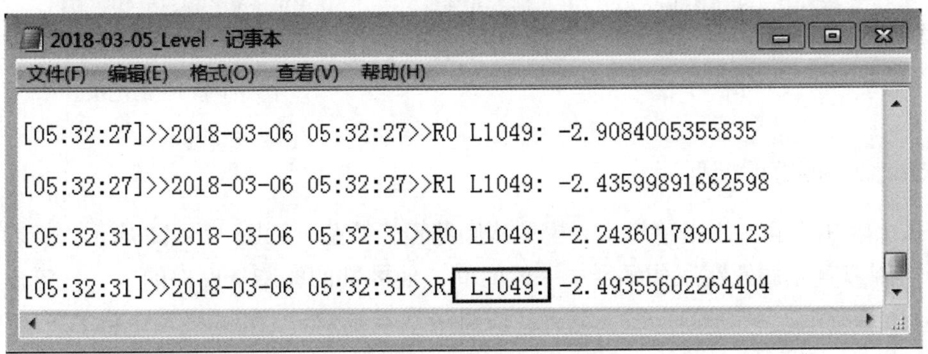

图 3-1-123　最后记录的层数

（3）将最后记录的层数输入至 开始层数：0 (层) 中，单击“确定”按钮。

制作完成后，机器蜂鸣器响 10s，工作平台稍等片刻后（默认为 10min），工作平台自动升起，将打印完成的零件取下进行后处理操作。

注意：打印完成后，需将工作台表面清理干净，避免残留的支撑碎物影响下次打印成型。

Step6：关停机器

打印完成后，我们需要按下面的流程关闭打印机，请务必按规程执行，避免损坏打印机。

（1）如果已开启温控系统或成型室内的 LED，单击“加热”按键（Heater On）或“灯光”按键（Light On）进行关闭。

课堂笔记

（2）关闭计算机。

（3）关闭激光器。

（4）单击“激光”按键（Laser On），激光系统断电。

（5）单击“控制”按键（Control On），机器控制系统断电。

（6）旋转机器背面的电源开关，关闭机器电源。

注意：如果长期停用设备，请按照厂家使用手册中介绍的步骤关停机器，并且需要将树脂槽中的树脂排放入树脂桶中，避光恒温恒湿保存，以免树脂变性失活。

3.1.7　后处理

Step1：准备工具

准备好平铲、托盘、细毛刷和装有 90% 以上浓度酒精的清洗槽，戴上口罩、手套和护目镜，防止树脂接触身体或飞溅入口眼，如图 3-1-124、图 3-1-125 所示。

图 3-1-124　工具

图 3-1-125　清洗槽

Step2：取打印模型

戴上专用手套，用平铲将飞天模型从底部轻轻铲起，如图 3-1-126 所示，铲起后把模型倾倒或直立放置在工作平台上一段时间，使内部的树脂从底部的工艺孔流出，如图 3-1-127 所示，一般静置 5～8 分钟，待树脂基本流完后（托起模型树脂不下滴），缓慢把模型放入清洗槽内，并防止模型表面树脂在转运过程中污染其他区域。

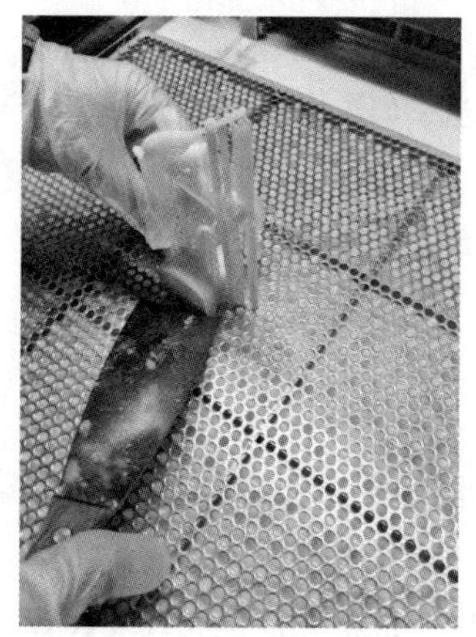

图 3-1-126　铲下模型

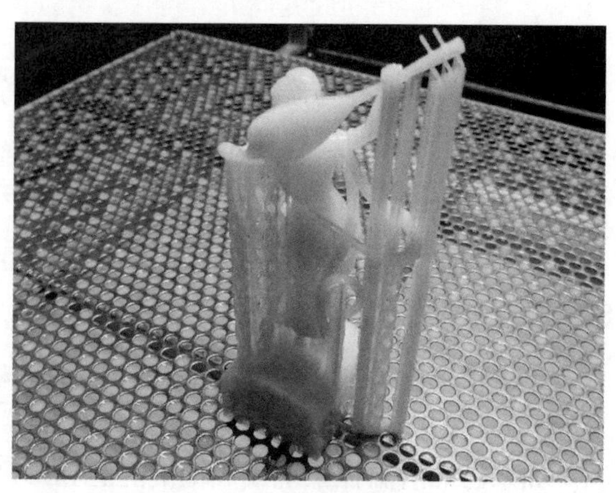

图 3-1-127　静置模型

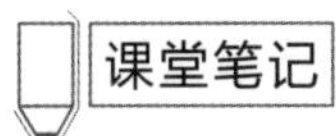

Step3：清洗去支撑

把从打印机中取下的模型放入盛有 90% 以上浓度酒精容器中浸泡 5～10 分钟，让模型完全浸泡在酒精内，用细毛刷清除模型表面残留的树脂，如图 3-1-128 所示；同时用手或钳子将支撑去除，细小的支撑可以借助镊子进行去除，如图 3-1-129 所示，并将支撑放入专门的废料桶中。

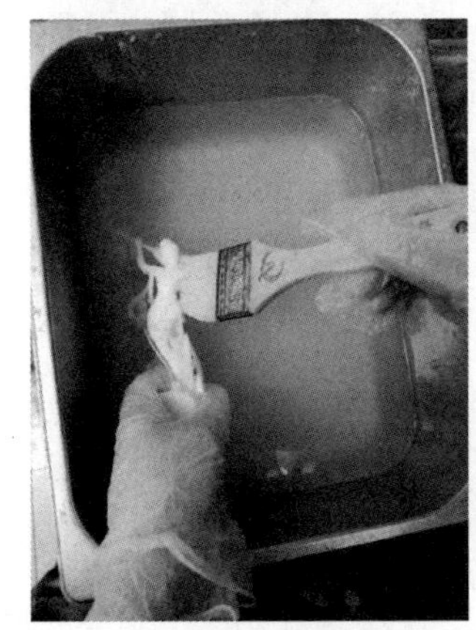

图 3-1-128　清洗模型

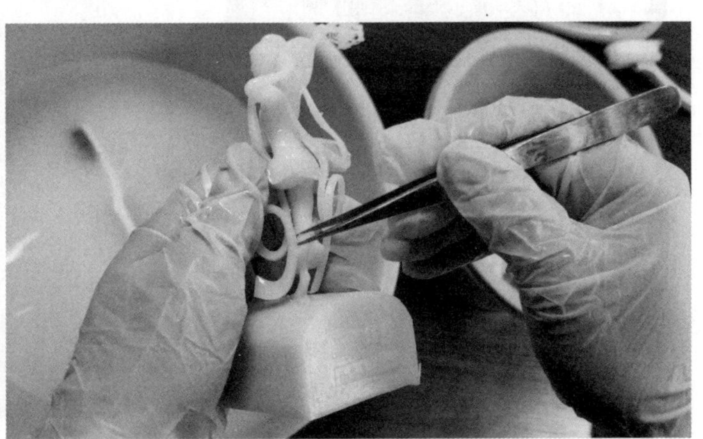

图 3-1-129　镊子去除支撑

Step4：固化

把去除好支撑的模型放在专用固化炉中，如图 3-1-130 所示，一般需要固化 15～20 分钟。

图 3-1-130　固化模型

Step5：打磨

把固化好的模型从固化炉中取出，用砂纸对模型进行打磨，如图 3-1-131 所示，砂纸由粗到细，目数越大越精细，打磨得越光滑，如图 3-1-132 所示，打磨至表面光滑后，模型成品如图 3-1-133 所示。

课堂笔记

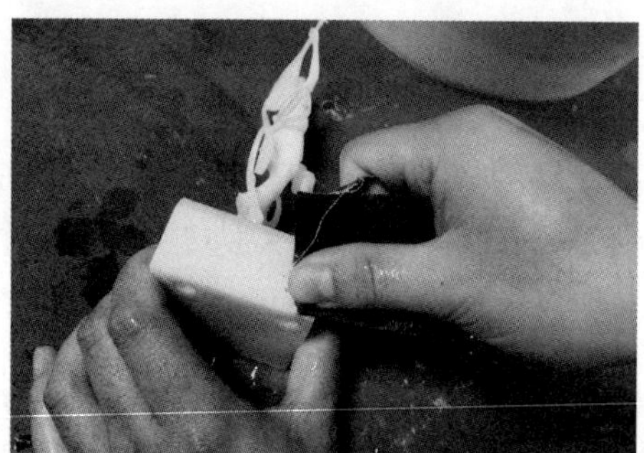

图 3-1-131　打磨模型

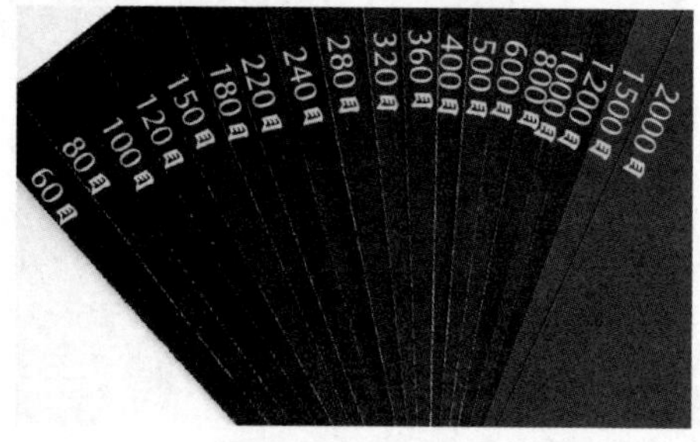

图 3-1-132　砂纸

图 3-1-133　完成模型制作

Step6：补缺

在打印、清理和打磨过程中，模型可能会出现断裂等问题，需要检查模型，对表面不平、有气孔或小缺失的地方，可以用原子灰（腻子）进行填补，之后用砂纸打磨光滑，如图 3-1-134 所示，对特征部分有裂纹或者断裂的用胶水进行黏合和黏接。

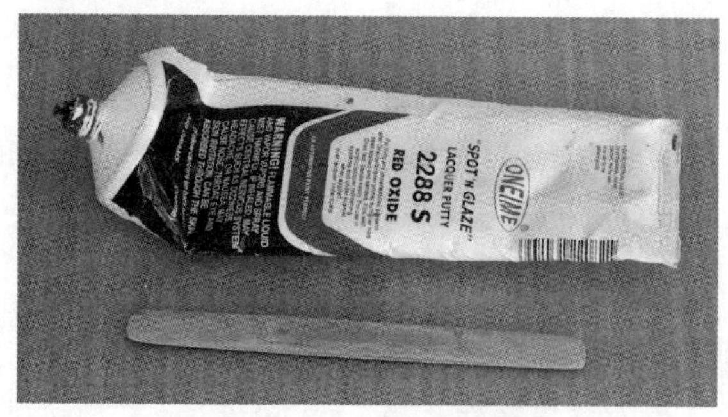

图 3-1-134　填补工具原子灰

【相关知识】

SAL成型3D打印机

1. SAL 成型机工作原理

光固化（Stereo Lithography，SLA）成型技术基本工作原理如图 3-1-135 所示，以光敏树脂为加工材料，加工从底部开始，紫外激光（355nm）根据模型分层的截面数据在计算机的控制下在光敏树脂表面进行扫描，每次产生零件的一层。在扫描的过程中只有激光的曝光量超过树脂固化所需的阈值能量的地方液态树脂才会发生聚合反应形成固态，因此在扫描过程中，对于不同量的固化深度，要自动调整扫描速度，以使产生的曝

光量和固化某一深度所需的曝光量相适应。扫描固化成的第一层黏附在工作平台上，此时工作平台的位置比树脂表面稍微低一点，每一层固化完毕之后，工作平台向下移动一个层厚的高度，然后将树脂涂在前一层上，如此反复，每形成新的一层均黏附到前一层上，直到制作完零件的最后一层（零件的最顶层），从而完成整个制作过程。

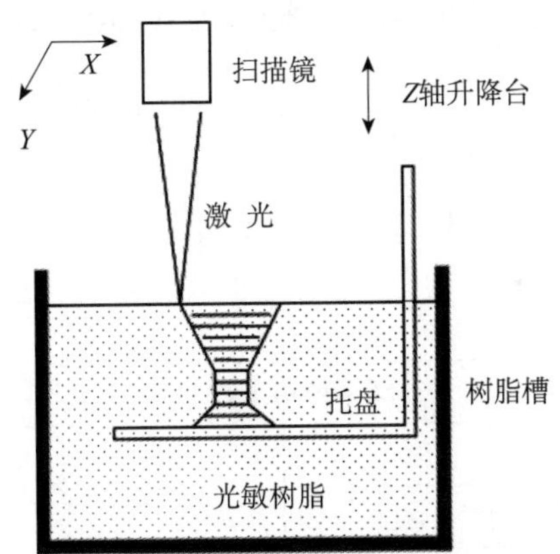

图 3-1-135　SLA 工作原理图

与其他三维打印工艺相比，光固化法 3D 打印的特点是精度高、表面质量好，是目前公认的成型精度最高的工艺方法；原材料的利用率近 100%，无任何毒副作用；能成型薄壁（如汽车覆盖件、装饰件、空心零件等）、形状特别复杂（如发动机进排气管、电视机外壳等）、特别精细（如汽车缸体装配件、家电产品、工艺品等）的零件，特别适用于汽车、家电行业的新产品开发，尤其是样件制作、设计验证、装配检验及功能测试；成型效率高，可达 60～150 克 / 小时，其他工艺方法无法达到。

2. SLA 成型 3D 打印机代表设备及其主要技术参数

第一台商用 3D 打印机就是 Systerm 公司研发的 SLA 光固化打印机，经过几十年的发展，国内 SLA 光固化打印机也已经发展到第 4 代。光固化法 3D 打印是在目前众多的基于材料累加法 3D 打印的工业领域中最为广泛使用的一种方法。迄今为止，据不完全统计，全世界安装的各类工业级 3D 打印机中超过 50% 为光固化 3D 打印机。在我国，使用与安装的工业级 3D 打印机中 80% 为光固化 3D 打印机。西安交通大学最早在中国进行了光固化 3D 打印技术的研究。中瑞科技、上海联泰科技股份有限公司、上海数造科技有限公司等都生产 SLA 光固化 3D 打印机。

1）设备参数

iSLA550 光固化激光 3D 打印机设备参数如表 3-1-1 所示。

表3-1-1　iSLA550光固化激光3D打印机设备参数

激光系统LASER SYSTEM	
激光类型	二极管泵浦固体激光器Nd：YVO4
波长	354.7nm
功率	至液面最低功率300～800mW
涂铺系统R·ECOATING SYSTEM	
涂铺方式	智能定位真空吸附涂层
正常层厚	0.1mm

课堂笔记

续表

快速制作层厚	0.125mm
精密制作层厚	0.075mm
特殊制作层厚	0.05～0.15mm选择
光学扫描系统OPTICAL & SCANNING	
光斑（直径@1/e^2）	0.10～0.50mm
扫描形式	Galvanometer振镜扫描系统
零件扫描速度	推荐 6.0m/s
零件跳跨速度	推荐 10.0m/s
参考制作重量	50～140g/h
升降系统ELEVATOR	
基础台面	大理石基础台面
重复定位精度	± 0.01mm
最大制作零件质量	60kg
树脂槽RESIN VAT	
容积	约120.0L（140kg）
最大零件体积	500mm（X）× 500mm（Y）× 300mm（Z）
控制软件SOFTWARE	
机床控制软件	ZERO 5.0 控制软件
机床软件接口	3D设计软件，STL文件格式
操作系统SOFTWARE	
工控机操作系统	Windows 7
网络类型和协议	Ethernet，TCP/IP，IEEE802.3
安装条件INSTALLATION CONDITION	
电源	200～240V AC 50/60Hz，单相，5/10Amps
环境温度	20～26℃
相对湿度	低于40%，无霜结
设备尺寸	1.45m（W）× 1.05m（D）× 1.85m（H）
设备质量	约830kg
质保期WARRANTY	
激光器	5000小时或者12个月（以先发生为准）
整机	12个月

2）安装环境（见表 3-1-2）

表3-1-2　iSLA550光固化激光3D打印机安装环境

1	供电电源	200～240 VAC 50/60Hz，单相，10Amps
		✧ 电源不要与大电流设备共线，24 小时供电 ✧ 如果电源不稳定，请准备UPS稳压电源。建议采购CSTKC3K不间断电源 ✧ 电源插头接地良好

续表

2	环境温度	20～26℃
		✧ 因 24 小时运行，建议安装 1.5P 冷暖变频空调器
3	相对湿度	低于 40%，无霜结
		✧ 需 24小时进行除湿处理，建议加装DH-858D川岛除湿机
4	设备尺寸	iSLA550：1.42m（W）×1.03m（D）×1.85m（H）
		✧ 需注意货到后到安装位置搬运移动通道尺寸 ✧ 设备自带地脚滚轮 ✧ 设备左右及后面各应留出 500～600mm空间，以利于后续检修及维修 ✧ 地面或楼面承重设计超过 $500kg/m^2$
5	设备重量	iSLA550：800kg
		✧ 设备到货卸车需要 3～5吨叉车或吊车，设备内部有吊装孔 ✧ 由于机器较重，可能会压坏地面。如果是地板砖或软质地面，需有采取保护路面的措施 ✧ 如果路面有台阶，要采取适当措施，防止脚轮折断或过大的振动损坏设备部件
6	照明环境	✧ 为防止自然光引起树脂的老化，对设备安装间的照明应采用飞利浦黄色无紫外线荧光灯或白炽灯泡 ✧ 设备安装间若有玻璃窗，则玻璃窗要贴防紫外膜或窗户要安装遮光窗帘，严禁阳光直射

3）打印机特点

（1）采用高速振镜扫描系统，光斑均匀、扫描速度快，精度高。

（2）智能定位吸附式刮板，全不锈钢材料，涂层均匀可靠，涂层速度快。

（3）便携式可拆卸网板，操作方便快捷。

（4）扫描路径自动优化，可设定精细模式和快速模式。

（5）大理石台面，长期稳定性高，高精丝杠导轨、伺服马达驱动。

（6）激光功率在线测量，工艺参数优化设定。

（7）液位自动控制，液位重复控制精度≤ 5μs，保证制件加工精度。

（8）触摸液晶显示方便操作，操作系统采用 Windows 7。

（9）运动控制采用专业运动控制卡，控制平稳精确。

（10）支持 Pro/E、UGII、SolidWorks、CATIA、DelCAM 等所有三维软件。

（11）能制造任意复杂程度的实体模型，无须特殊工装和工具。

（12）能制作非常精细的细节、薄壁零件（0.2mm），精度高。

（13）成型表面质量高，后处理方便。

（14）自动化程度高，加工过程全自动，24 小时无人值守。

3. iSLA 系列打印机拓展介绍

1）成型室

成型室是 iSLA 系列 3D 打印机的打印工作空间，主要包含工作平台、成型平台激光定位器、刮平器（刮刀）、刮平器水平液及树脂槽等部分。

工作平台：也称为网板，在打印过程中起到承载零件的作用，如图 3-1-136 所示。

成型平台激光定位器：用于定位工作平台的高度，如图 3-1-137 所示。

课堂笔记

刮平器（刮刀）：在打印过程中进行涂铺树脂，如图 3-1-138 所示。
刮平器水平液：用于检测刮平器的水平，如图 3-1-139 所示。
树脂槽：盛装光敏树脂的容器，如图 3-1-140 和图 3-1-141 所示。

图 3-1-136　工作平台

图 3-1-137　成型平台激光定位器

图 3-1-138　刮平器（刮刀）

图 3-1-139　刮平器水平液

图 3-1-140　树脂及树脂槽

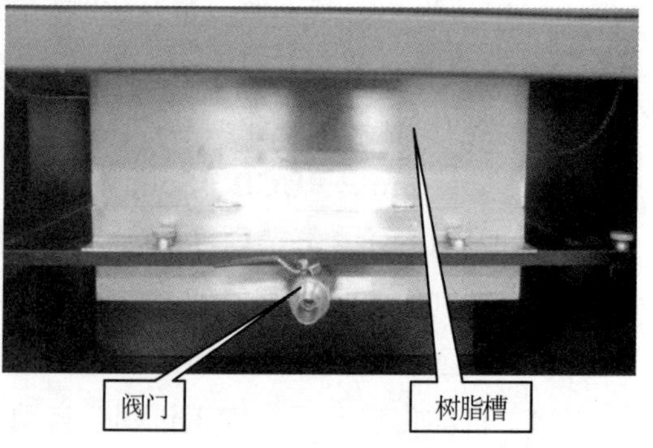

图 3-1-141　树脂槽

注：打开树脂槽操作柜门，可以看到一个阀门，可通过此阀门排放树脂。
iSLA 200 树脂槽为可拆卸式。
2）“急停”按钮
机器运动出现紧急情况时，按下此按钮，机器的运动系统均将停止。
待问题排除后，再顺时针旋转此按钮即可正常工作，如图 3-1-142 所示。

3）显示器

iSLA 系列 3D 打印机标配显示器为电阻触摸显示器，如图 3-1-143 所示。

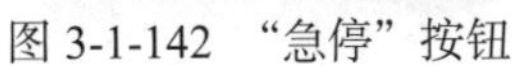
图 3-1-142　“急停”按钮

图 3-1-143　标配显示器

温馨提示：按下按键将使其处于使能状态，同时按键将发亮，再次按击，进行关闭。

4）激光控制柜

打开激光控制柜柜门，可见激光操作器面板，对激光电源控制器进行控制操作，如图 3-1-144、图 3-1-145 所示。

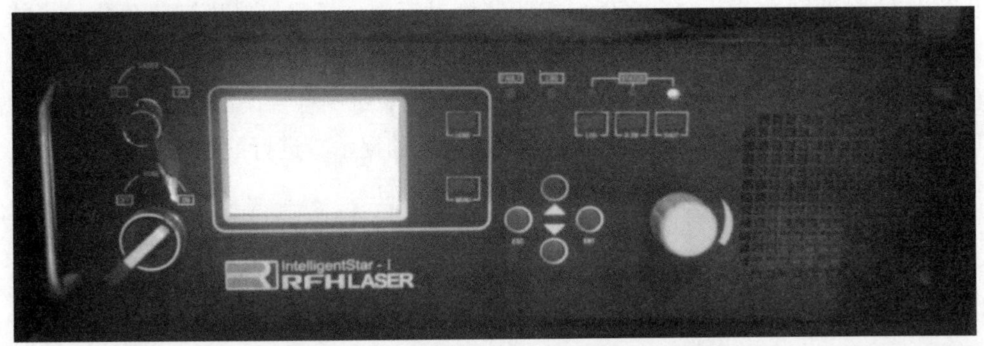

图 3-1-144　RFH 激光电源控制器操作面板

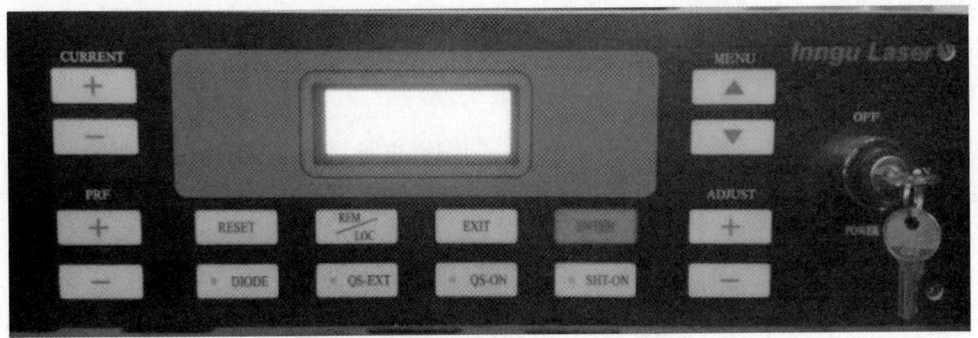

图 3-1-145　英谷激光电源控制器操作面板

可以根据客户需要，配置激光器和激光控制柜。

5）激光器

激光器：位置在设备顶上内部，提供紫外线激光，可由软件控制。

课堂笔记

类型：如图 3-1-146 所示。

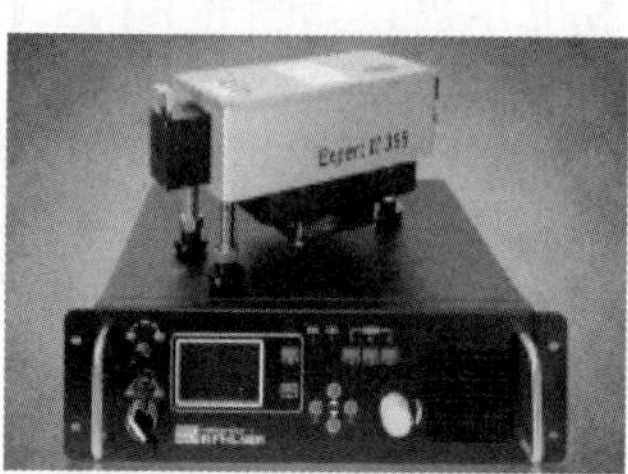

瑞丰恒（风冷）

英谷（风冷）

华日（水冷）

SP（风冷）

图 3-1-146　激光器类型

4. Magics21 功能特色介绍

1）模型修复

不论是直接建模的三维模型，还是通过逆向工程反求的三维模型，不一定是Magics软件可以直接进行操作的文件格式。所以，首先要将这些三维模型转换成 Magics 软件可以操作的文件格式——STL 文件。在此转换过程中，要将三维模型三角化，可能会出现一些错误，每种错误 Magics 软件都用相应的颜色进行标示，此类错误是必须要修复的，否则不能进行快速成型加工。Magics 软件针对每一种错误都有相对的修复工具，可以手动修复；也有修复向导，用户可以根据向导的提示，进行一步一步的修复，非常方便。

2）摆放位置

对于不同的零件形状，应有不同的摆放位置，才能保证零件的加工质量。特别是对于有花纹、薄壁、螺纹等特征的零件都有不同的对应摆放方式。对于有花纹的零件，如果把花纹面向下就会使支撑和花纹接触，表面不会很光顺，而且在打磨过程中，会使花纹受到破坏。正确的摆放方式应当是使花纹面向上，以保证表面的质量。对于螺纹件，摆放时要保证螺纹的形状和螺纹，能够和其他的件进行装配。还有就是要尽量在一次加工过程中做尽可能多的工件，这样既节省成本又节省时间。

3）切片输出

在摆放好文件之后要加支撑，对于支撑的编辑也是整个过程中非常重要的一环。支撑的多少、类型、稳固性都直接影响加工零件的质量。编辑好支撑之后，就可以切片输出 CLI 文件送到快速成型机上加工了。

4）布尔运算

单击图 3-1-46 中的“布尔运算”图标，弹出“布尔运算”对话框如图 3-1-147 所示；选择上身模型和底座模型，再选择“并”，单击“确定”按钮，完成合并。

温馨提示：布尔运算是指从某一个模型中减去，或加上，或与其他模型相交的运算，有 4 种运算的方式，可以根据要求做相应选择。

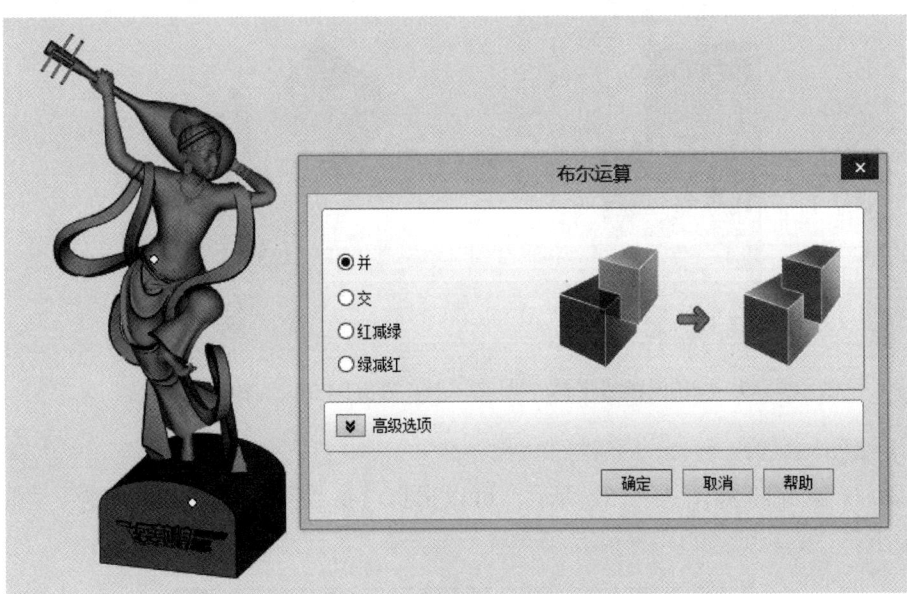

图 3-1-147　“布尔运算”对话框

5）旋转

模型导入时，位置不一定符合打印摆放要求。我们必须根据模型本身特征和打印工艺合理摆放模型。

单击“旋转”图标，弹出如图 3-1-148 所示“旋转”对话框，结合模型的特征，通过分析，确定摆放的位置和角度，如图 3-1-149 所示，图中模型直立时，箭头所示的位置必定要添加支撑，模型摆放如图 3-1-150 所示，原本需要添加支撑的部位就不需要添加支撑了，所以在模型的摆放过程中，我们要根据模型的形态特征，把模型旋转一定的角度，从而减少细节处添加的支撑数，减少细节处打磨的难度，从而提高工作效率。

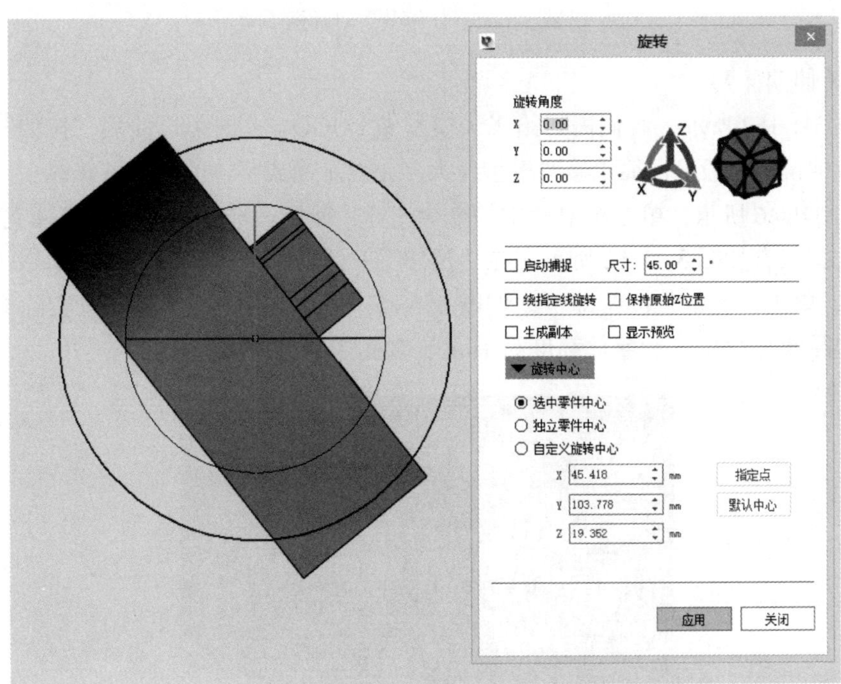

图 3-1-148　“旋转”对话框及视图窗口

课堂笔记

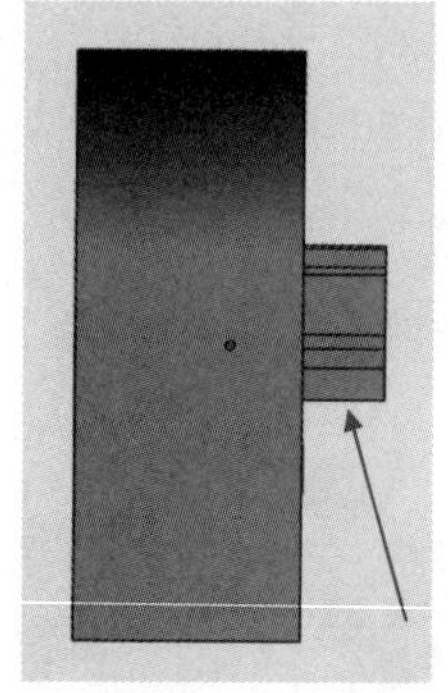
图 3-1-149　旋转前模型状态

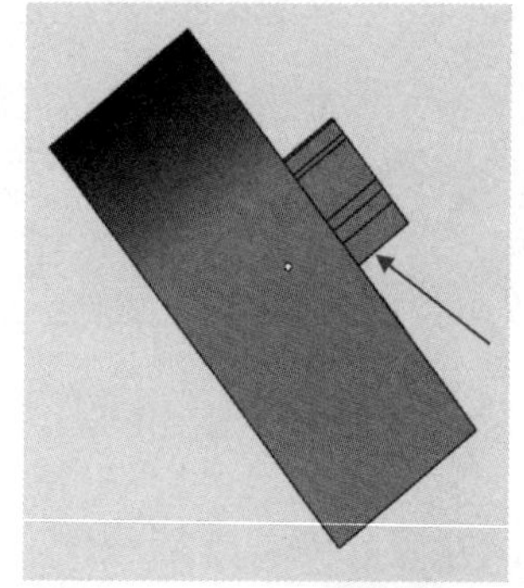
图 3-1-150　旋转后模型状态

6）缩放

“缩放”对话框如图 3-1-151 所示，可以根据“系数”“结果尺寸”“差”值修改模型的大小。

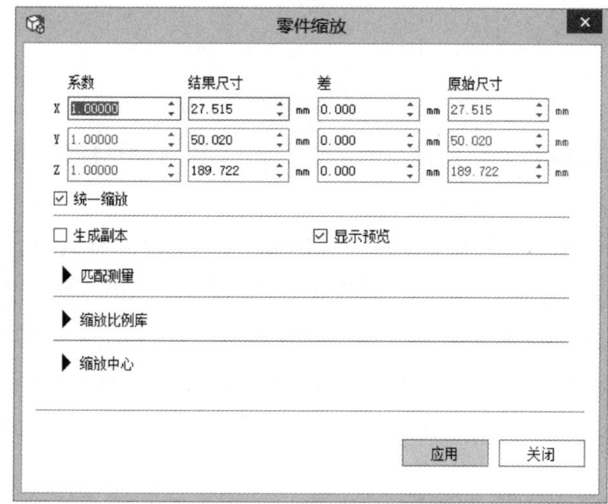

图 3-1-151　“缩放”对话框

7）拉伸偏移

如图 3-1-152 所示，我们需要给飞天模型做 LOGO，此时可以使用“拉伸”命令来完成。拉伸偏移一般可以简单修改模型，大多是对平面或字体的高度做修改。

如图 3-1-46 所示，单击菜单栏中的拉伸图标，使用面选择工具，再选择文字的面，文字被选择状态如图 3-1-152 所示，在“拉伸”对话框中输入相应的高度参数（即“偏移”量），单击“确定”按钮即可，如图 3-1-153 所示。字体拉伸高度按实际要求，本任务模型高度为 150mm，字体高度为 1mm，如图 3-1-154 所示。

图 3-1-152　选中拉伸文字

课堂笔记

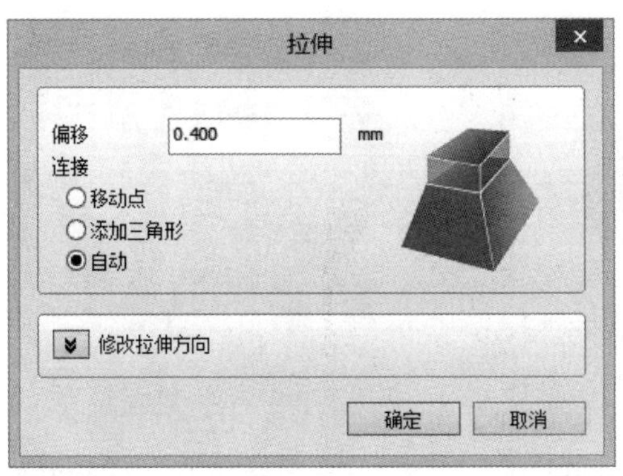

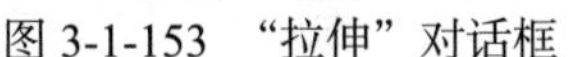
图 3-1-153　“拉伸”对话框

图 3-1-154　拉伸后视图窗口

8）模型切割

在打印过程中，有时产品的尺寸较大，需要对模型进行切割分离，分别打印后，用黏结剂（一般指胶水，一般为 AB 胶）将模型黏结在一起。

（1）简单切割：单击“工具”菜单→“切割 & 打孔”命令图标，进入“切割或打孔”对话框，如图 3-1-155 所示，单击“绘制多段线”按钮，在视图窗口绘制需要的多段线截面，如图 3-1-156 所示，单击“选择齿形线”按钮，选择视图中需要转化为齿轮的线，被选择的线为品红色，选中后进入“定义齿参数”对话框，拖动“尺寸”进度条，对话框如图 3-1-157 所示（向左拖动齿变小），单击“应用”按钮，多断线变成绿色齿状，如图 3-1-158 所示，再单击“确定”按钮，回到“切割或打孔”对话框，勾选“多段线参数”中的“间隙”选项（使用切割指令对产品进行切割的时候需要打开间隙设置公差，一般 0.2mm 左右，根据装配结构的尺寸大小进行相应的调整，否则产品后期不易装配），单击“预览”按钮，视图窗口如图 3-1-159 所示，单击“应用”按钮，进行模型切割，如图 3-1-160 所示，利用“平移”命令，把两个模型分开，如图 3-1-161 所示。

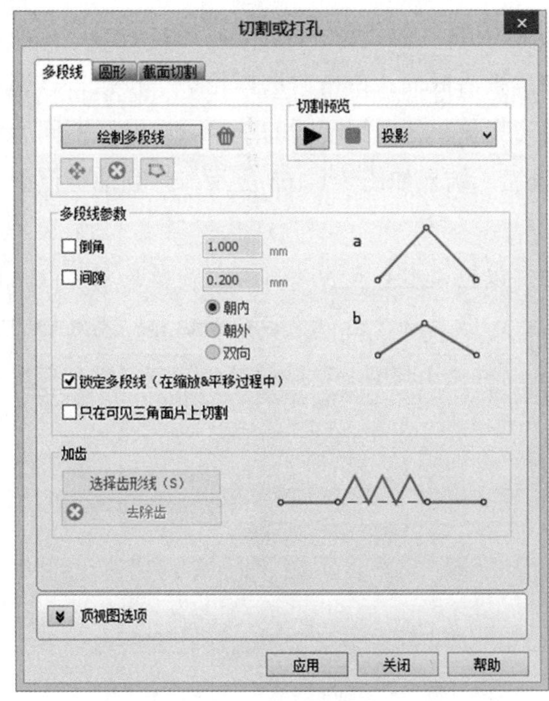

图 3-1-155　“切割或打孔”对话框

图 3-1-156　完成多段线绘制视图窗口

课堂笔记

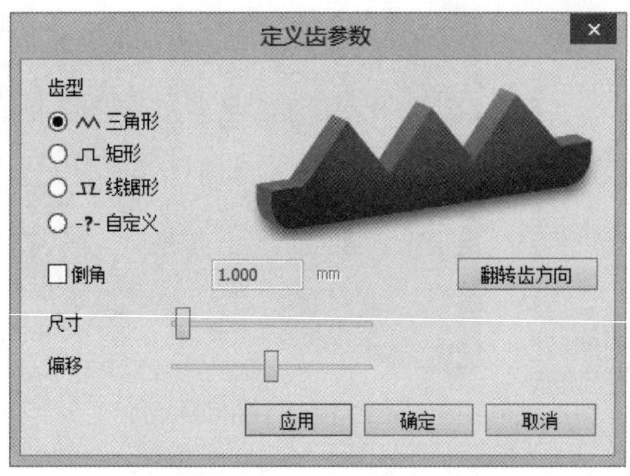

图 3-1-157 “定义齿参数”对话框

图 3-1-158 设置锯齿参数后视图窗口

图 3-1-159 切割前预览

图 3-1-160 切割

图 3-1-161 完成模型切割

（2）高级切割：单击“工具”菜单→切割“打孔”命令图标，打开“切割或打孔”对话框如图 3-1-162 所示，选中“截面切割”选项卡，如图 3-1-162 所示，“截面切割类型”选择“高级”，在图 3-1-163 中，激活截面；单击“选择轮廓”按钮，点选左侧截面轮廓线，被选中的截面轮廓线会高亮显示，根据不同的壁厚可以设置不同的参数，如图 3-1-164 所示，单击“应用”按钮，结果如图 3-1-165 所示，顺利地将模型分成两个部分。

温馨提示：简单切割和高级切割都可以把模型分成 N 个部分，简单切割可以把切割面切成齿状（矩形或线锯形或其他形状），这是为了打印完成便于黏接；高级切割可以把模型的截面切成互补的凸台和凹槽，同样便于模型打印后的黏接。可以根据模型的复杂程度选择切割的方式。

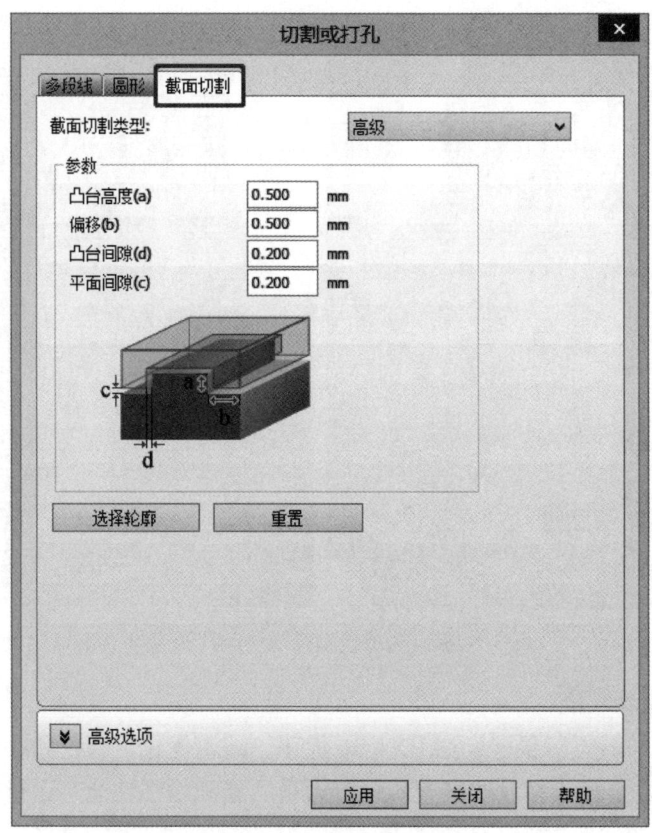

图 3-1-162　“截面切割”选项卡

图 3-1-163　截面线预览

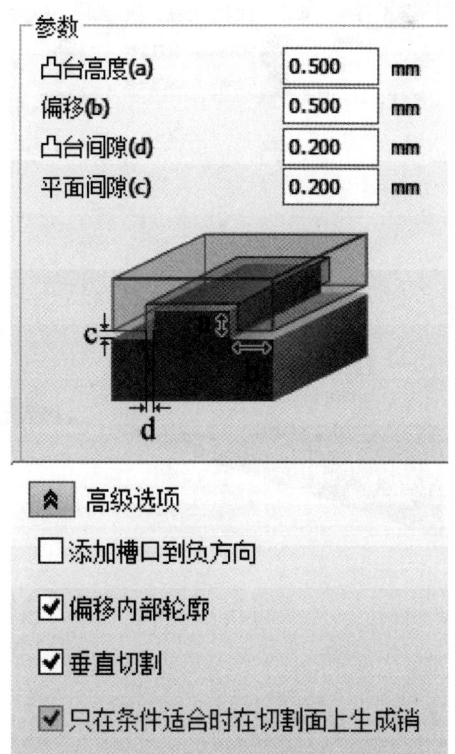

图 3-1-164　切割截面参数设置

课堂笔记

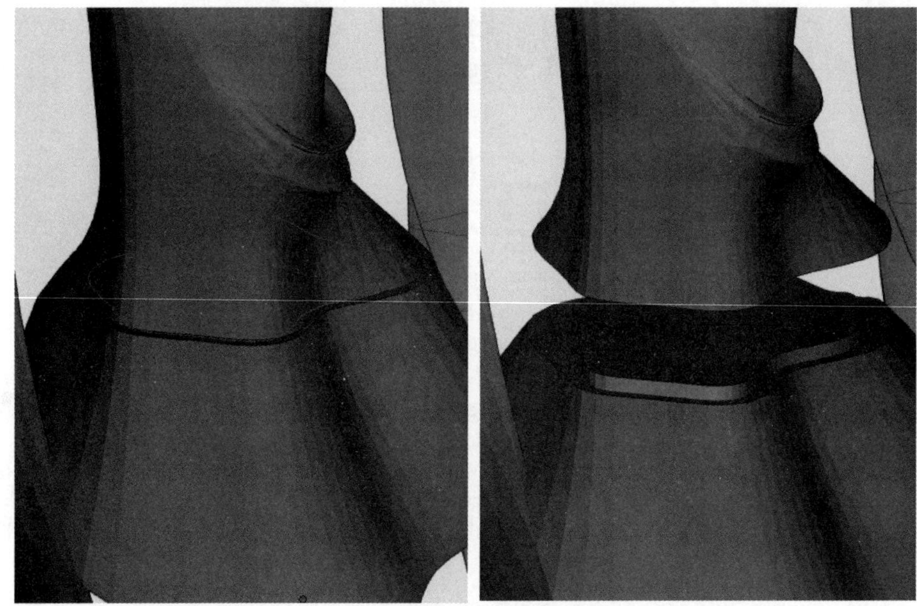

图 3-1-165 完成模型高级切割视图窗口

9）Magics21 新功能

Magics21 带来的更新很多，如 UX/UIy 优化、编辑优化、颜色和纹理、新的摆放工具，对支撑模块、金属支持及烧结模块也有大量更新和增强功能，运行软件后单击“选项 & 帮助”再选择“新功能”即可查看详情，共 56 页，如图 3-1-166～图 3-1-168 所示。

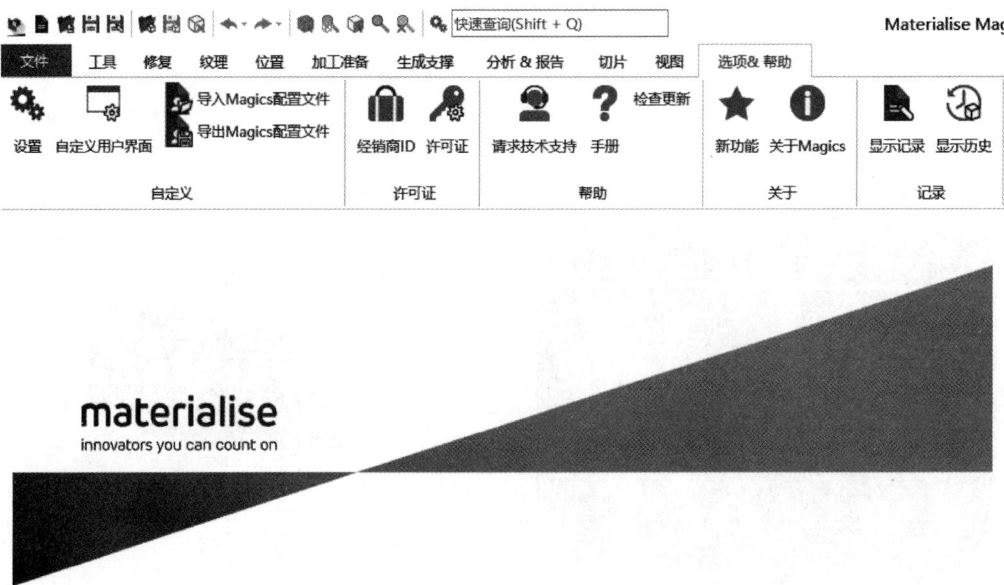

图 3-1-166 Magics 21 新功能（1）

课堂笔记

图 3-1-167　Magics 21 新功能（2）

图 3-1-168　Magics 21 新功能（3）

【课后拓展】

仿照任务 3.1 操作，应用光固化 3D 打印机，打印毛公鼎。

任务3.2　漫画版浩克3D打印

【任务引入】

浩克（Hulk），如图 3-2-1 所示，美国漫威漫画旗下超级英雄，初次登场于《不可思议的浩克》第一期（1962 年 5 月），由斯坦 · 李和杰克 · 科比联合创造，在过去 40 年中，浩克几乎与漫威漫画中每一个英雄和反派交战过。为满足世界各国影迷的需求，可以通过 3D 打印获得不同造型的浩克，下面就用 DLP 技术来制造漫画版的浩克。

DLP 是“Digital Light Procession”的缩写，即数字光处理，也就是把影像信号经过数字处理后光投影出来，是基于美国德州仪器公司开发的数字微镜元件——DMD 来完成可视数字信息显示的技术。DLP 光固化 3D 打印技术的基本原理是数字光源以面光的形式在液态光敏树脂表面进行层层投影，层层固化成型。

本次任务：根据客户提供的浩克三维数字模型，如图 3-2-2 所示，使用 DP100 3D

课堂笔记

打印机，完成浩克的3D打印及后处理。

图 3-2-1 浩克

图 3-2-2 漫画版浩克模型

【任务分析】

浩克作为美国漫威漫画旗下超级英雄，经过多次设计，模型精细，一般FDM和SLA技术难以达到制件要求；DLP技术其精度可达到0.05mm，材质好，纹路清晰，凸显细节，因此我们选用北京诚远达科技有限公司DP100 3D打印机来完成漫画版浩克的3D成型。

按照3D打印的一般流程（如图2-3-1所示），第1步：进行模型检查修复，要先把浩克模型转成STL格式文件，再对文件进行分析，是否满足打印要求；第2步：进行切片处理，根据模型，合理摆放位置，构建支撑，进行切片处理，生成3D打印机能执行的G-Code代码文件，第3步：操作3D打印机完成浩克打印，使用SD卡（或其他方式）把上一步生成的G-Code代码文件导入打印机，操作DP100 3D打印机，完成浩克打印；第4步，取下打印好的浩克，用95%以上浓度的酒精清洗并去除支撑；第5步打印后处理，清理浩克表面，固化制件，根据客户需求上色。

完成本任务，可实现下列目标。

素质目标：

1. 自信自强。能够从容地应对复杂多变的环境，独立解决问题。
2. 诚实守信。能够了解、遵守行业法规和标准，真实反馈自己的工作情况。
3. 审辩思维。能够对事物进行客观分析和评价，客观评价他人的工作，反思自己的工作。
4. 学会学习。愿意学习新知识、新技术、新方法，独立思考和回答问题，能够从错误中吸取经验教训。
5. 团队协作。能够与他人分工协作并共同完成一项任务，共同营造和维护团队的良好工作氛围。
6. 沟通表达。能够准确并清晰易懂地传递信息，充分论证观点，在团队中恰当地表达观点和立场。
7. 持之以恒。具有达成目标的持续行动力。
8. 精益求精。有不断改进、追求卓越的意识，有严谨的求知和工作态度，有坚持不懈的探索精神，能够优化工作计划，能够改进工作方法。

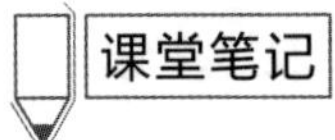

9. 安全环保。具备生产规范和现场 7S 管理意识；能够妥善地保管文献、资料和工作器材；能够规范地使用及维护工具；能够保持周围环境干净整洁；能够明确和牢记安全操作规范；能够规范地操作。

知识目标：

1. 熟悉 DLP 打印技术应用领域。
2. 了解 DLP 打印机的工作原理。
3. 了解 DLP 打印技术的优缺点。
4. 掌握 DLP 打印技术常用切片软件应用。
5. 掌握 DLP 打印工艺及参数设置。
6. 掌握 DLP 打印技术后处理工艺。

能力目标：

1. 会 3D 打印模型检查及修复。
2. 能根据模型合理摆放位置及设置支撑。
3. 能根据 3D 打印机，对模型进行切片处理并导出切片文件至打印机。
4. 会 DLP 打印工艺及参数设置。
5. 会操作 DLP 打印机，制作 3D 打印模型。
6. 会 DLP 打印技术后处理工艺。

【任务实施】

根据浩克 3D 打印任务分析，我们开始任务的第 1 步，检查浩克模型，浩克模型可以使用 Maya、3dMAX 等正向软件自行设计，也可以应用逆向扫描得到，或者从网上下载模型（http://www.Miracle3d.com/Model3D、http://www.thingiverse.com/、http://www.dayin.la/等）。本次打印的模型是客户提供给我们的 STL 格式文件。

3.2.1　DP100打印机切片软件安装

模型切片一般流程如图 2-3-2 所示。

切片软件将模型信息转换为机器能够读取的语言，也就是 G-Code 代码。这些代码中含有每一层切片的路径信息，会指示打印机的运动轨迹，从而完成模型打印。

Step1：安装ChiTuBox1.5.0软件切片软件

找到机器自带的并打开“软件安装包”（如果没有，可以去北京诚远达科技有限公司官网载），双击 DP100切片软件文件，弹出如图 3-2-3 所示的“安装路径选择”对话框，选择安装的路径。

选择完安装路径后，单击“确定”按钮，弹出如图 3-2-4 所示的“许可证协议”对话框，单击“我接受”按钮，弹出如图 3-2-5 所示的软件安装向导对话框，单击“下一步”按钮，弹出如图 3-2-6 的所示语言选择对话框，选择“中文（简体）”，单击“OK”按钮，返回到安装向导对话框，单击“安装”按钮，弹出如图 3-2-7 所示的安装界面，接受默认安装选项；直至完成安装，弹出如图 3-2-8 所示的安装完成对话框。

课堂笔记

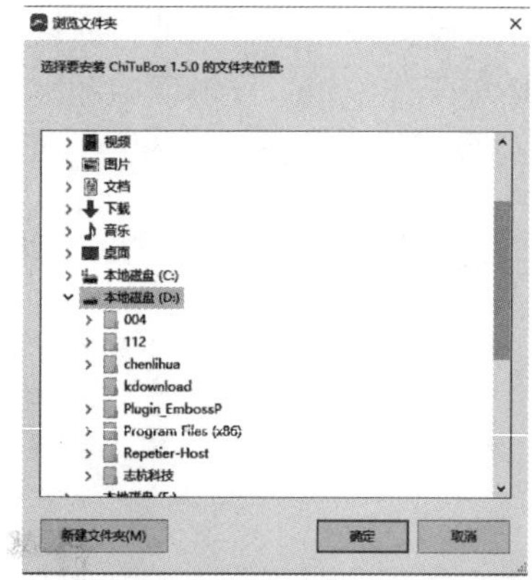

图 3-2-3 “安装路径选择”对话框

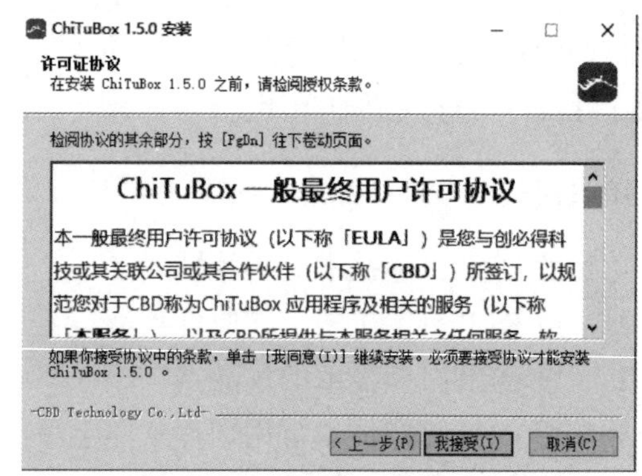

图 3-2-4 “许可证协议”对话框

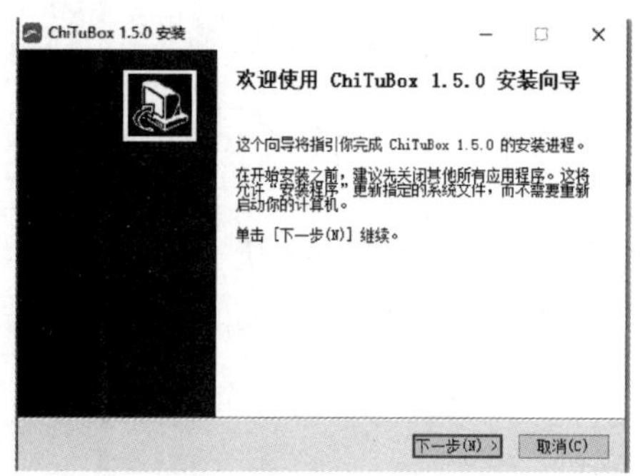

图 3-2-5 软件安装向导对话框

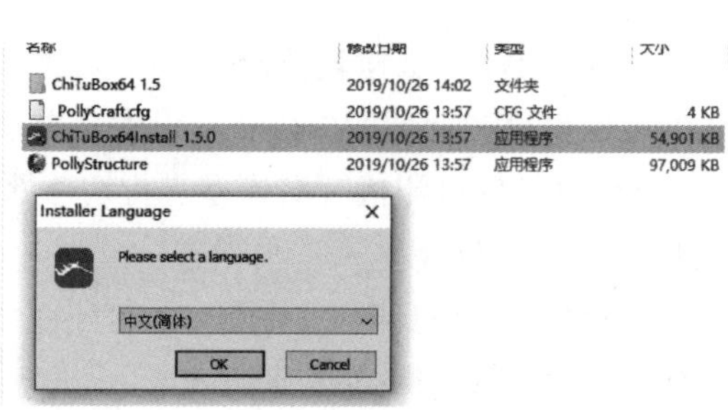

图 3-2-6 语言选择对话框

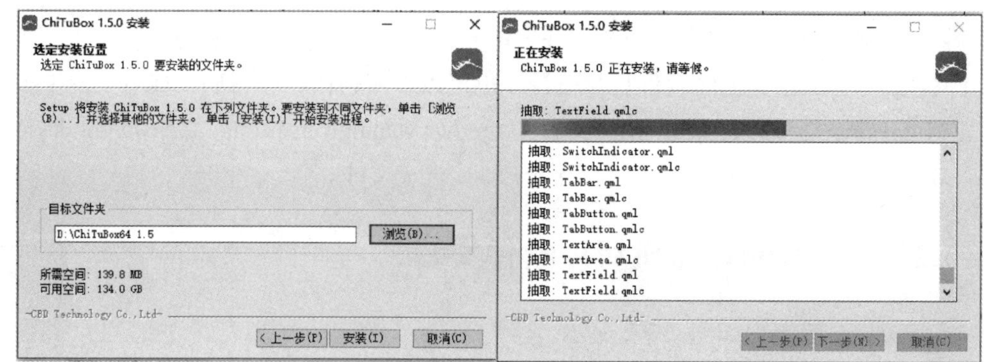

图 3-2-7 安装界面

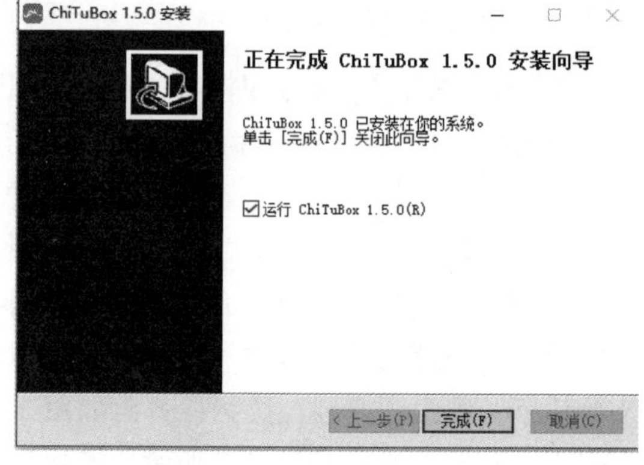

图 3-2-8 安装完成对话框

课堂笔记

3.2.2　浩克模型切片

诚远达 DLP 3D 打印机 DP100 软件操作视频

Step1：打开ChiTuBoxV1.5.0软件

双击快捷图标，打开 ChiTuBoxV1.5.0 软件，弹出如图 3-2-9 所示的 ChiTuBoxV 1.5.0 软件界面。

图 3-2-9　ChiTuBoxV1.5.0 软件界面

Step2：导入浩克模型

单击操作界面中的“打开文件”图标，弹出如图 3-2-10 所示的“打开文件”对话框，选择浩克模型所在路径，导入浩克模型，结果如图 3-2-11 所示。

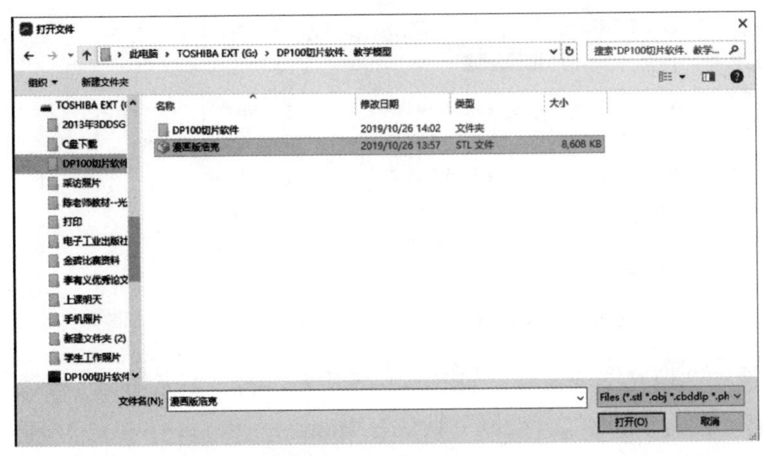

图 3-2-10　“打开文件”对话框

图 3-2-11　浩克模型成功加载

Step3：合理摆放浩克模型

浩克模型加载后在平台中间，可以不用调整；比例采用默认的 1∶1，也不需要设置。如果需要调整和缩放比例，详见相关知识。

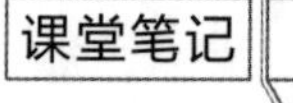

Step4：切片设置

完成模型摆放后，需要根据模型的工艺要求进行参数设置。

如图 3-2-12 所示，单击软件界面右侧的图标，激活设置界面；单击“切片设置”按钮，弹出如图 3-2-13 所示的“切片设置”对话框。

（1）设置机器。我们需要根据 DP100 的打印机尺寸进行设置。选中“机器”选项卡，“名称”可以默认（Default），也可以修改成 DP100；分辨率“X”设为 1800 像素，“Y”设为 800 像素，选中“锁定比例”单选项。“尺寸”栏中，设“X”为 180mm，“Y”为 80mm，“Z”为 150mm，“镜像”设为“DLP_normal”。

图 3-2-12 “设置”界面

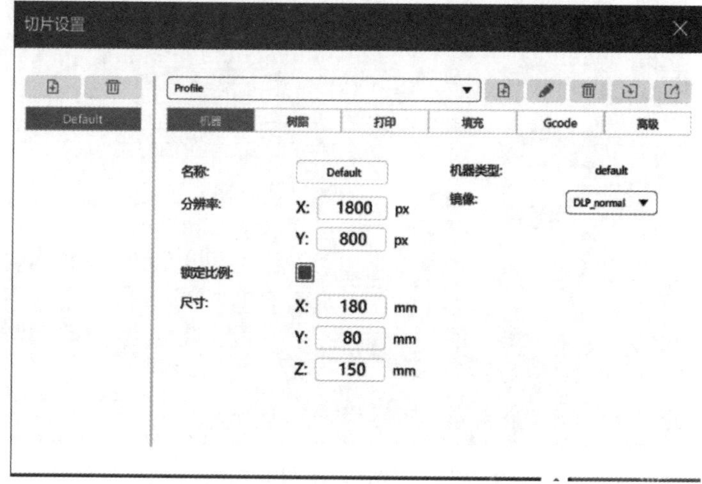

图 3-2-13 “切片设置”对话框

（2）设置打印参数。选中“打印”选项卡，参数默认原机型设置，如图 3-2-14 所示。

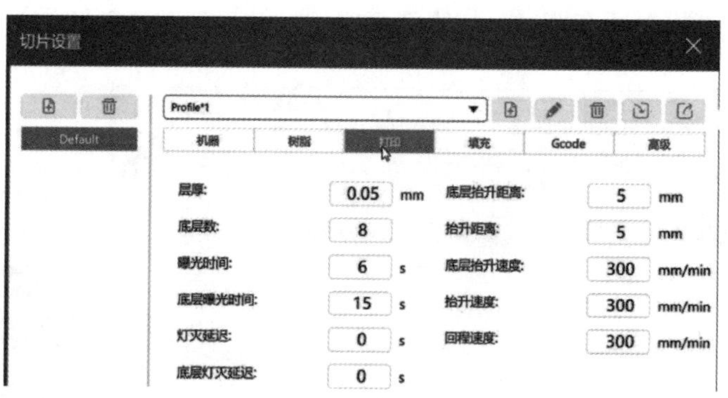

图 3-2-14 设置打印参数

（3）“填充”设置。选中“填充”选项卡，如图 3-2-15 所示，将“填充结构”修改为“网格 3d”，“填充密度”设为“30%”，“壁厚”默认为 1mm。

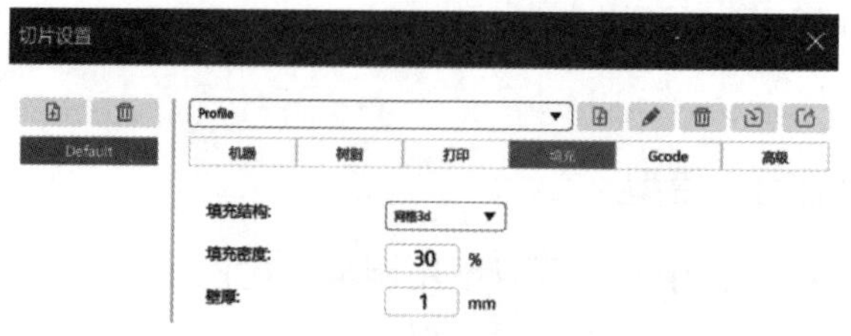

图 3-2-15 设置填充参数

（4）“树脂”设置。选中“树脂”选项卡，如图 3-2-16 所示，可以设置树脂材料的类型、密度、价格，此处我们默认其参数。

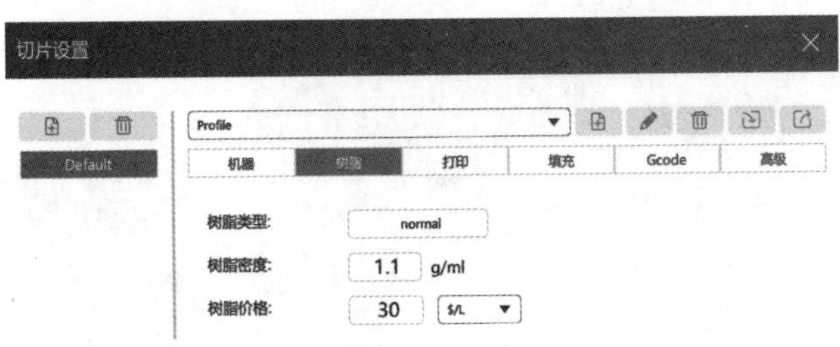

图 3-2-16　设置树脂参数

Step5：设置支撑

机型及打印参数设置完成后，开始进行支撑设计。单击“支撑”图标，弹出如图 3-2-17 所示的“支撑设置”对话框。

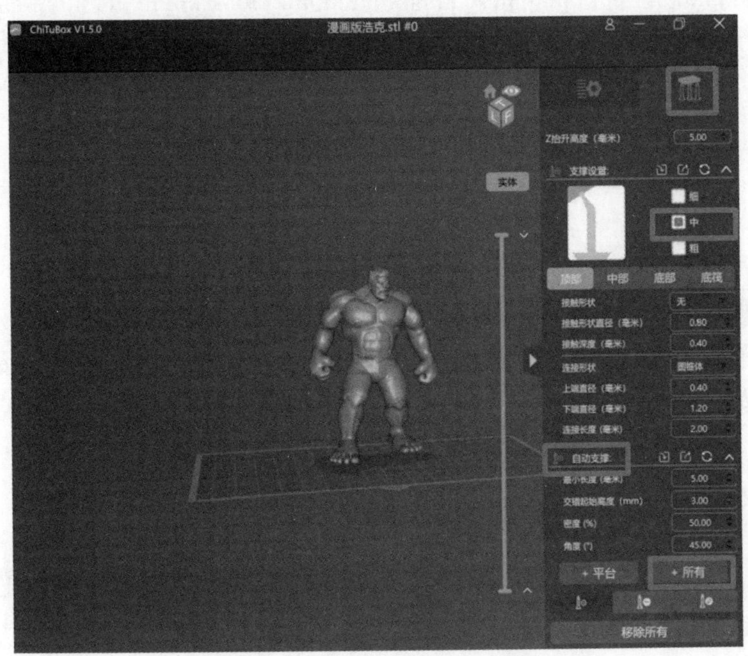

图 3-2-17　“支撑设置”对话框

（1）*Z* 轴抬升高度。根据模型打印需要，模型与底板之间需要有一定的高度，构建支撑，让模型吸附在平台上，同时方便取件；如果模型直接吸附在平台上，取件比较难。一般我们可以默认其高度为 5mm。

（2）设计支撑。支撑类型有 3 种：细、中、粗，可以根据模型大小、质量等进行选择。浩克模型打印时，可以根据经验选择“中”及“自动支撑”；单击“所有”按钮，自动生成支撑，结果如图 3-2-18 所示。生成支撑后需要判断模型生成的支撑是否满足打印需求，如果不满足打印需求，可以单击“新增单个支撑”图标来手动增加需要的支撑。

单击“新增单个支撑”图标，可以手动添加单个支撑，如图 3-2-19 所示，从浩克的下颚处添加支撑，以支撑头部。

课堂笔记

温馨提示： 选中需要删除的支撑，单击“删除单个支撑”图标，即可删除选中的支撑。

单击“编辑支撑”图标，即可编辑选中的支撑。

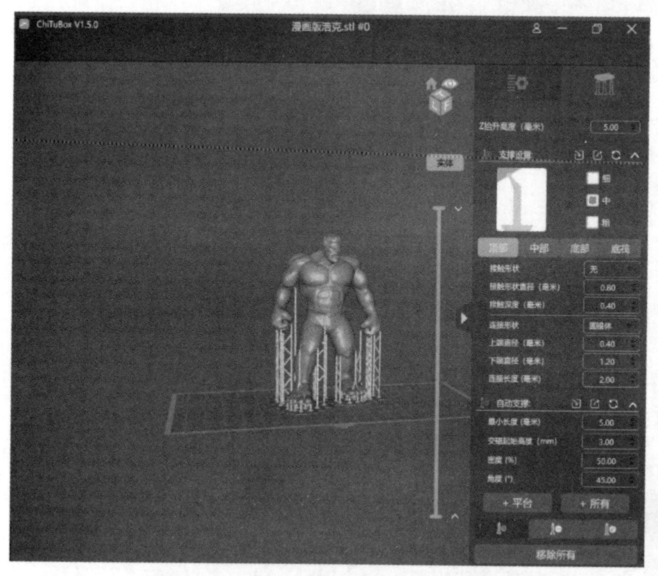

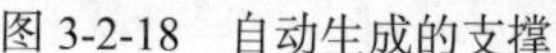
图 3-2-18　自动生成的支撑

图 3-2-19　手动添加支撑

Step6：镂空模型

为了节省时间和材料，可以镂空模型，打印壳体。

单击图标，回到设置界面；再单击图标，弹出如图 3-2-20 所示的“镂空”对话框，设置镂空的“壁厚”为 1.2mm，勾选“内”选项，单击“开始”按钮，软件开始镂空计算如图 3-2-21 所示，结果如图 3-2-22 所示。从外表我们看不出区别，但拖动右侧进度条，可以看到，模型已经变成了空心的。

温馨提示：

勾选“内”选项：模型向内抽壳，模型外形尺寸不变。

勾选“外”选项：模型向外抽壳，模型外形尺寸变大，向外增大壁厚尺寸。

镂空“壁厚”一般设为 0.6～1.2mm。

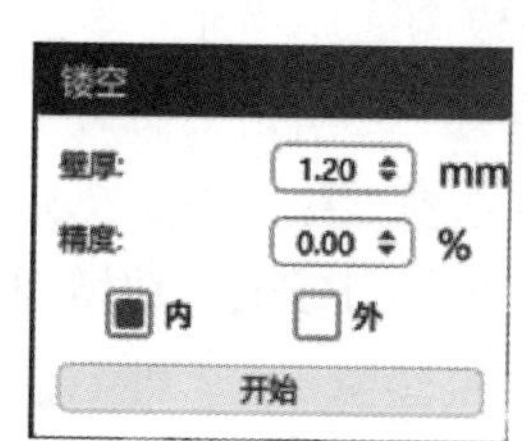

图 3-2-20　“镂空”对话框

图 3-2-21　镂空计算

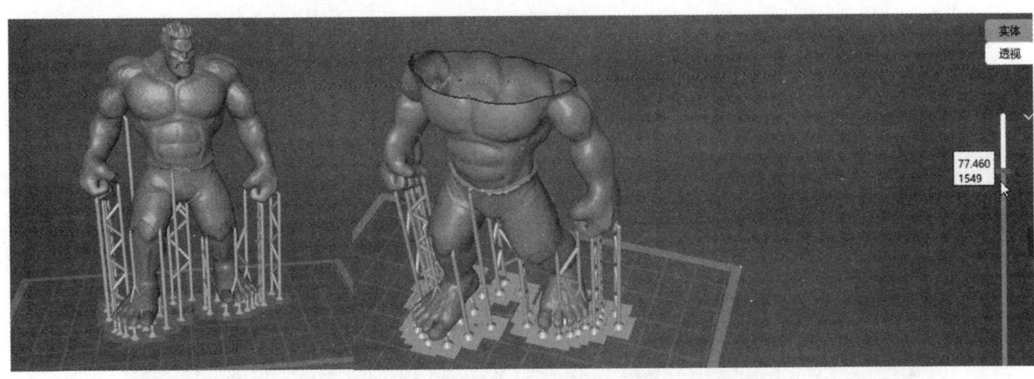

图 3-2-22　镂空结果

Step7：挖洞

图 3-2-23　“挖洞”对话框

模型壳体是封闭的，打印时，壳体内腔也会充满树脂材料，为了使材料从内腔流出，需要在模型上挖洞。单击“挖洞”图标，会弹出如图 3-2-23 所示的“挖洞”对话框。可以在模型上挖洞，一般会自动生成一个圆形直径为 2mm× 深度为 10mm 的洞，生成洞后需要判断模型生成的洞是否满足打印需求，如果不满足打印需求，可以单击“添加一个洞”按钮来手动增加需要的洞。

Step8：切片处理

设置完成后，可以进行切片处理。单击图 3-2-12 所示“设置”界面中的“切片”按钮，软件开始切片处理如图 3-2-24 所示。结果如图 3-2-25 所示，显示切片信息。

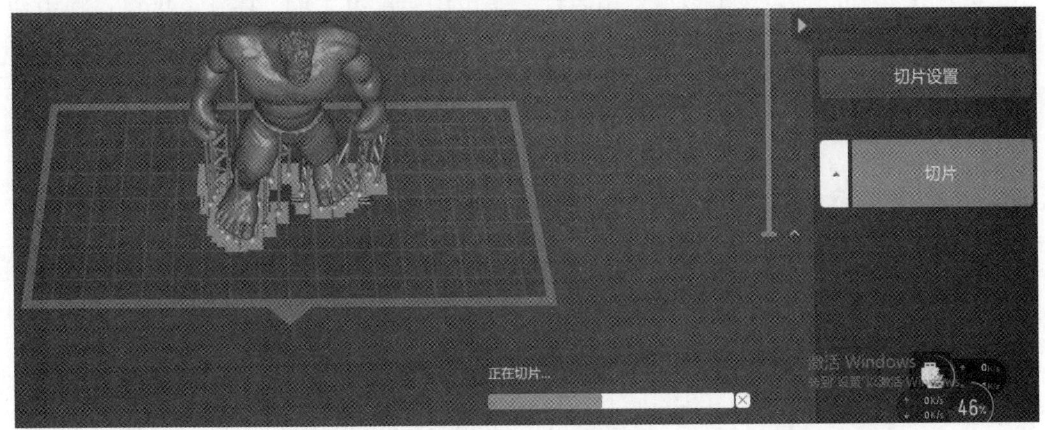

图 3-2-24　切片处理

切片完成后可以拖动进度条来查看每一层的形状，如图 3-2-26 所示。

课堂笔记

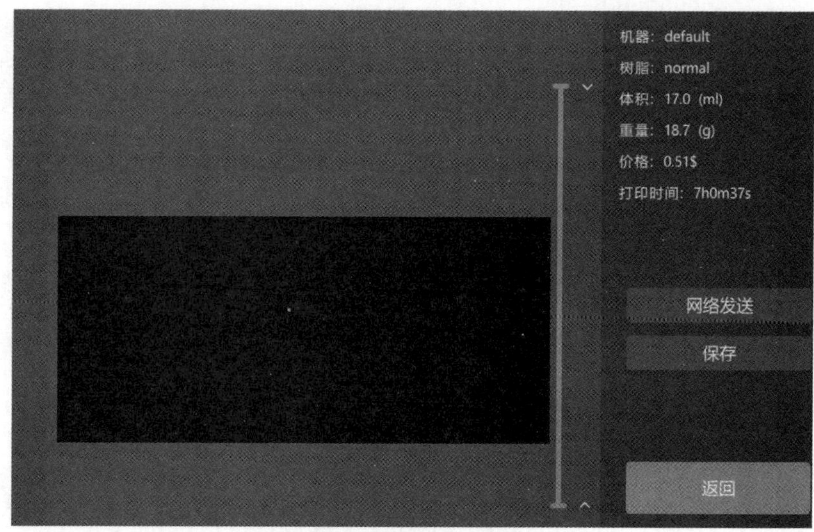

图 3-2-25　切片处理结果

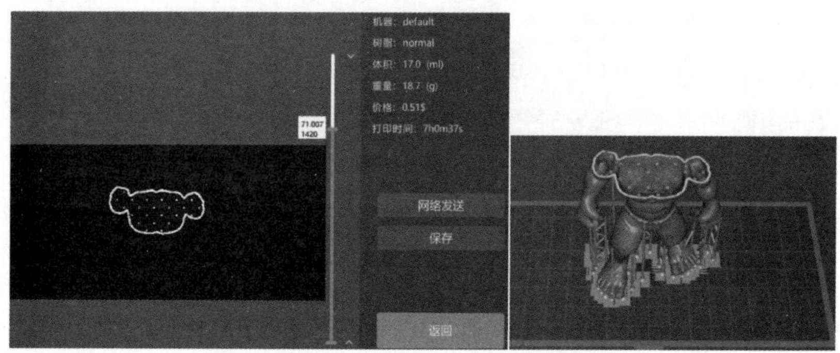

图 3-2-26　浩克切片分层预览效果

Step9：保存数据

切片完成后，需要导出切片数据文件。单击图 3-2-26 中的“保存”按钮，弹出如图 3-2-27 所示的“保存切片”对话框，输入保存的文件名，单击“保存”按钮，保存为 SLC 文件即可。

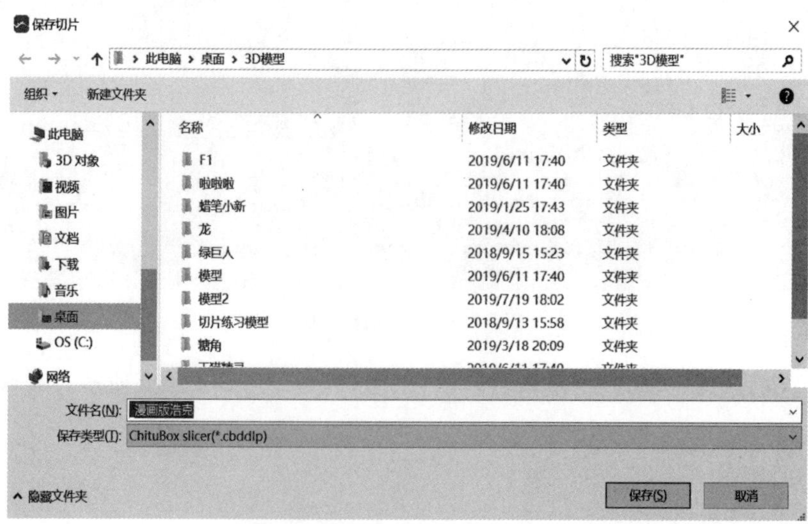

图 3-2-27　“保存切片”对话框

课堂笔记

3.2.3　浩克模型打印

切片数据完成后，开始操作打印机，完成浩克模型 3D 打印制件。

Step1：连接计算机与打印机

DP100 打印机外形，如图 3-2-28 所示，结构如图 3-2-29 所示。

图 3-2-28　DP100 打印机外形

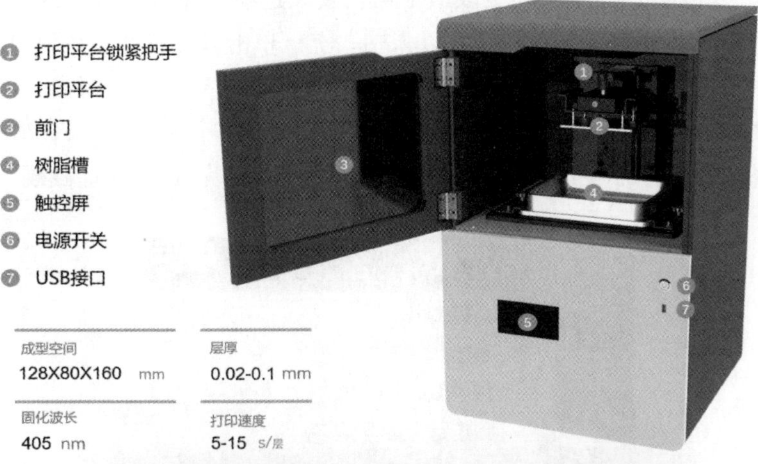

❽ 220V电源接口　　❾ 以太网接口

图 3-2-29　DP1003D 打印机结构

课堂笔记

（1）将电源线插入机身后的电源接口，并将插头接入 220V 电源。

（2）使用随机附赠的网线将打印机和计算机连接起来。如图 3-2-30 所示，按下电源开关开机。

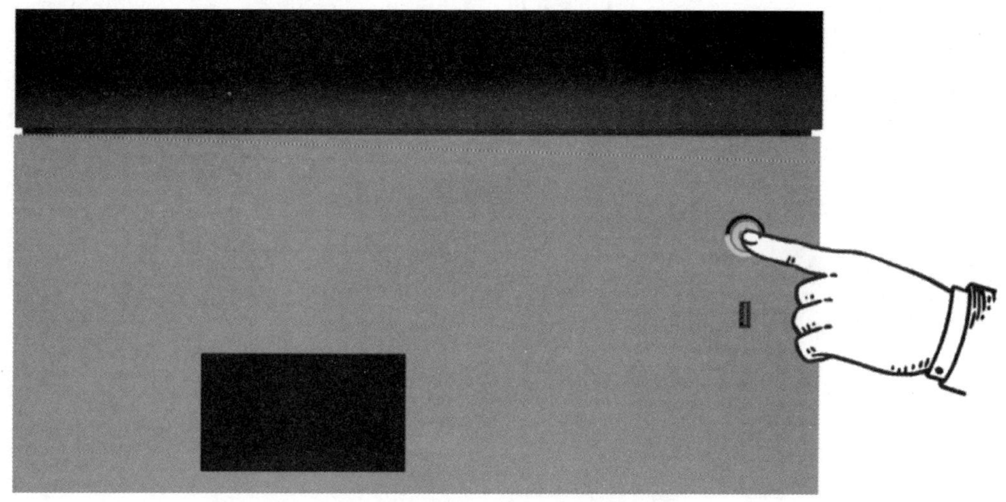

图 3-2-30　电源开关

（3）打开计算机控制面板，再打开网络适配器选项，修改计算机 IP。

移动鼠标到“我的电脑”上，单击鼠标右键，弹出如图 3-2-31 所示的快捷菜单，选择“属性”命令，弹出如图 3-2-32 所示的系统界面。单击“控制面板主页”选项，弹出如图 3-2-33 所示的控制面板界面，单击“网络和 Internet”选项，弹出如图 3-2-34 所示的“网络和 Internet”界面。单击“网络和共享中心”选项，弹出如图 3-2-35 所示的“网络和共享中心”界面。单击“更改适配器设置”选项，弹出如图 3-2-36 所示的“更改此连接的设置”界面。移动光标到“以太网”上，单击鼠标右键，在弹出的快捷菜单中选择“属性”命令，弹出如图 3-2-37 所示的“以太网”对话框。双击“Internet 协议版本 4（TCP/IPv4）”，弹出如图 3-2-38 所示的“Internet 协议版本 4（TCP/IPv4）属性”对话框，按图 3-2-38 所示更改协议，单击“确定”按钮，完成 IP 地址修改。

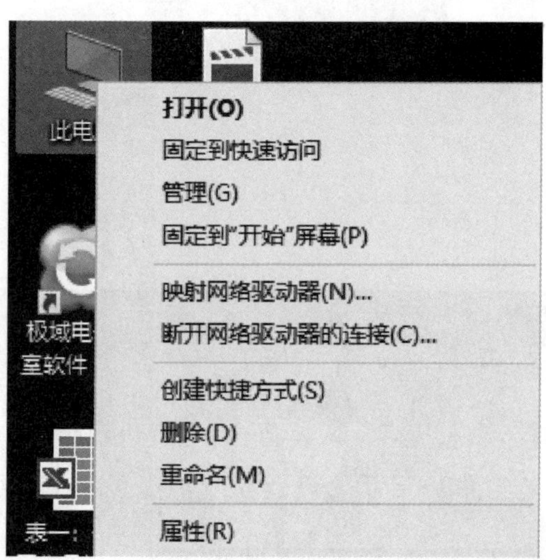

图 3-2-31　快捷菜单

课堂笔记

图 3-2-32　系统界面

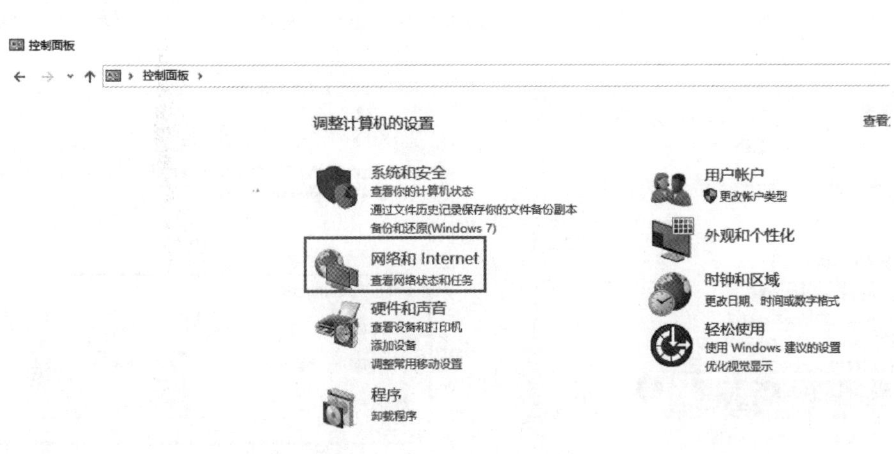

图 3-2-33　控制面板界面

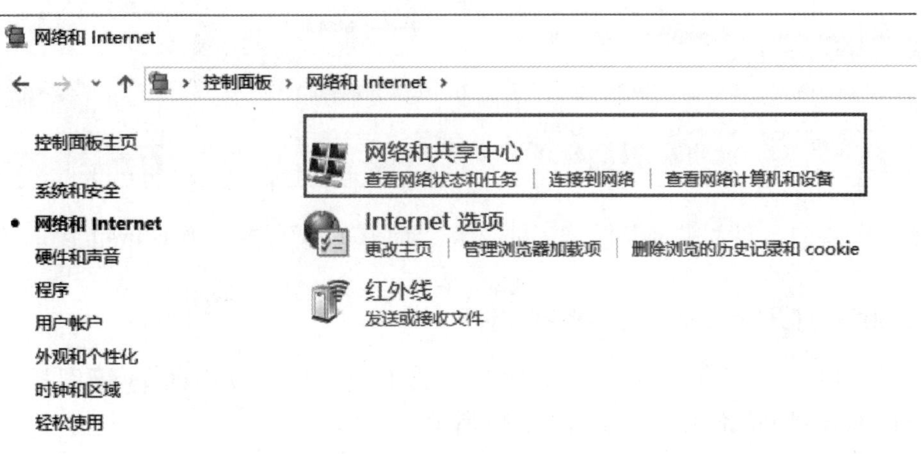

图 3-2-34　“网络和 Internet”界面

课堂笔记

图 3-2-35 “网络和共享中心”界面

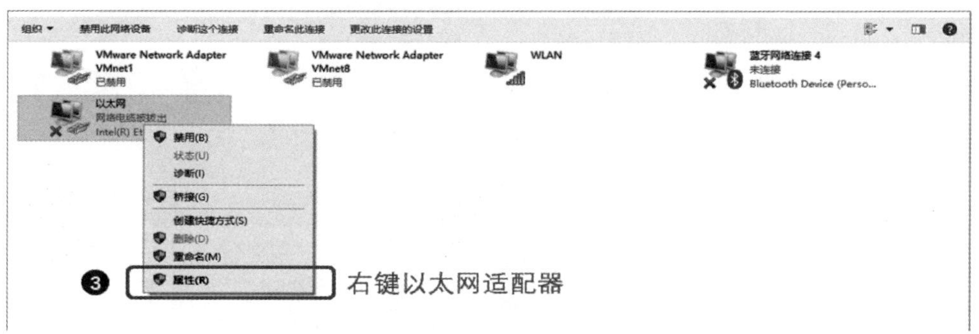

图 3-2-36 “更改此连接的设置”界面

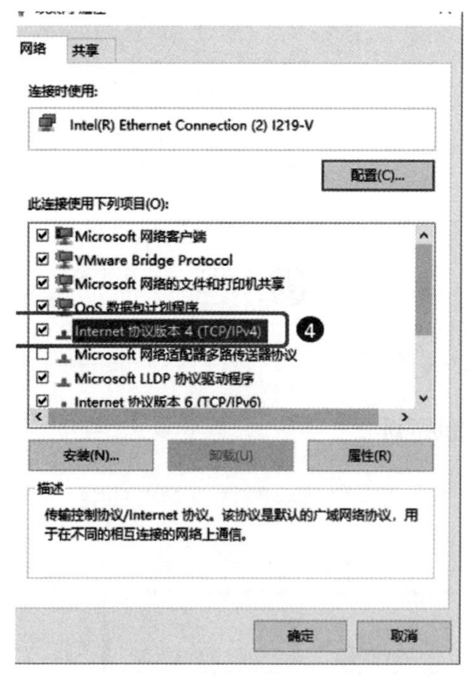

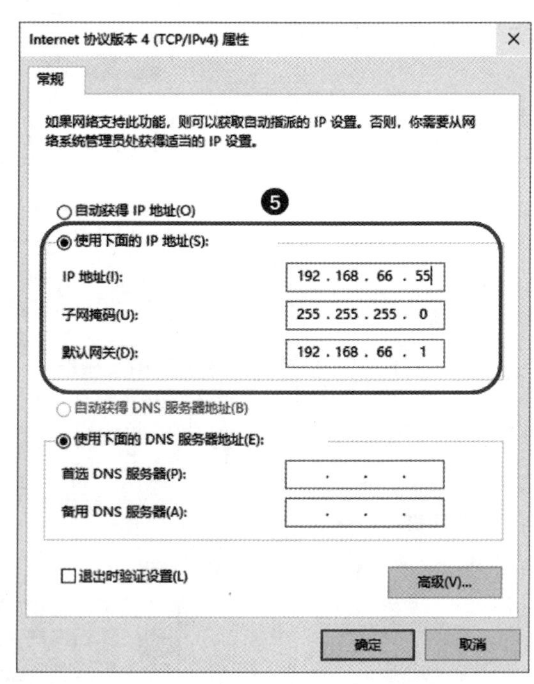

图 3-2-37 “以太网”对话框　　图 3-2-38 “Internet 协议版本 4（TCP/IPv4）属性”对话框

Step2：打开PollyStructure控制软件

计算机连接打印机成功后，双击计算机上或随机 U 盘中的 3D打印 图标，打开 PollyStructure 控制软件界面，如图 3-2-39 所示。

课堂笔记

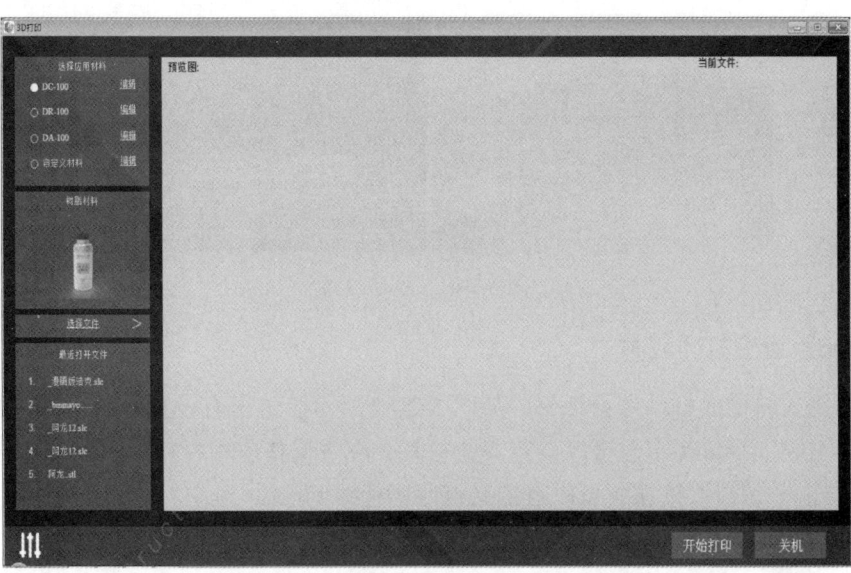

图 3-2-39　PollyStructure 控制软件界面

Step3：设备归零

单击图 3-2-39 左下角的“设置”按钮，在弹出的 Z 轴控制界面中再单击“HOME”按钮，将平台归零。

Step4：调平打印机

在打印前，需要调平打印平台。打印平台调平步骤如下所述。

（1）如图 3-2-40 所示，使用随机附带的调平扳手将“调平螺母”逆时针旋转松开。

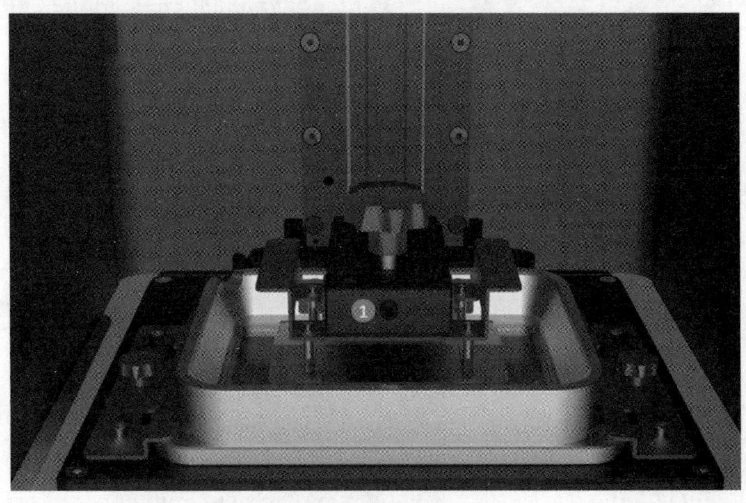

❶ 调平螺母

图 3-2-40　调平打印平台

（2）在树脂槽内放置一张 A4 纸，使用触摸屏或计算机将打印平台归零到最低点。

（3）用手向下压紧打印平台，然后顺时针拧紧调平螺母。

Step5：添加树脂材料

如图 3-2-41 所示，完成调平打印平台后，向树脂槽内缓缓倒入适量树脂，注意要超过最低刻度线，但不能超过最高刻度。

课堂笔记

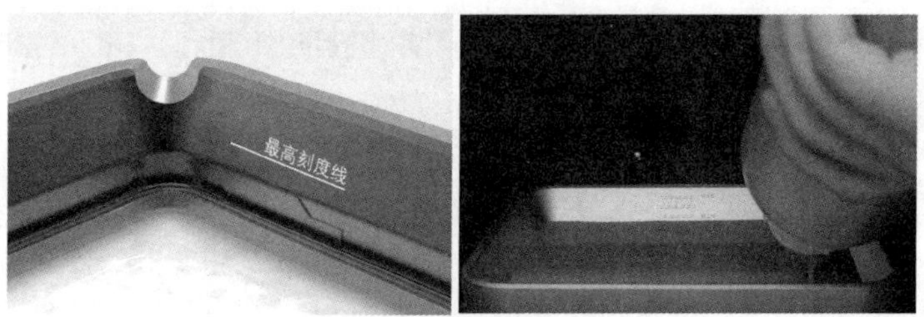

图 3-2-41　添加材料

Step6：设置打印耗材

根据倒入料槽的材料选择耗材，如图 3-2-42 所示。这里有设置好的 3 种耗材：DC-100、DR-100、DA-100，也可以设置其他材料，在“选择应用材料”中选中“自定义材料”，再单击“编辑”按钮，可以自定义打印固化时间。

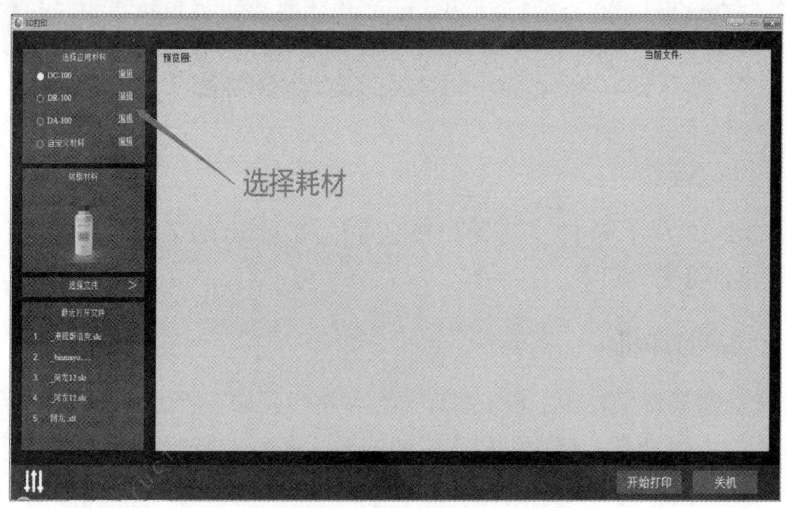

图 3-2-42　选择耗材

Step7：设置固化时间

单击“编辑”按钮后，打开“编辑材料”对话框。根据材料的不同来设置底层固化时间和普通固化时间，如图 3-2-43 所示。

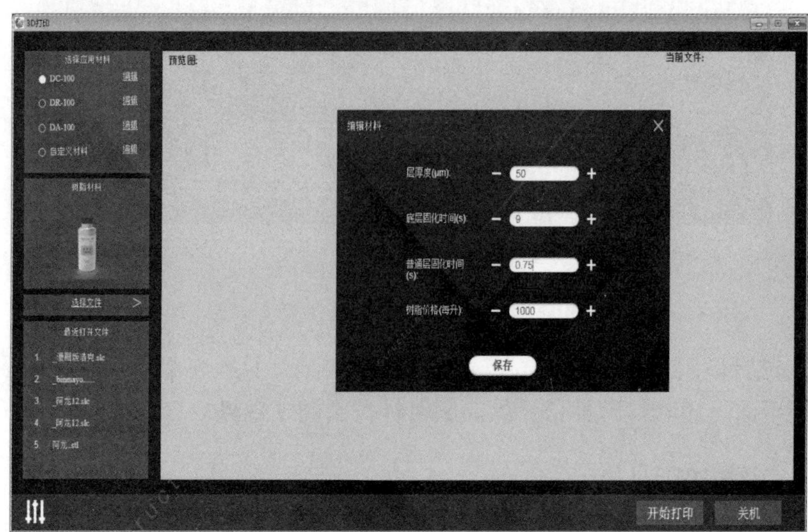

图 3-2-43　“编辑材料”对话框

Step8：选择文件

如图 3-2-44 所示，单击“选择文件”按钮，弹出如图 3-2-45 所示的“打开”对话框，选择在切片软件中保存的“漫画版浩克 .slc”文件，单击“打开”按钮。

图 3-2-44　选择文件

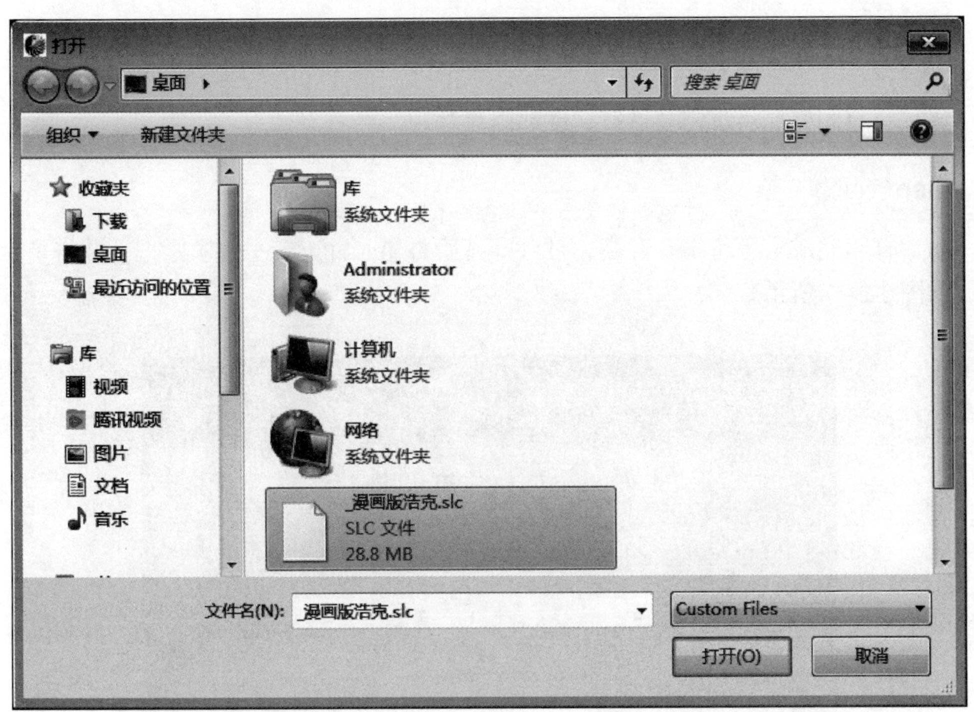

图 3-2-45　“打开”对话框

Step9：执行3D打印

导入文件后，等待进度条走完后，文件导入完成，如图 3-2-46 所示，单击“开始打印”按钮，打印机开始工作，执行打印任务。

课堂笔记

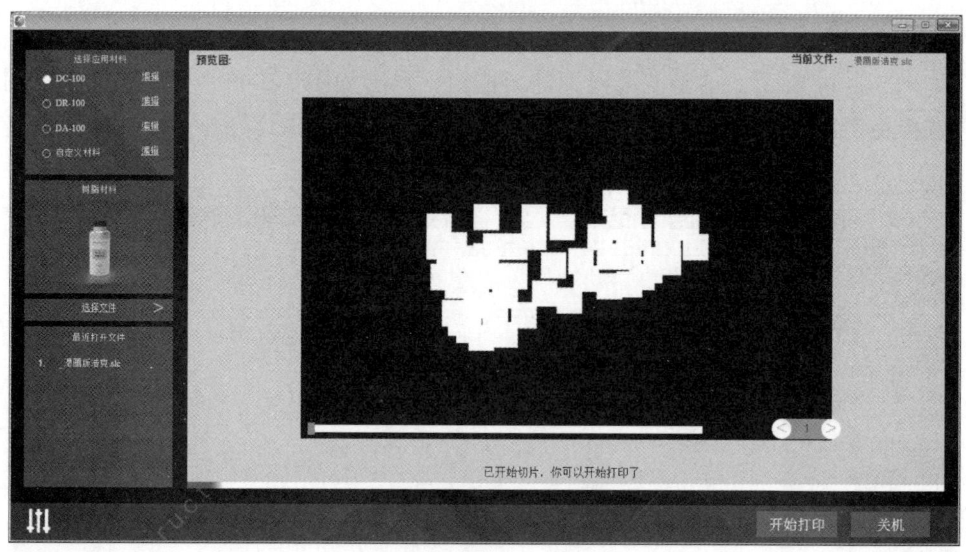

图 3-2-46　开始打印

温馨提示：该软件具备边切片边打印功能，无须等待全部切片完成，当软件出现第一层切片图像时即可单击“开始打印”按钮。

模型向上拔模时，会有较大的拔模声音；可以凑近仔细听，如果没有拔模声音，需要停止打印，重新调平。

警告：开始打印前请确保树脂槽内无异物和残渣，否则会损坏打印平台和树脂槽。

3.2.4　打印后处理

光固化打印完成后都需要进行清洗和固化处理。

Step1：取件

（1）打印完成后等待平台升高，平台升高后再逆时针旋转平台锁紧把手并将平台取下，如图 3-2-47 所示。

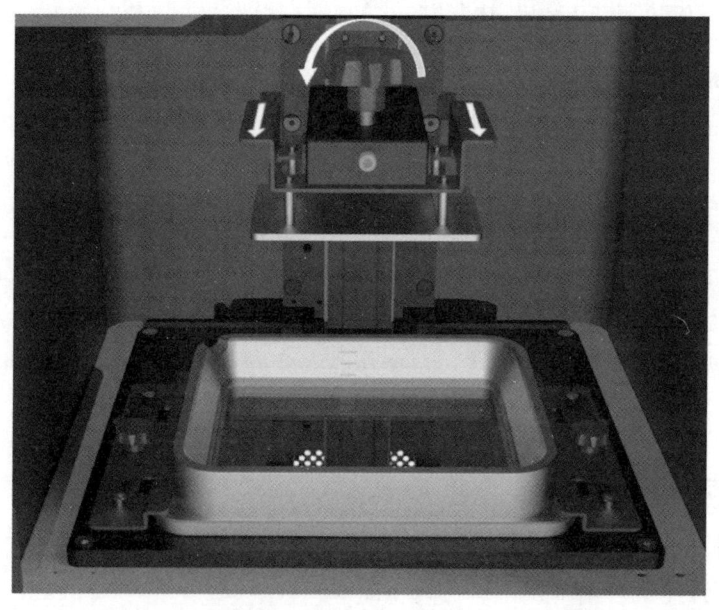

图 3-2-47　取下平台

课堂笔记

（2）用模型铲将打印平台上的打印件铲下。

注意：平台取出后要检查树脂槽内是否有模型碎片，尤其是当模型打印失败时，如有碎片需要将树脂过滤取出碎片。

Step2：清洗模型

（1）如图3-2-48所示，将取下的模型放入浓度达95%以上的酒精中清洗，并用毛刷轻刷表面，如果使用超声波清洗机则效果更佳。注意清洗时间不要超过两分钟，否则会影响模型的性能。

（2）用水冲洗掉模型上的酒精。

（3）吹干或晾干模型。

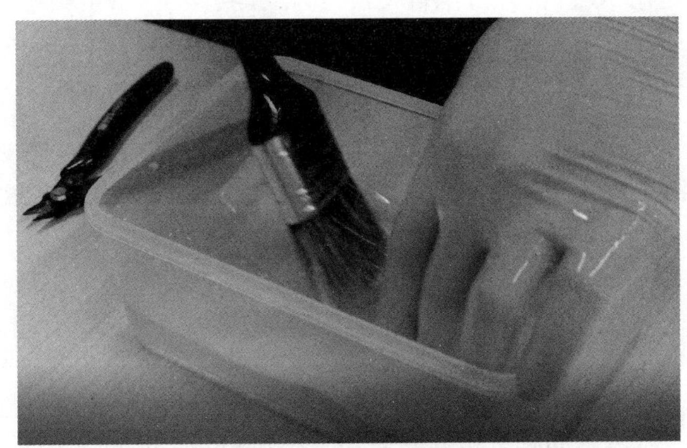

图3-2-48　清洗零件

Step3：去除支撑

用手轻轻地将支撑从模型上剥离，如支撑强度太高，可使用模型剪从根部剪断。

Step4：二次固化

将模型放入固化箱内或阳光下进行二次固化，提高制件强度。

Step5：上色

可以根据客户需求，进行上色。

温馨提示：在完成工作任务时，必须具备生产规范和现场7S管理意识；能够妥善地保管随机工具、资料，规范地使用及维护工具，并且保持周围环境干净整洁；能够明确和牢记安全操作规范；能够规范地操作。

在完成工作任务时，能够与人分工协作并共同完成一项任务，共同营造和维护团队的良好工作氛围。

了解、遵守行业法规和标准，从容地应对复杂多变的环境，独立解决问题。

【相关知识】

DLP成型3D打印机

1. DLP成型机工作原理

DLP设备中包含一个可以容纳树脂的液槽，用于盛放可被特定波长的紫外光照射

课堂笔记

后固化的树脂，DLP 成像系统置于液槽下方，其成像面正好位于液槽底部，通过能量及图形控制，每次可固化一定厚度及形状的薄层树脂（该层树脂与前面切分所得的截面外形完全相同）。液槽上方设置一个升降机构，每次截面曝光完成后向上升降一定高度（该高度与分层厚度一致），使得当前固化完成的固态树脂与液槽底面分离并黏接在提拉板或上一次成型的树脂层上，通过逐层曝光并提升来生成三维实体，如图 3-2-49 所示。

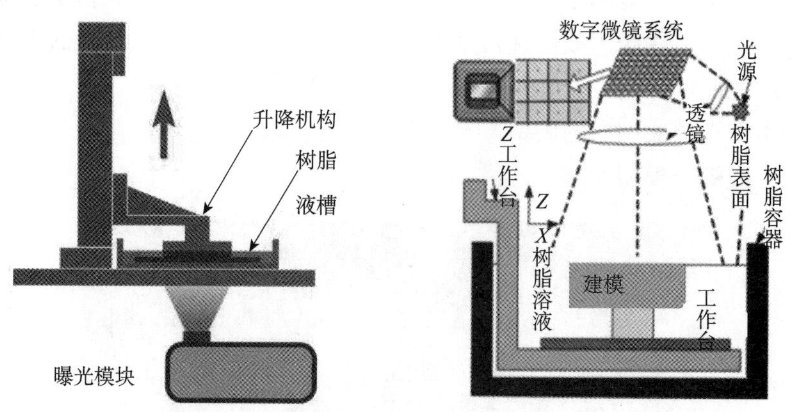

图 3-2-49　DLP 3D 打印机成型原理示意图

2. DLP 成型 3D 打印机代表设备及其主要技术参数

DLP 相比市面上的其他 3D 打印设备，由于其投影像素块能够做到 50μm 左右的尺寸，DLP 设备能够打印细节精度要求更高的产品，从而确保其加工尺寸精度可以达到 20～30μm，面投影的特点也使其在加工同面积截面时更为高效。设备的投影机构多为集成化，使得层面固化成型功能模块更为小巧，因此设备整理尺寸更为小巧。其成型的特点主要体现在以下几点：固化速率高（405nm 波长光效率高）；低成本；高分辨率；高可靠性。

该技术应用于 3D 打印中具备诸多优势：高速的空间光调制器，显示速率高达 32 kHz；光效率高，微镜反射率达 88% 以上；窗口透射率大于 97%；支持波长范围在 365～2500nm 之间；微镜的光学效率不受温度影响。

代表设备有如图 3-2-50 所示的北京诚远达科技有限公司 DP100、图 3-2-51 所示的大族激光光源事业部自主研发制造的睿逸 DLP800 系列等。

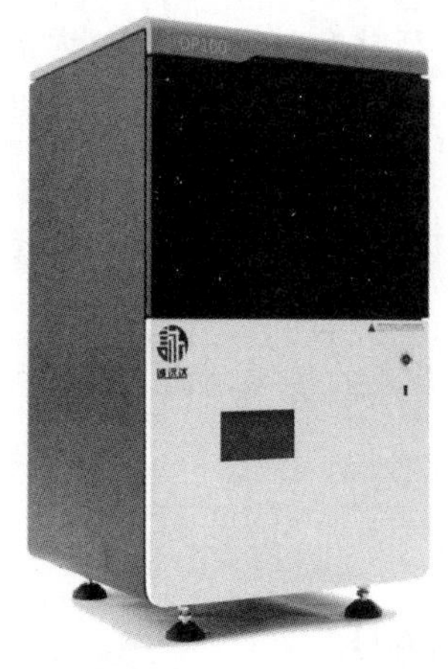

图 3-2-50　DP100

图 3-2-51　睿逸 DLP800

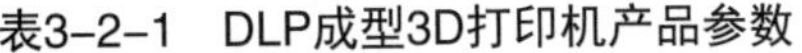

1）产品参数（见表 3-2-1）

表3-2-1　DLP成型3D打印机产品参数

成型工艺	DLP光固化面成型工艺
成型空间	128mm×80mm×160mm
分层厚度	10～100mm
打印速度	5～15s/层
支撑构造	自动生成、网状联结支撑结构
XY分辨率	0.1mm
设备尺寸	430mm×430mm×710mm
设备质量	45kg
操作软件	支持无线脱机打印
文件格式	STL、SLC
操作系统	Windows 7或以上
投影系统	UV-LED光机系统，超长使用寿命可达50000小时
可用材料	配套自主研发的光敏系列材料，如光敏树脂、光固化蜡等；材料颜色选择更多，如白色、翡翠色、灰色、透明等

2）产品定位

DP100 3D 打印机是北京诚远达科技有限公司针对工业智能制造开发的一款光固化 3D 打印机，可以快速成型，小批量制造，复杂结构成型，适用于工业制造及职业教育。

3）产品特点

（1）独创的光强校准补偿技术。

（2）专为 DLP 光固化设备开发的 UV-LED 光机系统——RayOne（纯紫外 LED 光机系统），使用寿命达 50 000 小时，光强均匀并自动校准。

（3）支持所有输出 STL 和 SLC 格式的三维软件，如 Pro/E、3dMAX、SolidWorks、UG NX、Geomagic、Zbrush、CATIA 等。

（4）设备操作软件具有独创的抗锯齿表面平滑功能模块（表面纹路去除技术），可以使打印工件的打印效果更好，表面更加光滑。

（5）设备操作软件具有一键自动生成网状支撑功能。操作软件可自由调节支撑的密度和粗细，在确保成功完成复杂工件打印工作的同时，可以保证耗材少，去支撑后留痕少。

（6）树脂槽膜经过特殊工艺处理，透光度好（透光性不低于 93%），使用寿命极高，更换极其方便（插卡式更换，一分钟内即可更换完毕）。

（7）设备软件搭载无线操控智能打印平台，可以远距离无线操作设备工作。帮助建立智能 3D 打印制作车间，一站式远程管理多台设备，一键开启工作。

（8）配套具有不同颜色、硬度、韧性、弹性的光敏系列材料，如光敏树脂和可用于熔模铸造的光固化蜡等，同时通用各种光敏系列材料。

（9）桌面级的设备尺寸仅为 430mm×430mm×710mm，办公桌式使用条件，同时具备工业级的精度。制作样件后处理简单，能完美适应打磨、喷漆等后处理操作。

（10）独创的斜拔式打印脱离结构。

（11）设备的 PCB 电路和软件采用加密 U 盾进行保护，加强了设备的安全管理系数。

课堂笔记

（12）打印空间采用高品质亚克力滤光保护罩进行防尘、滤光、防冲击等抗干扰保护，完美保护打印过程和打印耗材不受外界影响。

（13）设备外形优雅简洁，极具科技感，可通过软件自由调节操控打印平台和树脂槽的水平位置。

（14）最高打印高度处采用限位断电开关对设备进行保护，防止人为疏忽或恶意损坏。

（15）可同时打印多个模型，不受模型复杂程度影响，且打印时间由最高模型的高度决定，真正实现小批量生产。

（16）*Z* 轴模组采用精密研磨滚珠丝杠和精密导轨，可以满足 *Z* 轴较高的定位精度。

（17）液底打印技术，无须要求材料深度大于工件高度，单次打印成本低。

3. DP100 触摸屏操作

如图 3-2-52 所示为触摸屏界面，通过触摸屏也可以操作打印机。

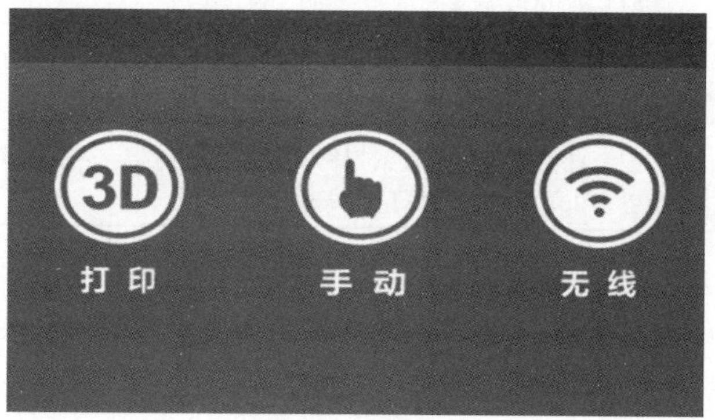

图 3-2-52　触摸屏界面

- 打印：选择模型进行打印。
- 手动：手动控制打印平台运动，投影校准。
- 无线：连接网络。

（1）从 U 盘中选择打印文件。将 U 盘插入前面板的 USB 接口中，单击“打印”按钮，进入如图 3-2-53 所示的界面。

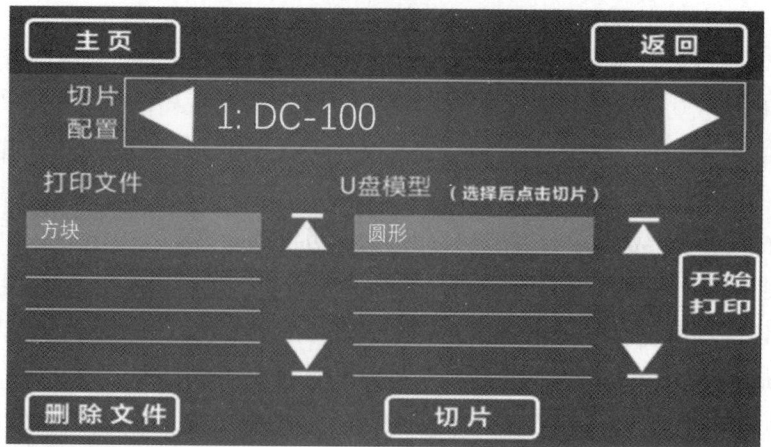

图 3-2-53　U 盘打印界面

（2）如果“U 盘模型”列表中未出现文件，可以单击“U 盘模型”刷新，出现文件后单击“U 盘模型”列表右侧的上下箭头选择需要打印的文件，然后单击“切片”

按钮。

（3）文件进入左侧的“打印文件”列表中，单击“打印文件”右侧的上下箭头选择要打印的文件，在“切片配置”中单击左右箭头选择切片配置，最后单击“开始打印”按钮。

如图3-2-54所示，当屏幕中出现切片后的图像后单击“打印”按钮即可开始打印。

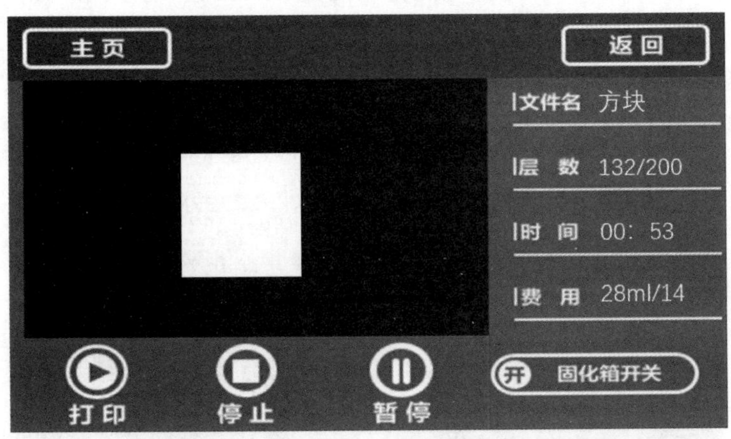

图3-2-54　开始打印

4. 常见问题与故障处理

DP100打印常见问题与故障处理如表3-2-2所示。

表3-2-2　DP100打印常见问题与故障处理

现象	可能存在的原因	解决办法
模型从打印平台脱落	底层固化时间短	增加底层固化时间
	打印平台附着力不够	使用粗砂纸打磨打印平台
	平台没有压紧树脂槽	重新调平打印平台
打印中出现平台一边能打印上一边打印不上的情况	打印平台不平	重新调平打印平台
	料槽内有残渣	清理树脂槽
打印的细节不明显，小孔被堵住	打印完成之后尽快将模型取下来，在UV固化之前必须先用气枪将小孔里面残留的液体吹掉	

任务3.3　龙牌吊坠LCD成型

【任务引入】

龙是中华民族的象征，集中了许多动物的特点：鹿的角、牛的头、蟒的身、鱼的鳞、鹰的爪。口角旁有须髯，颔下有珠，能巨能细，能幽能明，能兴云作雨，降伏妖魔，是英勇、权威和尊贵的象征。悠悠历史长河，君王们纷纷把龙作为自己尊贵地位的象征，为此，龙被历代皇室所御用。龙以它英勇、尊贵、威武的象征存在于中华民族的

课堂笔记

传统意识中，现在中国民间仍把龙看作是神圣、吉祥、吉庆之物，龙牌盛行于民间，如图 3-3-1 所示。为满足人们对美好生活的向往，可以通过 3D 打印获得不同造型的龙牌，下面就用 LCD 技术来制造龙牌。

光固化成型技术除了 SLA（Stereo Lithography Appearance）立体光固化成型法和 DLP（Digital Light Procession）数字光处理成型法，还有在 2013 年诞生的 LCD 打印技术。LCD 技术分为两种，其分界线就是光源波长，一个是 405nm 紫外线，一个是 400～600nm 可见光。LCD 掩膜光固化用的是 405nm 紫外光（和 DLP 一样），加上 LCD 面板作为选择性透光的技术，层层固化成型。

本次任务：根据客户需求，从弘瑞模型云端下载龙牌的三维数字模型，如图 3-3-2 所示，使用弘瑞 LCD_ONE 光固化 3D 打印机，完成龙牌的 3D 打印及后处理。

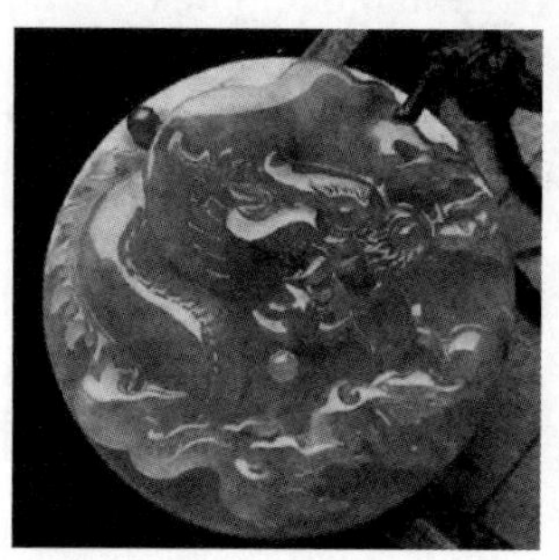

图 3-3-1　龙牌

图 3-3-2　龙牌模型

【任务分析】

龙牌作为中华民族吉祥物，模型精细，一般 FDM 和 SLA 技术难以达到制件要求；LCD 技术其精度可达到 0.05mm，材质好，纹路清晰，凸显细节，因此选用弘瑞 LCD_ONE 光固化 3D 打印机来完成龙牌的 3D 成型。

按照 3D 打印的一般流程（如图 2-3-1 所示），第 1 步完成从弘瑞模型云平台下载龙牌模型，再对文件进行分析，分析是否满足打印要求；第 2 步完成切片处理，根据模型，合理摆放模型位置，构建支撑，进行切片处理，生成 3D 打印机能执行的 G-Code 代码文件；第 3 步操作 3D 打印机完成龙牌打印，使用 SD 卡（或其他方式）把上一步生成的 G-Code 代码文件导入打印机，操作 LCD_ONE 3D 打印机，完成龙牌打印；第 4 步，取下打印好的龙牌，用浓度达 95% 以上的酒精清洗并去除支撑；第 5 步打印后处理，清理龙牌表面，固化制件。

完成本任务，可实现下列目标。

素质目标：

1. 自信自强。能发觉自身潜力，独立解决问题。

2. 诚实守信。能接受他人对自己的批评和改进意见，能够对别人的不足给出改进意见。

3. 审辨思维。能够对事物进行客观分析和评价，客观评价他人的工作，反思自己的工作。

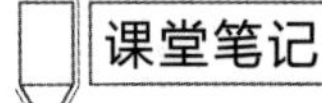

4. 学会学习。能够建立已有知识和经验与新知识的联系，能够运用工具书、新媒体等搜集信息，能够从错误中吸取经验教训。

5. 自我管理。能够合理规划和利用时间，能够自觉完成任务，无须等待别人督促。

6. 团队协作。能够与他人分工协作并共同完成一项任务，共同营造和维护团队的良好工作氛围。

7. 亲和友善。能够对他人的错误或不足保持一定的耐心和宽容。能够对他人的帮助有感激之情，并表达谢意。

8. 持之以恒。具有达成目标的持续行动力。

9. 精益求精。有不断改进、追求卓越的意识，有严谨的求知和工作态度，有坚持不懈的探索精神。能够优化工作计划，能够改进工作方法。

10. 安全环保。具备生产规范和现场 7S 管理意识。能够妥善地保管文献、资料和工作器材，能够规范地使用及维护工量具，能够保持周围环境干净整洁，能够明确和牢记安全操作规范，能够规范地操作。

知识目标：

1. 熟悉 LCD 打印技术应用领域。
2. 了解 LCD 打印机的工作原理。
3. 了解 LCD 打印技术的优缺点。
4. 掌握 LCD 打印技术常用切片软件的应用。
5. 掌握 LCD 打印工艺及参数设置。
6. 掌握 LCD 打印技术后处理工艺。

能力目标：

1. 会 3D 打印模型检查及修复。
2. 能根据模型合理摆放位置及设置支撑。
3. 能根据 3D 打印机对模型进行切片处理并导出切片文件至打印机。
4. 会 LCD 打印工艺及参数设置。
5. 会操作 LCD 打印机，制作 3D 打印模型。
6. 会 LCD 打印技术后处理工艺。

【任务实施】

3.3.1　弘瑞LCD_ONE打印机切片软件安装

在任务 2.1 中，已经安装完成弘瑞打印机的切片软件，该软件包含 LCD_ONE 切片功能。只是软件更新较快，差不多每月都会更新，如果有更新，当双击切片软件图标时，会弹出如图 3-3-3 所示的升级提示对话框。如果想升级，单击“升级”按钮即可；如果不想升级，单击“取消”按钮即可。升级完成后重启软件，就可以正常使用。下面先打开切片软件。

课堂笔记

图 3-3-3　升级提示对话框

3.3.2　龙牌模型切片参数设置

Step1：打开切片软件

双击图标，打开 Modellight 切片软件，初始界面如图 3-3-4 所示。

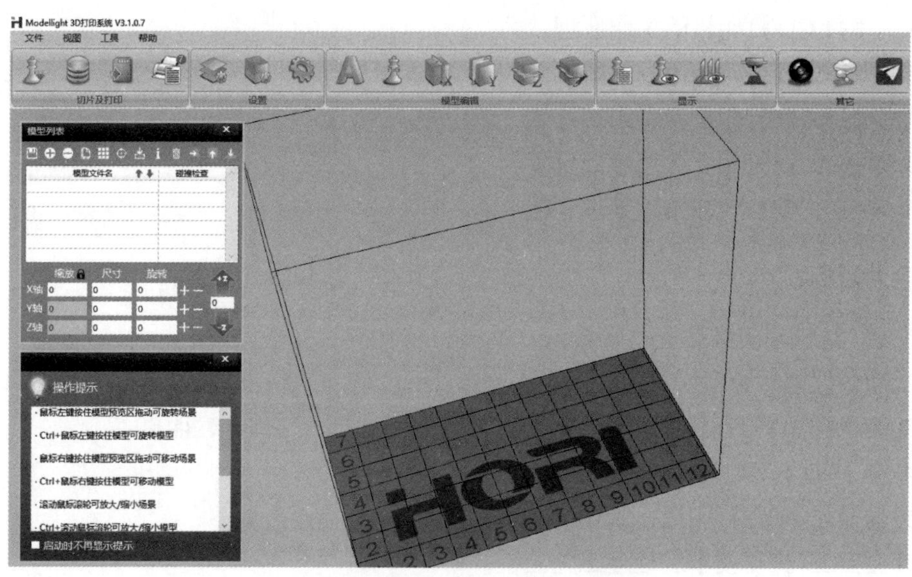

图 3-3-4　Modellight 切片软件初始界面

Step2：下载龙牌模型

根据龙牌 3D 打印任务分析，开始任务的第 1 步，从弘瑞模型云下载龙牌 STL 格式模型。

（1）单击图标，登录模型云，如图 3-3-5 所示。

（2）向下拖曳或翻页，找到龙牌模型页，单击“龙牌模型”，弹出如图 3-3-6 所示的“下载”对话框。

（3）龙牌模型进入下载列表，如图 3-3-7 所示，单击“下载”按钮，结果如图 3-3-8 所示。

课堂笔记

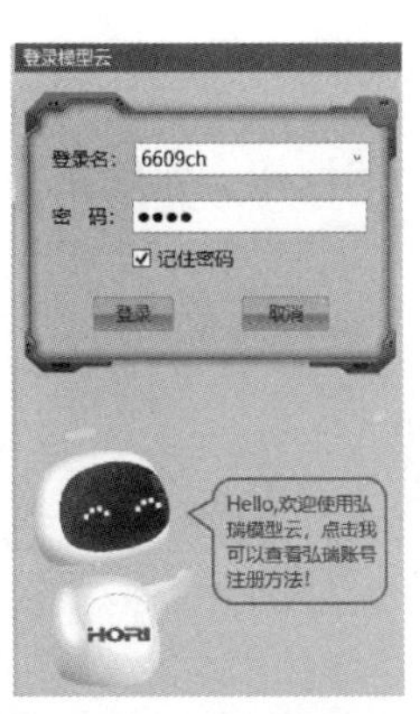

图 3-3-5　登录模型云

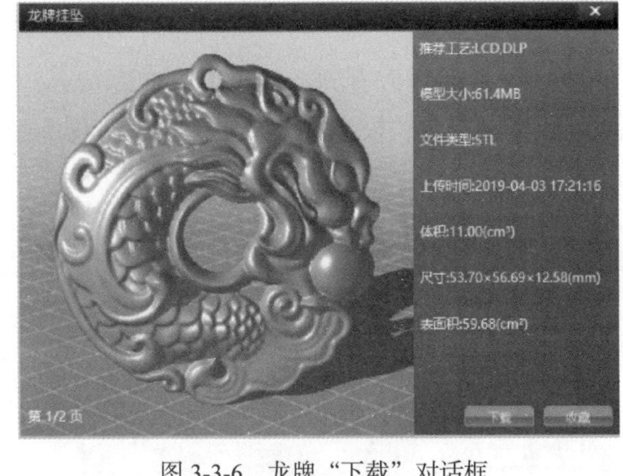

图 3-3-6　龙牌“下载”对话框

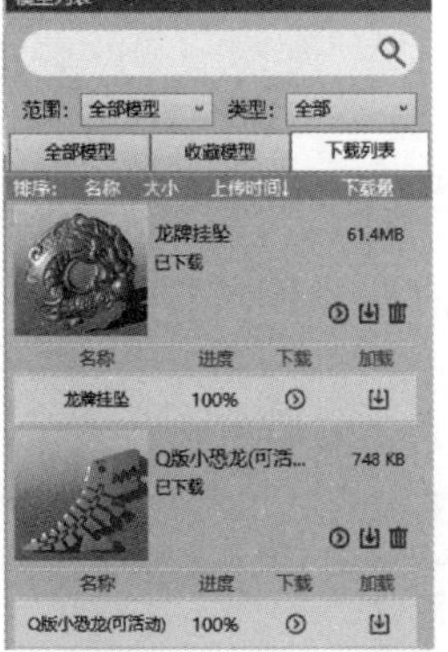

图 3-3-7　下载列表

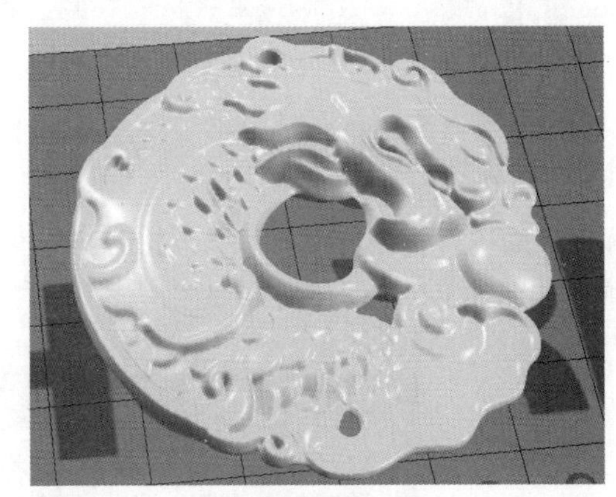

图 3-3-8　加载成功

Step3：设置机型

单击“工厂模式设置”图标，弹出如图 3-3-9 所示的“打印机设置”对话框。在该对话框中，设置“品牌”为“弘瑞 3D 打印机”，“原理”为“光固化”，“型号”为“LCD-ONE”，其他参数默认，单击“确定”按钮，完成打印机设置。

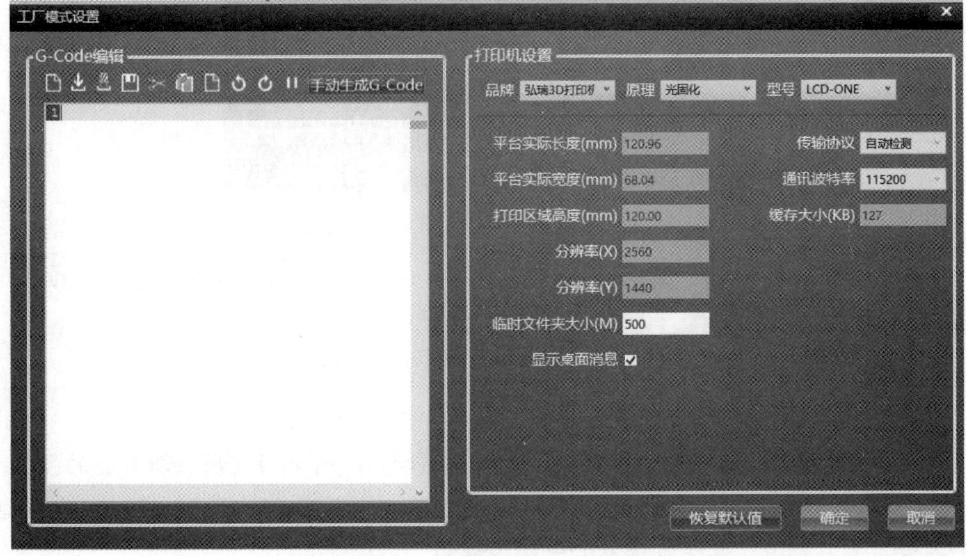

图 3-3-9　“打印机设置”对话框

课堂笔记

Step4：摆放模型位置

在图 3-3-8 中，可以看到模型的初始加载位置，将表面要求最低的面与打印平台贴合在一起。可以单击“模型列表”中的“旋转模型至选中平面”按钮，龙牌正反面一样，这里让正面朝上，如图 3-3-10 所示。

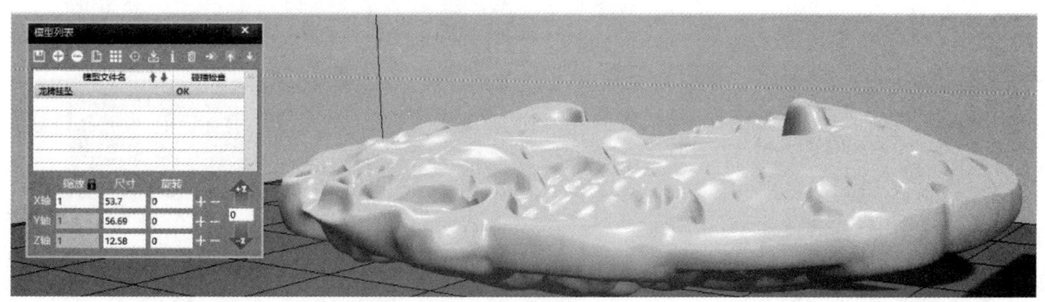

图 3-3-10　龙牌摆放位置

Step5：设置切片参数

在保证界面中有模型后，就可以开始对切片参数进行设置了。单击“切片设置”图标，弹出如图 3-3-11 所示的“光固化切片设置”对话框。

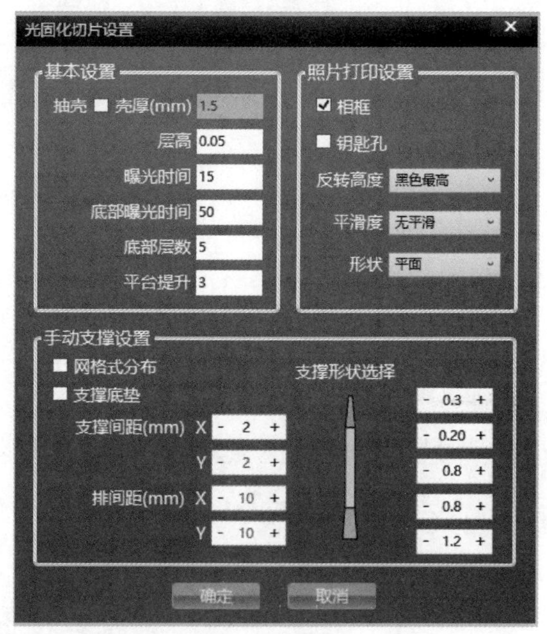

图 3-3-11　“光固化切片设置”对话框

先默认机器本身的切片参数设置，单击“确定”按钮，退出“光固化切片设置”对话框。

温馨提示：

1.“抽壳”：可以将模型的内部抽空，只打印模型的外壳。

2.“壳厚（mm）”：在选中“抽壳”后激活该功能，可以设置所抽取外壳的壁厚。

3.“层高”：设置所打印模型每层的切片高度，该参数的设置对最终打印出模型的表面质量有直接影响（参考范围 0.025～0.1mm）。

4.“曝光时间”：每层树脂被紫外光照射的时间，需要固化的树脂量决定了曝光时

间的长短，也就是说层高越高，曝光时间就需要设置得越长（参考范围10～15s）。

5.“底部曝光时间”：底部与平台直接接触部分的曝光时间，该部分作为平台与整个模型的连接部分，需设置较长的曝光时间才能保证该部分的强度。

6.“底部层数”：底部与平台直接接触部分的打印层数。

7.“平台提升”：每打印完一层平台抬升的高度。

8.“手动支撑设置”：可以对“手动支撑”的支撑间距及结构外形进行调整。

Step6：设置支撑

模型摆放好后，需要观察模型结构来判断模型是否需要增加支撑，如需增加可以单击“自动添加手动支撑”图标来自动生成支撑。单击“手动支撑”图标下的“黑三角”，会弹出支撑设置系列图标，如图3-3-12所示。

单击“自动添加手动支撑”图标，结果如图3-3-13所示。生成支撑后需要判断生成的支撑是否满足打印需求，如果不满足打印需求，可以单击“单个新增支撑”图标来手动增加需要的支撑。从图3-3-13中可以看到中间部分支撑较少，不利于吸附，可以手动添加支撑，边缘地方太密则可以移除一些，结果如图3-3-14所示。

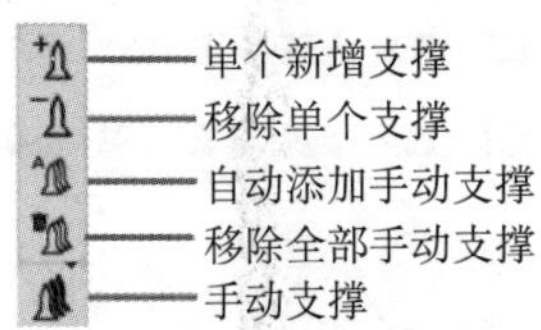

图3-3-12　支撑设置系列图标

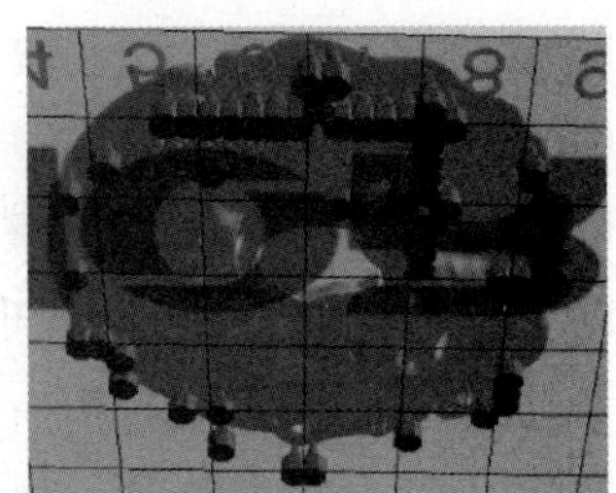

图3-3-13　自动添加的手动支撑

图3-3-14　手动添加的支撑

Step7：分层切片

支撑设计完成后，可以单击“分层切片”按钮，对完成参数设置的模型进行切片，如图3-3-15所示。

图3-3-15　分层切片

课堂笔记

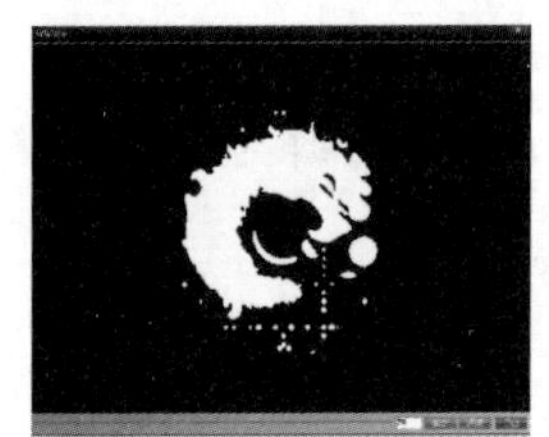

图 3-3-16 “图片预览”界面

切片完成后弹出“图片预览”界面，可以拖动下方的滑竿观察每一层的切片效果，如图 3-3-16 所示，确认无误后单击“导出”按钮。将切片数据导出后，打开导出的文件夹，可以再次检查切片是否成功，同时可以打开最后的 G-Code 的文件来预览打印时间。

单击“导出”按钮将会得到一个 龙牌挂坠_20191029201456 文件夹，里面包含 G-Code 文件和每一层切片的 PNG 图片文件，如图 3-3-17 所示。在打印时，需将整个文件夹存入设备中。

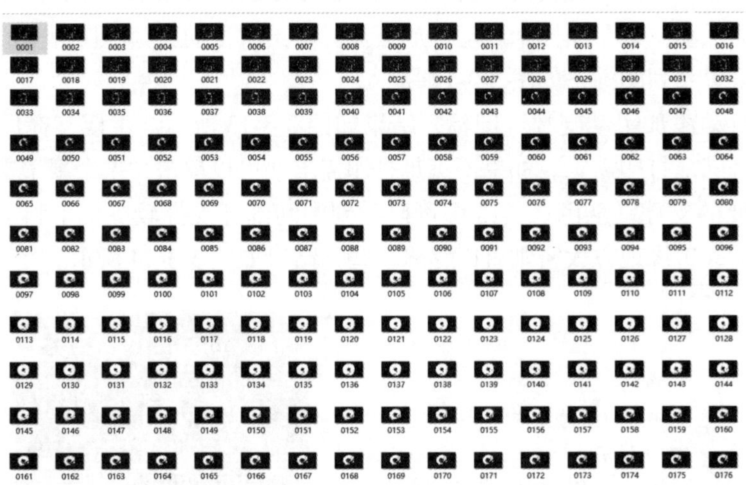

图 3-3-17 导出的 PNG 图片文件

3.3.3 龙牌3D打印制件

切片数据完成后，开始操作打印机，完成龙牌模型 3D 打印制件。

Step1：连接计算机与打印机

LCD-ONE 打印机外形如图 3-3-18 所示，接口及部件如图 3-3-19 所示。料槽与平台结构如图 3-3-20 所示，限位开关如图 3-3-21 所示，*Z* 轴丝杠如图 3-3-22 所示。

（1）将电源线插入机身后的电源接口，并将插头接入 220V 电源。

（2）使用随机附赠的网线将打印机和计算机连接起来，再按下电源键开机。

图 3-3-18 LCD_ONE 打印机外形

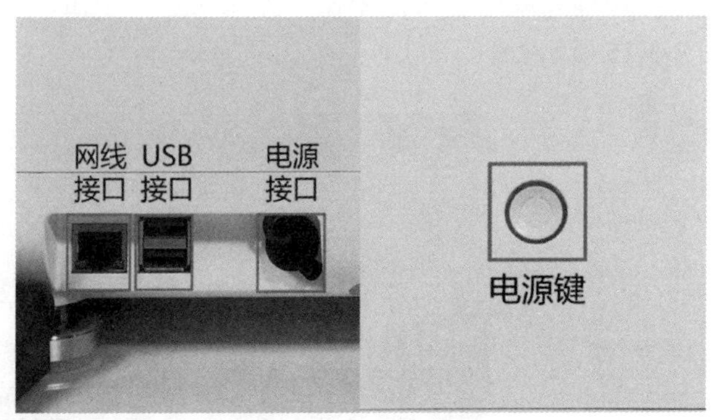

图 3-3-19 接口及部件

课堂笔记

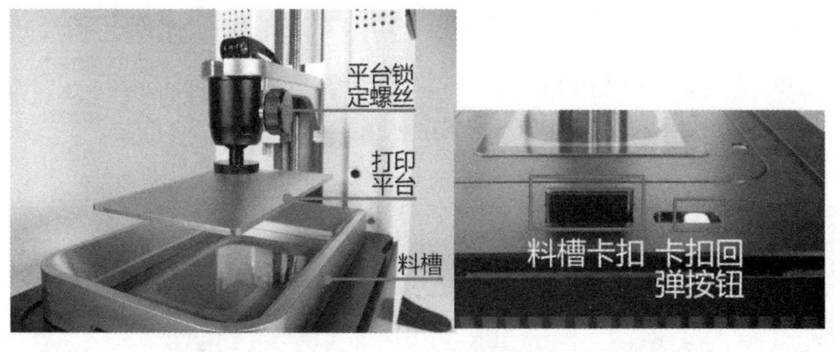

图 3-3-20　料槽与平台结构

图 3-3-21　限位开关

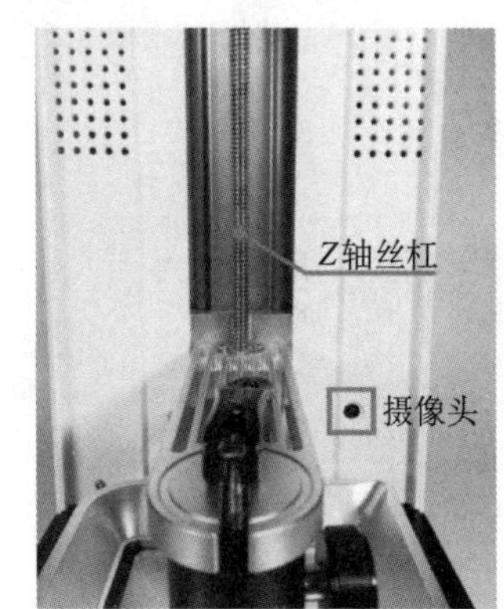

图 3-3-22　Z 轴丝杠

Step3：调平打印机

在打印前，需要调平打印平台。打印平台调平步骤如下所述。

（1）把料槽取下，放一张 A4 纸，如图 3-3-23 所示。

（2）拧松平台锁定螺丝可以调节平台方向，如图 3-3-24 所示。

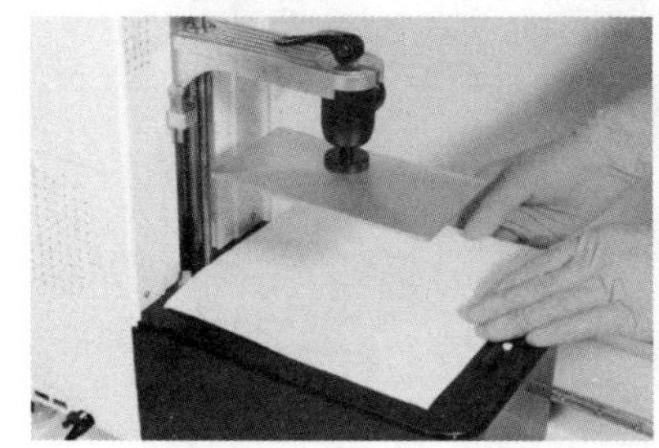

图 3-3-23　摆放 A4 纸

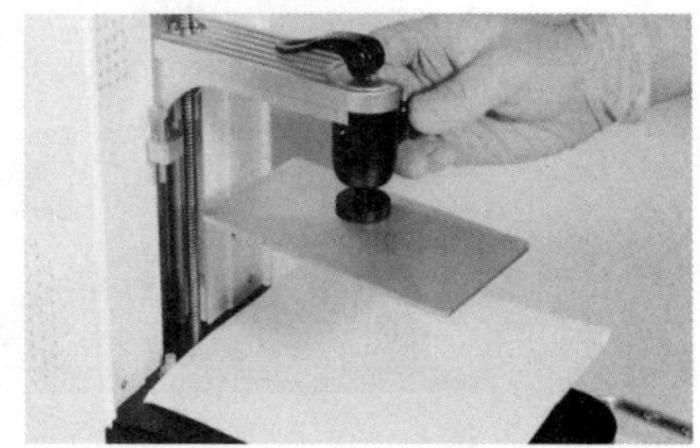

图 3-3-24　拧松平台锁定螺丝

（3）单击“复位”按钮，如图 3-3-25 所示，平台开始下降。

图 3-3-25　“复位”按钮

课堂笔记

（4）平台复位后，平行向外拖拽纸张，当有一定阻力时则表明平台已调好，如拉动纸张过程中过松或过紧，如图 3-3-26 所示，需调节限位开关（顺时针拧平台锁定螺丝，螺丝向下，平台向上，反之平台向下）后再次单击“复位”按钮。

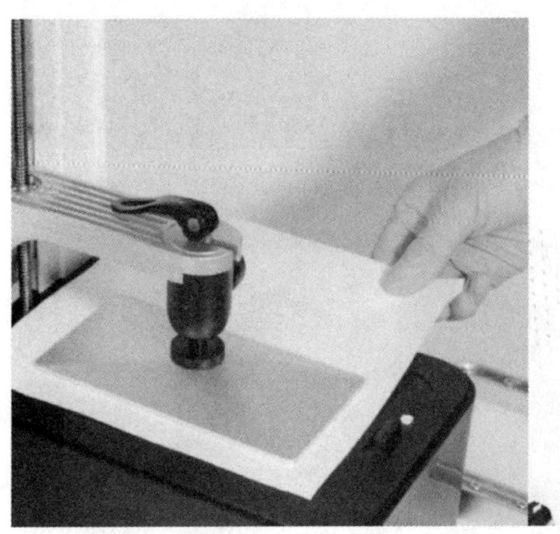

图 3-3-26　调节限位开关

（5）按住打印平台两侧，使打印平台与机器外侧平行对齐，拧紧平台锁定螺丝，如图 3-3-27 所示。

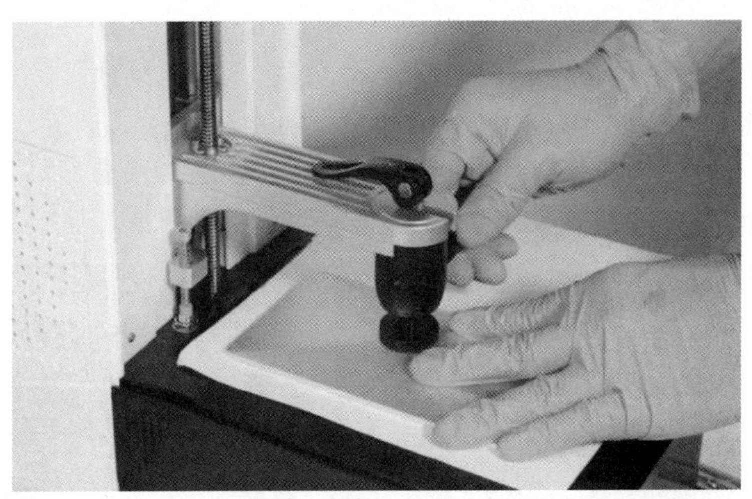

图 3-3-27　固定平台

Step4：填充树脂

打印机调平后，就可以填料了。

树脂填充过多会溢出，所以在添加时，大约加至料槽总深度的三分之一处即可。另外，也可以先将平台复位，再添加树脂，保证树脂刚没过平台上沿即可（可根据打印模型的大小适当增加）。

Step5：操作界面介绍

填料完成后，通过打印机操作界面，操作打印机进行打印。打印机首页界面如图 3-3-28 所示。

首页界面分为左、中、右三部分，最左边的为打印预览，包括打印该模型所需的总时长、当前打印进度及打印完成百分比，同时还可对模型进行三维预览。

课堂笔记

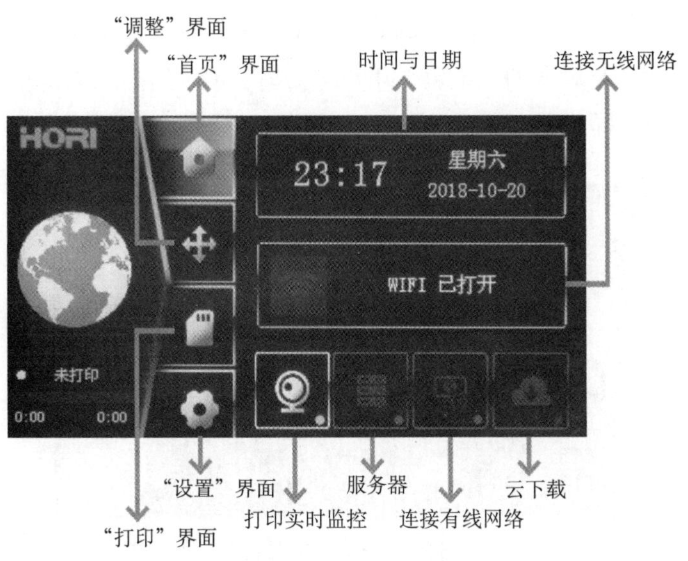

图 3-3-28 打印机首页界面

解锁：如图 3-3-29 所示，解除电机锁定状态。

移动单位：设置 Z 轴的移动距离，分别有 50mm、10mm 和 1mm 三个选项，用于配合平台升降使用。由"上升"和"下降"方向键来控制打印平台的升降，"复位"按钮可以控制打印平台回到设定的初始位置。

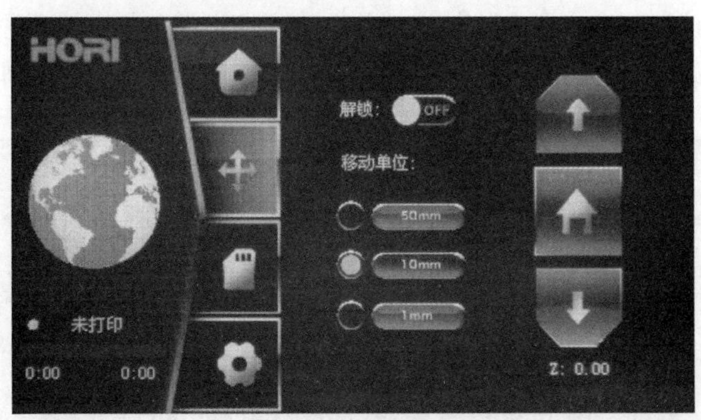

图 3-3-29 "调整"界面

"打印"界面如图 3-3-30 所示，打印时可将需打印的文件上传到本地磁盘中，也可以在 U 盘中选择文件直接打印。选择需要打印的文件后，界面下方会显示出切片文件的基本信息和两个按钮，分别为"开始 / 暂停"和"停止"按钮。

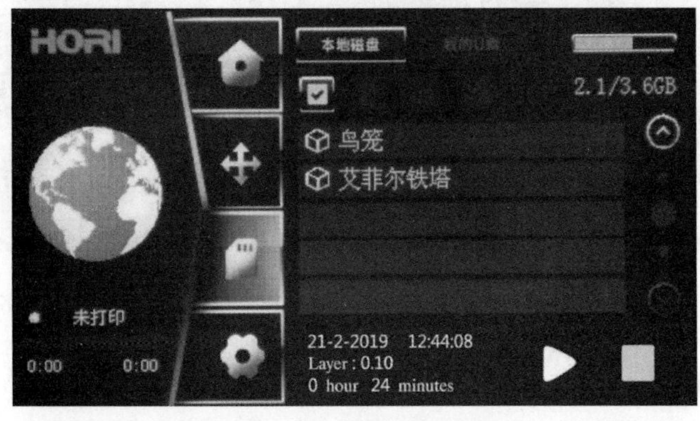

图 3-3-30 "打印"界面

课堂笔记

如图 3-3-31 所示，在“设置”界面中，用户可依据个人需求设置自动关机功能，同时在界面右下侧配有设备的二维码，用户可扫描二维码连接设备，并通过设备内部摄像头远程监控模型打印进程。

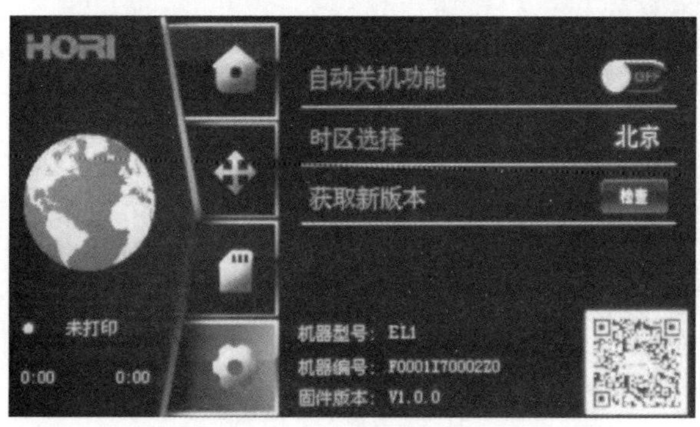

图 3-3-31　“设置”界面

Step6：操作打印机

（1）将切片好的文件夹整体复制到 U 盘。

（2）在“调整”界面中，单击“复位”按钮。

（3）将 U 盘插入打印机，把需要打印的文件导入打印机，单击“我的 U 盘”按钮，再单击“选择”按钮，选中要上传的文件并上传到打印机，单击“本地磁盘”按钮找到要打印的文件，如图 3-3-32 所示，单击“开始”按钮，打印机开始打印。

图 3-3-32　选择打印程序

Step7：打印完成后的模型处理

（1）将打印平台取下。

课堂笔记

（2）将平台上边的工件小心取下，放入清洗容器中。

（3）用酒精仔细清洗工件，如果还有地方未清理干净可以使用超声波进行清洗（清洗过后的工件请不要用纸巾、抹布擦拭，让其自然风干，以防损坏工件，使用超声波清洗工件时请根据工件大小来控制时间，以防损坏工件）。

（4）用斜口钳小心减掉多余的支撑，之后用砂纸小心打磨支撑点。

（5）将清理好的工件放到固化箱中二次固化。

到此，龙牌就制作完成了，如果想上色，也可以继续进行上色处理。

【相关知识】

LCD成型机简介

1. LCD 成型机工作原理

LCD 技术利用液晶屏 LCD 成像原理，在微型计算机及显示屏驱动电路的驱动下，由计算机程序提供图像信号，在液晶屏上出现白色透光与黑色不透光区域。在紫外光源的照射下，液晶屏图像的黑色区域将阻挡紫外光线，该部分树脂仍然保持液态；透明区域对紫外光阻隔减小，紫外光线经过透明薄膜照射到液态光敏树脂上，从而按照切片软件预定形状对产品的每一层进行固化，最终形成实物，如图 3-3-33 所示。

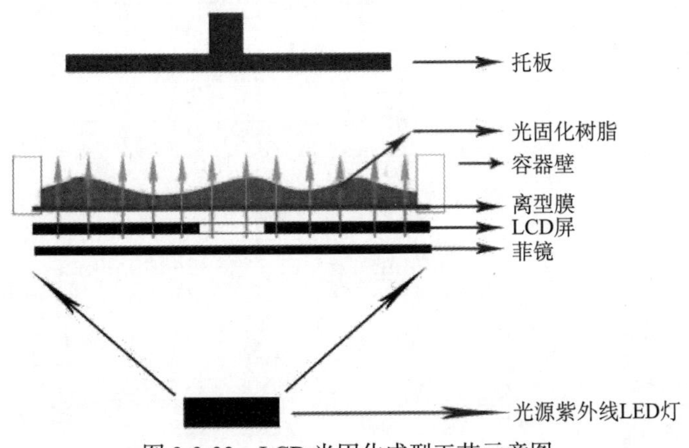

图 3-3-33　LCD 光固化成型工艺示意图

2. LCD 技术所用耗材

LCD技术目前可以使用的打印耗材与SLA相同，为液态光敏树脂，如图3-3-34所示。

3. LCD 技术应用范围

LCD 技术可以广泛应用于珠宝首饰、牙科模型、动漫手办、建筑模型等领域的产品设计原型验证和工艺模型的快速制造。另外，由于系统成本低，也被大量应用于教育教学。

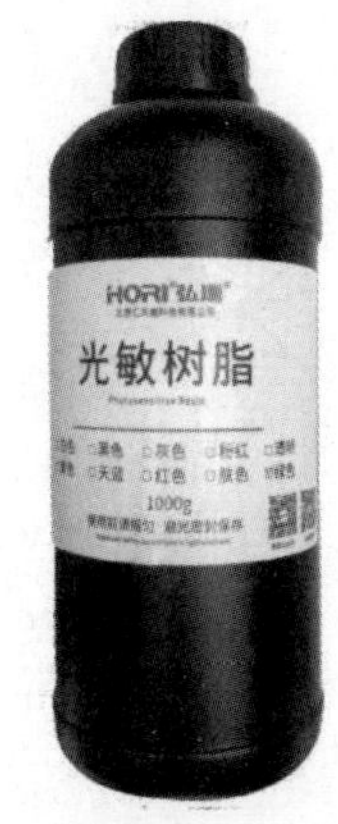

图 3-3-34　液态光敏树脂耗材

4. LCD 技术优缺点

（1）优点

① 打印速度快，尤其批量打印模型时，与 FDM 技术相比，其在速度上有着绝对的优势。

② 打印精度高，很容易达到平面精度 100μm。

③ 价格便宜，设备性价比优势极其突出。

④ 结构系统简单，容易组装和维修。

课堂笔记

（2）缺点

① LCD 屏属易耗件，需对 405nm 紫外光有很好的选择性透过，还要经得住几十瓦 405LED 灯珠的数小时高强度烘烤，还有散热和耐温性能的考验，因而并非每款 LCD 屏都可用于 LCD 光固化 3D 打印机。

② 由于 LCD 屏幕本身的硬件限制，导致 LCD 光固化很难实现大尺寸打印。

5. LCD 技术的发展趋势

在 3D 打印技术中，相对于已经发展了几十年的 FDM 成熟技术和中高端应用优势明显的 SLA 技术，LCD 技术才刚刚起步。2013 年才有第一台 DIY 设备——LCD 设备，2014 年才有第一个商业产品，至今才几年的时间，技术成熟度远没有其他技术成熟，设备类型和厂家也较少，代表设备有魔猴的 E200-mohou 和弘瑞 LCD-ONE。考虑到该技术在几年间突飞猛进的发展，以及其显而易见的技术优势，未来将在 3D 打印行业中占据重要地位。

项目 4　3D 打印成型——SLM 激光选区熔化成型

【项目简介】

3D 打印凭借着其独特的制造工艺可以成型任意复杂结构零件而被广泛应用，尤其是金属 3D 打印，在航空航天、军工、医疗等领域具有无可取代的优势。金属 3D 打印有多种工艺，而应用最广的金属 3D 打印工艺为激光选区熔融技术。

激光选区熔融技术（Selective Laser Melting，SLM）的成型原理是在基板上用刮刀铺一层金属粉末，然后通过控制激光器及振镜按照一定的路径对金属粉末进行选区熔化、凝固，形成冶金熔覆层，然后将基板下降一个熔覆层高度，再铺一层金属粉末进行激光扫描熔融加工，重复加工过程，直至整个金属零件打印成型完成。SLM 成型原理一般采用 10～53μm 的金属粉末粒径，所以打印件的表面效果精细，成型件致密度高，力学性能优异。

本项目阐述目前应用成熟的激光选区技术打印实践操作及相关理论。

完成本项目，可实现下列目标。

素质目标：

1. 自信自强。能够从容地应对复杂多变的环境，独立解决问题。
2. 诚实守信。能够了解、遵守行业法规和标准，真实反馈自己的工作情况。
3. 审辩思维。能够对事物进行客观分析和评价，客观评价他人的工作，反思自己的工作。
4. 学会学习。愿意学习新知识、新技术、新方法，独立思考和回答问题，能够从错误中吸取经验教训。
5. 团队协作。能够与他人分工协作并共同完成一项任务，共同营造和维护团队的良好工作氛围。
6. 沟通表达。能够准确并清晰易懂地传递信息，充分论证观点，在团队中恰当地表达观点和立场。
7. 持之以恒。具有达成目标的持续行动力。
8. 精益求精。具有不断改进、追求卓越的意识，具有严谨的求知和工作态度，具有坚持不懈的探索精神。能够优化工作计划，能够改进工作方法。
9. 安全环保。具备生产规范和现场 7S 管理意识。能够妥善地保管文献、资料和工作器材，能够规范地使用及维护工量具，能够保持周围环境干净整洁，能够明确和牢记安全操作规范，能够规范地操作。

知识目标：

1. 熟悉 SLM 打印技术应用领域。
2. 了解 SLM 打印机的工作原理。

课堂笔记

3. 了解 SLM 打印技术的优缺点。
4. 掌握 SLM 打印技术常用切片软件应用。
5. 掌握 SLM 打印工艺及参数设置。
6. 掌握 SLM 打印技术后处理工艺。

能力目标：

1. 会检查及修复 3D 打印模型。
2. 能根据模型合理摆放位置及设置支撑。
3. 能根据 3D 打印机，对模型进行切片处理并导出切片文件至打印机。
4. 会 SLM 打印工艺及参数设置。
5. 会操作 SLM 打印机，制作 3D 打印模型。
6. 会 SLM 打印技术后处理工艺。

任务4.1　乔巴模型打印

【任务引入】

本项目以海贼王乔巴模型为案例，介绍 SLM 激光选区熔化成型的数据准备过程。案例中的 SLM 成型设备采用鑫精合激光科技发展（北京）有限公司自主研发的 TSC-X350C 型金属 3D 打印机，数模编辑和切片软件为 Materialise 公司开发的 Magics 21。

零件数模可以用 UG、SolidWorks 等 3D 建模软件设计和修改，然后导出为 STL 三角面片格式的文件，再经过 Magics 编辑和切片。激光选区熔化成型前，需要分析乔巴模型的结构，设计成型工艺方案，经过切片和填充扫描路径，得到成型程序文件。

【任务分析】

SLM 数据准备一般流程如图 4-1-1 所示。先在 3D 打印专用软件——Magics 中打开 STL 格式数模文件，针对文件结构特点，设计成型工艺，调整摆放位置，添加支撑。然后对加完支撑的零件进行切片，得到 CLI 格式的实体切片文件和 SLC 格式的支撑切片文件。再利用鑫精合激光科技发展（北京）有限公司的填充软件进行扫描路径填充，同时设定成型参数，得到 EPA 格式程序文件。最后将 EPA 格式程序文件和 SLC 格式支撑切片文件导入 TSC Building 成型控制软件，进行排版，保存。设置支撑参数、基板温度、铺粉比例系数等设备参数后，开始成型。

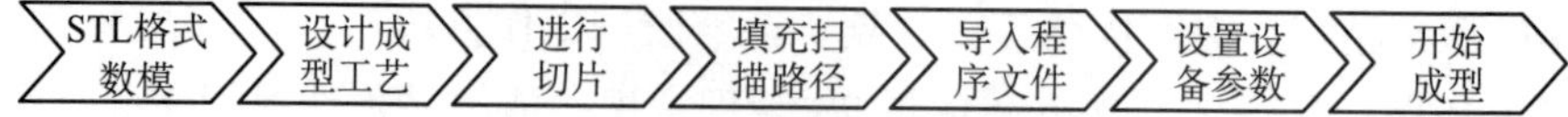

图 4-1-1　SLM 数据准备一般流程

完成本项目可达到以下几个目的。

1. 熟悉 SLM 数据准备一般流程。
2. 会 Magics 软件使用方法。
3. 会扫描路径填充方法。
4. 理解 SLM 成型原理。

【任务实施】

4.1.1　分析模型结构

Step1：导入数模

打开 Magics 软件，单击图标，或拖动文件到窗口，导入乔巴模型 STL 格式数模文件，模型结构如图 4-1-2 所示。

图 4-1-2　乔巴模型 STL 格式数模

Step2：添加机器平台

单击“从设计视图添加平台”图标，在打开的“选择机器”对话框中选择所需要切片层厚的机器平台，本项目“选择机器”选择 20μm 层厚的机器平台，即 TSC X350 20μm，如图 4-1-3 所示。

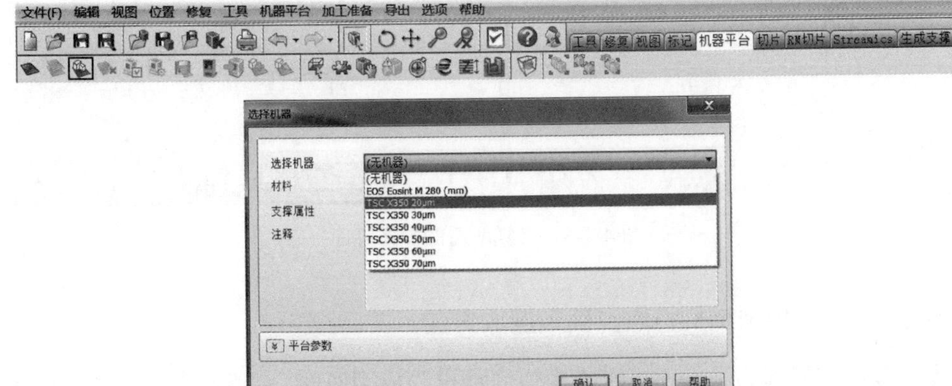

图 4-1-3　“选择机器”对话框

课堂笔记

Step3：调整零件位置

添加机器平台后，单击图标来调整零件位置，调整零件位置界面如图 4-1-4 所示。

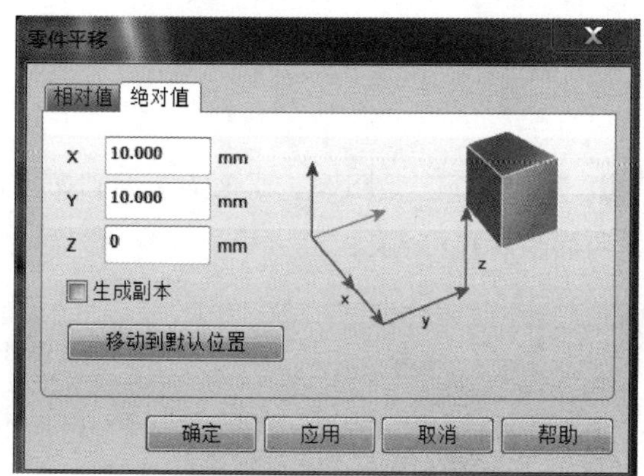

图 4-1-4　调整零件位置界面

Step4：修复数模

单击“修复”向导对零件数模进行诊断，检查错误，如图 4-1-5 所示。

图 4-1-5　“修复”向导

在弹出的“修复”向导中单击“更新”按钮即可。如果诊断出错误，单击“根据建议”按钮自动修复零件。修复前后的操作界面如图 4-1-6 所示。

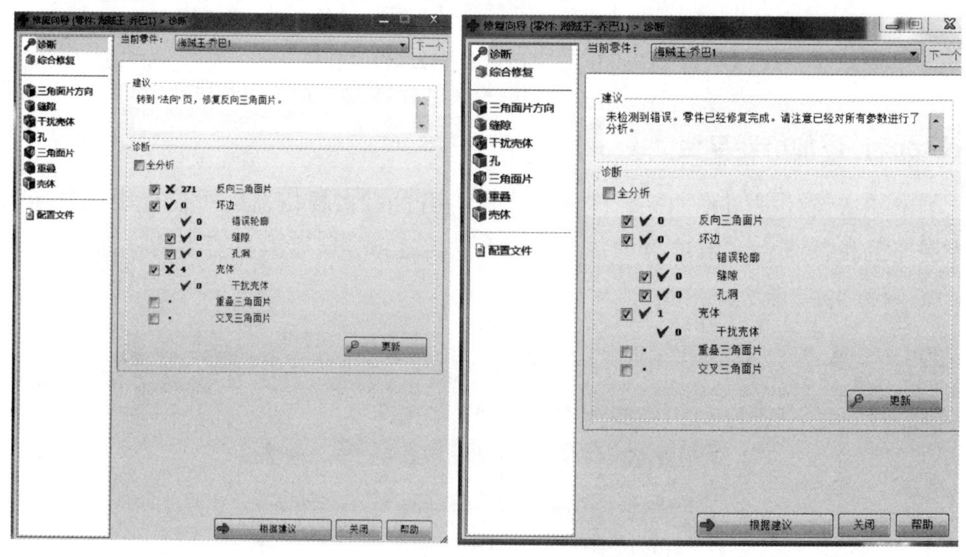

图 4-1-6　修复前后的操作界面

Step5：分析模型结构特点，确定摆放方向

零件数模的底部为平面，可以将模型底部设为成型底面。如果需要改变零件摆放状态，也可以选择“底平面”，如图 4-1-7 所示。

课堂笔记

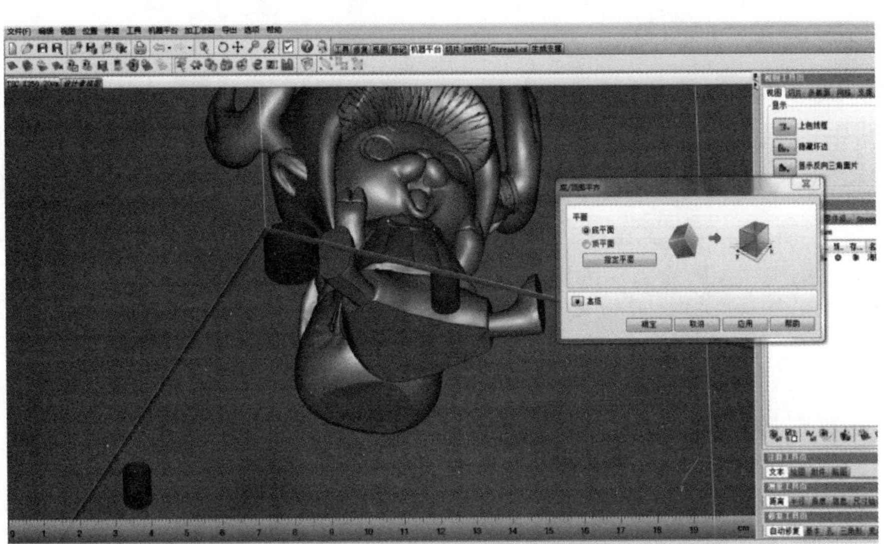

图 4-1-7　模型摆放方向示意图

4.1.2　设计成型工艺

Step1：添加线切割余量

由于 SLM 成型后需要通过线切割将零件从基板上分离，所以在零件的底部需要添加一定高度的线切割余量。建议在 UG、SolidWorks 等 3D 建模软件中添加线切割余量。

在 Magics 中，可以通过拉伸来添加余量，如图 4-1-8 所示，在添加余量前要先通过“标记”来选择需要拉伸的底面。

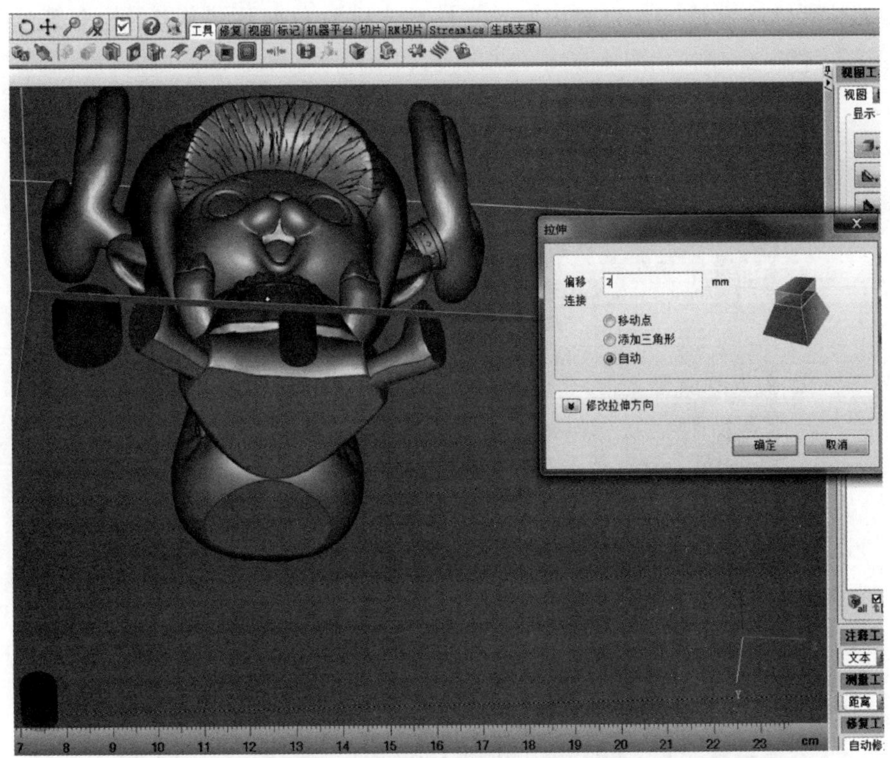

图 4-1-8　Magics 添加线切割余量

课堂笔记

Step2：添加底部圆角

由于 SLM 成型过程中会产生内应力，因此需要在零件和基板结合处添加圆角，以缓解应力集中。建议在 UG、SolidWorks 等 3D 建模软件中添加底部圆角。在 Magics 中，也可以通过“EOS RP 工具”中的“Magics 底部圆滑”命令来添加圆角，如图 4-1-9 所示。

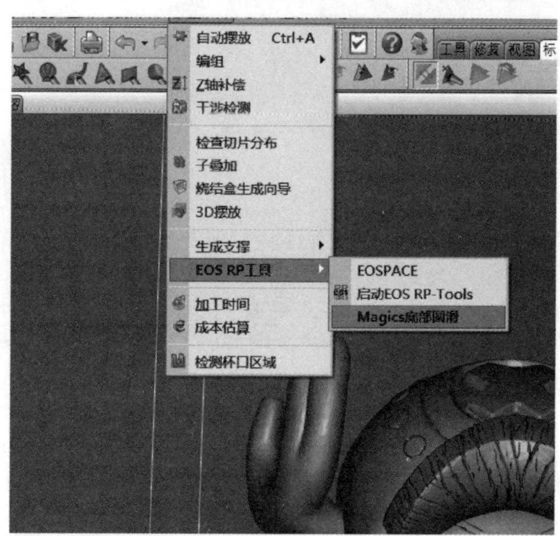

图 4-1-9　Magics 添加底部圆角

Step3：添加实体支撑

零件上一些悬空或者负角度倾斜部位，需要通过添加实体支撑和块状支撑来保证顺利成型。建议在 UG、SolidWorks 等 3D 建模软件中添加实体支撑。在 Magics 中，也可以通过创建圆柱等实体来添加，如图 4-1-10（a）所示，创建实体支撑后，将光标移动至需要的位置，在右边零件列表中勾选零件和支撑，右击，在弹出的快捷菜单中选择“合并选择零件”命令，如图 4-1-10（b）所示。

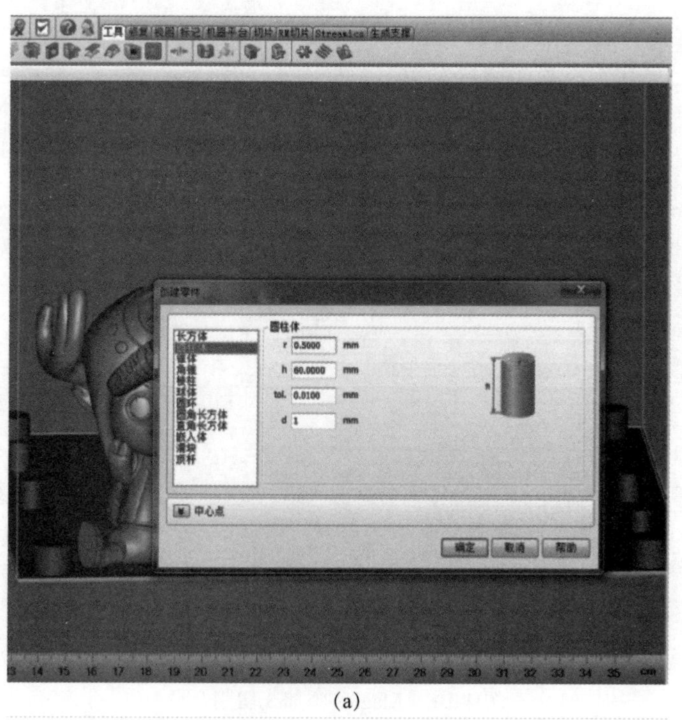

(a)

图 4-1-10　创建实体支撑

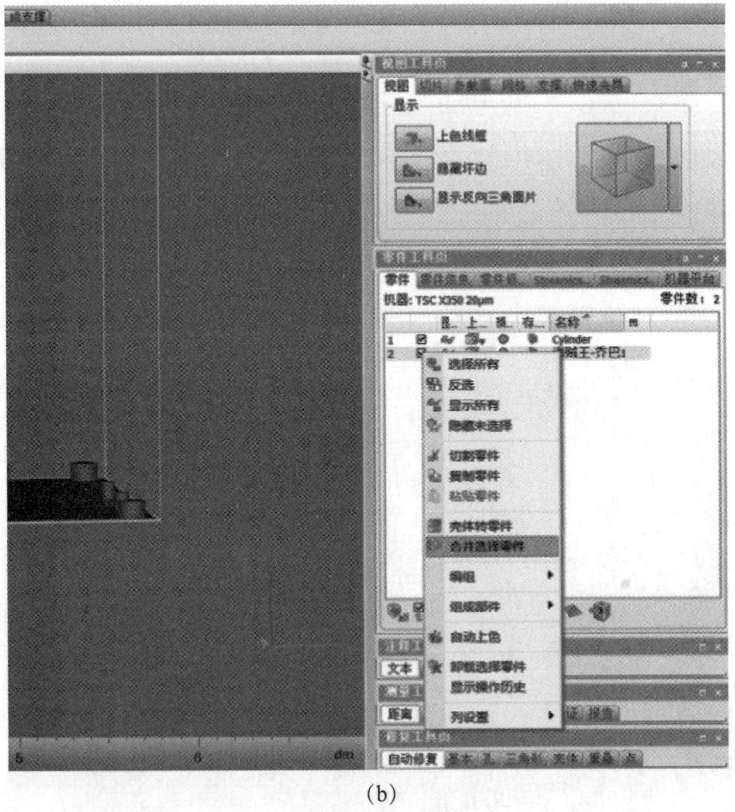

(b)

图 4-1-10　创建实体支撑（续）

合并后的零件需要通过“修复”功能来合并壳体。添加完线切割余量、底部圆角、实体支撑后的乔巴模型毛坯，如图 4-1-11 所示。

图 4-1-11　乔巴模型毛坯示意图

Step4：添加块状支撑

在 Magics 中，通过“生成支撑”工具栏来添加支撑，默认支撑形式是“块状”，如图 4-1-12 所示。

课堂笔记

图 4-1-12 “生成支撑”工具栏

自动添加块状支撑后，还可以在支撑不足的部位手动添加支撑。手动添加支撑时，先将需要添加支撑的区域标记好，如图 4-1-13 所示。如果想扩大已有的支撑范围，单击图标；如果想生成单独的新支撑，则单击图标。

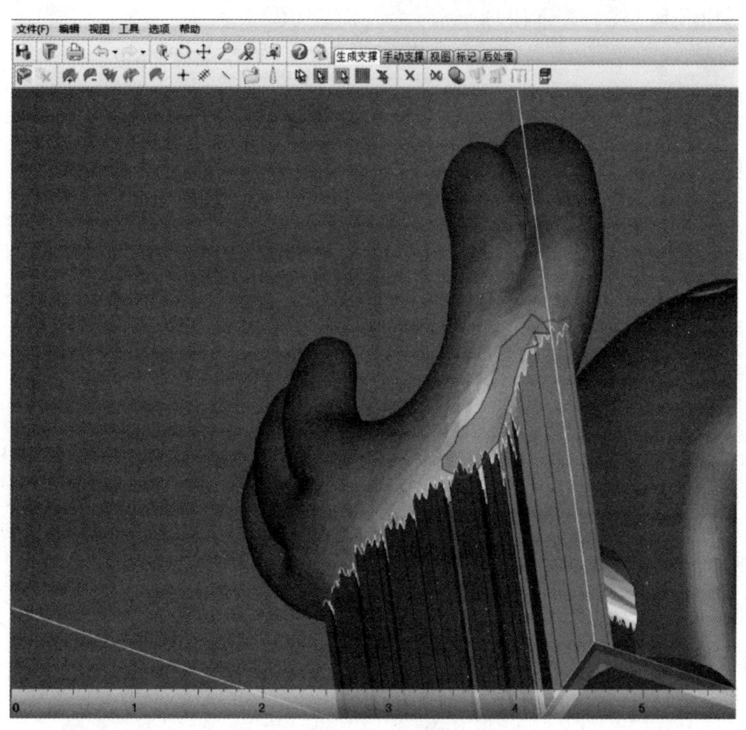

图 4-1-13 标记手动添加支撑

也可以通过单击窗口右下角“支撑参数页”中的“2D 编辑”按钮来添加或修改支撑，如图 4-1-14 所示。

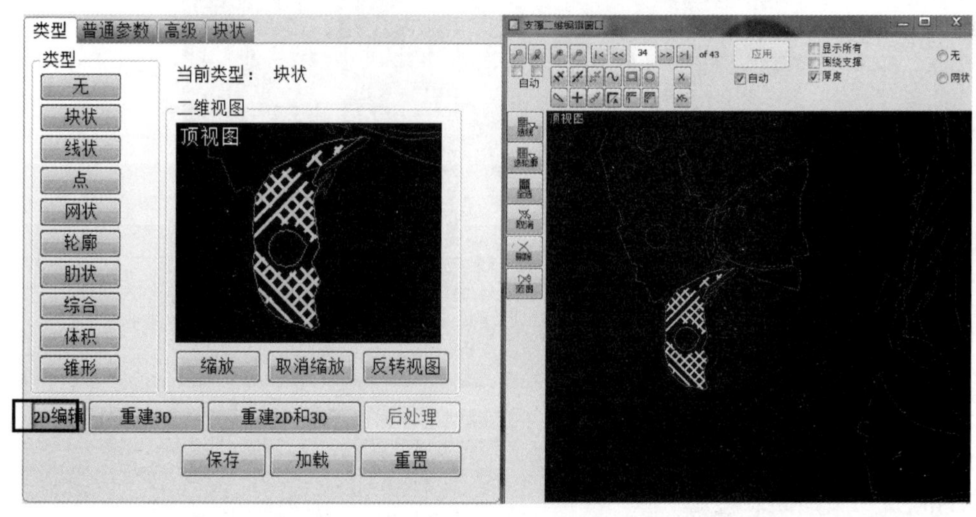

图 4-1-14 通过“2D 编辑”按钮修改支撑

添加完支撑的毛坯数模如图 4-1-15 所示。

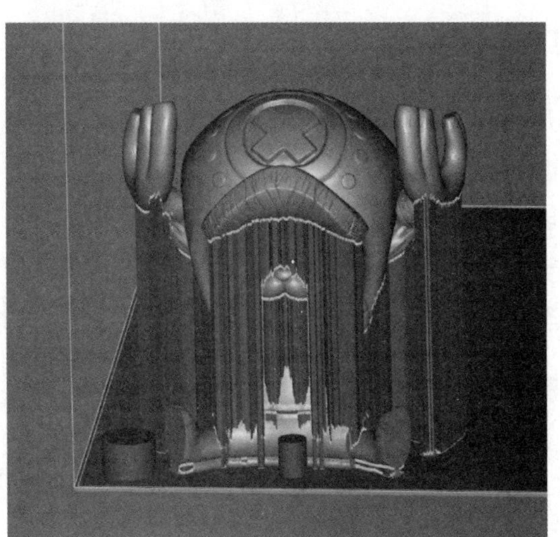

图 4-1-15　添加完支撑的毛坯数模

4.1.3　数模切片

设计好模型的成型工艺方案后，就可以进行切片了。切片参数设置如图 4-1-16 所示。

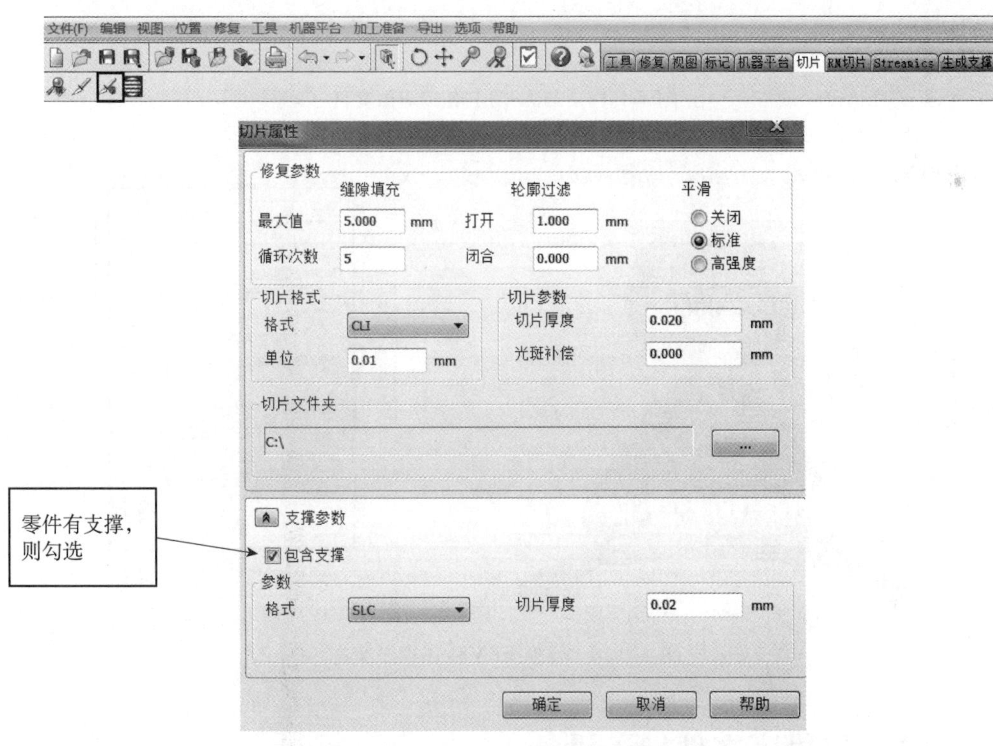

图 4-1-16　Magics 零件切片参数设置

在图 4-1-16 所示的切片参数设置中，可以设置切片厚度和光斑补偿等参数。具体光斑补偿值可以通过前期典型件实验获得。如果零件有支撑，在切片前，需要勾选“包含支撑”选项，“格式”设为 SLC。

切片完毕后，在切片文件夹中，可以得到 CLI 格式的实体切片文件和 SLC 格式的支撑切片文件。

课堂笔记

4.1.4 填充扫描路径

由于 CLI 格式切片文件只是零件轮廓的切片文件，不包括成型时的激光扫描路径，因此，还需要将 CLI 格式的实体切片文件导入到扫描路径填充软件中。打开扫描路径填充软件，单击左上角的“打开文件”图标，导入 CLI 格式切片文件，如图 4-1-17 所示。设置成型参数后，将其转换成 EPA 格式程序文件，如图 4-1-18 所示。成型参数包括实体和轮廓的激光功率、激光扫描速率，以及黑、白区填充线间距、区域重叠等。

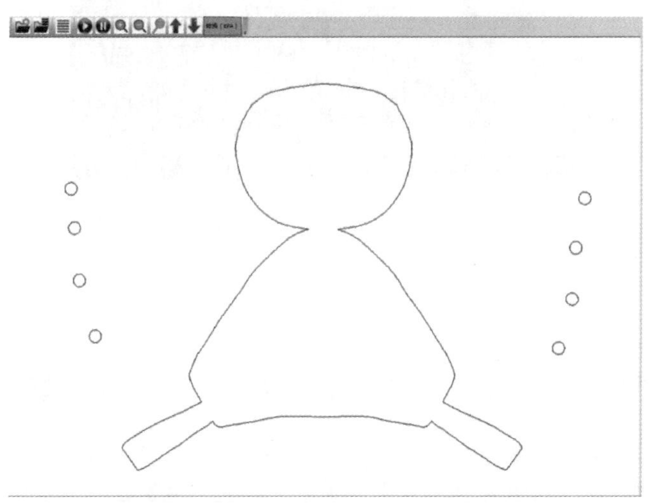

图 4-1-17　导入 CLI 格式切片文件

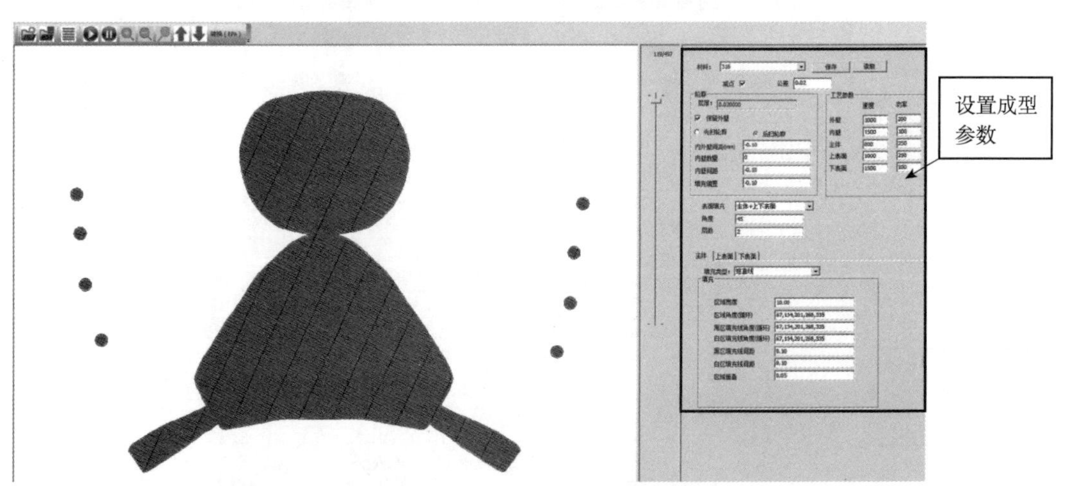

图 4-1-18　转换 EPA 格式程序文件

4.1.5 将程序文件导入设备

将 EPA 格式程序文件和 SLC 格式的支撑切片文件导入到 TSC-X350C 设备中。

Step1：导入EPA格式程序文件

打开设备上的 TSC Building 成型控制软件，单击图标导入 EPA 格式程序文件，再单击选中零件，并将它拖动摆放到合适位置，如图 4-1-19 所示，也可以选择“零件”→“移动、旋转”命令，在打开的对话框中输入零件的位置坐标，如图 4-1-20 所示。

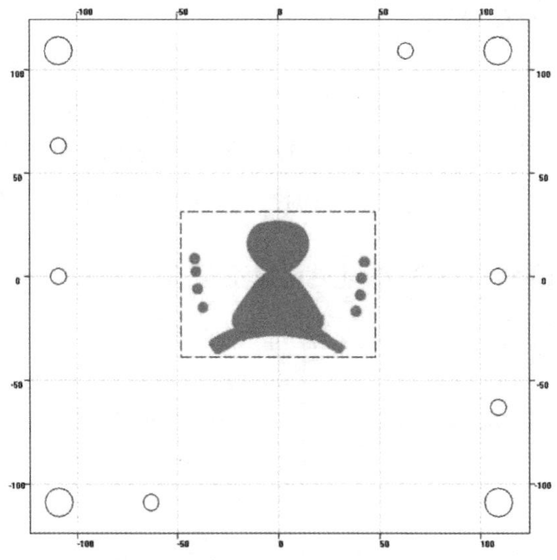

图 4-1-19　导入 EPA 格式程序文件

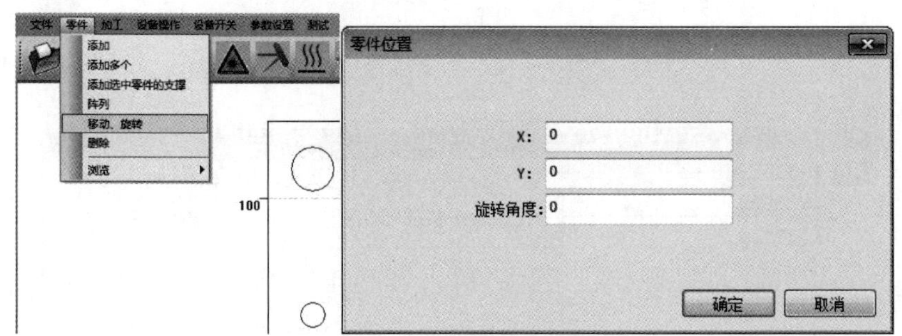

图 4-1-20　调整零件位置坐标

Step2：添加支撑文件

选中某个零件后，零件实体呈黄色。在选中状态下，选择“零件”→“添加选中零件的支撑”命令导入 SLC 格式的支撑切片文件，如图 4-1-21 所示。导入支撑切片文件后，零件和支撑就绑定在一起了，可以同时改变位置和角度。

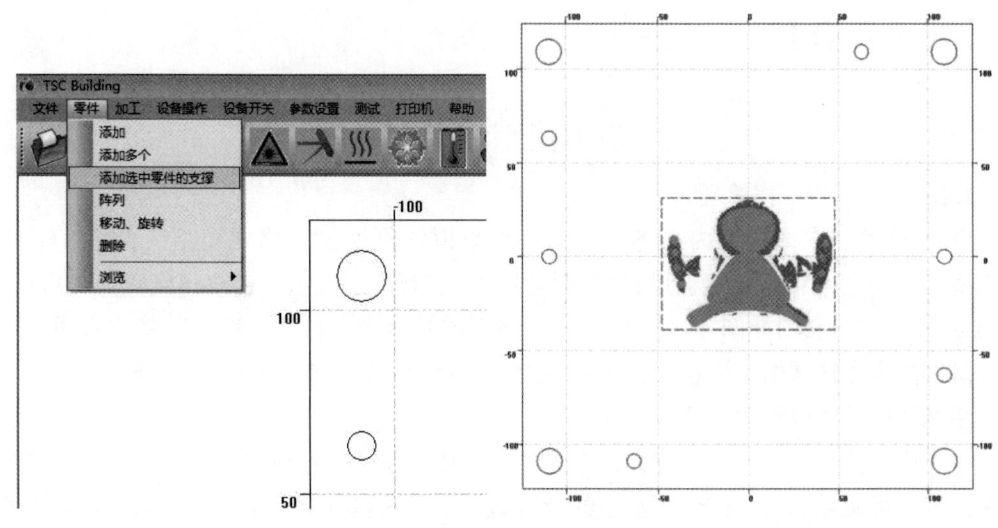

图 4-1-21　添加支撑切片文件

课堂笔记

4.1.6 设置设备参数

选择“参数设置”→“加工参数”命令，在打开的对话框中设置支撑成型参数，如图 4-1-22 所示，单击“保存”按钮后再单击“确定”按钮。选择“参数设置”→“温度设置”命令，在打开的对话框中设置基板温度，如图 4-1-23 所示。单击图标保存文件。

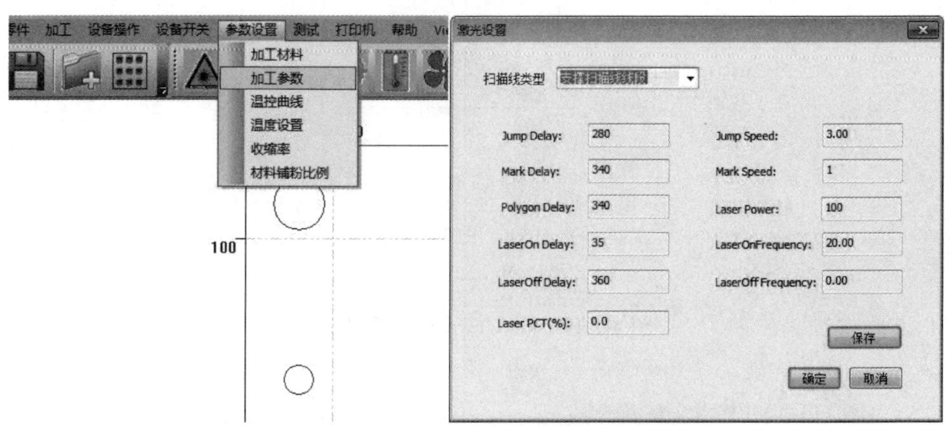

图 4-1-22 “激光设置”对话框设置支撑成型参数

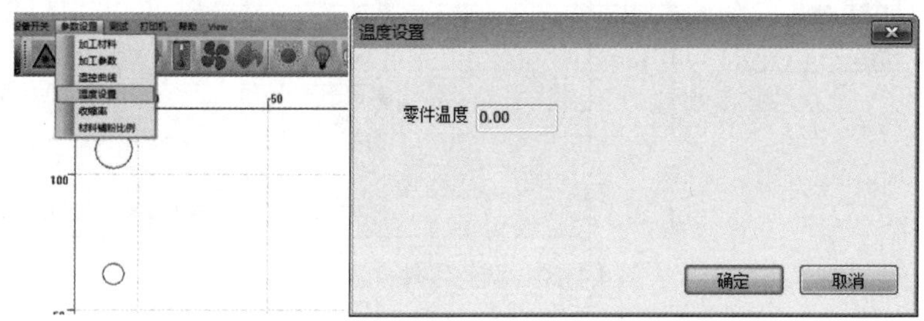

图 4-1-23 “温度设置”对话框设置基板温度

4.1.7 开始SLM成型

按照 TSC-X350C 操作规范，开始零件 SLM 成型。

【相关知识】

SLM成型3D打印机

1. SLM 成型机工作原理

SLM 技术的成型过程为：将零件的三维数模转化为 STL 格式模型，再将 STL 格式模型转化为切片格式模型。设备按照切片指令进行逐层成型，最终得到完整的零件。SLM 成型原理示意图如图 4-1-24 所示。下面以鑫精合激光科技发展（北京）有限公司自主研发的激光选区熔化成型设备 TSC-X350C 成型零件为例，进行具体说明。

激光选区熔化成型的大致步骤如下：

（1）成型前准备工作。检查设备激光器、扫描振镜、工作台等设备是否正常。安装基板，将基板调整到与工作台面水平的位置后，上升送粉缸至高于刮刀底面一定高度的位置，移动刮刀将粉末铺至基板上，形成一层均匀、平整的粉层。若粉层不均匀、不平整，需要重复操作至可打印状态。成型前要保证设备成型仓处于惰性气体气氛中。

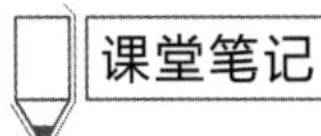

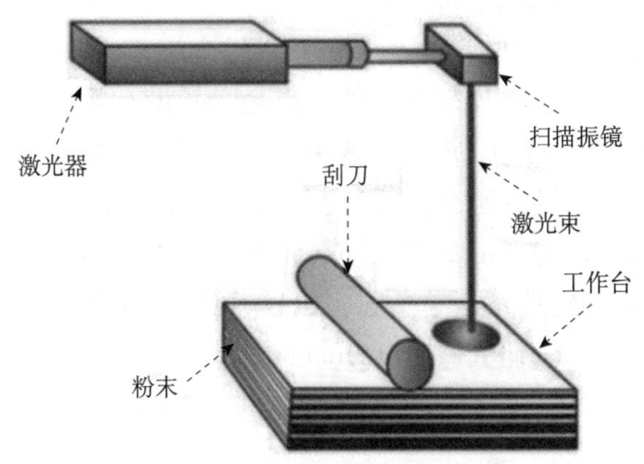

图 4-1-24　SLM 成型原理示意图

（2）试成型。按照切片程序，激光束开始根据第一层数据指令进行扫描。即选择性地熔化粉层中设计区域的粉末，形成零件第一层二维截面。若成型效果较差，需要重新调整、重新试成型；若成型效果良好，开始激光成型。

（3）激光成型。第一层切片扫描结束后，成型缸下降一层的层厚高度，送粉缸再上升一定高度，刮刀将粉末铺至第一层二维截面上，形成第二层粉层，按照切片程序，进行第二层扫描。依次重复扫描，直至整个零件成型结束。

2. SLM 打印机代表设备及其主要技术参数

3D 打印技术自问世以来，经过 30 多年的发展，已在多个领域崭露头角。世界多个国家对 3D 打印设备的需求也日渐强烈。在国外，SLM 设备研究主要集中在德国、英国、日本、法国、比利时等国家。目前，国外研制激光选区熔化设备的公司有德国的 EOS 公司、德国的 Concept laser 公司、德国的 SLM Solution 公司、英国的 Renishaw 公司、美国的 3D Systems 公司和日本的 Matsuura 公司等。

德国对 SLM 技术及设备研究较早，技术也比较成熟。目前德国的 EOS 公司是全球最大，同时也是技术最领先的激光粉末熔化增材制造成型系统的制造商。德国的 EOS 公司推出了 EOS M100/M290（见图 4-1-25）/M400、EOSINT M280、PRECIOUS M080 型 SLM 设备。EOSINTM280 激光烧结系统采用的是 Yb-fibre 激光发射器，高效能、长寿命，光学系统精准度高。M280 能成型的零件最大尺寸为 250mm × 250mm × 325mm。

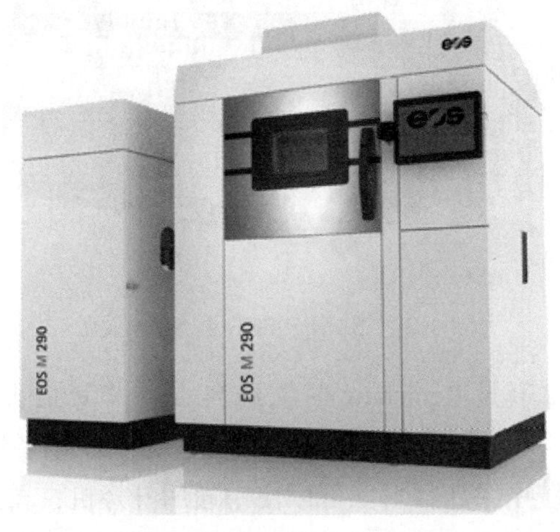

图 4-1-25　EOS　M100/M290

课堂笔记

而最新推出的EOSINTM400设备选用的激光器功率更高，能成型的结构件尺寸更大，最大尺寸达到400mm×400mm×400mm。

德国Concept Laser公司目前已经开发了四代金属零件激光直接成型设备：M1、M2、M3和Mlab。其成型设备比较独特的一点是它并没有采用振镜扫描技术，而使用*x/y*轴数控系统带动激光头行走，所以其成型零件范围不受振镜扫描范围的限制，成型尺寸大，但成型精度同样能达到50μm以内。以Concept Laser公司的X系列1000R设备为例，构建尺寸能达到630mm×400mm×500mm，如图4-1-26所示，该系统的核心部件是ILT开发的1000W激光光学系统，也较其他SLM金属3D打印机有很大的提升。2015年，德国弗朗霍夫研究所（Fraunhofer，ILT）和Concept Laser公司联合研发出Xline2000R型SLM设备，其最大成型尺寸达到800mm×400mm×500mm。

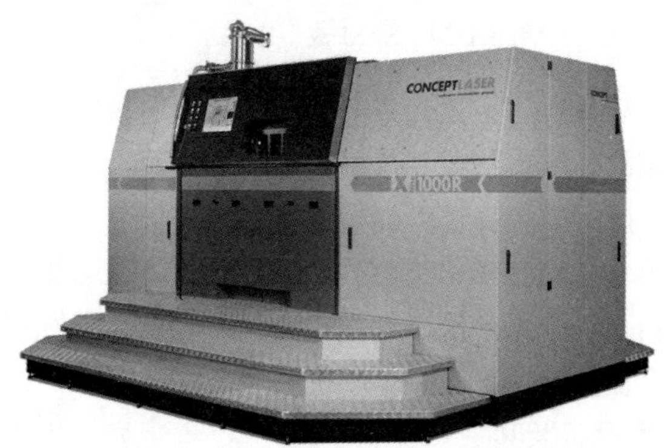

图4-1-26　Concept Laser设备

德国SLM Solution公司研发的SLM 500HL型SLM设备最大成型尺寸为500mm×280mm×325mm，同时设备可配备400W、1000W双激光或者多激光扫描技术，如图4-1-27所示。激光束可以单独使用，也可以同时使用。同时使用激光束会大大加快成型效率。

图4-1-27　SLM 500HL型SLM设备

英国Renishaw AM250是Renishaw一款经典设备，其最大成型尺寸为250mm×250mm×300mm，如图4-1-28所示。AM250有一个带阀联锁装置的外部送粉器，在操作过程中，允许再向系统中添加材料。可以使用通用升降机，在拆下送粉器进行清洁或换料时更换送粉器。粉末溢出收集容器位于真空室的外侧，具有隔离阀，可以在系统运行时，将没有使用的材料过滤后，通过送粉器重新送入系统。通过手套式操作箱进行安全更换过滤和系统粉末处理，最大程度避免用户与材料或辐射物接触。AM250 在设计时以制造业为本，带有方便的触摸屏用户界面，结构坚固耐用。

图 4-1-28　Renishaw AM250 设备

日本 Matsuura 公司研制的金属光造型复合加工设备 LUMEX Avance-25 如图 4-1-29 所示，该设备将金属激光成型和切削加工结合在一起，激光熔化一定层数粉末后，高速铣削一次，反复进行这样的工序，直至整个零件加工完成，从而提高了成型件的表面质量和尺寸精度，与单纯的金属粉末激光选区熔化技术相比，其加工尺寸精度小于 ± 5μm。

图 4-1-29　LUMEX Avance-25 设备

在国内，开展 SLM 设备研制的单位主要有鑫精合激光科技发展（北京）有限公司、华南理工大学、华中科技大学、北京易加三维科技有限公司、西安伯利特增材技术股份有限公司等。

课堂笔记

鑫精合激光科技发展（北京）有限公司自主研发的最新的激光选区熔化设备 TSC-X350C，如图4-1-30所示，拥有多项独立自主的专利技术，可用于批量生产模具。系统配备 500W 的光纤激光器，提供高性能、高稳定性、高质量的激光光源。在自动过滤系统中添加了自动清洁组件，延长过滤器滤网寿命。集成的保护气体管理系统，更高效地保障长时间连续烧结大型部件的品质。该设备在设计时以制造业为本，用户界面方便快捷，结构坚固耐用。从植入式装置的批量生产到复杂结构或用于航空航天的各种几何形状的制造，TSC-X350C 能够满足制造体系的各种要求。

图 4-1-30　TSC-X350C 设备

华南理工大学在 2006 年就联合几家单位开发了一款 Di-Metal100 型设备，可以成型致密度近乎 100% 的金属零件，表面粗糙度 *Ra* 小于 15μm，尺寸精度达 0.1mm/100mm。主要参数为：SPI 连续式 200W 光纤激光器（波长 1075nm），光斑直径 50～70μm，最大成型尺寸 100mm×100mm×100mm，铺粉层厚 20～50μm，扫描速度 5～7000mm/s，成型腔室以 Ar 或 N_2 保护，含氧量控制在 0.1% 以下。

华中科技大学武汉光电国家实验室的激光先进制造研究团队率先在国际上研制出成型尺寸为 500mm×500mm×530mm 的 4 光束大尺寸 SLM 设备，首次在 SLM 设备中引入双向铺粉技术，成型效率高出同类设备 20%～40%。华中科技大学研发的 HRPM-Ⅱ型设备在超轻结构复杂件的制备方面有较强的优势。

北京易加三维科技有限公司专注于研发、生产工业级激光 3D 打印设备，其核心团队拥有 20 多年的行业经验，目前有 SLM 金属、SLS 工程塑料、SLS 铸型和 SLA 光固化 3D 打印机等系列机型。公司产品已经广泛应用于航空航天、船舶、汽车、科研、医疗、艺术等诸多领域。

西安铂力特增材技术股份有限公司拥有各种激光成型及修复设备 10 余套，激光器功率涵盖 300～8000W。自主研发的 SLM 系列设备 BLT-S300 国内首次实现 3D 打印核燃料元件。铂力特 BLT-S300 通过金属 3D 打印技术快速、精密成型的制造方式，向中国核工业阐释着 3D 打印与核燃料元件制造、智能制造的融合。

3. SLM 打印技术关键工艺参数

SLM 打印技术的关键工艺参数有：激光功率、扫描速度、扫描线间距、粉末厚度（层厚），其他的工艺参数有：搭接率、光斑补偿、送粉率、含氧量、气流速度、基板温

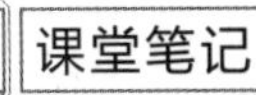

度等。

（1）激光功率。激光功率是 SLM 技术成型过程的重要参数之一。相同条件下，激光功率越高，单位面积内接收能量密度越高，材料熔融越充分，熔池越深。若激光功率过高，易出现粉末飞溅或汽化，降低零件致密度。因此，激光功率存在一个极值。

（2）扫描速度。扫描速度也是 SLM 的重要参数。相同条件下，扫描速度较快时，单位面积接收的能量密度较小，激光在熔池停留时间较短，熔池内温度梯度引起表面张力，成型零件表面质量较粗糙。扫描速度较慢时，单位面积接收的能量密度较大，激光在熔池停留时间较长，熔池内温度梯度较小，成型零件表面质量较好。但扫描速度过低时，也会引起单位面积接收能量密度过大，出现粉末飞溅或汽化。

（3）扫描间距。相邻激光束扫描线之间的距离为扫描间距。它对能量分布、零件表面质量有影响。相同条件下，扫描间距较大时扫描区域存在较小或不存在搭接，直接影响致密度，有可能会在零件内部形成缺陷，影响材料性能。扫描间距较小时，增加扫描线搭接，搭接区域会被多次熔融。能量密度不能消散时，会引起该区域材料的起翘、变形。

（4）铺粉厚度。铺粉厚度为工作平台与刮刀之间的距离。铺粉厚度较小时打印零件表面质量较好，铺粉厚度较大时，成型效率较高。

其他工艺参数的选择也会影响单位面积能量输入、零件表面质量、致密度等。

4. SLM 打印适用材料及其性能

SLM 打印的金属粉末类别广泛，可针对不同用途打印不同材料。目前，TSC-X350C 系列打印机能够成熟打印的材料有钛合金（TC4、TA15）、高温合金（GH4169、GH3526、GH3536）、不锈钢（316L、304L、630）和铝合金（AlSi10Mg、ZL116）。

1）钛合金

钛合金具有耐高温、高耐腐蚀性、高强度、低密度及生物相容性等优点，在航空航天、化工、核工业、运动器材及医疗器械等领域得到了广泛的应用。传统锻造和铸造技术制备的钛合金件已被广泛地应用在高新技术领域。但是传统锻造和铸造方法生产大型钛合金零件，由于产品成本高、工艺复杂、材料利用率低及后续加工困难等不利因素，阻碍了其更为广泛的应用。而金属材料通过 SLM 技术可以从根本上解决这些问题，因此该技术近年来成为一种直接制造钛合金零件的新型技术。钛合金粉末和钛合金产品如图 4-1-31 所示。

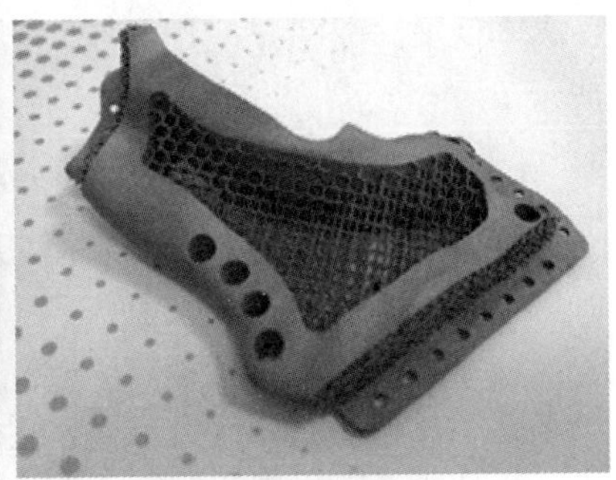

图 4-1-31　钛合金粉末和钛合金产品

课堂笔记

表 4-1-1 所示为 SLM 成型 TC4 室温拉伸性能。

表4-1-1　SLM成型TC4室温拉伸性能

指标	R_m/MPa	$R_{p0.2}$/MPa	A/%	Z/%
横/纵向	≥895	≥825	≥8	≥20

2）高温合金

高温合金是指以铁、镍、钴为基体，能在 600℃以上的高温及一定应力环境下长期工作的一类金属材料，其具有较高的高温强度、良好的抗热腐蚀和抗氧化性能及良好的塑性和韧性。高温合金主要用于高性能发动机，在现代先进的航空发动机中，高温合金材料的使用量占发动机总质量的 40%～60%。现代高性能航空发动机的发展对高温合金的使用温度和性能的要求越来越高。传统的铸锭冶金工艺冷却速度慢，铸锭中某些元素和第二相偏析严重，热加工性能差，组织不均匀，性能不稳定。而 SLM 技术在高温合金制造中成为解决技术瓶颈的新方法。高温合金粉末和高温合金产品如图 4-1-32 所示。

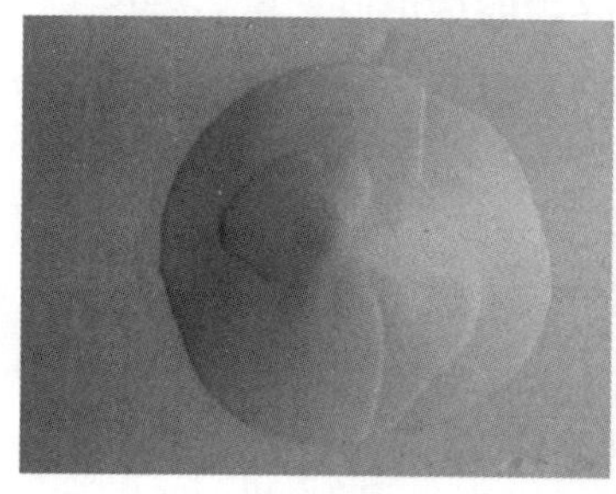

图 4-1-32　高温合金粉末和高温合金产品

SLM 成型高温合金室温拉伸性能基本达到锻件标准，如表 4-1-2 所示。

表4-1-2　SLM成型高温合金室温拉伸性能

材料	R_m/MPa	$R_{p0.2}$/MPa	A/%	Z/%
GH4169	≥1280	≥1030	≥12	≥15
GH3625	≥830	≥410	≥30	—
GH3536	≥690	≥275	≥30	—

3）不锈钢

不锈钢具有耐化学腐蚀、耐高温和力学性能良好等特性，由于其粉末成型性好、制备工艺简单且成本低廉，是最早应用于 3D 金属打印的材料。不锈钢粉末和不锈钢产品如图 4-1-33 所示。

图 4-1-33　不锈钢粉末和不锈钢产品

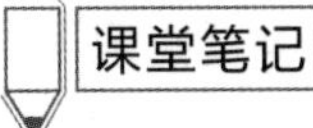

SLM 成型不锈钢室温拉伸性能基本达到国标标准，如表 4-1-3 所示。

表4-1-3　SLM成型不锈钢室温拉伸性能

材料	R_m/MPa	$R_{p0.2}$/MPa	A/%	Z/%
316L	≥490	≥175	≥40	≥60
304L	≥490	≥175	≥40	≥60
630	≥930	≥725	≥50	≥16

4）铝合金

铝合金具有优良的物理、化学和力学性能，在许多领域获得了广泛的应用。虽然铝合金采用 SLM 技术成型具有一定难度，但可以通过严格的保护气氛，增加激光功率，降低扫描速度等方法来解决。铝合金粉末和铝合金产品如图 4-1-34 所示。

图 4-1-34　铝合金粉末和铝合金产品

5. SLM 打印技术应用及其前景

3D 打印（3D Printing）技术是激光增材制造（Additive Manufacturing）的俗称。激光选区熔化成型技术（Selective Laser Melting，SLM）是激光增材制造技术的一种，该技术的基本思想为直接成型、快速成型、近净成型。

当前发展起来的 20 多种快速成型（Rapid Prototype，RP）技术中，多数不能直接用于金属零件的制造，往往是用非金属材料制造出零件模具，然后再浇铸成金属零件。由于工业对金属零件快速制造的需求，近年来，快速成型技术也成了 RP 技术的主流发展方向。金属零件激光选区熔化成型是一种快速成型技术，它能一步加工出具有冶金结合、致密度接近 100%、具有一定尺寸精度和表面粗糙度的金属零件。它可以大大加快产品的开发速度，具有广阔的发展前景，也是国外研究的热点领域之一。

SLM 技术具有很好的柔性，便于生产单件小批量产品，尤其适合航空航天用复杂零部件的生产。SLM 技术采用逐层添加材料的方法，一体成型，不存在材料去除的浪费问题，突破了传统加工方法去除成型的概念。SLM 技术需要高功率密度激光器，聚集到几十微米大小的光斑。可以说，运用 SLM 技术能直接成型高复杂结构、高尺寸精度、高表面质量的致密金属零件，减少制造金属零件的工艺过程，为产品的设计、生产提供更加快捷的途径，进而加快产品的市场响应速度，更新产品的设计理念和生产周期。SLM 技术在未来将会得到更好、更快的发展。

6. SLM 打印技术的特点

激光选区熔化成型技术（Selective Laser Melting，SLM）是利用激光束快速熔化金

课堂笔记

属粉末，通过层层堆叠，直接获得复杂结构、冶金结合、高精度、近乎致密的金属零件。SLM 可成型不锈钢、高温合金、钛合金、铝合金等材料。作为未来的技术新秀，SLM 技术具有以下优点：

（1）能将模型直接制成终端金属产品，只需要简单的后处理或表面处理工艺。

（2）适合异型工件，尤其适合内部有复杂结构（如空腔、三维网格）、用传统机械加工方法无法制造的复杂工件。

（3）能得到具有非平衡态过饱和固溶体及均匀细小金相组织的实体，致密度几乎能达到 100%，SLM 零件机械性能与锻造工艺所得相当。

（4）使用具有高功率密度的激光器，以光斑很小的激光束加工金属，使得加工出来的金属零件具有很高的尺寸精度、良好的表面粗糙度。

（5）由于激光光斑直径很小，因此能以较低的功率熔化高熔点金属，使得用单一成分的金属粉末来制造零件成为可能，而且可供选用的金属粉末种类也大大拓展了。

（6）能采用钛粉、镍基高温合金粉加工解决在航空航天中应用广泛的、组织均匀的高温合金零件复杂件加工难的问题；还能解决生物医学上组分连续变化的梯度功能材料的加工问题。

（7）适合生产多品种、小批量产品。

由于 SLM 技术具有以上优点，相比之下，有些复杂的工件，采用减材技术不但浪费时间，而且严重浪费材料，一些复杂结构工件无法制造；铸造能解决复杂结构的制造问题并提高材料利用率，但钛和镍等特殊材料的铸造工艺非常复杂，制件性能难以控制；锻造可有效提高制件性能，但需要昂贵的精密模具和大型的专用装备，制造成本很高。而采用 SLM 方法则可以很方便、快捷地制造出这些复杂工件，在产品开发阶段可以大大缩短样件的加工生产时间，节省大量的开发费用。

SLS 是选择性激光烧结，所用的金属材料是经过处理的与低熔点金属或者高分子材料的混合粉末，在加工的过程中低熔点的材料熔化，但高熔点的金属粉末是不熔化的。利用被熔化的材料实现黏结成型，所以实体存在孔隙，力学性能差，要使用的话还要经过高温重熔。SLM 成型零件不需要黏结剂，成型的精度和力学性能都比 SLS 要好。

DMLS（Direct Metal Laser-Sintering）是利用高能量的激光束，通过 3D 模型数据来控制局部熔化金属基体，同时烧结固化粉末金属材料并自动地层层堆叠，以生成致密的几何形状实体零件。这种零件制造工艺被称为“直接金属激光烧结技术”。DMLS 是金属粉体成型，有同轴送粉和辊筒送粉两类。同轴送粉的技术适合制造分层厚度在 1mm 以上物件或大型的金属件。辊筒送粉的产品精细度高，适合制造小型部件，因为制造过程部件很容易热变形，制造空间超过计算机机箱大小的都是很困难的。

EBM 与 SLM、DMLS 成型原理相似，差别在于热源不同。EBM 技术成型室必须为高真空，才能保证设备正常工作。因使用电子束作为热源，金属材料对其几乎没有反射，多数能量被吸收。在真空环境下，材料熔化后的润湿性也大大提高，增加了熔池之间、层与层之间的冶金结合强度。EBM 技术需要将系统预热到温度大于 800℃，使得粉末在成型室内预先烧结固化在一起。瑞典 ArcamAB 公司是 EBM 技术的主要参与者。EBM 技术是 20 世纪 90 年代中期发展起来的，瑞典 ArcamAB 公司研发了商品化的 EBSM 设备 EBMS12 系列，而国内对 EBSM 工艺的研究相对较晚。

LENS 采用了激光和粉末输送同时工作的原理。计算机将零件的三维 CAD 模型分层切片，得到零件的二维平面轮廓数据，这些数据又转化为数控工作台的运动轨迹。同

时金属粉末以一定的供粉速度送入激光聚焦区域内，快速熔化凝固，通过点、线、面的层层叠加，最后得到成型的零件实体，成型件不需要或者只需少量加工即可使用。LENS 可实现金属零件的无模制造，节约大量成本。与 SLM 技术相比，该技术更加适合制造形状简单、复杂度低、尺寸较大的零件。

任务4.2　标准力学拉伸件打印

【任务引入】

标准力学拉伸打印件为所有金属材料性能检测时所需要进行打印的重要工件之一，通过测试拉伸件的力学性能进而检测打印工艺参数的合理性。SLM 工艺金属 3D 打印需要数字化三维模型，通过 CAD 建模或者三维数据扫描获取的文件，另存为 STL 格式的数据文件即可用于打印。将需要金属 3D 打印的 STL 格式的文件导入到金属 3D 打印机的工业控制计算机中，进行位置摆放、添加支撑等前处理工作，再进行分层切片，控制金属 3D 打印机逐层打印，打印完成后，清理未打印的粉末。将打印的金属工件回火去应力后，采用线切割的方式将其从基板上分离，最后去除支撑，再进行必要的机械加工，即完成金属工件的打印加工制造。

SLM 工艺金属 3D 打印是一个温度几乎从 200℃骤变到金属熔点温度以上（一般为 1000～3000℃），再变为固态（约 200℃）的过程，热应力巨大，所以在 SLM 工艺金属 3D 打印中，数据的前处理及在基板上第一层的打印尤为重要。目前金属 3D 打印没有一键式处理方式，得到三维数据模型后，需要进行支撑添加、设备调试、基板安装处理。第一层打印后，方可连续打印制造，还需要对打印的工件根据应用场合进行后处理加工。

本次打印标准力学拉伸件打印材料为 316L 不锈钢，根据已有的二维图纸进行三维 CAD 建模（如图 4-2-1 所示），并将建好的三维模型数据另存为 STL 格式文件。

本次任务：根据 STL 格式的标准力学拉伸件的三维模型，使用易博三维的 IGAM-I 打印机（SLM），完成标准力学拉伸件的 3D 打印。

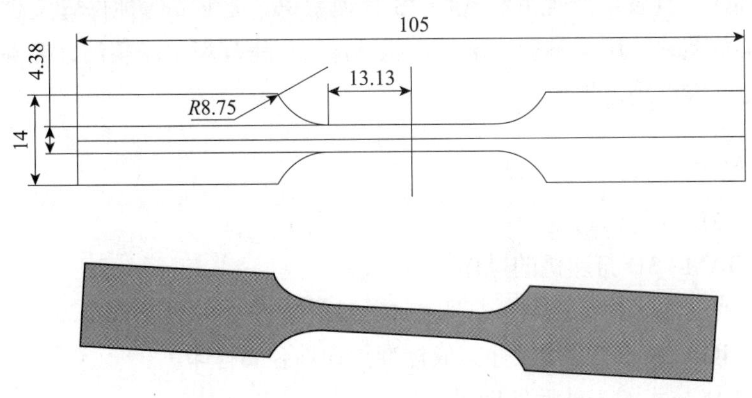

图 4-2-1　标准拉伸件二维图纸及三维模型

【任务分析】

此任务打印 316L 不锈钢标准力学拉伸件，按照 SLM 工艺的金属 3D 打印一般流程（如图 4-2-2 所示），在打印前需要进行材料准备，选择 316L 金属粉末及打印基板；工作

课堂笔记

腔准备，清理工作腔，并用脱脂棉蘸取酒精擦拭保护镜片，安装基板并添加粉末；模型导入，将STL格式的三维模型导入打印机中，添加支撑并切片处理；工件加工，通入惰性气体，设置打印工艺参数，开启基板预热功能，当工作腔内氧含量低于1%，基板预热至80℃时，可以开始连续打印加工；后处理，打印完成后回收未用金属粉末，根据需要进行后处理，此标准力学拉伸件需要喷砂、去除支撑等后处理工作。

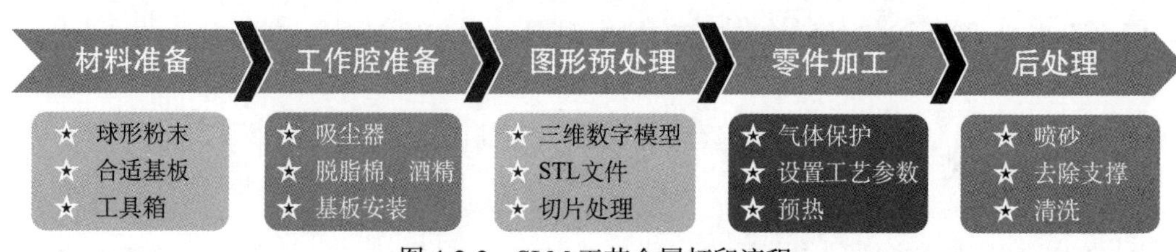

图 4-2-2　SLM工艺金属打印流程

完成本任务，可实现如下目标。

素质目标：

1. 自信自强。能够从容地应对复杂多变的环境，独立解决问题。
2. 诚实守信。能够了解、遵守行业法规和标准，真实反馈自己的工作情况。
3. 审辨思维。能够对事物进行客观分析和评价，客观评价他人的工作，反思自己的工作。
4. 学会学习。愿意学习新知识、新技术、新方法，独立思考和回答问题，能够从错误中吸取经验教训。
5. 团队协作。能够与他人分工协作并共同完成一项任务，共同营造和维护团队的良好工作氛围。
6. 沟通表达。能够与客户沟通，明确工作目标。
7. 持之以恒。具有达成目标的持续行动力。
8. 精益求精。有不断改进、追求卓越的意识，有严谨的求知和工作态度，有坚持不懈的探索精神。能够优化工作计划，能够改进工作方法。
9. 安全环保。具备生产规范和现场7S管理意识。能够妥善地保管文献、资料和工作器材，能够规范地使用及维护工量具，能够保持周围环境干净整洁，能够明确和牢记安全操作规范，能够规范地操作。

知识目标：

1. 熟悉SLM 3D打印的流程。
2. 掌握IGAM-I 3D打印机的操作。
3. 掌握激光选区熔化（SLM）打印技术及工艺。
4. 能操作IGAM-I 3D打印机并完成标准拉伸件金属打印。
5. 掌握SLM技术的工件后处理。

能力目标：

1. 会IGAM-I 3D打印机的操作。
2. 会激光选区熔化（SLM）打印技术及工艺。
3. 能操作IGAM-I 3D打印机并完成标准拉伸件打印。
4. 掌握SLM技术的工件后处理。

【任务实施】

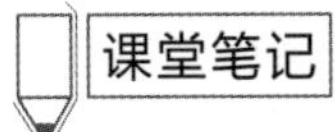

4.2.1　SLM金属3D打印机IGAM-I型设备初识

IGAM-I 型金属 3D 打印机由打印主机及激光器冷水机构成，设备主机正面如图 4-2-3 所示，在设备的左上方具有可上掀结构的工作腔，工作腔采用电动开合方式，可有效防止在打印加工过程中因误操作将设备工作腔开启而造成打印失败。在设备的右上侧是工业控制计算机的 IPC 显示器，可以通过内置软件对模型进行数据处理、切片等操作，并可以控制设备的相应动作。在显示器的下方分别布置了启动、急停、USB 接口及工作腔开启、关闭等按钮，可对设备进行对应的操作。

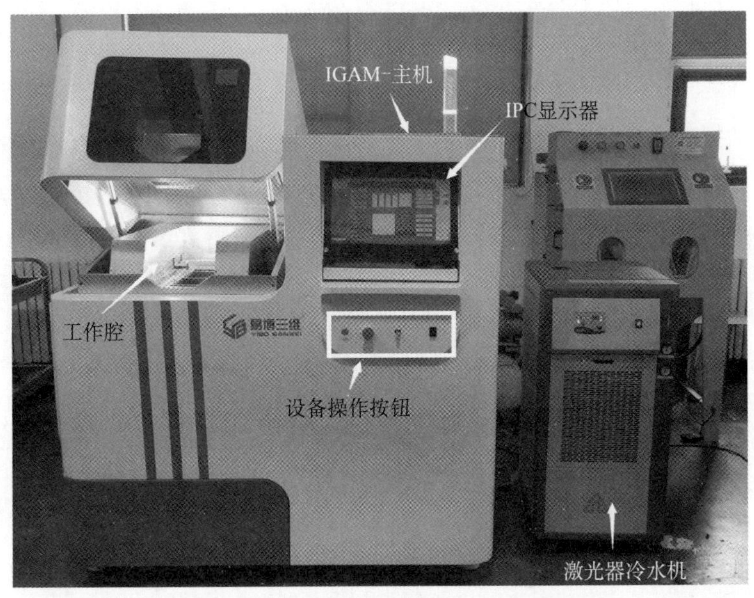

图 4-2-3　IGAM-I 型金属 3D 打印机正面

在 IGAM-I 主机背面的中间下方分布着 380V20A 的总电源接头，在总电源接头左侧分布气路、水路快插接口，分别为激光器主机进水口、激光器主机出水口、激光器准直进水口、激光器准直出水口及惰性气体进气口，用来为激光器及准直头冷却及清洗工作腔内提供氧气，如图 4-2-4 所示。

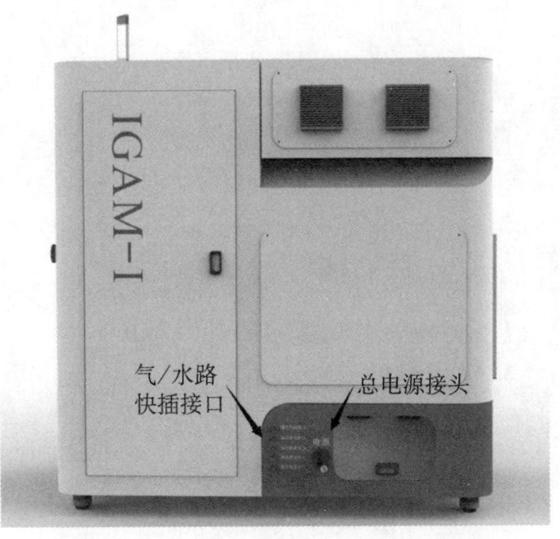

图 4-2-4　IGAM-I 设备背面接头示意

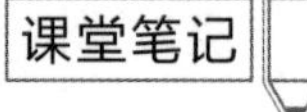

4.2.2 材料准备

在进行打印之前需要根据打印制件的材质准备相应的材料，包括金属粉末、基板及工具。

（1）金属粉末准备。金属粉末选用的是316L不锈钢，粉末颗粒直径范围为10～45μm，氧含量小于800PPM，粉末球形度大于90%，设备粉缸预装粉末为3L，本次打印力学标准拉伸件高度小于20mm，准备5kg的不锈钢粉末即可满足打印要求。

（2）基板准备。根据相似材料易焊接的原则选择304不锈钢材质的基板，尺寸符合IGAM-I工作缸的安装尺寸。

（3）工具准备。工具包括4个M4×15内六角螺钉及配套的扳手，工具箱里准备配备一把毛刷，用于清理金属粉末。

4.2.3 工作腔准备

在开始打印前，首先需要将工作腔（成型腔）清理干净，包括缸体、腔壁、透镜和铺粉棍/刮刀等，然后将需要接触粉末的地方用脱脂棉和酒精擦拭干净，以保证粉末尽可能不被其他物质污染，进而得到更优质的打印制件，最后将基板放置在工作缸上表面。

4.2.4 3D打印制件

做好了打印前的准备工作，接下来操作IGAM-I金属3D打印设备进行标准力学拉伸件的打印制造工作。

Step1：启动冷水机

SLM工艺金属3D打印机核心热源为高性能光纤激光器，激光器将电能转化为光能，并产生大量的热，若不及时散热，会影响激光器的性能甚至影响寿命，所以激光器在工作时需要进行水冷却。IGAM-I金属3D打印系统配备双温双控冷水机，一路冷却激光器主机，一路冷却激光器镜片。在打印之前，需要启动冷水机，使激光器正常工作。按冷水机正面的“启动”按钮，启动冷水机，如图4-2-5所示。

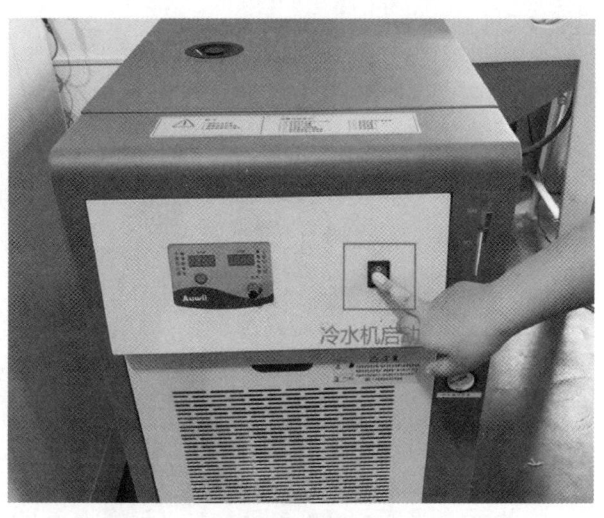

图4-2-5　启动冷水机

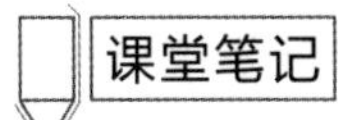

Step2：启动设备总电源

设备总电源开关位于设备右侧上方，将旋钮旋转到“ON”位置，设备上电启动，工控机自动开机，如图 4-2-6 所示。

图 4-2-6　开总电源

Step3：设备上电

如图 4-2-7 所示，按设备正面显示器下方的“启动”按钮，给设备上电。设备上电后，工作腔内的照明灯点亮，设备处于待工作状态。

图 4-2-7　设备上电

Step4：拷入打印模型及工艺卡片

在“启动”按钮的右侧有设备自带的 USB 接口，将需要打印的模型及工艺卡通过 U 盘拷入设备的工控机内，并保存在 D 盘打印文件夹下，如图 4-2-8 所示。

课堂笔记

图 4-2-8　USB 接口示意图

Step5：启动IGAM–I模型处理与控制软件

双击桌面上的图标，进入 IGAM 软件工作界面，如图 4-2-9 所示。

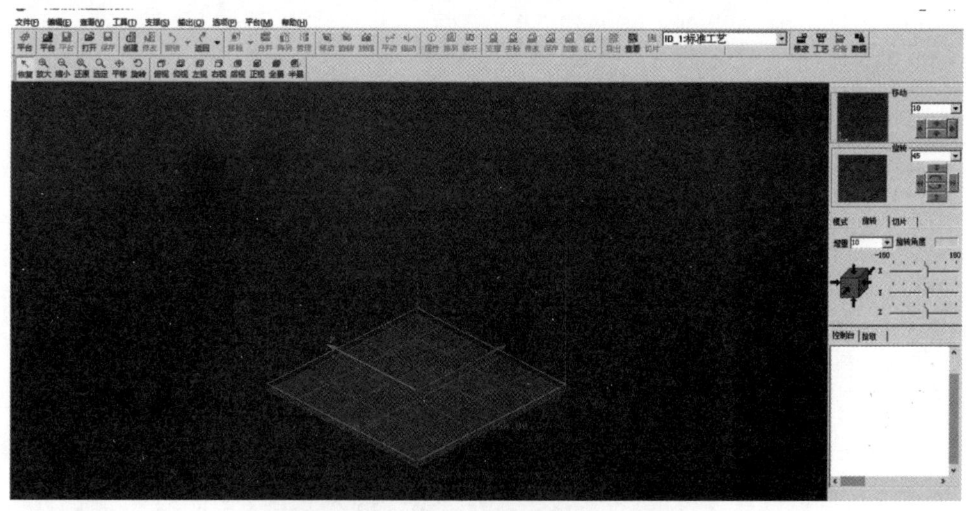

图 4-2-9　IGAM-I 操控软件工作界面

Step6：导入标准拉伸件模型

单击打开图标，弹出“打开文件”对话框，在弹出的对话框中选择要导入的模型，在对话框的右上角可以预览模型，单击“打开”按钮，将模型添加到操作平台，如图 4-2-10 所示。

Step7：调整模型位置及角度

如图 4-2-11 所示，导入的模型超出了打印平台位置，并且该角度打印模型不便于将模型与基板分离，需要对模型调整打印位置及打印角度。单击移动图标，弹出“实体移动”对话框，如图 4-2-12 所示。

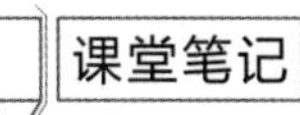

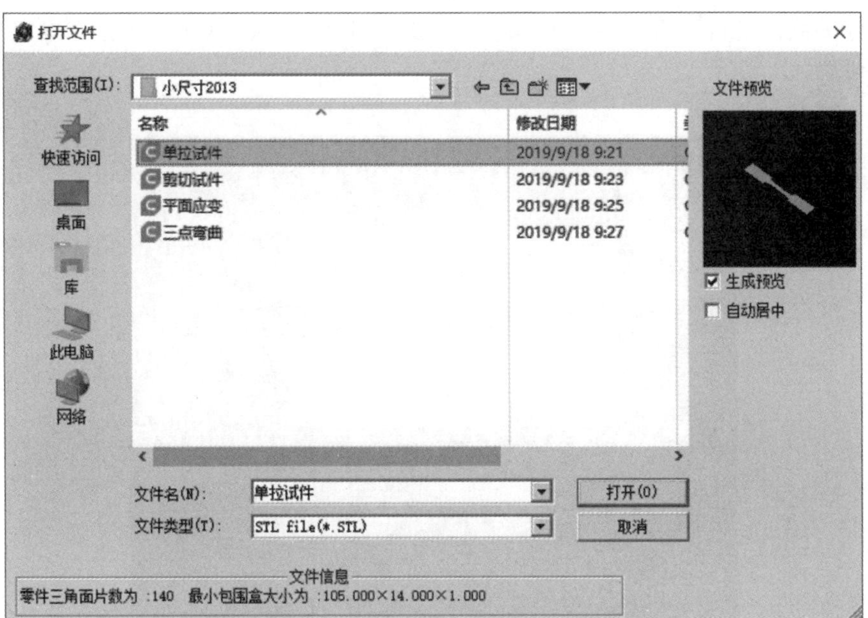

图 4-2-10　“打开文件”对话框导入模型界面

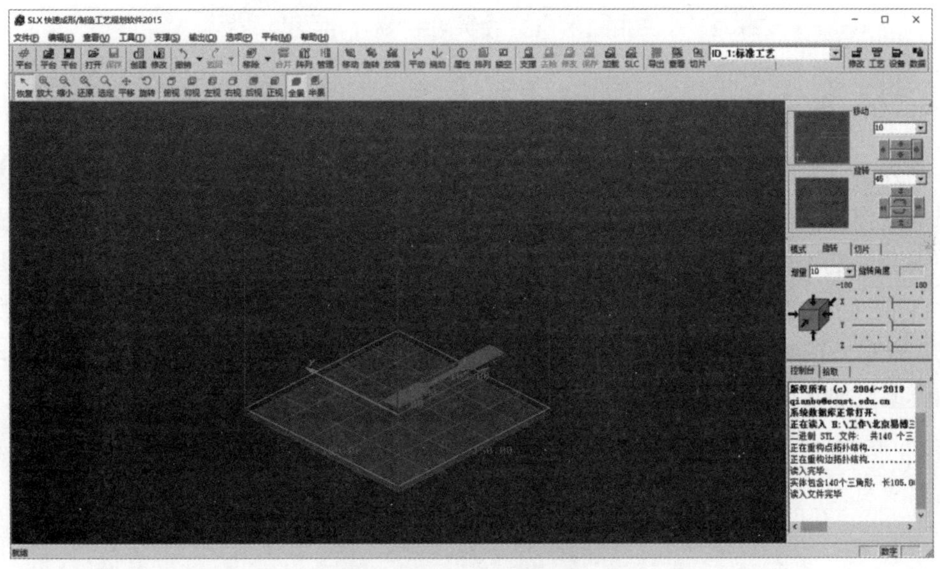

图 4-2-11　导入的模型

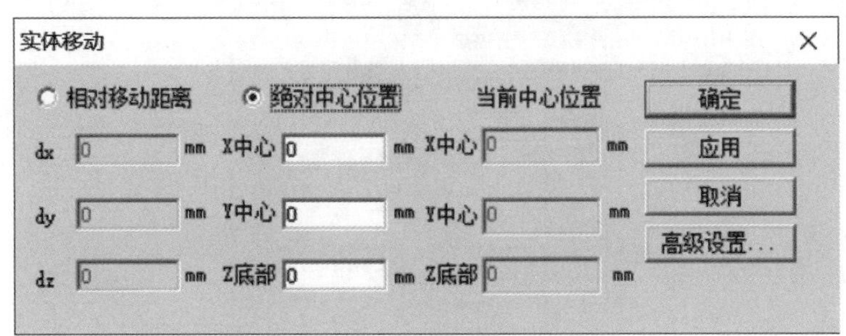

图 4-2-12　“实体移动”对话框

选择“绝对中心位置”选项，然后单击“确定”按钮，则打印模型移动到中心位置坐标。若想将模型移动到其他位置，也可以通过修改对话框中“X 中心”“Y 中心”“Z 底部”的对应值进行模型位置修改。单击旋转图标，弹出“实体旋转”对话框，根据模

课堂笔记

型的坐标关系，进行沿着“X”方向旋转“90”，如图 4-2-13 所示，单击“确定”按钮，模型完成旋转。

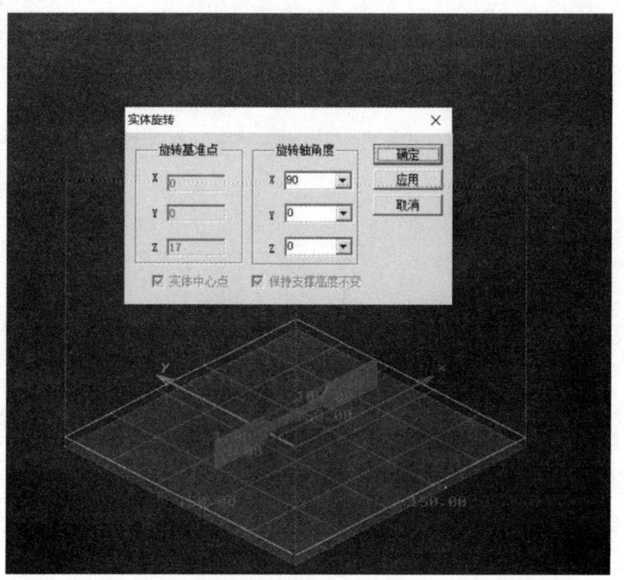

图 4-2-13 “实体旋转”对话框

Step8：添加支撑

一方面，为了便于将打印金属工件与基板分离且不损伤工件，需要在工件与基板之间添加支撑。另一方面，工件中的一些悬空部位也需要添加支撑。支撑的添加至关重要，它会影响工件打印的成败。根据此拉伸件的结构特点，适合用柱状支撑，使用本软件自带的添加支撑功能添加支撑。单击图标，弹出“支撑参数设置”对话框，如图 4-2-14 所示。按照图 4-2-14 所示的步骤设置支撑参数，单击“确定”按钮，软件自动计算为模型添加支撑，如图 4-2-15 所示。

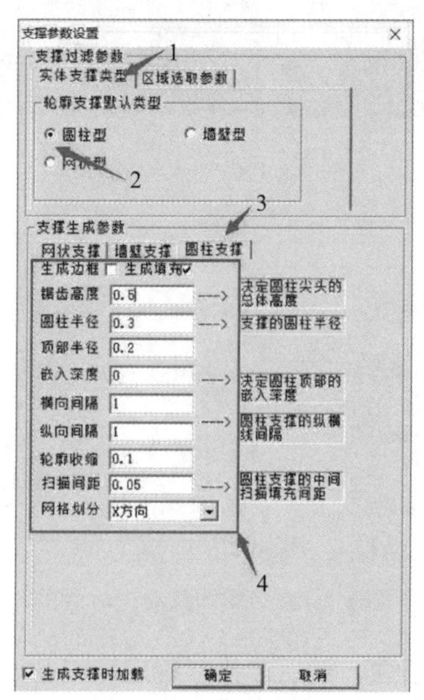

图 4-2-14 “支撑参数设置”对话框

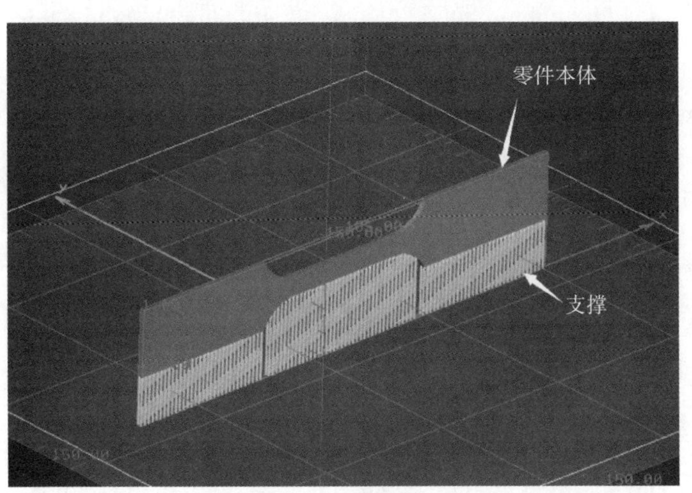

图 4-2-15　添加支撑

Step9：切片预览

单击切片图标，弹出“SLICE 切片查看”对话框，如图 4-2-16 所示，模型变为正视图，单击模型相应高度即可在对话框中显示该层切片及相应的激光扫描路径。

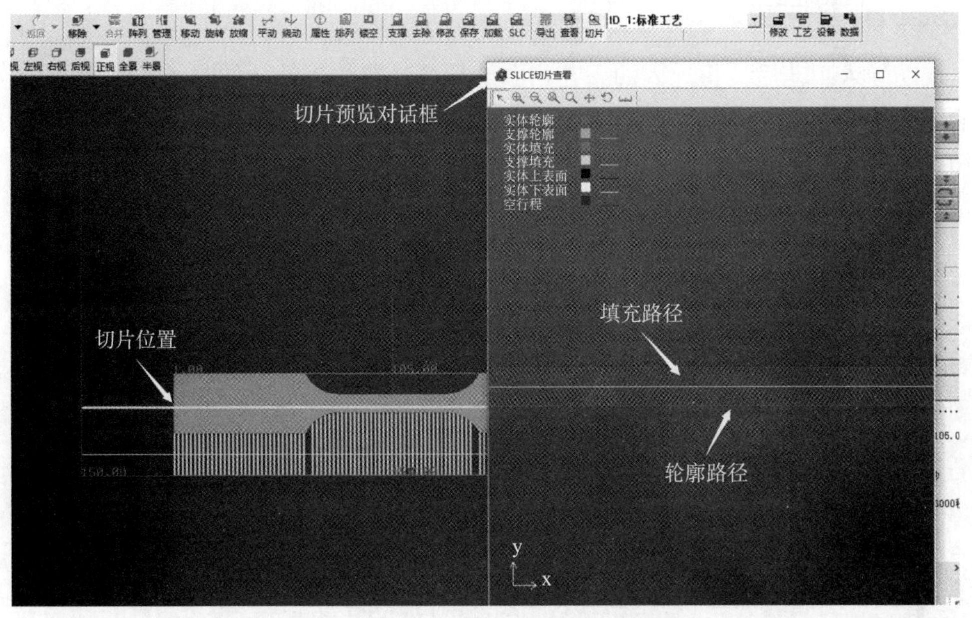

图 4-2-16　“SLICE 切片查看”对话框

Step10：导入工艺卡片

工艺卡片就是打印工件的各个工艺参数的集合，IGAM-I 软件具备导入、导出工艺卡片功能，可针对不同的工件使用不同的工艺卡片，便于设备再次打印工件时，重新设定工艺参数。此标准力学拉伸件模型采用 316L 不锈钢材料打印，使用已有的工艺卡片即可。单击工艺图标，弹出“工艺管理”对话框，再单击图标，弹出“打开工艺文件”对话框，选择相应工艺，单击“打开”按钮即完成了工艺卡片的导入工作，如图 4-2-17 所示。

课堂笔记

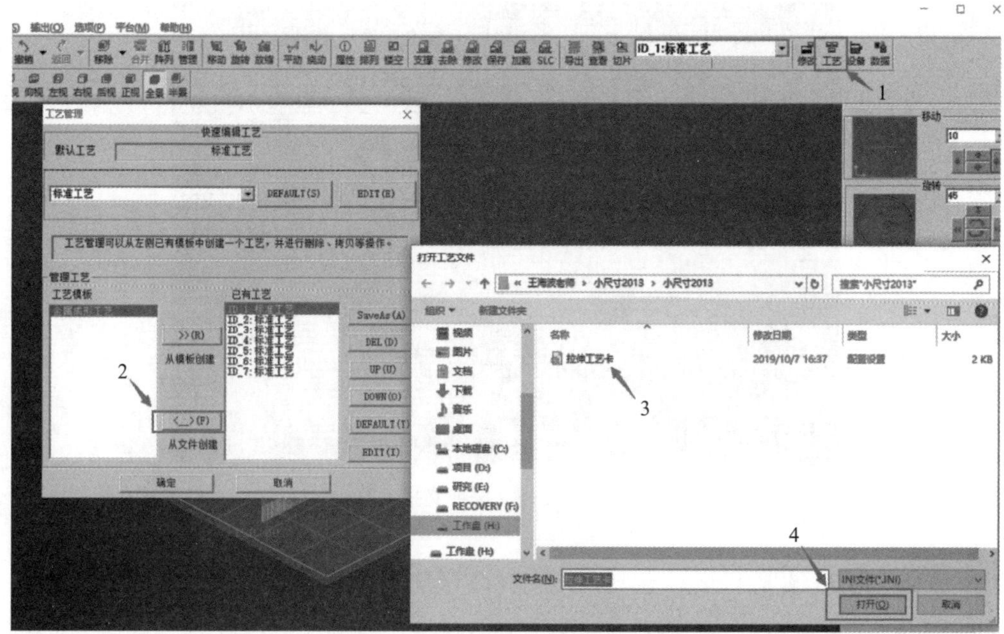

图 4-2-17　导入工艺卡片

Step11：指派工艺

成功导入工艺后，将导入的工艺指派给需要打印的工件。如图 4-2-18 所示，单击图标，打开“零件管理器”对话框，单击工件管理内的工件，再单击“指派工艺”按钮，弹出“零件工艺指定对话框”对话框，通过下拉列表选择刚刚导入的工艺卡，即完成了工艺卡的指派。

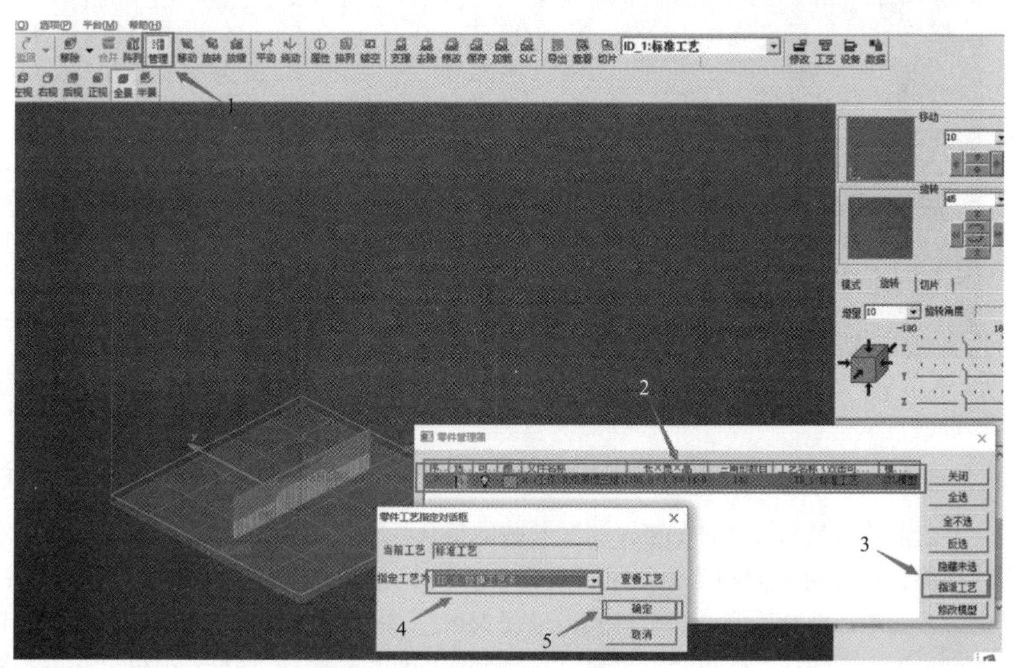

图 4-2-18　工艺卡指派

至此，模型的导入、数据处理、切片、工艺卡导入指派工作完成，可以操作设备进行工件的打印工作了。

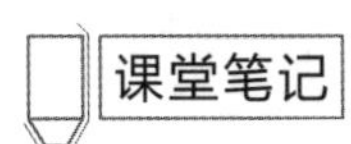

Step12：启动设备控制界面

单击图标，启动设备控制界面，如图 4-2-19 所示。该界面分为 9 个区域，分别为：加工控制、实时位置、电源开关、设备指令、数据统计、实时图案、打印范围、信号报警、系统设置。

• 加工控制：控制设备开始、暂停、停止加工，并可选择特定高度进行单层加工。

• 实时位置：显示粉缸、工作缸和铺粉刮刀所处的位置。

• 电源开关：控制激光器、过滤器、进气阀、电推杆的开关。

• 设备指令：实时显示设备当前的动作，保证激光扫描、铺粉等。

• 数据统计：实时显示已经加工的高度和层数，并记录加工用时，显示当前工作腔内含氧量及工作平面温度信息。

• 实时图案：即显示当前打印高度的切片截面。

• 打印范围：显示打印工件的外轮廓尺寸。

• 信号报警：显示成型腔内温度超标或含氧量超标的报警。

• 系统设置：可以设置打印设备的一些硬件参数，并可调试设备的相关动作。

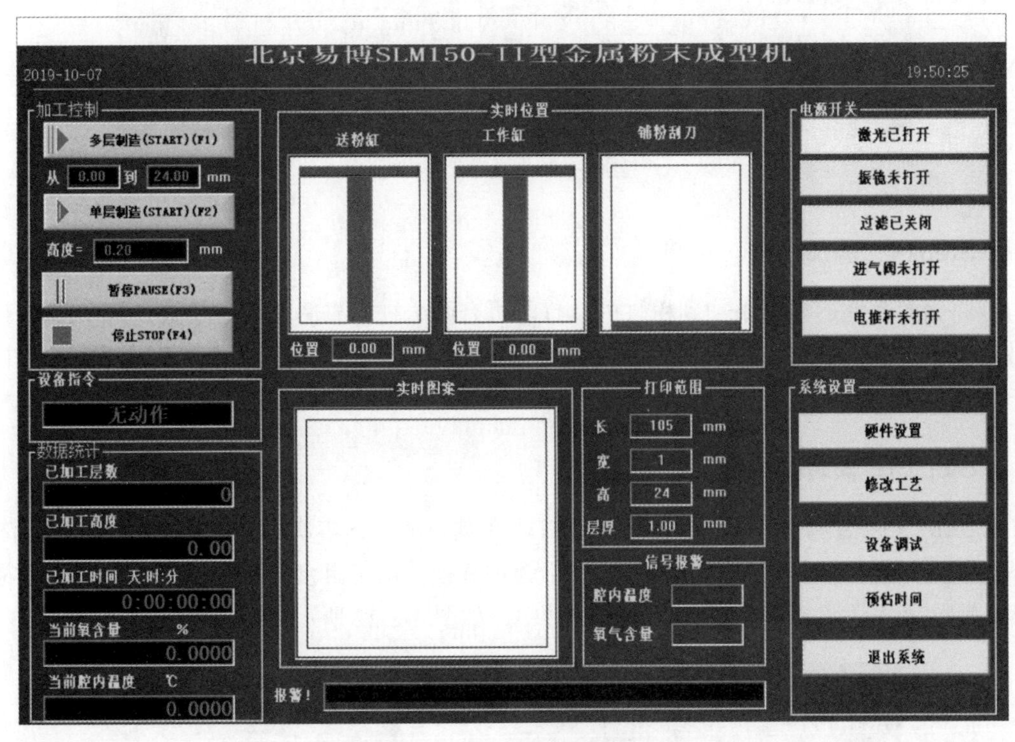

图 4-2-19　设备控制界面

Step13：开启工作腔

单击设备控制界面中的电推杆未打开按钮，变成电推杆已打开状态，表示可以开启工作腔，按住设备前面板的电推杆升降按钮的升方向键，工作腔开启，如图 4-2-20 所示。

课堂笔记

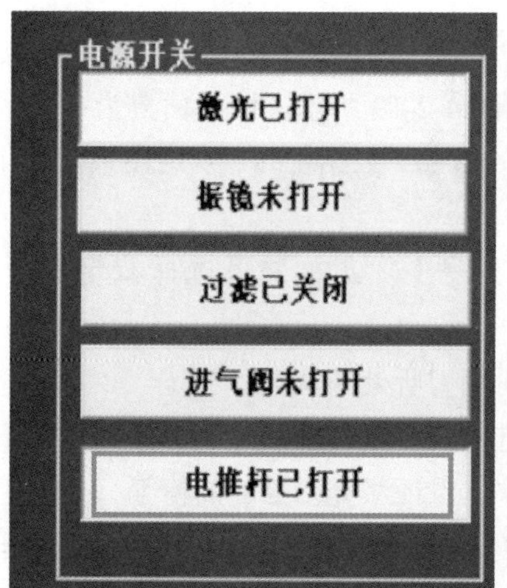

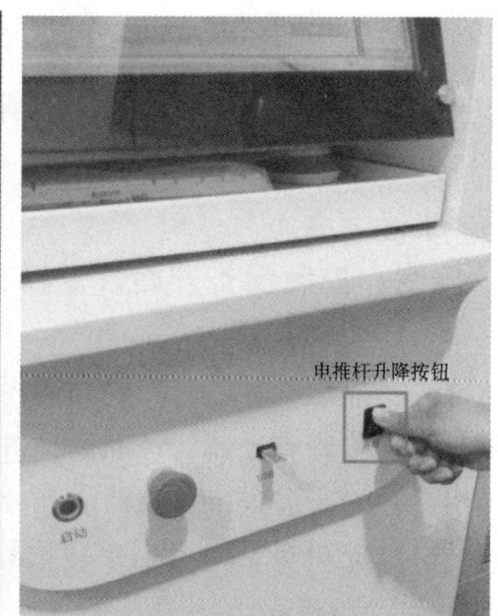

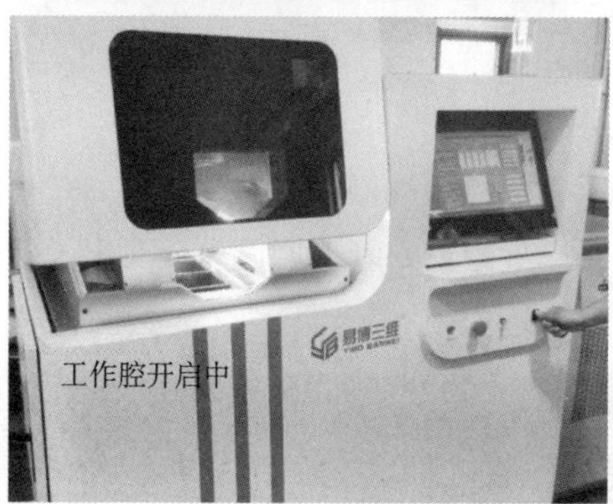

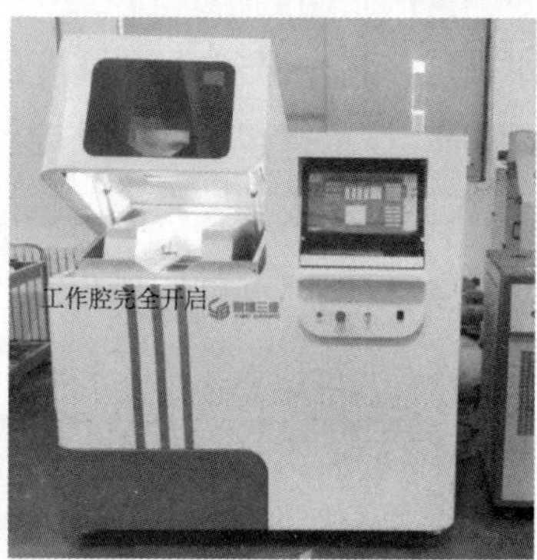

图 4-2-20　开启工作腔

Step14：添加粉末

将密封存储的粉末添加到粉缸内，打印机有两个缸，靠后侧的为粉缸，打印前用于放置粉末，前侧缸为工作缸，用于安装基板打印工件。如图 4-2-21 所示，将 316L 粉末倒入粉缸。

Step15：安装基板

SLM 工艺金属 3D 打印都是将工件打印在基板上的，本次打印的是 316L 不锈钢材料，故选用与打印材料类似的材料 304 不锈钢基板。用工具盒配备的 4 个 M4×15 的内六角螺钉及扳手将打印基板固定在工作缸中，如图 4-2-22 所示。

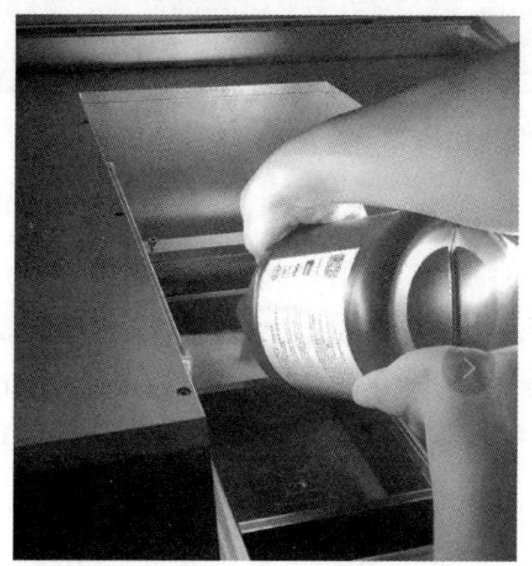

图 4-2-21　添加金属粉末

图 4-2-22　安装基板

课堂笔记

Step16：安装刮刀

本次打印采用橡胶刮刀，刮刀的作用是将粉缸的金属粉末均匀地铺到工作缸基板上表面。所以刮刀的安装尤其重要，一定要保证刮刀安装的准确性。刮刀模组分为刮刀座、刮刀、刮刀固定板及螺钉。组装刮刀模组如图 4-2-23 所示。

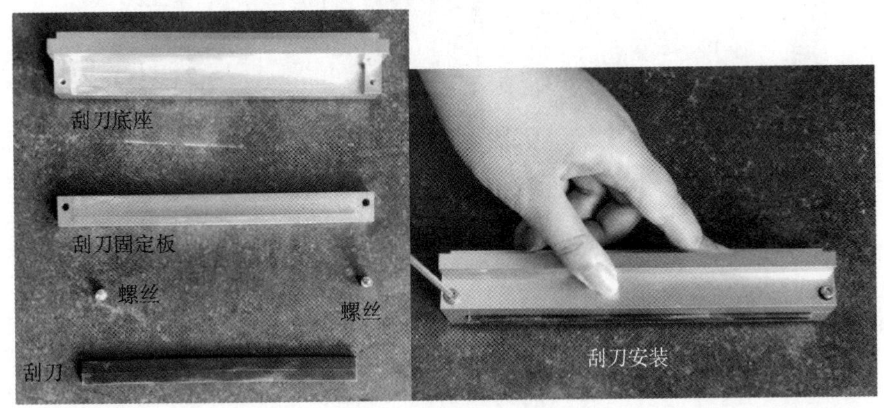

图 4-2-23　组装刮刀模组

Step17：刮刀调平

将刮刀模组通过螺钉安装到刮刀模组座上，调平基板。通过单击“系统设置”栏中的“设备调试”按钮，弹出“YBSLM M150-Ⅱ设备调试”对话框，如图 4-2-24 所示。单击“铺粉移动”按钮，铺粉刮刀移动，当刮刀移动到基板中间位置时，单击“停止”按钮，铺粉刮刀停止在基板中间。将0.05mm厚的塞尺塞入刮刀与基板中间，左右滑动，调整刮刀两侧螺钉，将刮刀与基板缝隙调整均匀，如图 4-2-25 所示。

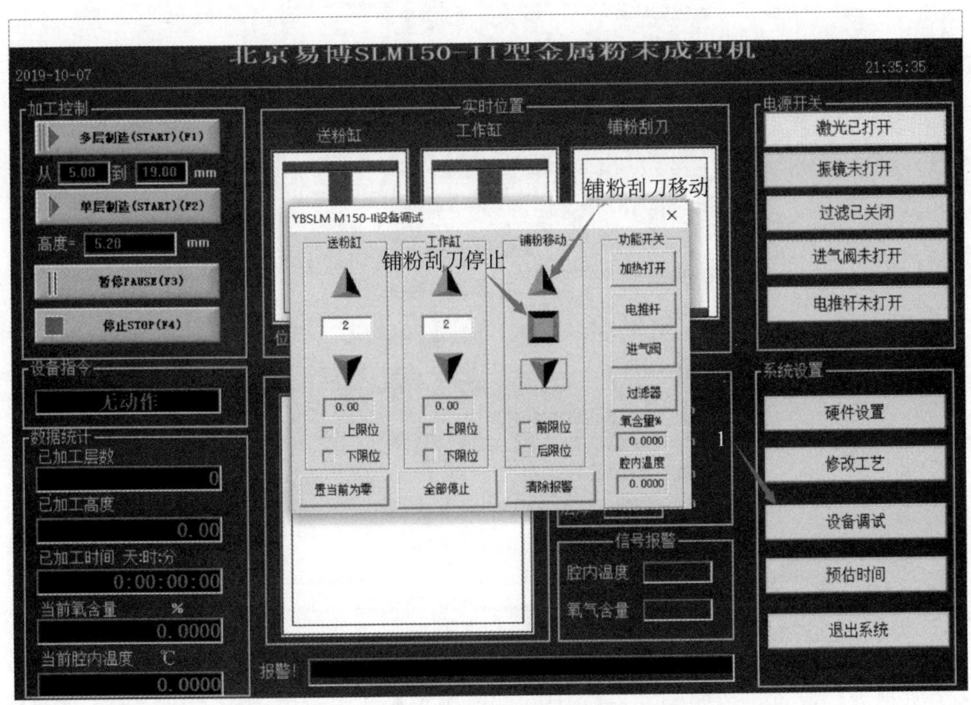

图 4-2-24　刮刀移动操作

课堂笔记

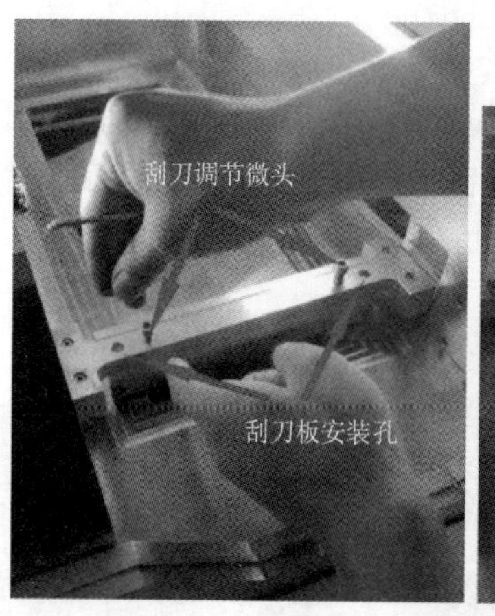

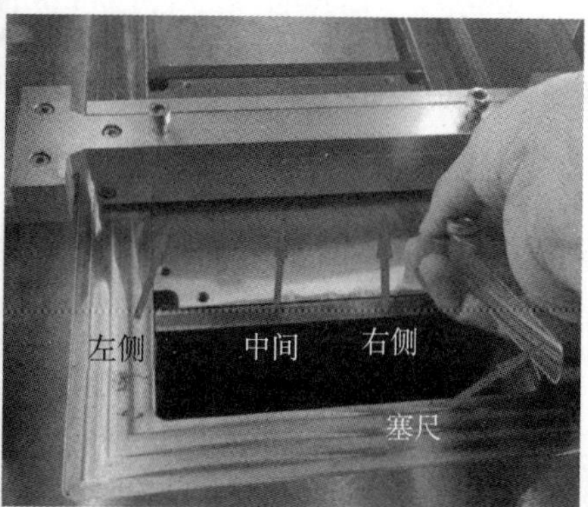

图 4-2-25　调整刮刀与基板之间的缝隙

Step18：硬件设置

单击“系统设置”栏中的 硬件设置 按钮，弹出“YBSLM M150-Ⅱ硬件设置”对话框，如图 4-2-26 所示，将对话框中的参数按图 4-2-26 所示进行设置。其中加工层厚就是切片厚度，每次加工 0.03mm。

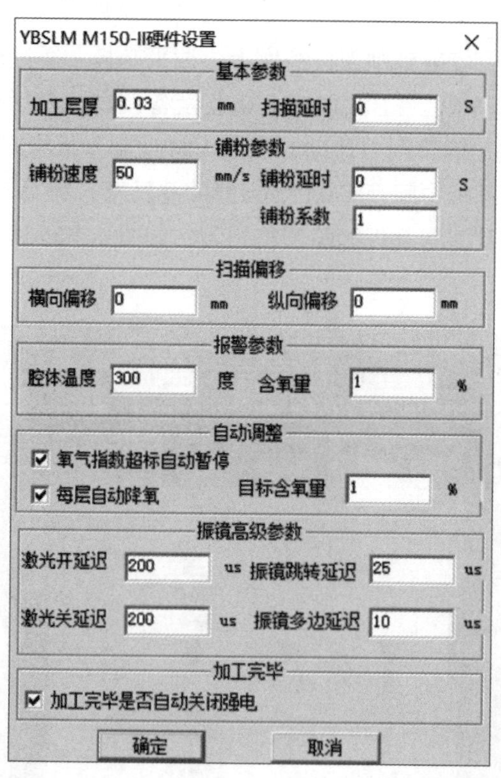

图 4-2-26　“YBSLM M150-Ⅱ硬件设置”对话框

Step19：第一层铺粉

单击 设备调试 按钮，弹出“YBSLM M150-Ⅱ设备调试”对话框，参数按图 4-2-27 所示进行设置，按照图 4-2-27 中的操作顺序完成第一层铺粉工作。为了让打印制件更好地与基板熔牢，第一层粉末铺粉厚度建议设为 0.03～0.05mm，效果如图 4-2-28 所示。

课堂笔记

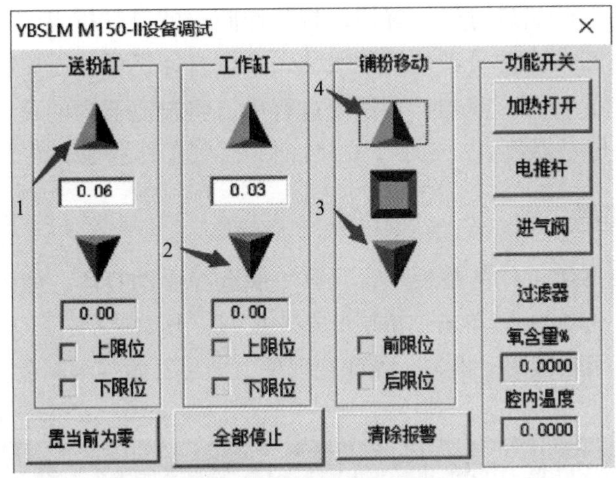

图 4-2-27　铺粉操作顺序

图 4-2-28　第一层粉末铺粉效果

Step20：关闭工作腔

第一层粉末铺完后，关闭工作腔。检查图标是否为 电推杆已打开 状态，按住前面板上的电推杆升降按钮，工作腔开始闭合。待工作腔完全闭合后，松开按钮，如图4-2-29所示。

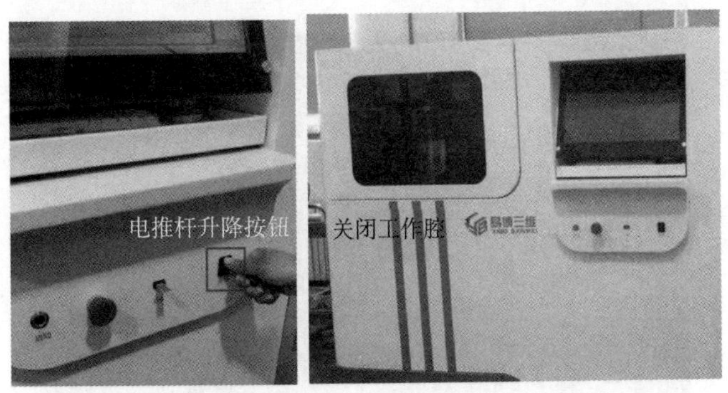

图 4-2-29　关闭工作腔

Step21：洗气

在 SLM 工艺金属 3D 打印过程中，为了防止金属被氧化，工作腔内需要填充惰性气体，打印 316L 不锈钢材料需要使用氮气作为保护气，单击 进气阀未打开 按

课堂笔记

钮，打开进气阀门，开始进行气体置换，将工作腔内的氧气排出，填充氮气。由于打印过程激光将金属粉末内部分杂质熔融气化，产生打印黑烟，需要将黑烟过滤，单击 过滤已关闭 按钮，打开过滤器，在洗气过程中，将过滤器内的氧气洗净。观察设备工作腔上方的氧气传感器数值，当小于 0.5% 时，洗气工作完成。

Step22：打印第一层

为了更好地使打印工件与基板熔合，第一层选择手动打印，如图 4-2-30 所示，设置单层打印高度为 0.05mm。单击“单层制造”按钮，开始单层打印。单层打印结束后，观察表面效果，打印效果明亮均匀，无球化现象，即可开始连续制造。

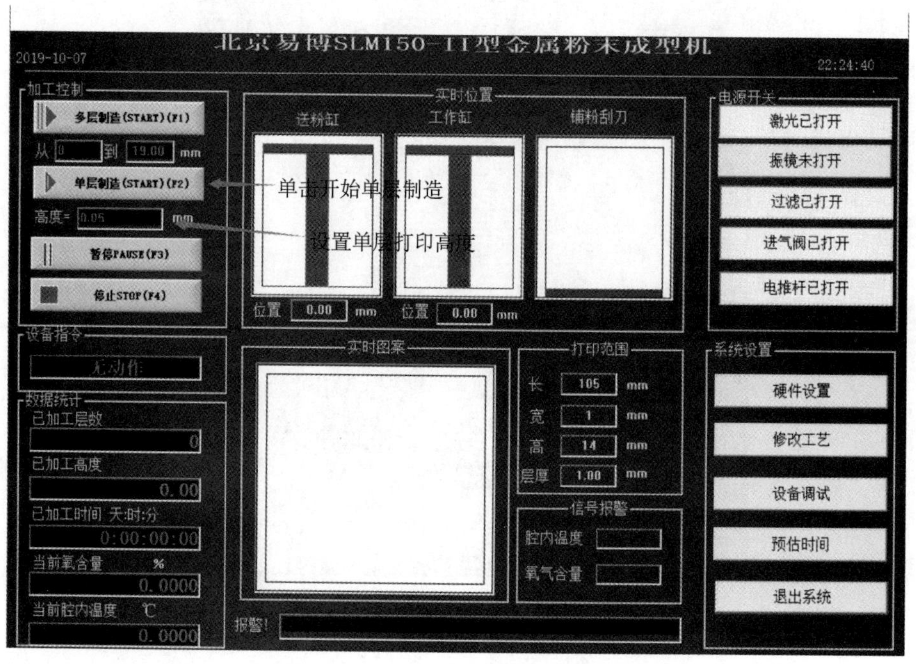

图 4-2-30　单层打印

Step23：连续打印

单击加工控制中的 多层制造(START)(F1) 按钮，开始连续制造，如图 4-2-31 所示。

图 4-2-31　连续制造

课堂笔记

Step24：打印结束

当连续制造完毕后，应立即关闭保护气、关闭激光器电源、关闭基板加热、关闭吹风扇、将粉盒移到后端。戴上防护口罩、穿好工作服、戴上胶手套，等待约10分钟左右，在确保通风换气后，开启工作腔，开启方式同Step13。工作腔开启后，用工具箱中的毛刷清理并回收未打印的金属粉末，将金属粉末筛分后用于下次打印，如图4-2-32所示。

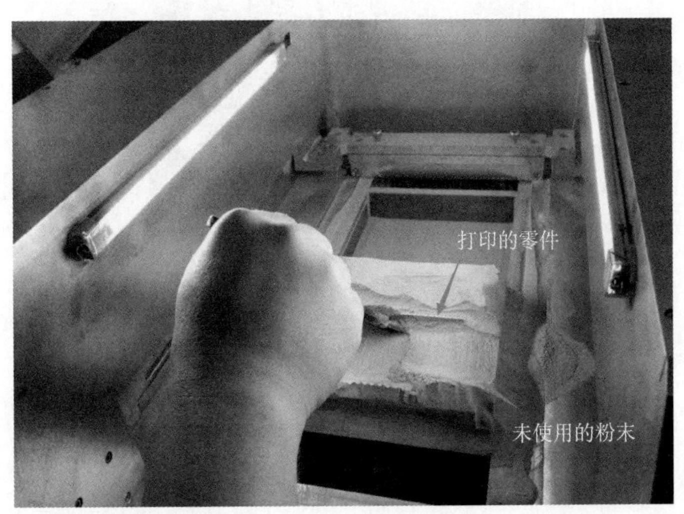

图4-2-32　清理工件

至此，标准力学拉伸件打印完成。清理设备，关闭设备电源。

4.2.5　工件后处理

Step1：喷砂处理

工件加工完毕后，首先要将带着基板的打印工件进行喷砂处理，去除表面及支撑内部残留的粉末。喷砂机如图4-2-33所示。

Step2：热处理

将打印工件与基板进行热处理，去除打印过程中由于温度变化过大而产生的内部应力。如图4-2-34所示为热处理炉。

Step3：分离基板与工件

回火去应力后，需要将基板与打印工件分离，采用线切割设备沿着基板表面将工件及支撑切离。如图4-2-35所示为线切割机。

Step4：机械加工去除支撑

最后将带有支撑的3D打印工件采用机械加工方式，如铣床、加工中心等去除支撑。

Step5：精加工配合面。

由于SLM工艺的打印原理，金属粉末原材料为粉末颗粒，故打印的工件精度为

课堂笔记

100mm ± 0.1mm，所以有配合的位置，需要进行精加工，保证尺寸精度。

图 4-2-33　喷砂机

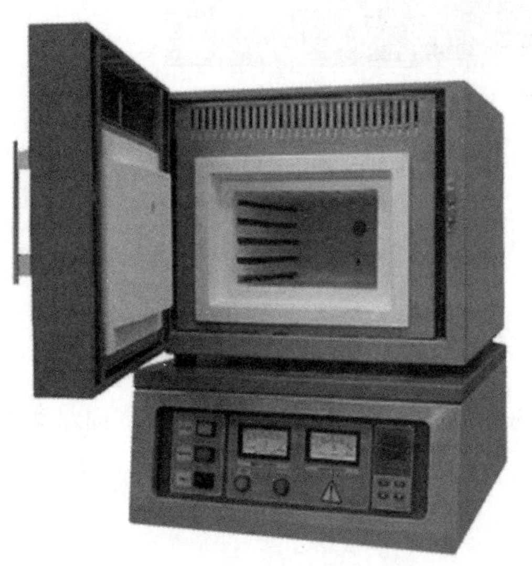

图 4-2-34　热处理炉

图 4-2-35　线切割机

【相关知识】

SLM金属3D打印机

1. SLM 技术简介

1）SLM 原理

选区激光熔化（Selective Laser Melting，SLM），由德国 Frounholfer 学院在 1995 年首次提出，其原理是利用计算机软件将 CAD 三维模型切成若干层，然后通过计算机程序控制高能激光束有选择地扫描并熔化每一层金属粉末，将每一层叠加起来，最终得到完整的实体模型，如图 4-2-36 所示。

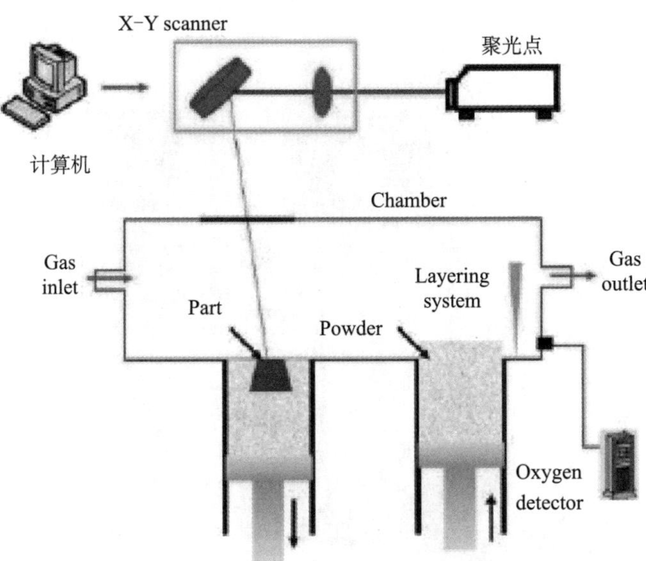

图 4-2-36 SLM 工艺原理图

2）SLM 技术优势

（1）不受零部件几何形状限制，可加工现有机械加工方式无法加工的形状。

（2）加工精度较高，在不加工或简单抛光的情况下产品即可实际使用。

（3）加工件力学性能较强，大部分材料的力学性能超越铸造件，部分材料可达到锻件水平。

（4）增大设计自由度，一体化、轻量化设计可以广泛应用。

（4）加工成本稳定，不受工件复杂度影响，零部件越复杂越具有相对成本优势。

（5）对于单件、小批量、定制产品具有巨大优势，在缩短产品制造周期的同时可大大降低制造成本。

2. SLM 的核心部件

SLM 的核心部件包括主机、激光器、光路传输系统、控制系统和软件系统等几个部分。

（1）主机。SLM 全过程均集中在一台机床中，主机是构成 SLM 设备的最基础部件，如图 4-2-37 所示。从功能上分类，主机又由机架（包括各类支架、底座和外壳等）、成型腔、传动机构、工作缸 / 送粉缸、铺粉机构和气体净化系统（部分 SLM 设备配备）等部分构成。

• 机架：主要起支撑作用，一般采用型材拼接而成，但由于 SLM 中金属材料质量大，一些承力部分通常采取焊接成型。

• 成型腔：它是实现 SLM 成型的空间，在里面需要完成激光逐层熔化和送铺粉等关键步骤。成型腔一般需要设计成密封状态，有些情况下（如成型纯钛等易氧化材料）还需要设计可抽真空的容器。

• 传动机构：实现送粉、铺粉和工件的上下运动，通常采用电机驱动丝杠的传动方式，但铺粉装置为了获得更快的运动速度也可采用皮带方式。

• 工作缸 / 送粉缸：主要用于储存粉末和工件，通常设计成方形或圆形缸体，内部设计成可上下运动的水平平台，实现 SLM 过程中的送粉和工件上下运动功能。

课堂笔记

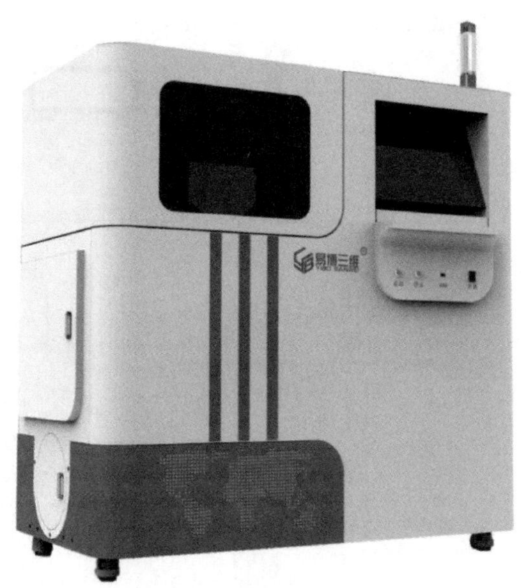

图 4-2-37 IGAM-I 金属 3D 打印机主机

• 铺粉机构：实现 SLM 加工过程中逐层粉末的铺放，通常采用铺粉棍或刮刀（金属、陶瓷和橡胶等）等工具。

• 气体净化系统：主要用于实时去除成型腔中的烟气，保证成型气体的清洁度。另外，为了控制含氧量，还需要不断补充保护气体，有些还需要控制环境湿度。

（2）激光器。激光器是 SLM 设备提供能量的核心功能部件，直接决定 SLM 工件的成型质量。SLM 设备主要采用光纤激光器，波长一般为 1064～1080nm，光束直径内的能量呈高斯分布。光纤激光器指用掺稀土元素玻璃光纤作为增益介质的激光器。光纤激光器作为输出光源，主要技术参数有输出功率、波长、空间模式、光束尺寸及光束质量。

（3）光路传输系统。光路传输系统主要实现激光的扩束、扫描、聚焦和保护等功能，包括扩束镜、场镜、振镜及保护镜。

（4）控制系统。SLM 设备成型过程完全由计算机控制。通常采用工控机作为主控单元，主要包括电机控制、振镜控制、温度控制及气氛控制等。电机控制通常采用运动控制卡实现；振镜控制有配套的控制卡；温度控制采用 A/D（模拟 / 数字）信号转换单元实现，通过设定温度值和反馈温度值，调节加热系统的电流或电压；气体控制根据反馈信号值，对比设定值控制阀门的开关即可。

（5）软件系统。SLM 需要专用软件系统来实现 CAD 模型处理（纠错、切片、路径生成和支撑结构等）、运动控制（电机、振镜等）、温度控制（基地预热）、反馈信号处理（如含氧量、压力等）等功能。软件将三维数字模型转化输出到增材制造设备，修复优化 3D 模型、分析工件，直接在 STL 模型上做相关的 3D 变更、设计特征和生成报告等，与特定的设备相匹配，可实现设备控制与工艺操作。

3. 成型材料

SLM 工艺技术的特征是金属材料的完全熔化和凝固，成型过程在惰性气体保护下，不易发生氧化反应。因此，其主要适合于粉末金属材料的成型，通常金属粉末颗粒粒径分布在 0～53μm 范围，包括纯金属、合金及金属基复合材料等。

金属粉末材料特性对 SLM 成型质量的影响较大，因此 SLM 技术对粉末材料的

堆积特性、粒径分布、颗粒形状、流动性、含氧量及对激光的吸收率等均有较严格的要求。

4. SLM 工艺设备打印机操作注意点

1）检查机器和环境

检查主机进气口和保护气瓶由胶管通入保护气，无漏气现象，冷水机与打印主机水管连接良好，无漏水现象。

检查保护气瓶的气压表读数≥ 2MPa。

检查主机外观是否有变形，上罩开启和关闭是否正常，特别是后部激光头是否脱落或移位，密封胶圈是否完好等。

检查主机工作缸体是否松动，主机内部是否有遗留螺钉、工具、毛刷等，若有，务必清理出来，检查铺粉刮刀是否松动、铺粉盒是否松动等。冷水机的水箱中水是否充足，若不够则补充水进去。

工作环境务必要有通风措施，最好有门窗和外部空气交换对流，推荐由两人进行后序工作，以确保突发情况能及时处理。其工作环境另见设备说明书中的工作环境要求。

2）清理机器

务必戴上防护眼罩、穿好粗棉工作服、戴上专用胶手套，然后开始后序所有工作。

用毛刷和小型吸尘器清理主机内部工作区，一定要避免工作区有任何杂物。

用毛刷和防爆吸尘器尽力清理主机两侧铺粉密封罩内部，以及上罩不锈钢板内部的过滤棉（此过滤棉需要至少每隔一个月更换一个）。

用丙酮或酒精蘸棉球后小心清洁上罩的保护镜。

用棉布清洁观察玻璃正反面和主机外壳。

用毛刷和防爆吸尘器清理工作缸及粉缸内残余金属粉末，务必将遗留粉末清理干净。

3）启动机器检测

提前 30 分钟打开冷水机，并打开冷水机的“RUN”按钮，待冷水机温度保持在 22℃后，进行下一步操作。

打开主机电源，观察主机指示灯是否变绿。若无变化则检查“急停”按钮是否按下，若按下则旋起“急停”按钮；或者观察外部电源是否已插好。

待上述所有步骤都正常后，先调试缸体和铺粉系统，通过操作软件打开“调试”对话框，设置工作缸的位移量为 1mm，单击工作缸体上升或下降按钮，观察工作缸体是否上升下降，并用卡尺测量移动的高度距离和设置的位移量是否一致，误差应在 0.02mm 内。正常后需将工作缸底板升降至离基平面 25mm 处，以便方便安装基板。

单击“前后移动铺粉”按钮观察铺粉刮刀是否正常前后移动，若没有移动则检查铺粉速度是否设置为 80mm/s。

打开加热功能，观察加热仪表是否打开，设置加热仪表温度为 80℃，在加热 5 分钟后检查工作缸底板是否已加热。

观察含氧量仪表读数和实际含氧量仪表读数是否一致（小数点后有偏差属正常），观察测温仪读数和实际测温仪读数是否一致（测温仪读数有 5℃左右偏差属正常）。

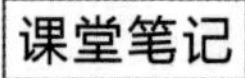

【课后拓展】

应用 SLM 技术打印剪切试件，厚度 2mm，如图 4-2-38 所示。

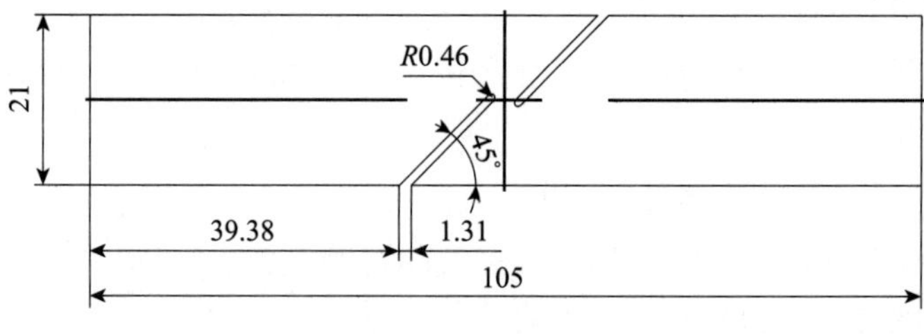

图 4-2-38　剪切试件尺寸图

项目 5　3D 打印成型——LDM 激光沉积制造技术

【项目简介】

金属激光增材制造技术是通过对 CAD 模型进行离散处理，以金属粉末、颗粒、金属丝材等为原材料，采用高功率激光束熔化 / 快速凝固逐层堆积生长，直接从零件数模完成高性能零件的成型制造技术。

金属激光增材制造技术，主要包括以送粉为技术特征的激光沉积制造技术（Laser Deposition Manufacturing，LDM）（见图 5-0-1）和以粉床铺粉为技术特征的激光选区熔化技术（Selective Laser Melting，SLM）。

激光沉积制造技术是快速成型技术和激光熔覆技术的有机结合，是以金属粉末为原材料，以高能束的激光作为热源，根据成型零件 CAD 模型分层切片信息规划的扫描路径，将送给的金属粉末进行逐层熔化、快速凝固、逐层沉积，从而实现整个金属零件的直接制造。

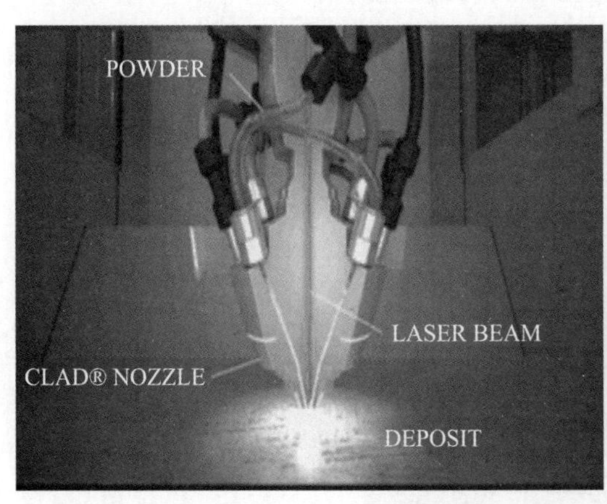

图 5-0-1　LDM 激光沉积制造技术

通过本项目的学习，将达成以下培养目标。

素质目标：

1. 愿意承担并完成相应的任务。
2. 对待自己不喜欢的任务仍然会把它做好。
3. 愿意主动承认错误并承担后果。
4. 能够勇挑重担。
5. 对于团队其他成员的懈怠、不负责等情况能够勇于指出。
6. 沟通表达：能够与客户沟通，明确工作目标。
7. 持之以恒：具有达成目标的持续行动力。
8. 精益求精：有不断改进、追求卓越的意识；有严谨的求知和工作态度；有坚持不

课堂笔记

懈的探索精神；能够优化工作计划；能够改进工作方法。

9. 安全环保：具备生产规范和现场7S管理意识；能够妥善地保管文献、资料和工作器材；能够规范地使用及维护工量具；能够保持周围环境干净整洁；能够明确和牢记安全操作规范；能够规范地操作。

知识目标：

1. 熟悉LDM激光沉积的流程。
2. 掌握TSC-S2510打印机的操作
3. 掌握LDM激光沉积打印技术及工艺。
4. 能操作TSC-S2510打印机并完成标准拉伸件金属打印
5. 掌握LDM激光沉积技术的工件后处理。

能力目标：

1. 会TSC-S2510打印机的操作
2. 会激光选区熔化LDM激光沉积技术及工艺。
3. 能操作TSC-S2510打印机并完成标准拉伸件打印
4. 掌握LDM激光沉积技术的工件后处理。

任务5.1　典型件LDM激光沉积制造

【任务引入】

本任务以典型件为例对激光沉积制造技术进行介绍，典型件数模如图5-1-1所示。

激光沉积制造工艺流程为：零件毛坯设计→激光沉积制造→去应力退火热处理→机加工（粗加工）→无损检测→机加工（精加工）→表面质量检验→质量汇总→交付。

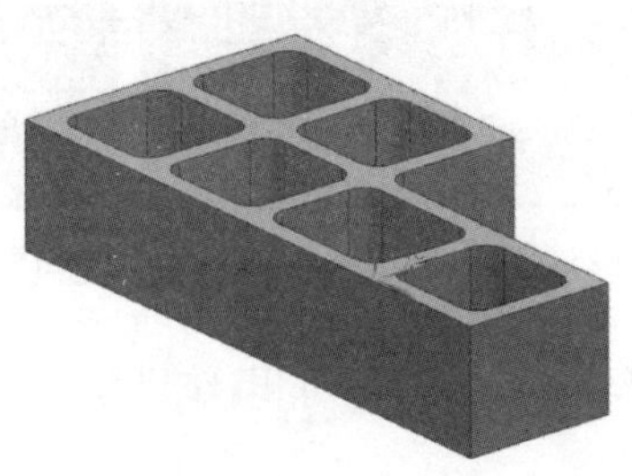

图5-1-1　典型件数模

【任务分析】

激光沉积制造的零件毛坯表面比较粗糙，机加工后才能获得最终零件，因此需对零件数模添加合适的余量，添加余量后的典型件毛坯数模如图5-1-2所示。典型件结构相对简单，激光沉积制造可沿高度方向（Z轴）进行打印。

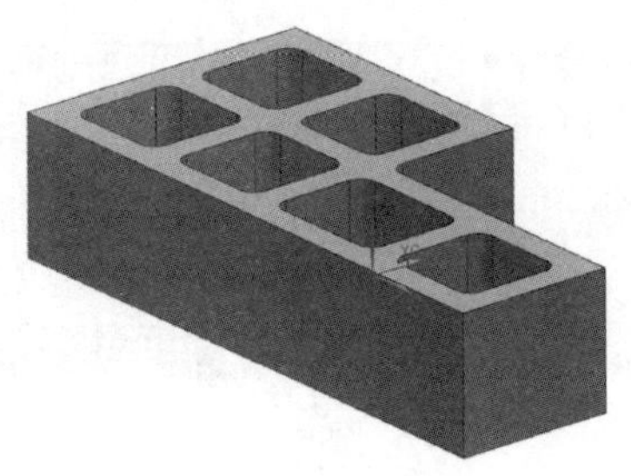

图 5-1-2　典型件毛坯数模

【任务实施】

（1）将添加余量的零件毛坯数模转换成 STL 格式文件。

（2）将 STL 格式的零件数模导入切片软件，如图 5-1-3 所示。

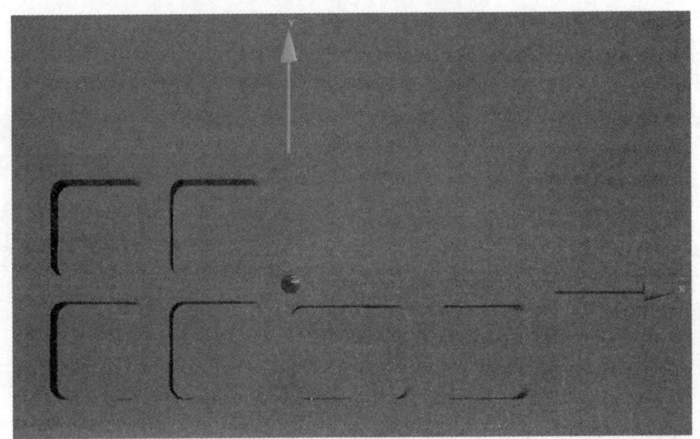

图 5-1-3　导入切片软件

（3）将零件进行切片分层，如图 5-1-4 所示，切片厚度依据设备及工艺参数而定。

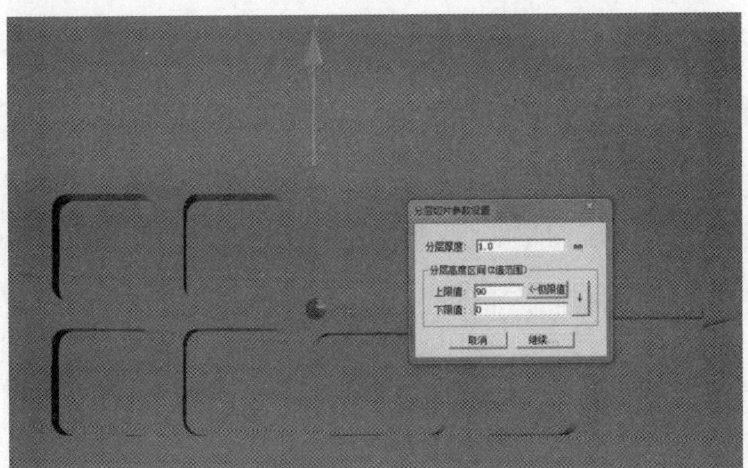

图 5-1-4　切片分层

（4）对零件按照合适的尺寸进行分区，如图 5-1-5 所示。

课堂笔记

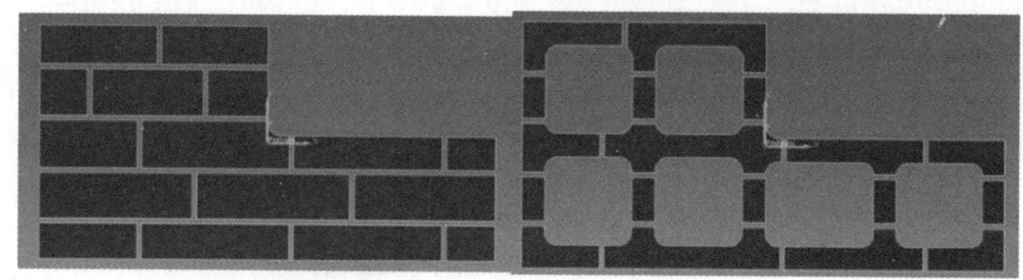

图 5-1-5　零件切片层分区

（5）对切片后的零件（每层）填充扫描路径，如图 5-1-6 所示。

图 5-1-6　填充扫描路径

（6）设置打印参数，输出 NC 代码，如图 5-1-7 所示。

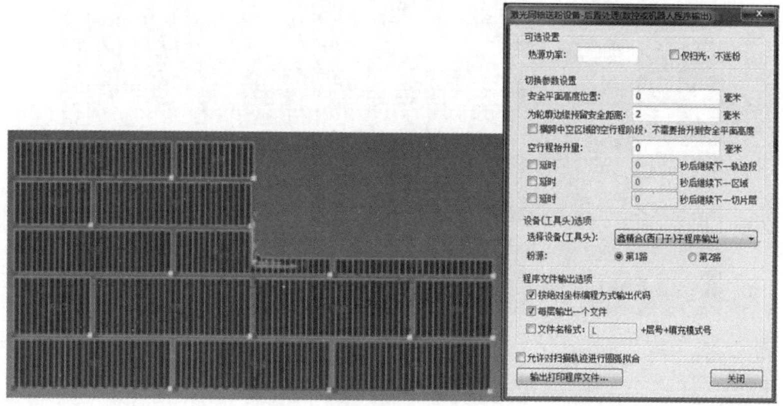

图 5-1-7　输出 NC 代码

（7）将 NC 代码导入 TSC-S2510 激光沉积制造设备，进行模拟，如图 5-1-8 所示。

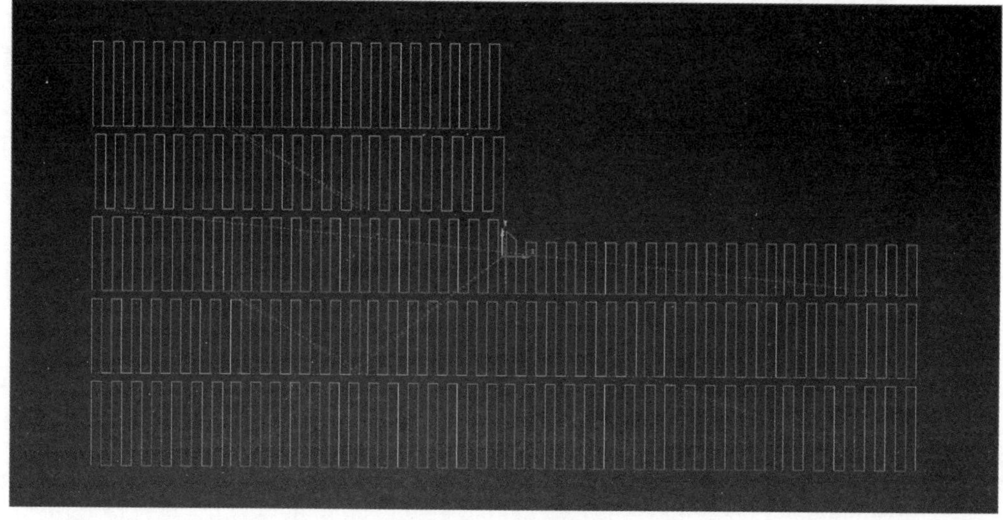

图 5-1-8　NC 代码模拟

（8）激光沉积制造，激光沉积制造主要工序为：领料 / 基材→制作标签牌→基材除油→基材打磨→基材检验→激光沉积制造→附加标签。

（9）热处理。激光沉积制造完成后，对零件毛坯进行去应力退火热处理，消除零件应力。

（10）机加工，根据零件数模、尺寸公差、形位公差要求对零件毛坯进行机加工。

（11）检验，对零件进行无损检验（超声波检验、X 射线检验、荧光检验），对随炉料进行理化性能检验。

（12）交付客户。

【相关知识】

LDM 3D打印技术

1. LDM 设备工作原理

激光沉积制造技术是快速成型技术和激光熔覆技术的有机结合，它以金属粉末为原材料，以高能束的激光作为热源，根据成型零件 CAD 模型分层切片信息规划的扫描路径，将送给的金属粉末进行逐层熔化、快速凝固、逐层沉积，从而实现整个金属零件的直接制造。

激光沉积制造系统主要包含激光器和光路系统、高精度数控机床 / 机器人系统、送粉系统、气氛控制系统、监测与反馈系统等硬件组成部分和控制软件。

激光沉积制造工艺流程：在计算机上利用 Pro/e、UG、CATIA 等三维造型软件设计出零件的三维实体模型，然后通过切片软件对该三维模型进行切片分层，得到各截面的轮廓数据，由轮廓数据生成填充扫描路径，设备根据扫描路径逐步堆叠成三维金属零件，如图 5-1-9 所示。

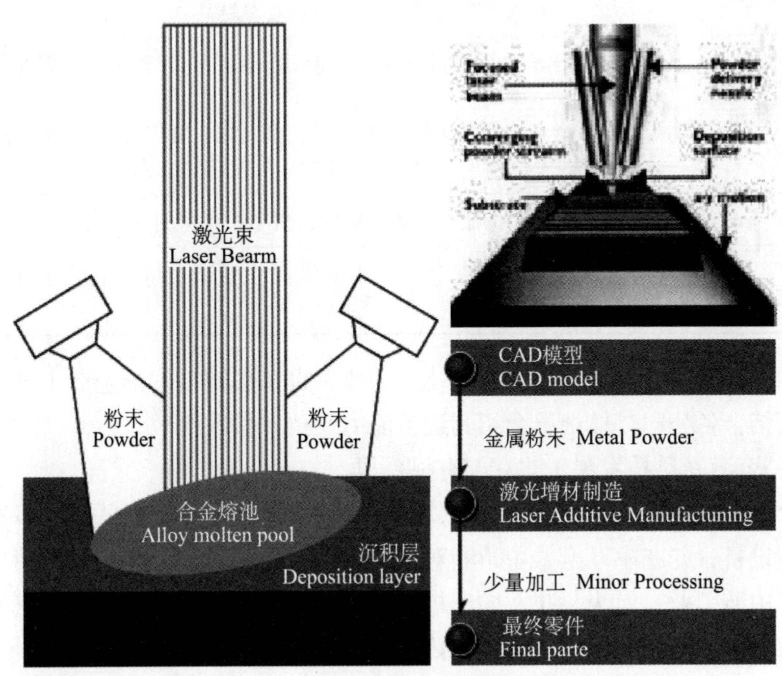

图 5-1-9　激光沉积制造过程示意图

课堂笔记

2. LDM 激光沉积制造代表设备及其主要技术参数

对于激光沉积制造技术而言，成型过程中的工艺控制是极其重要的。在探讨激光沉积制造技术的工艺特性之前，先来介绍一下激光沉积制造设备的主要组成部分和控制软件。

激光沉积制造系统设备，是一种在激光工程化净成型系统中用于金属粉末的储存、定量送给、均匀分割及精确喷射到指定位置的设备。其中激光沉积制造系统和激光器的核心指标见表 5-1-1，激光器是整个系统的核心部件，激光器的质量决定了整个系统的制造水平，其他组成部分则决定了系统的制造能力。选择激光沉积制造系统时，主要参照表 5-1-1 中各参数指标来判断设备的性能状况。

表5–1–1　激光沉积制造系统和激光器的核心指标

指标	意义
激光器和光路系统	激光功率作为最基本的衡量激光器加工能力的指标。功率越大，能加工的材料越厚，加工效率越高
机械系统设计合理性	防尘设计对激光沉积系统影响较大，长期的粉尘污染会影响系统精度及稳定性
数控机床/机器人系统速度、精度控制	加工平台尺寸越大，制造能力越强；重复定位精度越高，成型精度越高
激光功率	最基本的衡量激光器加工能力的指标。功率越大，能切的材料越厚，加工效率越高
功率密度	表示聚焦后单位面积上的激光功率。同样的功率，光斑越小、模式越好，功率密度就越大，就越利于加工
激光功率输出稳定性	长期使用过程中，输出功率的稳定性及精度
激光波长	波长决定了材料对激光束的吸收率，进而影响光制造的效率；波长越短，材料吸收率越高，光/热转换效率越高
光束质量	激光技术应用中极其关键的参数，从质的方面来评价激光特性的性能指标。 参数指标包括光束传输因子M^2、激光光束聚焦特征参数值K_f等。同样波长时，K_f值越小，激光器光束聚焦性就越好，光束质量越好
光斑模式	激光器输出的激光光斑的形状，大小用光斑的直径表示
光束束宽	表征光束横向特性的重要参数，主要通过激光束横截面的能量分布确定

当前国内有能力生产且掌握激光熔化沉积成型设备关键技术的企业主要有以下几家公司，下面结合各公司具体情况介绍其设备能力及技术参数。

鑫精合金属激光打印原理及过程

1）鑫精合激光科技发展（北京）有限公司

鑫精合激光科技发展（北京）有限公司（简称鑫精合）核心团队自主研发了激光熔化沉积成型设备，并在生产实践中不断对设备进行改进和完善。鑫精合利用自主研发的设备获得了中航工业、航天科技、中广核等客户的认可，并承担了大量重点型号产品零部件的研发试制工作。相应设备技术参数如表 5-1-2 所示。

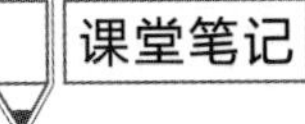

表5-1-2　鑫精合激光沉积制造设备及技术参数表

产品型号	TSC-S2510	TSC-S4510
最大成型尺寸/mm^3	2500×2000×1800	4500×4500×1800
沉积效率/（g/h）	1500（钛合金）	1500（钛合金）
激光发生器	IPG YLS-10000光纤激光器（光纤长度20m）	IPG YLS-10000光纤激光器（光纤长度30m）
激光波长/nm	1070～1080	1070～1080
激光器最大功率/kW	10	10
光学系统	德国Precitec公司生产的YW52激光焊接光学系统	
含氧量/ppm	≤50	≤50
含水量/ppm	≤50	≤50
机械定位精度	线性定位精度：±0.1mm/m；重复定位精度：±0.08mm/m	
送粉器	双料仓负压式送粉器	双料仓负压式送粉器
送粉量/（g/min）	1～80（钛合金）	1～80（钛合金）
打印材料	不锈钢、钛合金、高温合金、高强钢、铝合金等	不锈钢、钛合金、高温合金、高强钢、铝合金等

鑫精合金属打印机送丝打印

2）南京中科煜宸激光技术有限公司

该公司激光沉积制造系统包括 RC-LDM8060 和 RC-LDM12080 两个型号，表 5-1-3 所示为具体技术参数。

表5-1-3　南京中科煜宸激光技术有限公司激光沉积制造设备及技术参数表

设备型号	RC-LDM8060	RC-LDM12080
设备实物		
X轴行程	800mm	1200mm
Y轴行程	600mm	800mm
Z轴行程	500mm	
X、Y、Z轴定位精度	±0.05mm	
X、Y、Z轴重复定位精度	±0.03mm	
X、Y、Z轴最大定位速度	15m/min	
氧、水含量	≤50ppm	
激光器类型	光纤激光器/半导体激光器	
激光器功率	2000～10000W	

课堂笔记

3）西安铂力特激光成型技术有限公司

西安铂力特激光成型技术有限公司激光沉积制造系统主要有两个标准型号分别为BLT-C600和BLT-C1000。其技术参数如表5-1-4所示。

表5-1-4 西安铂力特激光成型技术有限公司激光沉积制造设备及技术参数表

设备型号	BLT-C600	BLT-C1000
设备实物		
产品尺寸	600mm × 600mm × 1000mm	1500mm × 1000mm × 1000mm
激光器功率	2000W/4000W	
激光器类型	Yb-fibre激光发生器	
激光波长/nm	1070～1080	
定位精度	*X*轴、*Y*轴 ± 0.03mm，*Z*轴 ± 0.05mm	*X*轴、*Y*轴、*Z*轴 ± 0.05mm
含氧量	≤50ppm	

3. LDM打印技术关键工艺参数

影响激光沉积制造工艺的因素较多，总体可以分为激光参数、材料特性、加工工艺参数和环境参数四类。其中对沉积质量有显著影响的是：激光功率、扫描速度、送粉量、搭接率和*Z*轴单层行程。

（1）激光功率。激光作用区内的能量密度主要取决于激光功率。激光功率越高，激光作用范围内激光的能量密度越高，相同条件下，材料的熔化越充分，越不易出现未熔合等冶金缺陷。但是激光功率过高，引起激光作用区内激光能量密度过高，易产生组织过烧、翘曲及变形等问题。

（2）扫描速度。表面质量与扫描速度关系密切，当高功率快速扫描时熔池出现对流，沉积表面粗糙。在特定的激光功率下，低速扫描可以增加熔池的停留时间，使粉末充分熔化，表面质量较好。但扫描速度过低时，热输入增加，会在沉积表面产生明显的波纹状，表面质量变差。

（3）送粉量。送粉量不仅影响制造效率，而且对零件内部冶金质量也尤为关键。送粉量主要取决于激光功率，在特定的激光功率下，送粉率过小，容易导致制造效率较低，零件内部组织出现过烧；送粉率过大，零件内部容易出现未熔合等冶金缺陷。

（4）搭接率。搭接率是激光沉积制造技术中一个很重要的参数，指的是每一层两相邻扫描线间的重叠系数，其大小将直接影响沉积表面的宏观平整程度。如果搭接率选择不好将导致成型表面出现宏观倾斜角度，一旦这种情况发生，沉积表面的尺寸精度将很难保证，严重时甚至会导致沉积制造过程无法按照程序所设定的进行。

（5）*Z*轴单层行程（层厚）。在激光沉积制造过程中，*Z*轴单层行程即沉积高度方向的单层行程量，是指在多层沉积制造过程中，送粉头相对工件表面的抬升量，该值是

通过程序设定的。由于激光沉积制造系统的 Z 轴是开环控制的，成型件的质量与 Z 轴单层行程有着很大关系，Z 轴单层行程决定了送粉头与工件表面的相对位置关系，从而影响激光光斑大小和送粉位置的变化。

4. LDM 打印适用材料及其性能

适合 LDM 打印的材料有：钛合金（TC4、TA15 等）、高温合金（GH4169、GH3625 等）、不锈钢（304、316 等）、铝合金（AlSi10Mg、ZL104 等）及其他合金。其中最常用的为钛合金，LDM 打印的钛合金力学性能如表 5-1-5 所示。

表5-1-5　LDM打印钛合金室温拉伸性能

材料	标准/实测	状态	方向	抗拉强度/MPa	屈服强度/MPa	延伸率/%	断面收缩率/%	弹性模量/GPa
TA15	GJB2744A	退火态	L	930～1100	855	10	25	
			T	930～1100	855	8	20	
	实测值	退火态	L	968	902	14	47	115
			T	985	914	10	25	119
TC4	GJB2744A	退火态	L	895	825	10	30	
			T	895	825	10	25	
	实测值	退火态	L	929	880	14	37	116
			T	952	882	11	26	112

5. LDM 打印技术应用及其前景

LDM 激光增材制造技术是一种新兴的粉末冶金技术，俗称送粉打印。相对于传统铸造工艺瓶颈，LDM 打印技术是一种新生的创新技术，也是社会进步的原动力。目前，LDM 打印技术已经在航天航空、船舶、核工业、医疗等领域获得广泛的应用。LDM 在航空航天领域的应用主要包括以下几个方面：

（1）大型整体结构件、承力结构件的加工，可缩短加工周期，降低加工成本。

（2）优化结构设计，显著减轻结构重量，节约昂贵的航空材料，降低成本。

（3）通过激光混合制造技术，改善提升传统的制造技术，实现复合加工。

（4）航空功能件的快速修复。

LDM 打印技术在航空航天及其他领域的应用越来越广泛，在先进技术发展的同时，也促进了结构设计思想的解放和提升，两者的相互作用必将对制造业产生深远的影响。LDM 打印技术是绿色制造模式。该技术的制造环境属于无尘环境，制造过程对环境污染很小。另外，在性能方面，LDM 增材制造零件的性能接近或已超过锻件水平。

6. LDM 打印技术特点

LDM 技术集成了快速成型技术和激光熔覆技术的特点，具有以下优点：

（1）无须大型设备与模具，零件近净成型，材料利用率高；工艺流程、制造周期短，制造成本低。

（2）零件无宏观偏析，组织细小、致密，力学性能达到锻件水平。

（3）成型尺寸不受限制，可实现大尺寸零件的制造。

（4）激光束能量密度高，可实现难熔、难加工材料的近净成型。

课堂笔记

（5）可对失效和受损零件实现快速修复，并可实现定向组织的修复与制造。

（6）可在原有铸锻件上成型耳片、接头等异型结构，通过混合制造方法低成本实现复杂结构。

（7）具有对构件设计与批量变化的高度柔性与快速反应能力。

主要缺点有：

（1）相对于传统的铸造、锻压工艺，其制造效率相对较低。

（2）悬臂结构需要添加相应的支撑结构。

（3）制造精度较差，需进行机加工。

项目 6　硅胶复模小批量生产

【项目简介】

随着机械制造业的迅速发展，对模具的需求越来越大。一般较复杂的模具往往需要多块组合而成，不但费用高，周期长，而且不易保证尺寸精度。硅胶模具的产生，在一定范围内解决了制模周期长和费用高这一问题。由于硅胶模具具有良好的柔性和弹性，能够制作结构复杂、花纹精细、无拔模斜度甚至具有倒拔模斜度及具有深凹槽类的零件，制作周期短，制件质量高，因而应用越来越广。

硅胶复模指的是利用原有的样板模型，在真空状态下制作出硅胶模具，并在真空状态下采用 PU、透明 PU、类 POM、ABS 等材料进行浇注，从而克隆出与原样板模型相同的复制件（注：因发音和行业不同，硅胶复模也会被叫作“硅胶倒模”或“硅胶覆膜”，简称“倒模”或“覆膜”）。硅胶复模是一种常见的制作工艺，目前主要用于对材料有要求的手板模型制作，小批量模型制作和小批量生产当中，在如图 6-0-1 所示的生活用品、如图 6-0-2 所示的汽车前保险杠和动漫手板等中常常得到应用。应用行业主要有玩具礼品行业、人物复制、树脂工艺品行业、塑胶玩具行业、礼品文具行业、模具制造行业、仿真动植物雕塑、智能硬件、改装车零部件、玩具、通信器材、塑胶外壳、医疗设备外壳、机器人外壳等。

硅胶复模的技术优点为：硅胶黏度稀，容易操作，不会变形，不会缩水，拆模简便，模具的表层光滑，仿真效果好。一般用来验证产品的设计是否有问题，在手板行业中，硅胶复模这种手板加工方式，其优点是时间快，成本低，大大降低了产品的开发费用、周期和风险，具有非常好的市场竞争优势。

硅胶复模作为 3D 打印技术的深度应用，对增材制造产业发展有着一定的影响，因此我们需要了解该工艺的应用。

图 6-0-1　生活用品类

图 6-0-2　汽车前保险杠

通过本项目学习，将达成下列培养目标。

课堂笔记

素质目标：

1. 自信自强。能够从容地应对复杂多变的环境，独立解决问题。

2. 诚实守信。能够了解、遵守行业法规和标准，真实反馈自己的工作情况。

3. 审辨思维。能够对事物进行客观分析和评价，客观评价他人的工作，反思自己的工作。

4. 学会学习。愿意学习新知识、新技术、新方法，独立思考和回答问题，能够从错误中吸取经验教训。

5. 团队协作。能够与他人分工协作并共同完成一项任务，共同营造和维护团队的良好工作氛围。

6. 沟通表达。能够准确并清晰易懂地传递信息，充分论证观点，在团队中恰当地表达观点和立场。

7. 持之以恒。具有达成目标的持续行动力。

8. 精益求精。有不断改进、追求卓越的意识；有严谨的求知和工作态度；有坚持不懈的探索精神；能够优化工作计划。能够改进工作方法。

9. 安全环保。具备生产规范和现场 7S 管理意识；能够妥善地保管文献、资料和工作器材；能够规范地使用及维护工量具；能够保持周围环境干净整洁；能够明确和牢记安全操作规范；能够规范地操作。

知识目标：

1. 熟悉 3D 打印技术应用领域。
2. 了解硅胶模具的工作原理。
3. 了解硅胶模具制造。
4. 了解硅胶复模工艺。
5. 了解硅胶复模后处理工艺。

能力目标：

1. 会 3D 打印模型检查及修复。
2. 能根据模型合理摆放位置及设置支撑。
3. 能根据 3D 打印机，对模型进行切片处理并导出切片文件至打印机。
4. 能制定硅胶模生产工艺及用途。
5. 能知道硅胶倒模的一般流程。
6. 能判断一般复模产品问题出处并优化解决。

任务6.1　飞天模型硅胶复模制造

【任务引入】

如图 6-1-1 所示，飞天来自敦煌艺术，深受人们的喜爱。飞天模型比较复杂，悬空部位较多，镂空、缠绕曲面多。用普通模具的工艺生产，很难脱模，模具非常复杂，成本很高，模具制作周期很长，还不能保证能达到预期要求，需要长期验证。用 3D 打印生产，耗时长，生产效率低，无法快速地进行小批量生产，并且 3D 打印一般强度不高，

材料性能难以满足要求。所以经过分析，选择了成本相对较低的硅胶复模，可以在规定周期内完成，还能达到预期要求的尺寸大小、硬度和韧性。

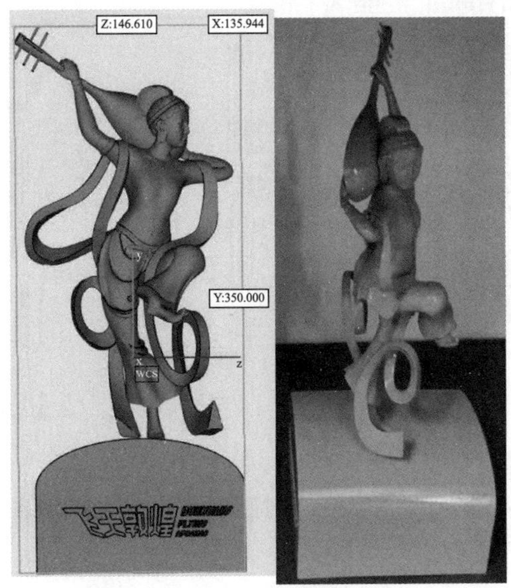

图 6-1-1　飞天模型

【任务分析】

我们的飞天模型是用于小批量生产的，适合应用硅胶复模工艺生产，因而需要根据其工艺流程来制造。硅胶复模制作工艺流程如图 6-1-2 所示：3D 打印原模型→制作硅胶模具→硅胶覆模→后处理→喷漆上色→完成产品制作。下面我们操作一遍硅胶复模制作流程，生产 25 件飞天艺术品。

图 6-1-2　制作工艺

【项目实施】

6.1.1　3D打印制作原型

Step 1：模型导入

双击图标打开 Magics 21.0 软件，将模型导入，单击菜单栏下的“文件”，如图 6-1-3 所示，弹出如图 6-1-4 所示的导入模型界面，选择“加载”→“导入零件”命令，即可完成模型导入。

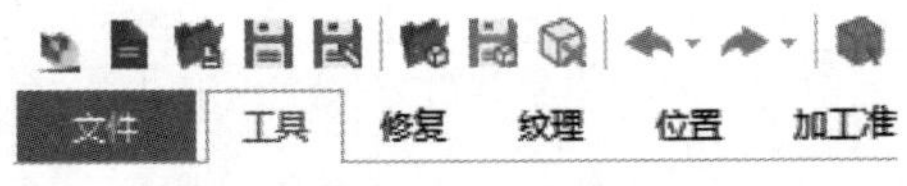

图 6-1-3　Magics 软件菜单栏

课堂笔记

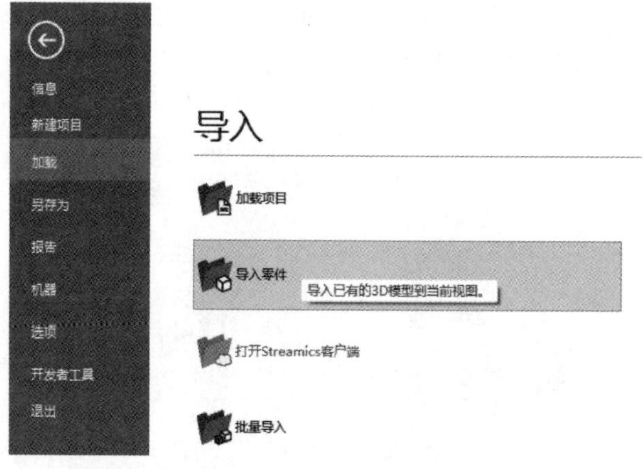

图 6-1-4 导入模型界面

Step 2：模型检查及修复

在打印前要对模型进行检查和修复，对破面、干扰壳体、孔等进行修补和去除，如图 6-1-5 所示。

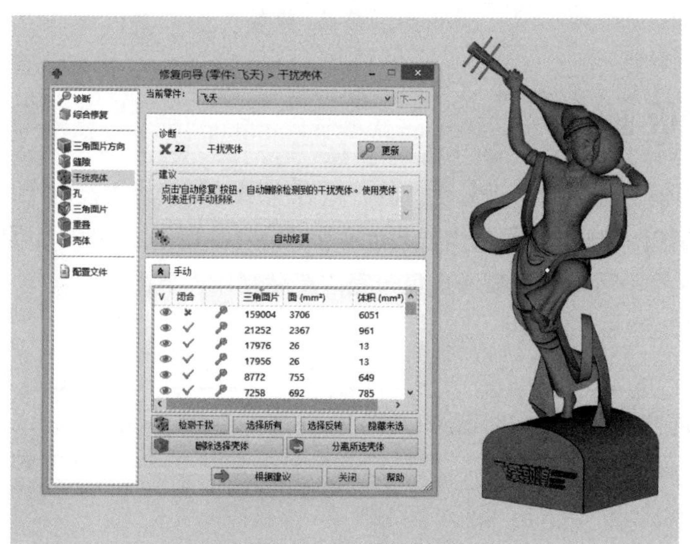

图 6-1-5 模型修复界面

Step 3：位置摆放

鉴于模型的复杂性和时间的综合考虑，可将模型放倒打印，这样可以达到节省时间而且打磨不影响表面效果，具体位置摆放如图 6-1-6 所示。

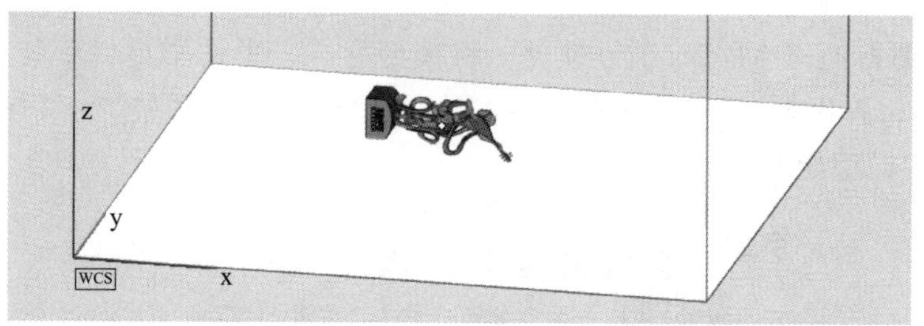

图 6-1-6 位置摆放

课堂笔记

Step 4：支撑设计

单击“生成支撑”图标，在“支撑工具页”检查是否需要更改支撑类型，如图 6-1-7、图 6-1-8 所示。完成支撑设计后的效果如图 6-1-9 所示。

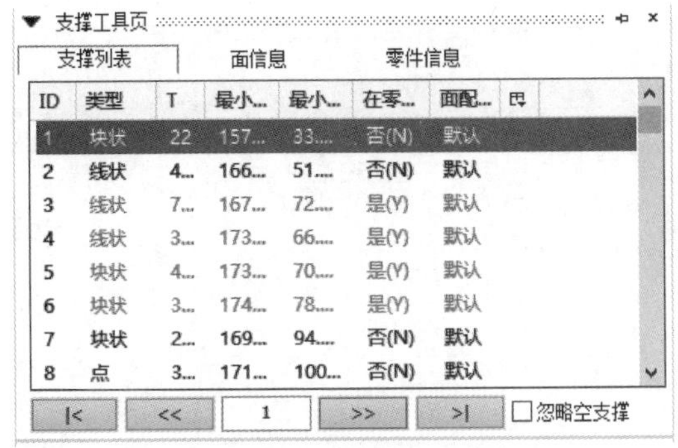

ID	类型	T	最小...	最小...	在零...	面配...
1	块状	22	157...	33....	否(N)	默认
2	线状	4...	166...	51....	否(N)	默认
3	线状	7...	167...	72....	是(Y)	默认
4	线状	3...	173...	66....	是(Y)	默认
5	块状	4...	173...	70....	是(Y)	默认
6	块状	3...	174...	78....	是(Y)	默认
7	块状	2...	169...	94....	否(N)	默认
8	点	3...	171...	100...	否(N)	默认

图 6-1-7　支撑工具页

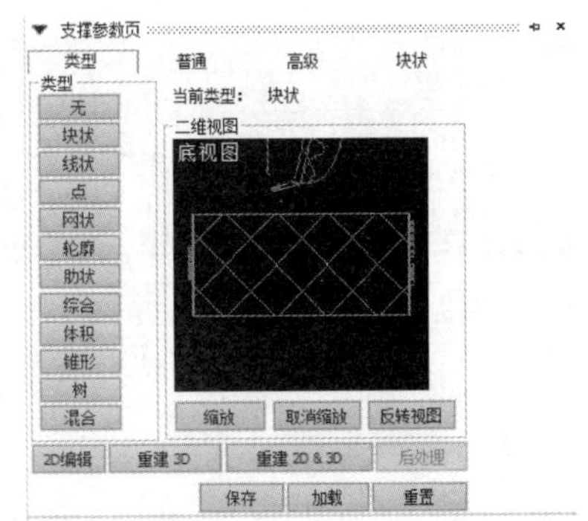

图 6-1-8　更改支撑类型

图 6-1-9　支撑设计效果

Step 5：切片

单击图标，打开“切片导出”对话框，如图 6-1-10 所示，单击“导出”按钮，生成两个切片程序文件如图 6-1-11 所示。

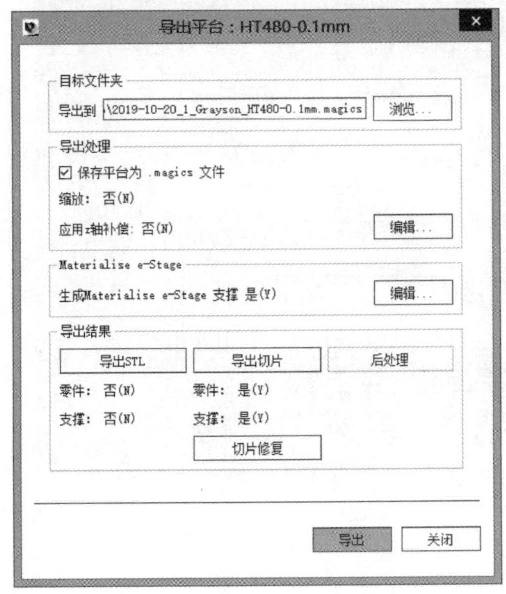

图 6-1-10　“切片导出”对话框

名称	类型	大小
s_飞天.slc	SLC 文件	11,938 KB
飞天.slc	SLC 文件	2,061 KB

图 6-1-11　切片的程序文件

课堂笔记

Step 6：导入打印机

将切片好的两个文件借助 U 盘导入打印机，界面如图 6-1-12 所示。然后单击界面上的“打印”按钮，机器开始制作模型。

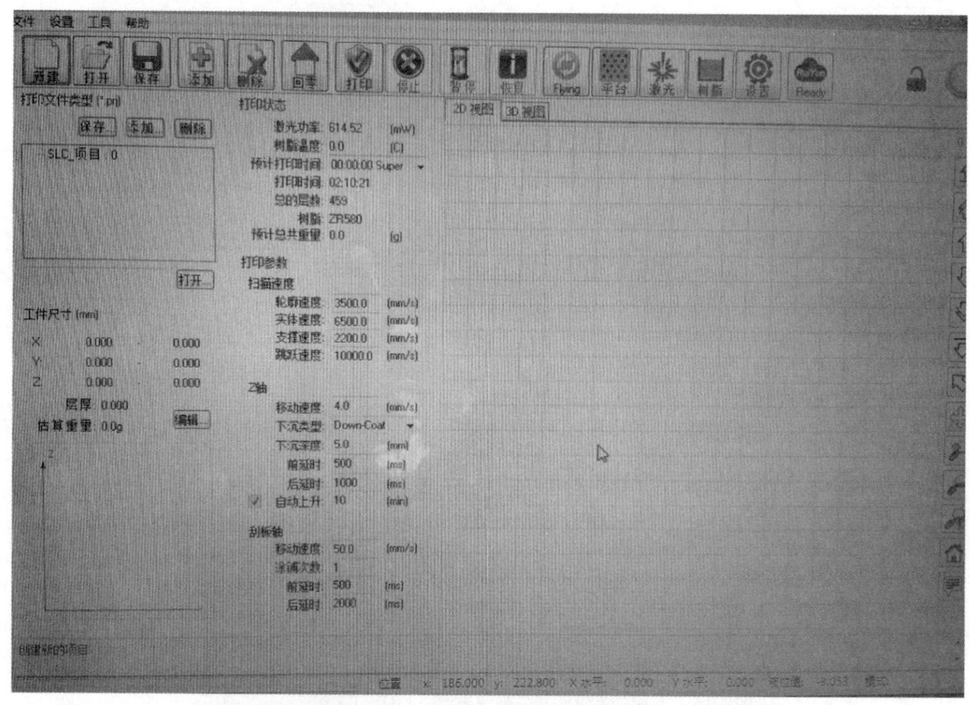

图 6-1-12　打印机的界面

Step 7：取出飞天模型

SLA 光固化打印机完成打印程序后，自动升起，如图 6-1-13 所示。我们需要戴上乳胶手套，用模型铲刀取下模型，如图 6-1-14 所示。

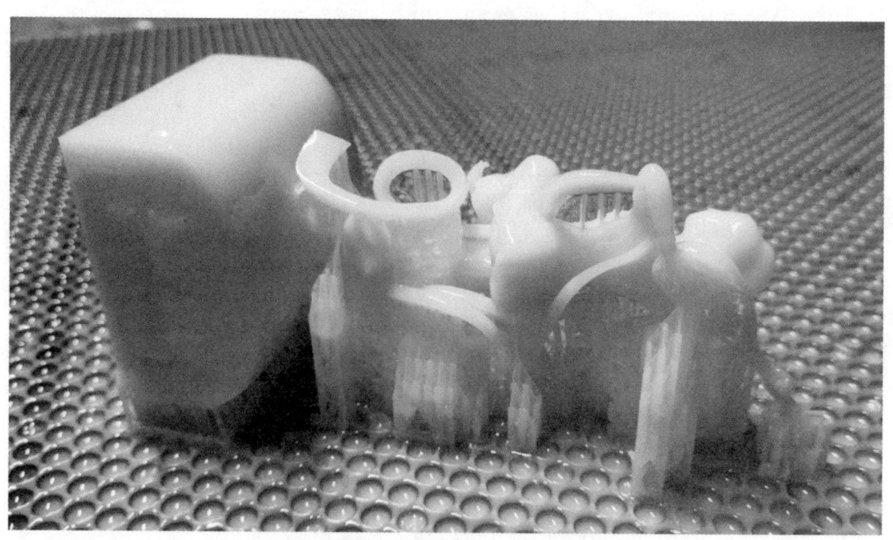
图 6-1-13　打印完成后状态

课堂笔记

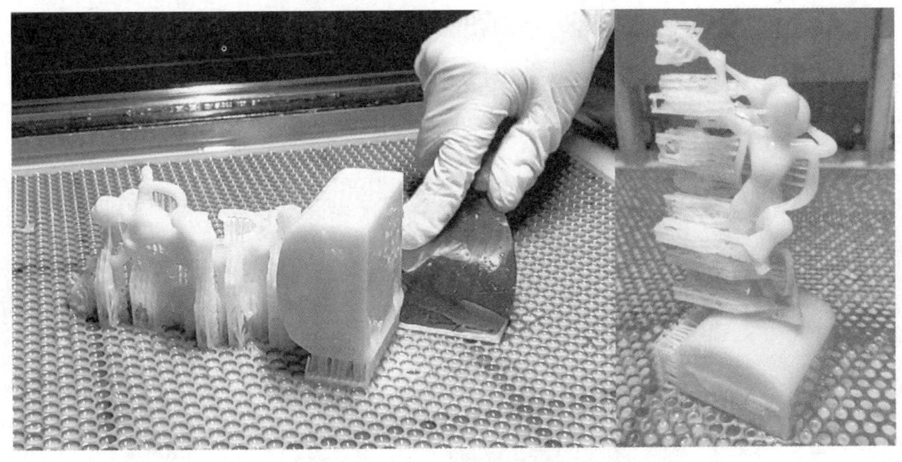

图 6-1-14　完成模型原型打印

Step 8：后处理

模型取出后，再按下列步骤操作，完成后处理。

（1）把从打印机中取下的模型放在盛有 95% 以上浓度的酒精容器中，让模型完全浸泡在酒精内，用刷子进行清洗，同时用随机工具（斜口钳、美工刀、雕刻刀等）将支撑去除，细小的支撑可以借助镊子进行去除，如图 6-1-15 所示。

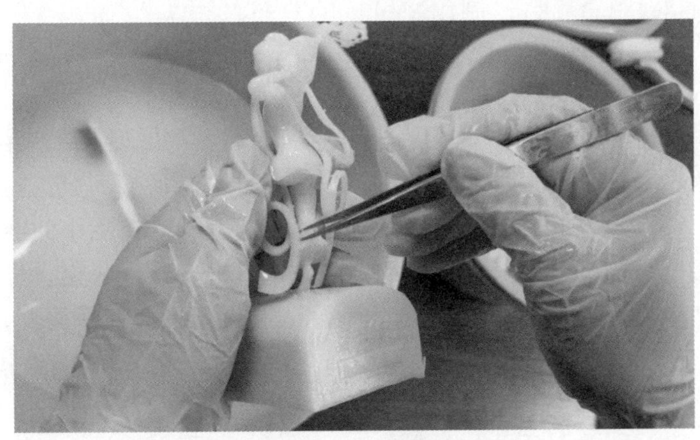

图 6-1-15　去除支撑

（2）把去除支撑后的模型放在固化炉中进行固化，如图 6-1-16 所示，一般需要固化 15～20 分钟。

图 6-1-16　模型固化

课堂笔记

（3）把固化后的模型从固化炉中取出，用砂纸对模型进行打磨如图 6-1-17 所示，3D 打印完成的原型模型制作效果如图 6-1-18 所示。

3D 打印制件操作详见任务 3.1，本任务略述一般步骤，供同学们了解。

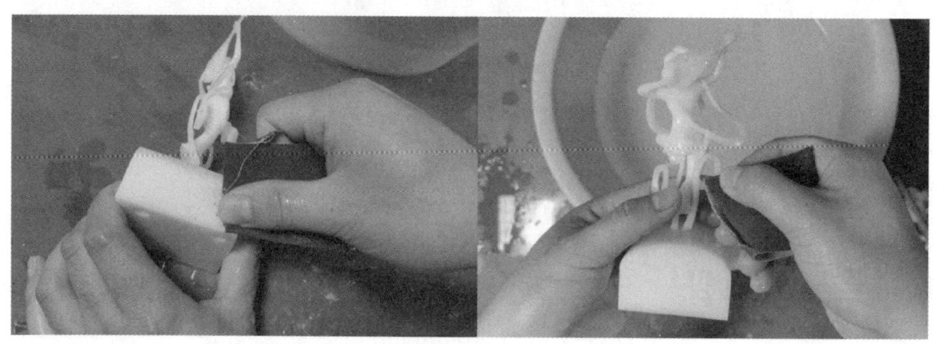

图 6-1-17　模型打磨

6.1.2　硅胶模具制作

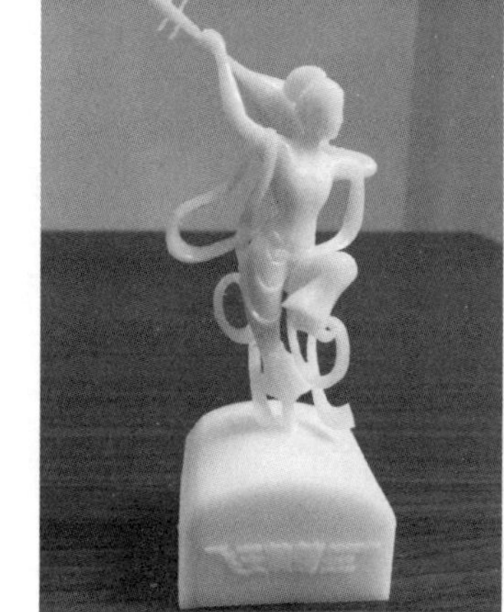

图 6-1-18　3D 打印制件

飞天硅胶模制作讲解视频

有了 3D 打印制件的飞天原模型，我们就可以开始制作硅胶模具了，下面来体验一遍飞天硅胶模具的制作过程。

Step 1：绘制分模线

用马克笔在 3D 打印的原型上绘制出分模线（硅胶复模的模具大多由几部分拼接而成，而接缝处的位置不可能做到绝对的平滑，会有细小的缝隙，该位置会有细小的边缘突起即分模线，分模线可通过砂纸打磨来除去）。如图 6-1-19 所示，根据最大分型面的原则，视具体分模情况和经验，完成分模线绘制，如图 6-1-20 所示。

温馨提示： 有时候也可用薄的透明胶带建立分模线，本任务用马克笔。

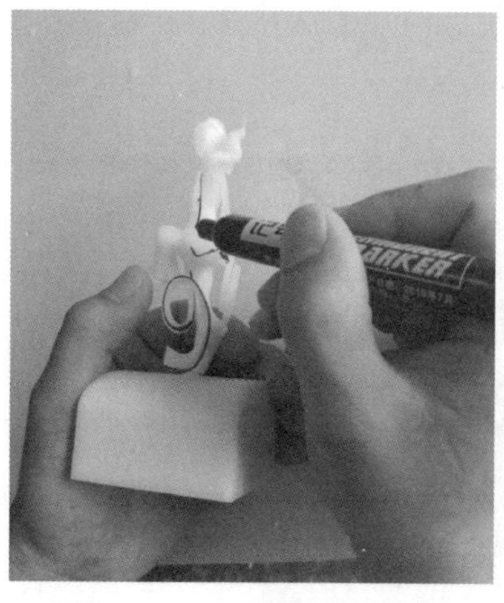

图 6-1-19　马克笔画出分模线

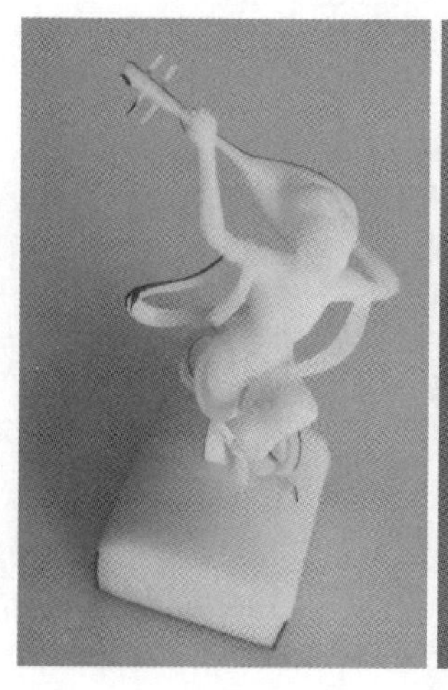

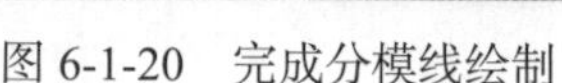

图 6-1-20　完成分模线绘制

Step 2：制作模框

用木板作为底板，把模型放在底板上，用纸箱把模型围起来，上下和四周边距至少留 5mm 间隙，如图 6-1-21 所示。

图 6-1-21　纸箱模框制作

Step 3：做支撑架

（1）用胶水把 ABS 塑料棒竖直黏接在模型底部，如图 6-1-22 所示。

（2）用另外较长的 ABS 塑料棒与底部 ABS 棒垂直黏接，用于悬挂模型，如图 6-1-23 所示。

（3）将物体悬浮在模框中心，实现原型定位，如图 6-1-24 所示。

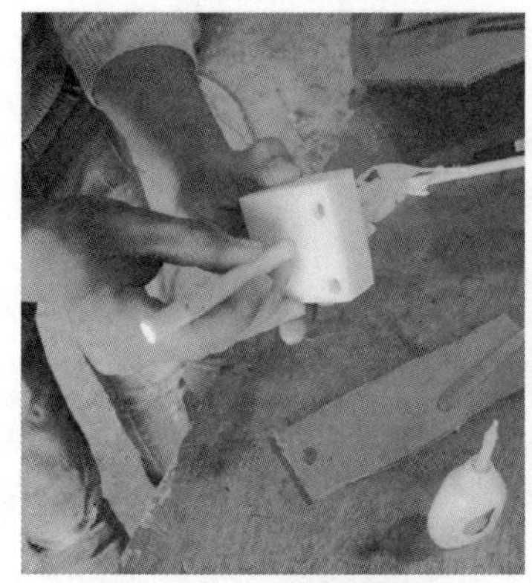

图 6-1-22　底部黏接 ABS 塑料棒

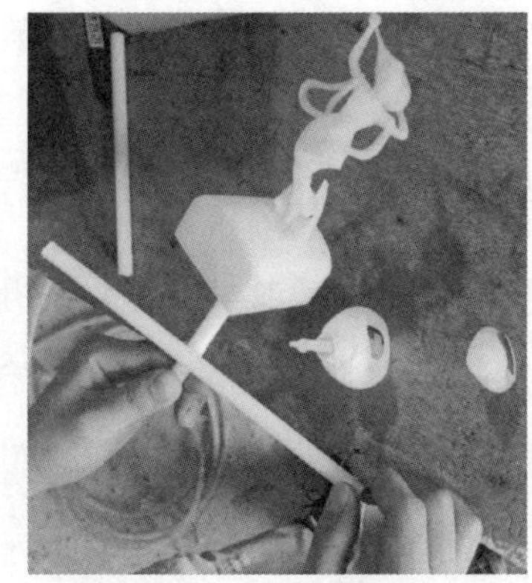

图 6-1-23　黏接垂直的 ABS 塑料棒

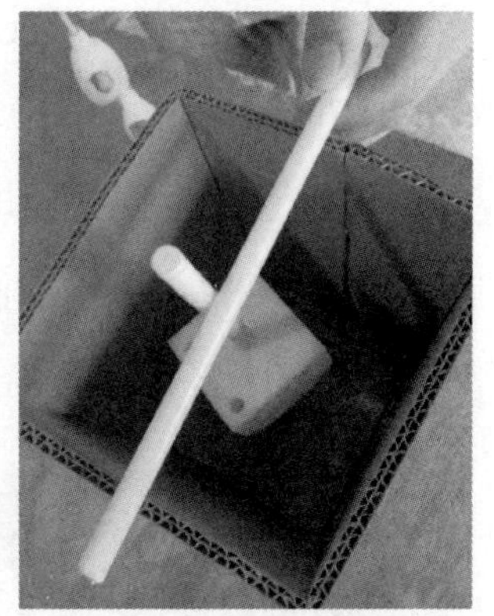

图 6-1-24　将模型放置在模框中心

Step 4：调配硅胶与固化剂

模框制作完成后，需要调配制作硅胶模具的材料，将固化剂和硅胶按模具需要按比例需求配制。

（1）准备固化剂和硅胶，比例为 2：100，固化剂为 2，硅胶为 100，如图 6-1-25 所示。

（2）将硅胶和固化剂一起倒入容器中，如图 6-1-26 所示。

Step 5：搅拌

如图 6-1-27 所示，用 ABS 塑料棒快速搅拌均匀，时间约 1～2 分钟，时间不宜过长，时间过长会固化。

课堂笔记

图 6-1-25　按比例调配

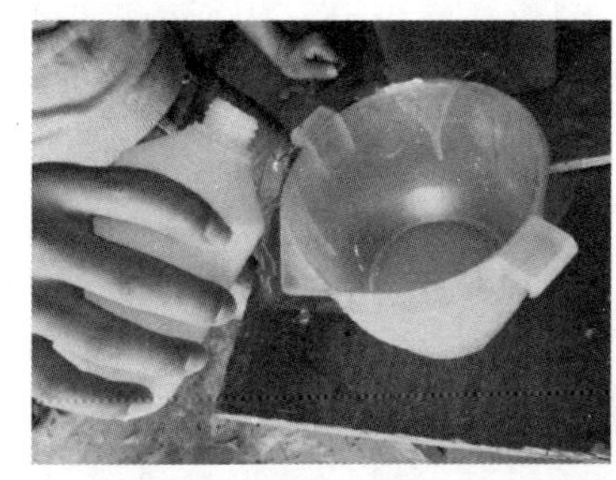

图 6-1-26 固化剂倒入容器

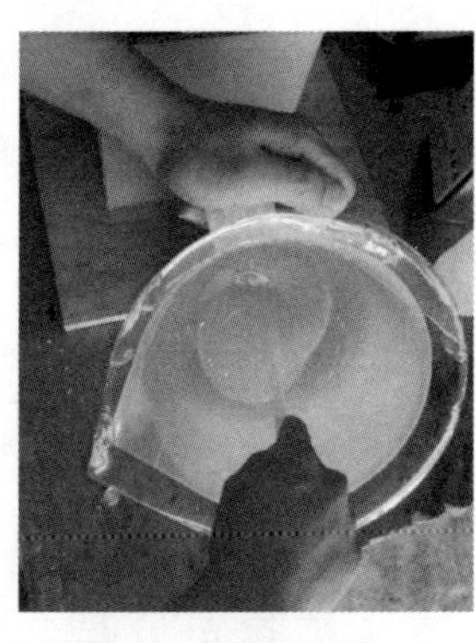

图 6-1-27　搅拌

Step 6：硅胶抽真空

由于硅胶在快速搅拌过程中会混入大量空气，直接制模会形成气孔，因此，我们把搅拌好的硅胶放入真空成型机中，单击"真空泵"按钮启动真空泵，硅胶在真空成型机中脱泡，抽真空持续不超过 10 分钟。真空成型机如图 6-1-28 所示。

温馨提示：

1. 抽真空的时间不宜太长，正常情况下，不要超过 10 分钟。抽真空时间太长，硅胶会固化，会发生交联反应，使硅胶变成一块一块的，无法进行灌注，这样就浪费了硅胶。

2. 抽真空时容器不能装得太满，否则抽真空处理时，气泡暄腾，硅胶很容易溢出容器。

3. 从真空成型机中取出硅胶前，需要按真空成型机的"总排气"按钮，先排气，然后再打开仓门。

Step 7：倒硅胶

把抽真空处理好的硅胶，从模框一角缓缓倒入，如图 6-1-29 所示，使硅胶流动均匀，有助于气体流出，固化后的模具就不会有气泡，硅胶要完全浸没物体。

图 6-1-28　真空成型机

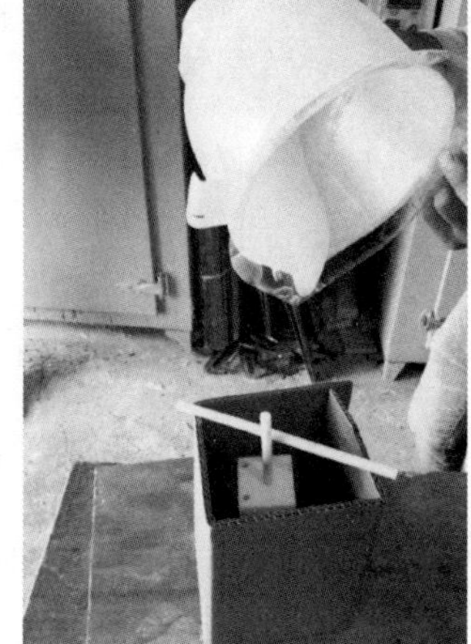

图 6-1-29　缓慢倒入硅胶

Step 8：硅胶二次抽真空

（1）把盛好硅胶的模框整体放入真空成型机中，如图 6-1-30 所示，单击"真空泵"

课堂笔记

按钮，启动真空泵，进行二次抽真空，进一步防止硅胶内含有气泡。

（2）本次抽真空的时间一般为 7～8 分钟，看见硅胶表面没有气泡就可以结束抽真空操作。

（3）从真空成型机中取出硅胶前，需要按真空成型机的“总排气”按钮，进行排气，然后再打开仓门。真空成型机界面如图 6-1-31 所示。

图 6-1-30　模框整体放入真空成型机

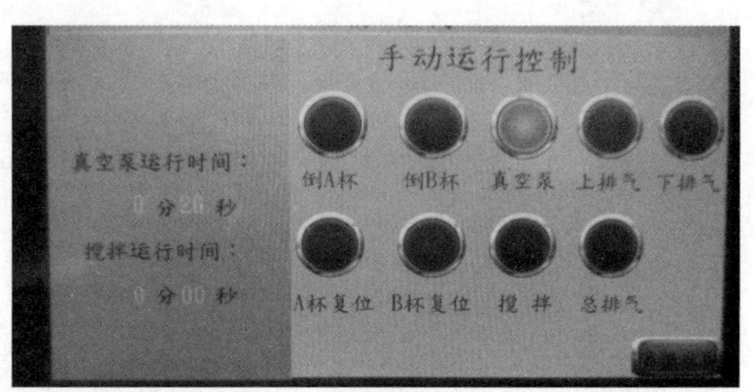

图 6-1-31　真空成型机界面

Step 9：烘烤硅胶模

第二次抽真空后，把模型框整体放入如图 6-1-32 所示的烤箱中，“温度控制仪”上温度设置为 45℃，烤箱面板如图 6-1-33 所示，烘烤 4～6 个小时。

温馨提示：

1. 由于模内有光敏树脂 3D 打印件，所以温度不宜过高，一般不高于 45℃，以避免光敏树脂 3D 打印件玻化。

2. 用烤箱的目的是加快硅胶的固化，一般硅胶在室温情况下，7～9 个小时也可以固化，同时固化剂的比例会影响固化的时间，固化剂越多，反应越快，制品的强度和硬度越高，但韧度随之降低，硅胶模的可重复性降低。

图 6-1-32　烤箱

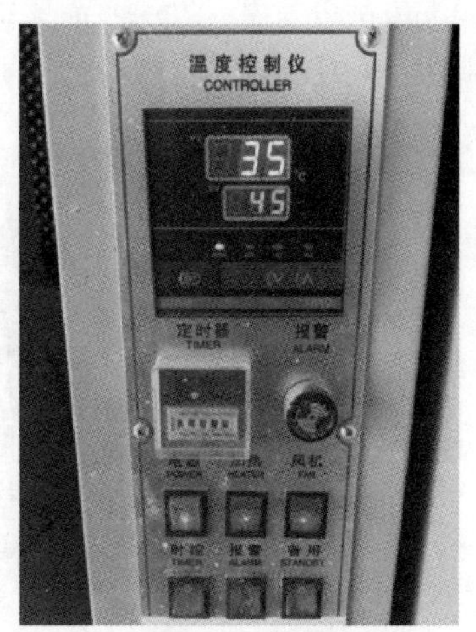

图 6-1-33　烤箱面板

Step 10：拆除模框

（1）从烤箱中取出模框。烘烤结束后，整体取出模框，拆除 ABS 定位和悬挂棒，

课堂笔记

用手触摸确认不黏手，且具有一定弹性，说明硅胶已经完全固化，并且成型，我们可以取出硅胶模具了。

（2）割开模框。如图 6-1-34 所示，用刀割开模框。

（3）取出硅胶模。割开模框后，把硅胶模取出，完成后的硅胶模如图 6-1-35 所示。

图 6-1-34　拆除模框

图 6-1-35　完成的硅胶模

Step 11：分模

分模就是将硅胶模切开，把光敏树脂 3D 打印件取出，形成浇注的腔体，看似简单，却是技术含量很高的活，需要具有较高的技术功底。

（1）刀的行走路线。

①刀的行走路线是刀尖沿分模线走直线，刀尾走曲线，使硅胶模的分模面形状不规则，这样可以确保上下模合模时准确定位，避免因合模错位引起误差，如图 6-1-36 所示。

②走刀时要小心翼翼，以免出错。

（2）边割边分模。分模时需要借助扩口钳等其他工具，边割边将模型分开，方便操作，如图 6-1-37 所示。

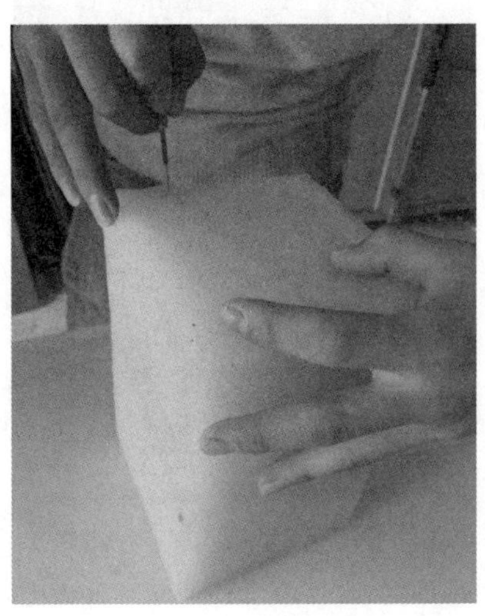

图 6-1-36　分模

图 6-1-37　借用工具方便分模

Step 12：取出原型

如图 6-1-38 所示，待 3D 打印件全部外露后，借助工具，细心地取出 3D 打印件原型，得到如图 6-1-39 所示的成型硅胶模具。飞天硅胶模具分成 3 块：底座、左模、右模。

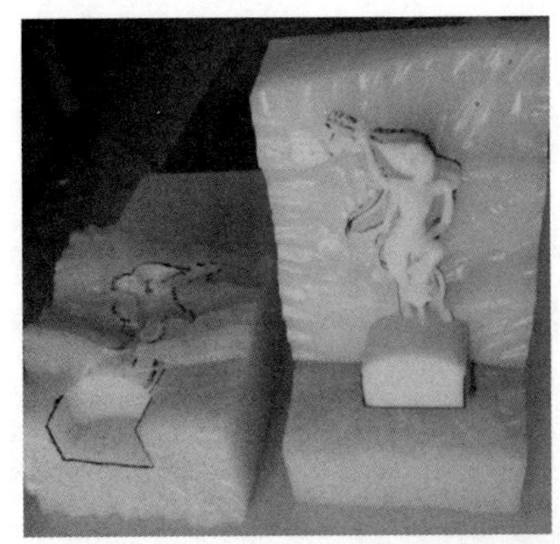

图 6-1-38　3D 打印件完全外露

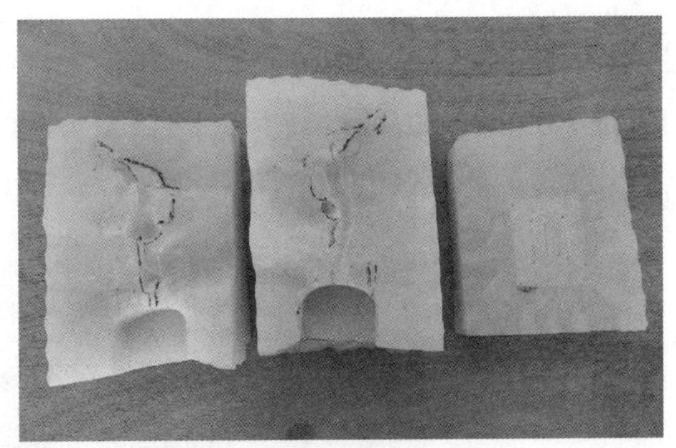

图 6-1-39　成型硅胶模具

Step 13：开设浇口与排气口

硅胶模浇注，与传统沙模浇注及注塑都很相似，向型腔中注入成型材料，凝固成型。为此，需要开设浇口、流道及排气孔。

（1）开设浇口。为了使材料顺利流入模具空腔内，需要开设或者优化浇注口（进料口），本案例中的浇口为 ABS 塑料棒取下来的位置即为浇注口（见图 6-1-22）。

（2）开设流道。本案例中，飞天模型底座用料较多，其他地方较薄，因此用料不是很多，浇口在底座部位，为 ABS 塑料棒取下来的空腔即为主流道，并且与底座空腔相接，而且开口较大，不需要开设分流道。

（3）开设排气孔。硅胶模具腔体内充满空气，在注塑前，由于大气压的作用，不能把模内空气全部抽完，在浇注材料进入模具腔体时，为了使材料充满硅胶模空腔，需要把模腔内的空气排出；为此，要在硅胶模周围开设排气口，如图 6-1-40 所示。底部排气孔用空心金属管扎通硅胶，即完成排气孔开设；模型其他地方需要开设排气孔的，有时候也用刀来手动割开气孔。所有气孔和气道均需穿透硅胶模具。

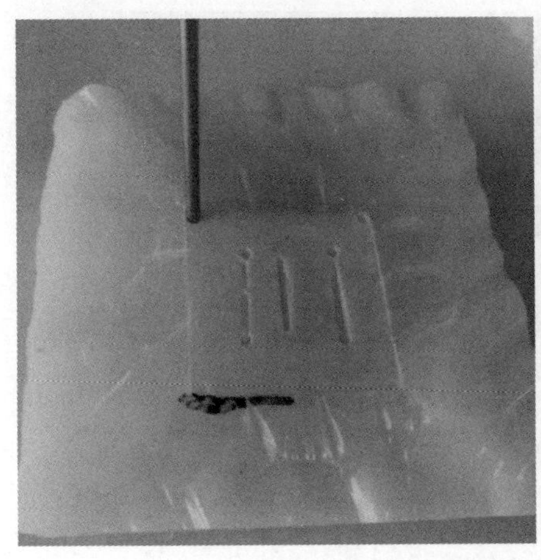

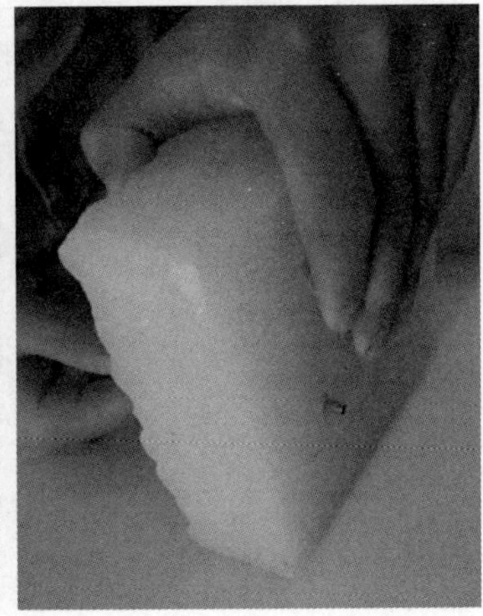

图 6-1-40　开设排气口

课堂笔记

6.1.3 飞天原型硅胶倒模

常温下的硅胶模具表面较硬，合模时会产生缝隙。因此在硅胶复模前需要将硅胶模放入烤箱烘烤预热。

Step 1：烘烤硅胶模

把常温的硅胶模放入烤箱中，设置温度 70℃，预热并保温时间 1 小时。

Step 2：合模

（1）喷涂脱模灵。如图 6-1-41 所示，把预热后的硅胶模展开放置，迅速向空腔内壁均匀地喷涂脱模灵，以便于脱模，脱模时模型不与硅胶粘在一起。

图 6-1-41 喷涂脱模灵

（2）装配硅胶模。趁热把硅胶模装配复原，如图 6-1-42 所示，用胶带从外部包裹缠绕，松紧适度（此为技术难点）。胶带的松紧会影响复模产品的尺寸和精度。过紧，成型产品尺寸会变小；过松，产品尺寸会变大。一般需要经过几次试验，才能掌握松紧程度，包裹合适，产品能复原模型本身尺寸，产品合格。

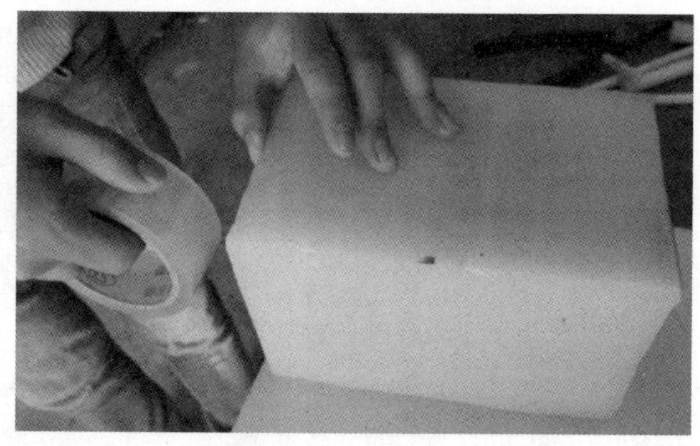

图 6-1-42 包裹硅胶模

（3）捅开浇注口和排气口。胶带包裹完成后，会将浇注口和排气口覆盖住，需要捅开浇注口和排气口，以方便浇注和排气。

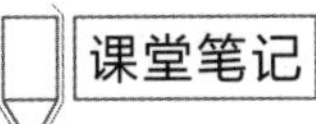

Step 3：调配材料

在准备硅胶模具的同时，调配浇注材料，准备浇注。

（1）根据原型的体积大小（含浇注口和排气口所占体积），计算出所需材料的克重，根据 A、B 材料的混合比例，分别计算 A、B 材料的克重（本例材料为 8150，A、B 比例为 1：2）。

（2）把盛料容器放在电子秤上，归零。

（3）把材料缓慢地倒入容器进行称量，如图 6-1-43、图 6-1-44 所示（注：图中克重为模拟克重，并非实际克重大小）。

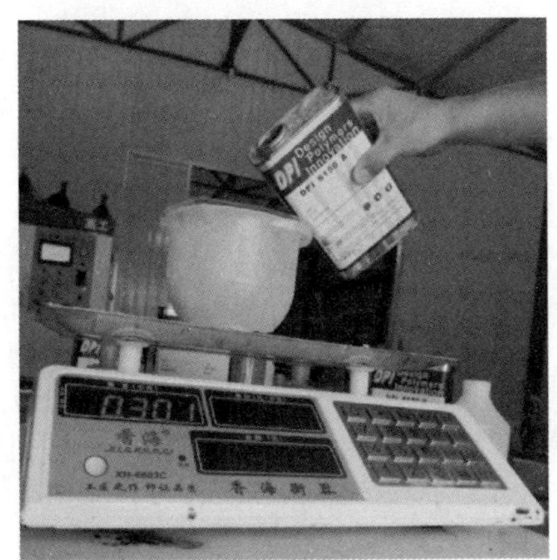

图 6-1-43　A 材料克重

图 6-1-44　B 材料克重

Step 4：真空浇注

材料和模具都准备好后，就可以开始浇注了。

（1）趁热将模具放入真空浇注机中，如图 6-1-45 所示，插入进料管。

（2）把 A 料桶和 B 料桶分别放入真空浇注机料架上，A 料桶放置在 A 料架上，B 料桶放置在 B 料架上。

（3）按下“抽真空”和“搅拌”按钮，机器开始边抽真空边搅拌B料，B料搅拌5分钟。

（4）按下“A料倾倒”按钮，A料倒入B料中，继续搅拌1分钟，如图6-1-46所示。

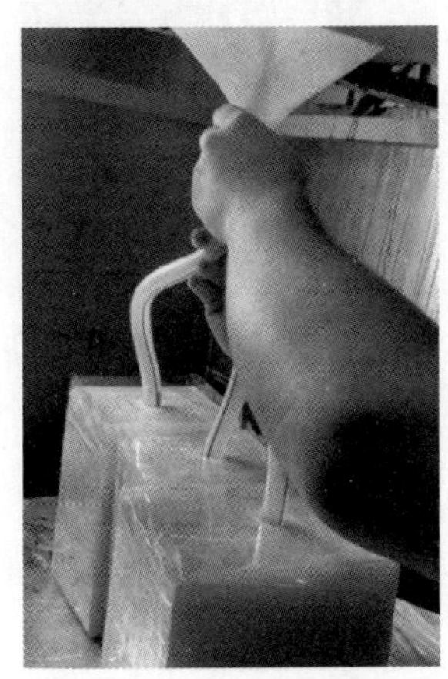

图 6-1-45　插进料管

图 6-1-46　材料 A 倒入材料 B 中

（5）按下“排气”按钮，再按下“B 料倾倒”按钮，材料倒入料池中，如图 6-1-47

课堂笔记

所示，材料会顺着进料管进入硅胶模内。

（6）待材料从模具顶部排气口溢出后，按“排气”按钮，如图 6-1-48 所示。

图 6-1-47　混合 A、B 材料倒入料池中

图 6-1-48　材料从排气口溢出

Step 5：烘烤

完成浇注后，我们需要取出硅胶模，放入烤箱。浇注后烘烤，一方面使材料固化得更快，另一方面，烘烤可以提高材料的韧性，使模型不容易发生断裂。

（1）打开真空浇注机，从真空成型机中取出硅胶前，需要按图 6-1-31 所示真空成型机界面中的“总排气”按钮，排气后再打开仓门，取出模具并放入烤箱内，如图 6-1-49 所示，烤箱温度设置如图 6-1-50 所示，温度一般小于 70℃，烘烤时间大约为 40 分钟。

（2）初步清理顶部溢出的材料。在浇注时，我们要等材料溢出浇口，才能判断已经浇满型腔，为了避免材料污染烤箱，应先初步清理一下顶部溢出的材料。

图 6-1-49　放入烤箱

图 6-1-50　烤箱温度设置

飞天硅胶模具的开模和合模过程

Step 6：开模取出产品

烘烤结束后，复模就初步完成了，材料性能也应该符合要求了。此时可以取出硅胶模，再开模取出产品。

（1）从烤箱中取出模具。

（2）用美工刀小心地将模具外部缠绕的胶带拆开，如图 6-1-51 所示。

（3）按顺序，先拆开模具的底座，剪去底座上的排气口，如图 6-1-52 所示。

图 6-1-51　拆开模具

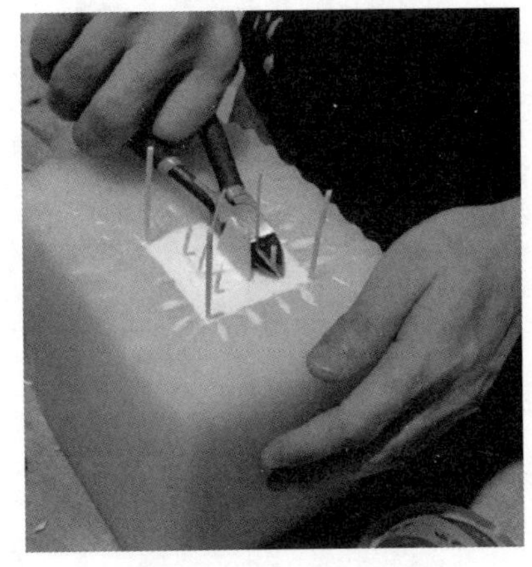

图 6-1-52　剪去排气口

（4）借助其他工具或用手缓慢地拆开上半身的左右两模具，如图 6-1-53、图 6-1-54 所示。

图 6-1-53　借助工具开模

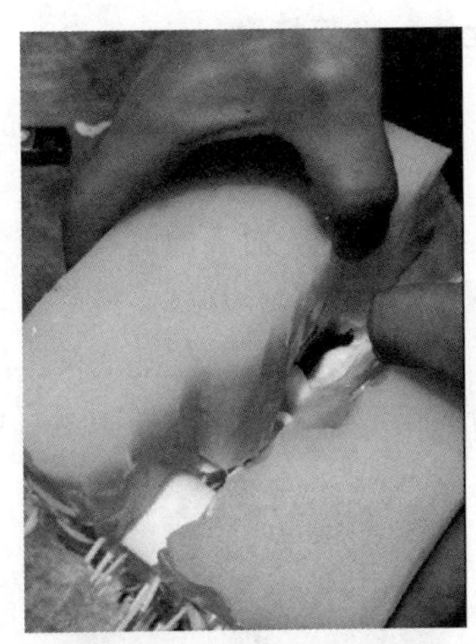

图 6-1-54　手动缓慢开模

（5）取模型时遇到细小易断的部分，用工具将其轻轻挑出，如图 6-1-55、图 6-1-56 所示。完全取出模型，其正、反面如图 6-1-57、图 6-1-58 所示。

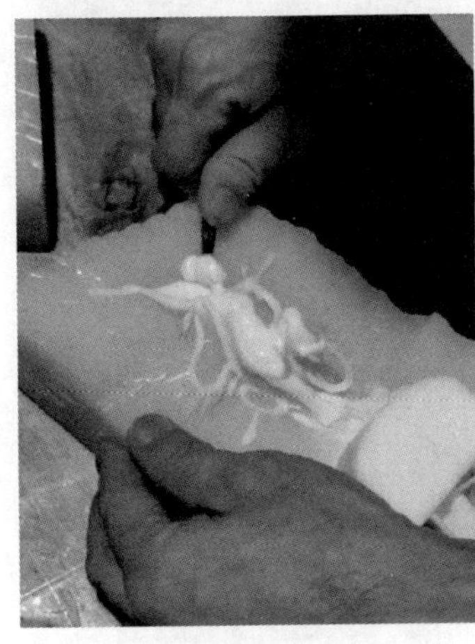

图 6-1-55　挑出细小部分

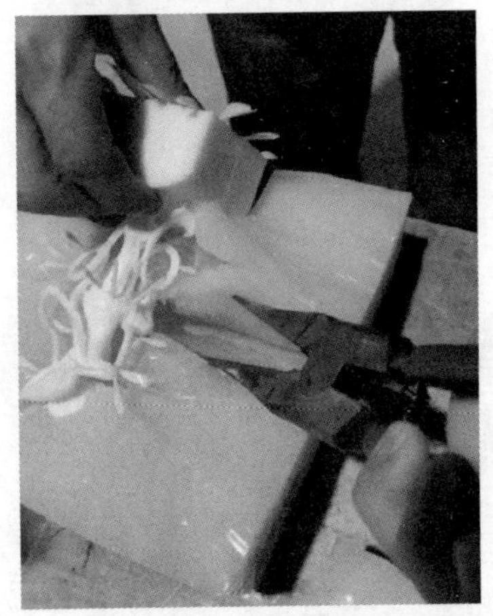

图 6-1-56　借用工具辅助

课堂笔记

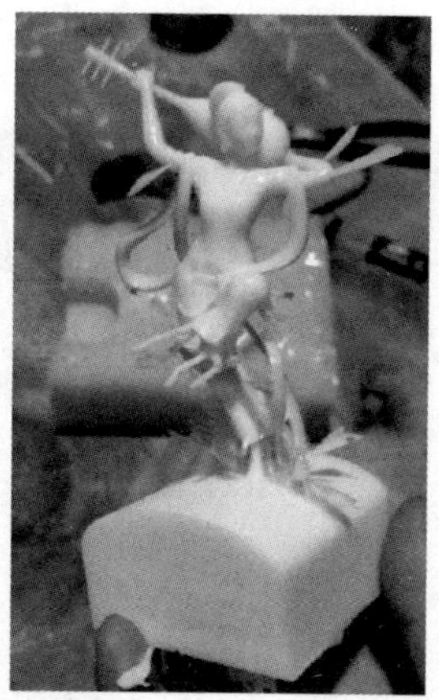

图 6-1-57　产品正面

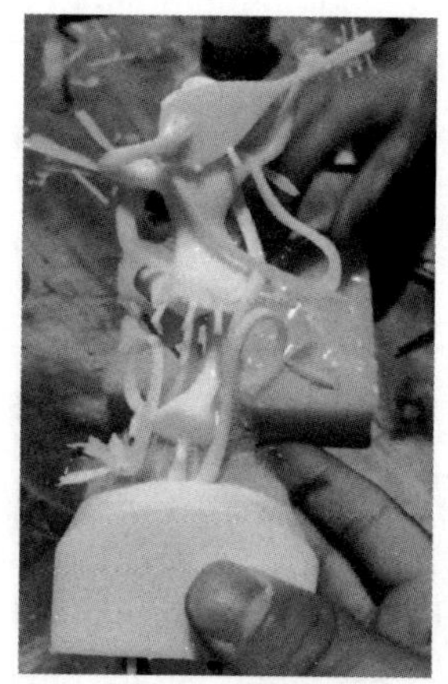

图 6-1-58　产品背面

6.1.4　后处理

产品取出后，一般还带有冒口、浇口等，需要进行修剪、打磨、上色等后处理。

硅胶复模后处理

Step 1：修剪打磨

（1）如图 6-1-59 所示，清理产品表面残余的排气口，初步修剪干净以便后续打磨工序。

（2）检查模型，对表面的残缺较大的做残次品处理，对小细节特征部分，如果有裂纹或者断裂的进行黏合和黏接。

（3）对表面不平、有气孔或极小缺失的地方，可以用原子灰（腻子）进行填补，之后用砂纸打磨光滑。使用工具如图 6-1-60～图 6-1-62 所示。

图 6-1-59　剪头所示为排气孔

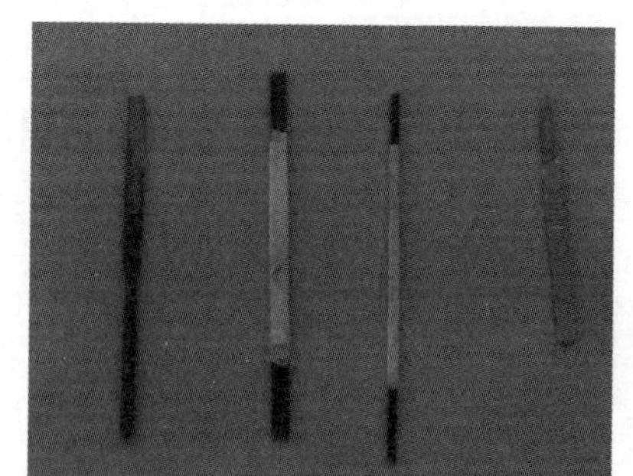

图 6-1-60　打磨修剪工具

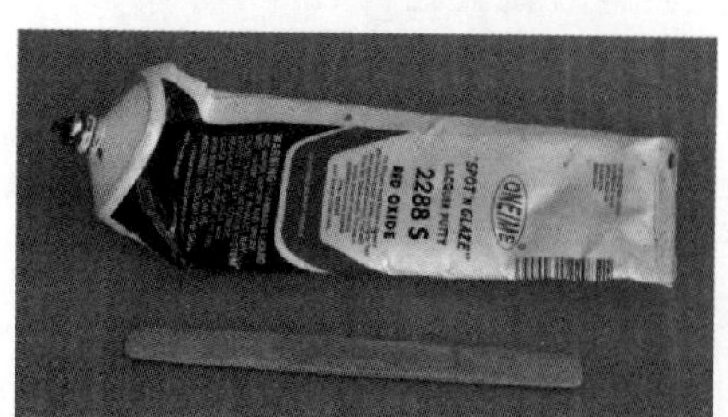

图 6-1-61　填补工具原子灰

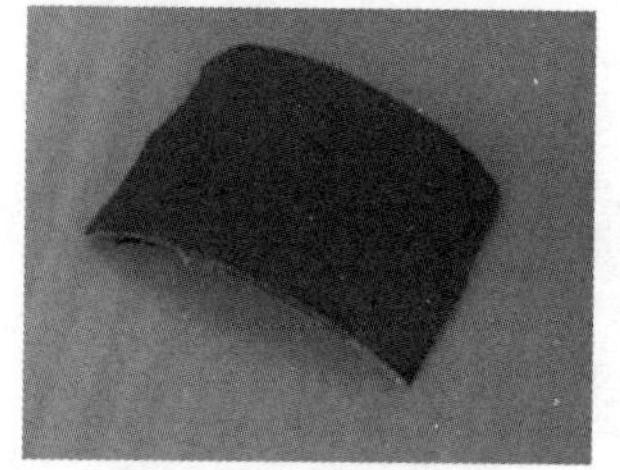

图 6-1-62　砂纸

Step 2：喷涂上色（含光油）

模型清理干净，修补打磨后，就可以给模型上色成客户所需要的产品了。

（1）按要求调色，然后试喷，确认颜色无误。

（2）用芯棒插入底部工艺孔中（便于手拿）。

（3）喷涂上色，自然晾干，如图 6-1-63 所示，时间一般大于 30 分钟。

温馨提示：喷漆阶段，一般油漆不能进行烘烤，如果强行烘烤，表面会起皮，严重影响产品质量，所以一般选择自然晾干。

（4）喷涂光油。喷涂光油是提亮表面的方式，还有一些哑光、磨砂效果等，一般根据要求喷涂处理。

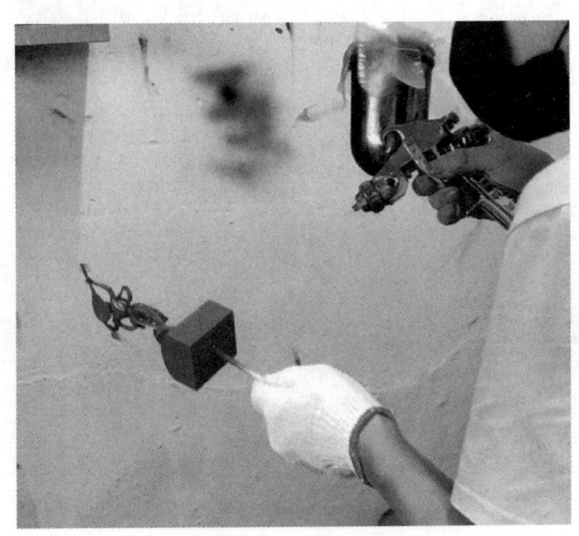

图 6-1-63　喷涂上色

Step 3：喷漆烘烤

将喷涂好光油的产品排列整齐，喷涂完成后需要在室温放置 15 分钟，之后再放入烤箱，如图 6-1-64 所示，温度约 45～50℃，时间一般为 0.5～1 小时，使表面完全固化即可。

图 6-1-64　喷完光油放入烤箱

课堂笔记

Step 4：获得最终产品

通过质量检测，筛选不合格产品进行返工修复，得到最终产品如图 6-1-65 所示。左侧是 3D 打印的原型，右侧是硅胶复模的产品。

图 6-1-65　最终产品

【课后拓展】

用硅胶模具的优缺点如表 6-1-1 所示。

表6-1-1　硅胶模具的优缺点

优　点	缺　点
1.开模成本较低	1.模具寿命有限，最多只能出25个模型
2.制作周期较短	2.每次出模都需要小心翼翼，细小特征容易断裂
3.成型材料丰富接近注塑效果	3.硅胶模具对尺寸把握相对较低
4.适合小批量制作	4.合模的经验影响产品精度
5.可制作钢模无法制作的复杂产品	5.硅胶模具属于一次性产品，无法回收再利用

有条件的话可以去工厂参观学习。

参考文献

［1］陈丽华．逆向设计与 3D 打印［M］．北京：电子工业出版社，2017.

［2］https://blog.csdn.net/solomon3d/article/details/97520110 撒罗满

［3］https://laser.ofweek.com/2016-08/ART-240015-11000-30031676_2.html

［4］苏州中瑞智创三维科技股份有限公司 iSLA600 操作手册

［5］北京诚远达科技有限公司 DLP100 操作手册

［6］上海数造科技有限公司 450 操作手册

［7］博力迈三维打印科技有限公司 750 操作手册

［8］吴峥强，来克娴．金属零件选区激光熔化快速成型技术的现状及发展 [J]. 红外与激光工程，2006，35.